AF382874

M. Grasserbauer, H. J. Dudek, M. F. Ebel

Angewandte Oberflächenanalyse

mit

SIMS Sekundär-Ionen-Massenspektrometrie
AES Auger-Elektronen-Spektrometrie
XPS Röntgen-Photoelektronen-Spektrometrie

Mit 154 Abbildungen und 20 Tabellen

Springer-Verlag
Berlin Heidelberg New York Tokyo

Professor Dr. Manfred Grasserbauer
Institut für Analytische Chemie
Technische Universität Wien
Getreidemarkt 9/151
A-1060 Wien

Dr. Hans Joachim Dudek
Deutsche Forschungs- und Versuchsanstalt
für Luft- und Raumfahrt e.V.
Institut für Werkstoff-Forschung
D-5000 Köln 90

Dozent Dr. Maria F. Ebel
Institut für Angewandte und Technische Physik
Technische Universität Wien
Karlsplatz 13
A-1040 Wien

ISBN-13:978-3-642-70178-8   e-ISBN-13:978-3-642-70177-1
DOI: 10.1007/978-3-642-70177-1

CIP-Kurztitelaufnahme der Deutschen Bibliothek

Grasserbauer, Manfred:
Angewandte Oberflächenanalyse mit SIMS, Sekundär-Ionen-
Massenspektrometrie, AES, Auger-Elektronen-Spektro-
skopie, XPS, Röntgen-Photoelektronen-Spektrometrie /
M. Grasserbauer; H. J. Dudek; M. F. Ebel. — Berlin;
Heidelberg; New York; Tokyo: Springer, 1985. —

NE: Dudek, Hans Joachim; Ebel, Maria F.

21541 3020-543210

Inhaltsverzeichnis

Vorwort

In Anbetracht der rasch wachsenden Bedeutung der Oberflächenanalytik schien es angebracht, die drei Methoden, welche bereits in einem sehr hohen Maße für die industrielle und forschungsbezogene Routineanalytik eingesetzt und häufig miteinander kombiniert werden, nämlich SIMS, AES und XPS in einer Monographie darzustellen.

Um die notwendige Tiefe der Darstellung zu erreichen, wurde dieses Buch nicht von einem Autor verfaßt, sondern greift auf drei verschiedene Autoren mit unterschiedlichen Spezialkenntnissen zurück. Dies garantiert dem Leser die direkte Vermittlung von theoretischem und experimentellem Wissen auf entsprechendem Niveau für die jeweiligen methodischen Teilgebiete. Anderseits ergeben sich dadurch gewisse Unterschiede in der Darstellungsweise und Symbolik zwischen den drei Kapiteln. Dies ist aber sicherlich von untergeordneter Bedeutung im Vergleich zu der durch Experten zu vermittelnden inhaltlichen Substanz.

Die einzelnen Kapitel behandeln SIMS, AES und XPS hinsichtlich methodischem Prinzip, physikalischen Grundlagen, Gerätetechnik, analytischem Informationsgehalt, qualitativer und quantitativer Analyse und praktischem Einsatz für aktuelle Fragestellungen der Oberflächenanalyse von Festkörpern — insbesondere aus dem Bereich der Werkstoffentwicklung. Die in den einzelnen Kapiteln angeführten Ergebnisse wurden im übrigen mit Hochleistungsgeräten der neuesten Generation erhalten, so daß der derzeitig aktuelle Leistungsstand der Methodik dargestellt wird.

Der Leser soll damit nicht nur eine Methode im Detail kennenlernen können, sondern auch durch die Anführung zahlreicher für das experimentelle Arbeiten wichtiger Daten einen Einstieg in den praktischen Einsatz der Methoden erhalten. Dabei erscheint uns besonders wesentlich, daß die drei für die praktische Oberflächenanalytik wichtigen Methoden nebeneinander und in enger Verbindung zueinander dargestellt werden, so daß dem Leser die Möglichkeit für die Problemlösung nahe gebracht wird.

Das vorliegende Buch richtet sich damit in erster Linie an Analytiker in Forschung und Industrie, welche mit Charakterisierungsproblemen von Festkörperoberflächen befaßt sind, weiters an Technologen, Werkstoffwissenschafter, Festkörperphysiker und Chemiker, welche an Oberflächeneigenschaften und deren Analyse interessiert sind, sodann an Hochschullehrer, fortgeschrittene Studenten der Physik, Chemie und Werkstoffwissenschaften sowie an interessierte Wissenschafter und Techniker im allgemeinen.

Abschließend soll den zahlreichen — namentlich hier nicht angeführten — Kollegen, welche durch Fachgespräche, Anregungen, Bereitstellung von Meßdaten etc. direkt oder indirekt zu dem Inhalt des vorliegenden Buches beitrugen, gedankt werden. Der besondere Dank der Verfasser gilt allen Mitarbeitern, Technikern wie Wissenschaftlern, welche durch ihre analytischen Arbeiten eine wesentliche Basis für dieses Buch lieferten. Auch allen öffentlichen wie privaten Institutionen, welche Forschungsprojekte finanziell unterstützten, soll der Dank der Verfasser ausgesprochen werden.

M. Grasserbauer

H. J. Dudek

M. F. Ebel

Akronyme für Analytische Methoden

AES	=	Auger-Elektronen-Spektroskopie
CPAA	=	Charged Particle Activation Analysis
ELS	=	Energieverlust-Spektrometrie
ESMA	=	Elektronenstrahl-Mikroanalyse
ET-AAS	=	(Elektrothermische) Atom-Absorptions-Spektrometrie
FT-IR	=	Fourier-Transform-Infrarot-Spektrometrie
ICP-OES	=	Optische Emissions-Spektralanalyse mittels induktiv gekoppelter Plasmaanregung
ISS	=	Ionen-Streu-Spektrometrie
LAMES	=	Laser-Mikro-Emissions-Spektralanalyse
LAMMS	=	Laser-Mikro-Massenspektrometrie [LAMMA]
LEED	=	Low Energy Electron Diffraction
LRMA	=	Laser-Raman-Mikroanalyse
NAA	=	Neutronen-Aktivierungs-Analyse
NMR	=	Kernmagnetische-Resonanz-Spektroskopie
OES	=	Optische Emissions-Spektralanalyse
PIXES	=	Partikel-Induzierte-Röntgen-Emissions-Spektrometrie
RBS	=	Rutherford-Rückstreu-Spektroskopie
REM	=	Raster-Elektronen-Mikroskopie
RFA	=	Röntgenfluoreszenzanalyse
SIMS	=	Sekundär-Ionen-Massenspektrometrie
SSMS	=	Funkenangeregte Massenspektrometrie
(S)TEM	=	(Raster-)Transmissions-Elektronen-Mikroskopie
UPS	=	Ultraviolet-Photoelektronen-Spektrometrie
XPS	=	Röntgen-Photoelektronen-Spektrometrie [ESCA]
XRD	=	Röntgendiffraktometrie

Sekundär-Ionen-Massenspektrometrie (SIMS)

Manfred Grasserbauer

Inhaltsverzeichnis

Symbole für Analysenbedingungen:

PI = Primärionenart
E_0 = Primärionenenergie
i_B = Primärionenstrom
d_A = Durchmesser der analysierten Fläche (kreisförmig)

1 Einleitung

Unter dem Begriff Sekundär-Ionen-Massenspektrometrie [SIMS] werden jene Analysenmethoden zusammengefaßt, welche auf einem Beschuß von Festkörperoberflächen mit energiereichen Ionen und massenspektrometrischer Registrierung der
aus der Festkörperoberfläche herausgeschlagenen ionisierten Teilchen beruhen. Je
nach analytischer Zielsetzung oder Gerätetechnik ist der analytische Informationsgehalt von SIMS unterschiedlich — so gibt es einerseits nicht ortsauflösende
Varianten, welche primär für eine quasistatische Oberflächenanalyse [1] oder einfache
Überblickscharakterisierungen [2] eingesetzt werden können, und andererseits hoch-
entwickelte Techniken, welche einen hohen Standard der Mikroanalyse mit Hoch-
leistungsmassenspektrometrie verbinden.

In der vorliegenden Behandlung von SIMS wird dieser hohe technische Standard
zugrunde gelegt, da nur damit die der Sekundär-Ionen-Massenspektrometrie inhärenten analytischen Möglichkeiten voll ausgeschöpft werden können. Weiters ist
in den nächsten Jahren mit einer weiteren starken Verbreitung von Hochleistungsgeräten zu rechnen, da — wie in diesem Buchkapitel auch gezeigt werden soll —
diese Methode einen großen Fortschritt in der Werkstoffanalytik ermöglicht. Die
Hochleistungs-Sekundär-Ionen-Massenspektrometrie wurde oft auch als Ionenstrahl-
mikroanalyse [ISMA] bezeichnet um das mikroanalytische Potential (hohes laterales
Auflösungsvermögen) im Vergleich zur nicht-ortsauflösenden SIMS zum Ausdruck
zu bringen. Hier wird jedoch konsequent die international stärker eingeführte Bezeichnung SIMS verwendet.

2 Prinzip und physikalische Grundlagen von SIMS

2.1 Prinzip

Das Prinzip von SIMS besteht in dem Beschuß einer Festkörperoberfläche mit Ionen
(„Primärionen") einer Energie von einigen hundert bis ca. 20 keV und massenspektrometrischer Registrierung der abgetragenen ionisierten Teilchen („Sekundärionen") (Abb. 1) [3–7]. Als Primärionen werden in erster Linie O_2^+ und O^-, sowie
Ar^+, Cs^+ und in Spezialfällen N_2^+ verwendet. Der Primärstrahl kann wie alle geladenen Teilchenstrahlen fokussiert und gezielt über die Probe abgelenkt werden
(Flächenraster, Linienscan). Die massenspektrometrische Erfassung der Sekundärionen ermöglicht eine Identifizierung der abgetragenen („gesputterten") Teilchen
auf Grund ihres Masse/Ladungsverhältnisses und eine Intensitätsmessung mit hohem
dynamischen Bereich (Abb. 2). Die laterale Verteilung der Elemente an der Probenoberfläche kann unter Ausnutzung der abbildenen Eigenschaften eines Massenspektrometers („Ionenmikroskopie") oder durch synchrone Abrasterung (entlang Fläche oder
Linie) und Registrierung von Sekundärionen dargestellt werden (Abb. 3, 4). Weiters
kann die Tiefenverteilung der Elemente durch Registrierung der entsprechenden
Sekundärionen während des Sputtervorganges ermittelt werden (Abb. 5). Auf Grund

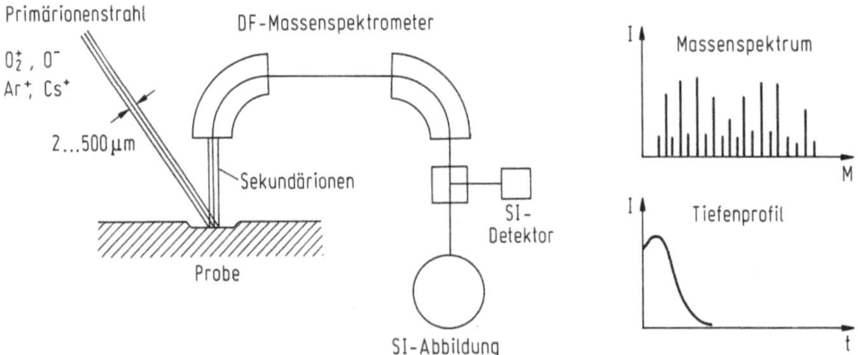

Abb. 1. Schematische Darstellung von SIMS

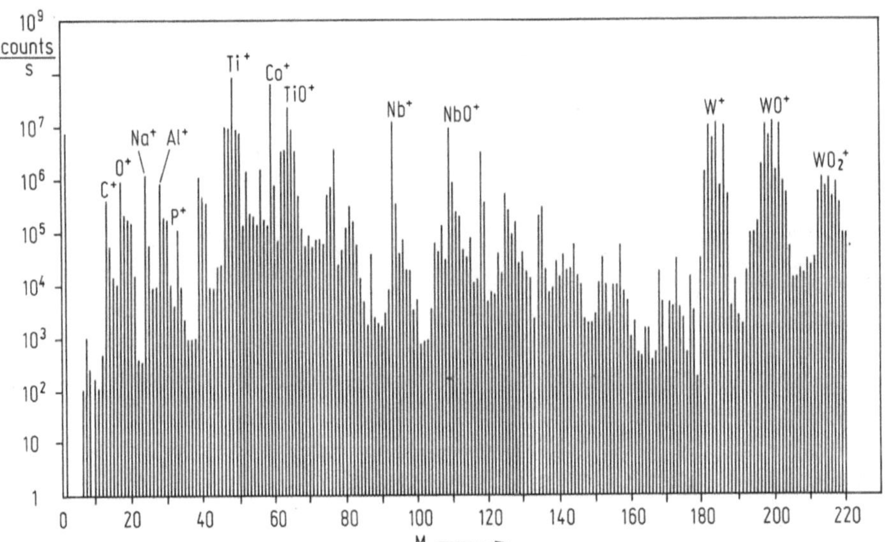

Abb. 2. Massenspektrum von WC—TiC—TaC—NbC—Co-Hartmetall (PI = O_2^+, $E_0 = 5{,}5$ keV)

dieser Prinzipien der Signalerzeugung und -erfassung zeigt SIMS folgende analytische Grundcharakteristika.

i)   Möglichkeit der Analyse aller Elemente
ii) Isotopenspezifität
iii) hohe Nachweisstärke
iv) Möglichkeit der Durchschnitts-, Mikrobereichs- und Oberflächenanalyse

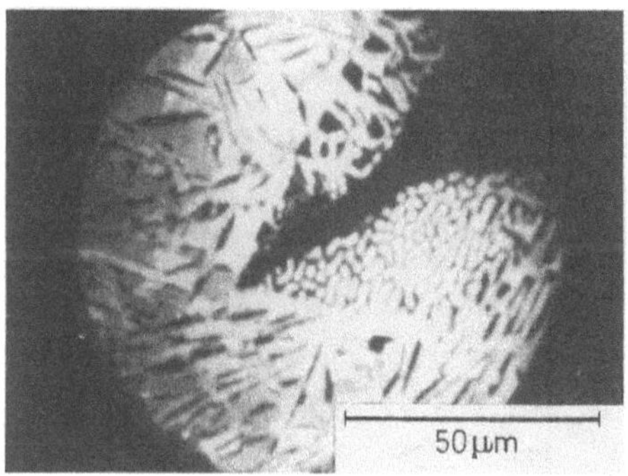

Abb. 3. Sekundärionenabbildung von $^{59}Co^+$ in eutektischem WC—Co-Gefüge [PI = O_2^+, E_0 = 5,5 keV, i_B = 1 µA, d_A = 150 µm, laterales Auflösungsvermögen ca. 0,5 µm]

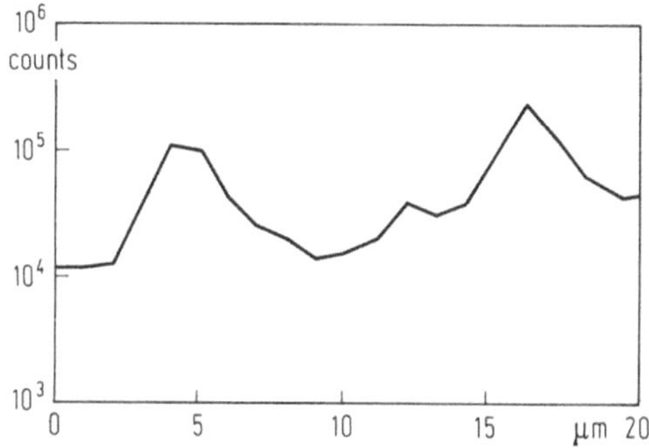

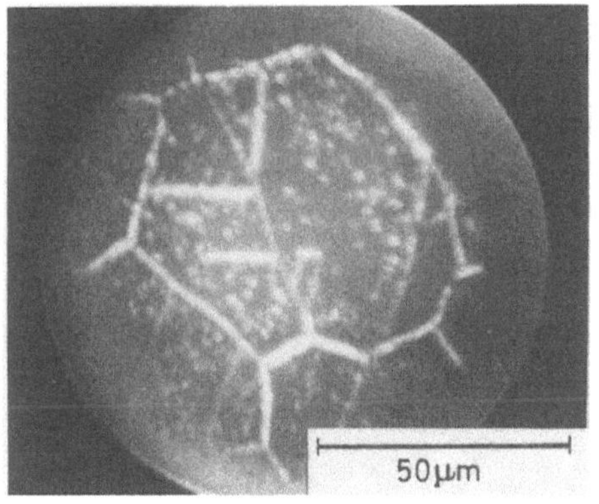

Abb. 4. Linienprofil von $^{12}C^+$ in aufgekohlter Fe—Cr—Ni-Legierung. Das Profil gibt die Ausscheidungen der Karbide an den Korngrenzen und Sub-Mikrometer-Karbid-Präzipitationen im Korninneren wieder. Der Durchschnittsgehalt von C beträgt 0,3 %. [PI = O_2^+, E_0 = 5,5 keV, i_B = 8 nA, d_A = 1,4 µm]

2.2 Signalerzeugung

Bei dem Beschuß einer Festkörperoberfläche mit Ionen kommt es zu einer Impulsübertragung von den Primärionen auf die Festkörperatome auf Grund von Kern-Wechselwirkungen [8–10] (Abb. 6). Dies führt zu einem Platzwechsel der Targetatome. Die Richtung des Platzwechsels wird von der Stoßrichtung und Impulsübertragung bestimmt. Neben der Fortbewegung der Targetatome in die Tiefe der Probe („Recoil Mixing") existiert eine bestimmte Wahrscheinlichkeit für den Aus-

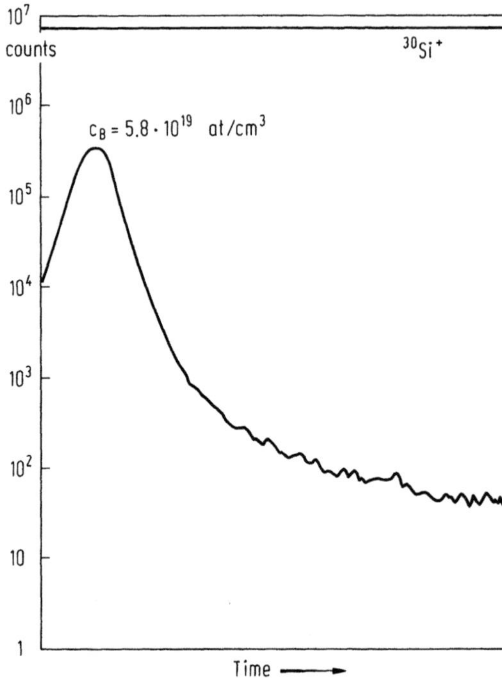

Abb. 5. Tiefenprofil von $^{11}B^+$ in Silizium (Implantation: 100 keV, $3.10^{15}\,\text{cm}^{-2}$) [PI = O_2^+, $E_0 = 5{,}5\,\text{keV}$, $i_B = 2{,}5\,\mu\text{A}$, $d_A = 150\,\mu\text{m}$]

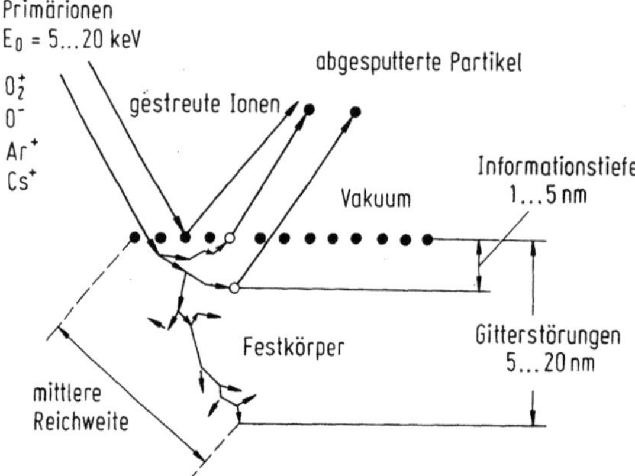

Abb. 6. Schematische Darstellung der Signalerzeugung

tritt eines Teilchens aus der Festkörperoberfläche. Diese gesputterten Teilchen bestehen überwiegend aus ungeladenen Partikeln (Atome, neutrale Cluster oder Moleküle). Zum geringeren Teil sind diese geladen und liegen als positive oder negative Ionen, Cluster oder Moleküle vor. Als analytische Ionen werden für die Elementaranalyse meist einfach oder mehrfach geladene Atomionen gemessen. Molekül- oder Clusterionen können für die verbindungsspezifische Analyse herangezogen werden, da diese weitgehend ursprünglich im Festkörper vorhandene Nahordnungen repräsentieren. Die Austrittstiefe — und damit das maximal erreichbare Tiefenauflösungsvermögen von SIMS — beträgt ca. 3–5 Atomlagen. Dieses Tiefenauflösungsvermögen wird in der Praxis durch das Recoil Mixing [8] und eine statistische Aufrauhung der Oberfläche einer ursprünglich ebenen Probe beim Sputtern verschlechtert [10].

Neben dem Sputtern ist als zweiter Effekt die während der Analyse stattfindende Implantation der Primärionen in die Festkörperoberfläche von großer Bedeutung. Diese bewirkt eine wesentliche Veränderung der chemischen Zusammensetzung der Oberflächenschicht durch Anreicherung der Primärionen (bis zu Gehalten von einigen Prozent). Weiters wird die ursprüngliche Kristallstruktur des Festkörpers verändert: in Abhängigkeit von der chemischen Bindung kommt es zur weitgehenden Amorphisierung (Halbleiter) oder der Generierung von zahlreichen Defekten (Metalle) [11]. Diese strukturellen Änderungen begünstigen Platzwechselvorgänge der Targetatome (ioneninduzierte Diffusion) [12]. Der Oberflächenbereich, der gegenüber dem ungestörten Festkörper die beschriebenen chemischen und strukturellen Unterschiede aufweist, wird üblicherweise als „altered layer" bezeichnet. Die Dicke dieser Zone entspricht etwa der doppelten mittleren projizierten Reichweite (R_p) der Primärionen.

R_p hängt ab von der Primärionenenergie, Kernladungszahl und Masse der Primärionen und Targetatome sowie dem Einfallswinkel und kann mittels LSS-

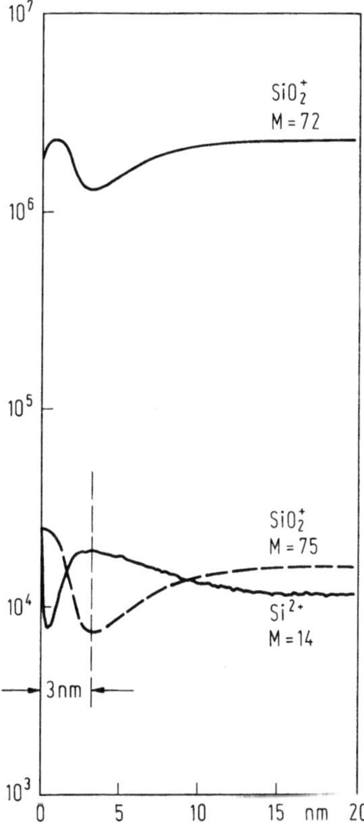

Abb. 7. Ausbildung des Sekundärionensignals an der Oberfläche von Silizium mit ca. 3 nm SiO_2-Schicht als Funktion der Sputterzeit. Das stabile Gleichgewicht zwischen Ionenimplantation und Erosion wird in einer Tiefe von ca. $2R_p$ (10 nm) erreicht. [PI = O_2^+, E_0 − 5,5 keV]

Theorie berechnet werden [13]. R_p-Werte sind tabelliert bei [11], Ryssel und Ruge [14].

Für Si beträgt R_p ca. 25 nm bei einer Primärionenenergie von 1 keV pro Nucleon und 90° Einfallswinkel.

Für Silizium ergeben sich nach dieser näherungsweisen Berechnung für übliche Analysenbedingungen bei einem Einfallswinkel von 60° zur Probenebene folgende Werte für die Dicke des „altered layer": $E_0 = 5$ keV: PI $= O_2^+$ ca. 10 nm, Ar^+ ca. 15 nm, Cs^+ ca. 2 nm. $E_0 = 15$ keV: PI $= O^-$ ca. 60 nm, Cs^+ ca. 20 nm. Innerhalb der Oberflächenschicht, deren Dicke etwa das Doppelte von $2R_p$ beträgt, verändert sich das Sekundärionensignal als Folge der Ionenimplantation (Abb. 7). Erst bei einer Sputtertiefe von $> 2R_p$ wird ein Gleichgewichtszustand zwischen Ionenimplantation und Erosion erreicht, für welchen eine exakte Beziehung zwischen Sekundärionenintensität und chemischer Zusammensetzung der Probe aufgestellt werden kann.

Abbildung 7 zeigt den Verlauf der Sekundärionensignale von Si^+ und zwei Oxidionen (Si_2O^+) im „altered layer" einer Siliziumoberfläche bei Sputtern mit Sauerstoff. Dieser kann folgendermaßen interpretiert werden: An der Siliziumoberfläche liegt eine ca. 3 nm dicke native Oxidschicht vor, welche zu einer hohen Ausbeute an Si_2O^+-Ionen (typisch für Bindung von Si an O) führt. Nach Absputtern dieser Schicht fällt das Si_2O^+-Signal wegen der Sauerstoffverarmung an der Oberfläche stark ab und die Intensität von Si^{2+} steigt wegen einer höheren Oberflächenkonzentration (Faktor 3) dieser Atome an.

Durch die Implantation der Sauerstoffprimärionen in die Oberflächenzone (Konzentrationsmaximum in $0,87\ R_p$) tritt eine zunehmende Verarmung der Si-Konzentration in der jeweils abgesputterten Atomlage ein. Als Folge fällt das Si^{2+}-Signal und die Intensität von Si_2O^+ erhöht sich bis zu der Tiefe, in der das Gleichgewicht zwischen Implantation und Erosion erreicht wird. Diese liegt in einer Entfernung von ca. $2R_p$ von der ursprünglichen Oberfläche (ca. 10 nm).

Für den Gleichgewichtszustand wird der Zusammenhang zwischen Sekundärionenintensität und Proben- bzw. Analysenparameter durch Gl. 1 [15] beschrieben:

$$I_{S(A)} = I_p \cdot S \cdot \alpha_A \cdot c_A \cdot i_{S(A)} \cdot \eta_A \tag{1}$$

$I_{S(A)}$ = Sekundärionenintensität des gemessenen Isotops von Element A [cps]
I_p = Primärionenintensität [Ionen/s]
S = Sputterausbeute [Atome/Primärion]
α_A = Ionisierungswahrscheinlichkeit der gesputterten Atome (α_A^+-positive, α_A^--negative Sekundärionen)
c_A = atomare Konzentration von Element A in der Probe
$i_{S(A)}$ = Isotopenhäufigkeit
η_A = Wirkungsgrad der Sekundärionenmessung für Element A (Ausbeute der Ionenextraktion, Transmission des Massenspektrometers, Detektorwirkungsgrad)

Die in Gl. 1 angegebenen Variablen hängen von folgenden Einflußgrößen ab:

Primärionenintensität (I_p):

Art und Konstruktion von Primärionenquelle bzw. Primärionenoptik, Ausmaß der Strahlfokussierung. Typische Werte für einen defokussierten Strahl (d_B ca. 50 µm) sind 1–5 µA (entsprechend ca. 10^{13} Ionen/sec)

Wirkungsgrad der Sekundärionenmessung (η_A):

Konstruktion des Ionenextraktionssystems, Art und Auflösungsvermögen des Massenspektrometers, Art des Detektors. Bei Hochleistungsgeräten mit mehrlinsigem Ionenextraktionssystem und doppelfokussierendem Massenspektrometer und offenem Elektronenvervielfacher beträgt η_A größenordnungsmäßig 0,1. Dieser Wert kann sich bei Erhöhung des Massenauflösungsvermögens in Abhängigkeit von der Größe des Sekundärionenemissionsspots auf bis zu 10^{-3} verringern. Bei Ionenmikrosonden mit Quadrupolmassenspektrometern liegt η_A in der Größenordnung von 10^{-3} [16] (s. auch Kap. 3).

Isotopenhäufigkeit ($i_{S(A)}$):

Die Häufigkeiten der verschiedenen Isotope der Elemente des Periodensystems liegen in der Größenordnung von 0,01–1 (Abb. 8). Meist ist es möglich ein Isotop hoher Häufigkeit für die Analyse heranzuziehen.

Sputterausbeute (S):

Die Sputterausbeute (Sputterkoeffizient) hängt von der Masse der Primärionen und Targetatome, der Energie der Primärionen, dem Einfallswinkel und der Oberflächenbindungsenergie ab. Eine näherungsweise Berechnung ist mittels der von Sigmund [9] aufgestellten Sputterformel (Gl. 2) für nichtreaktive Ionen (Ar^+) möglich (Gries und Strydom [17]):

$$S_{90} = 0.042\alpha S_n/B \tag{2a}$$

S = Sputterausbeute bei Einfallswinkel von 90° [Atome/Ion] (Einfallswinkel = Winkel zwischen Ionenstrahl und Probenebene)

α = dimensionslose Zahl, welche den relativen Anteil der für das Sputtern aufgebrauchten Energie des Primärions widergibt

S_n = Kern-Abbremskraft (Nuclear Stopping Power) der Targetatome für einfallendes Ion [eV/$Å^2$]

B = (durchschnittliche) Oberflächenbindungsenergie der gesputterten Atome [eV/Atom] — kann durch die Sublimationsenthalpie angenähert werden. Sublimationsenthalpien für Reinelemente finden sich bei Gries und Strydom [17].

α-Werte wurden von Sigmund [9] als Funktion des Verhältnisses $\dfrac{M_2}{M_1}$ (M_2, M_1 = Masse von Targetatom und Primärion) angegeben. Gries und Strydom [17] ermittelten durch Auswertung von zahlreichen Literaturangaben über Sputterkoeffizienten emprische α-Werte (α_{eff}-Werte), welche für $M_2 > M_1$ beträchtlich von den

Element	1	2	3	4	5	6	7	8	9	10	11	12	13	14	15	16	17	18	19	20	21	22	23	24	25	26	27	28	29	30	31	Element
H	100	.015																														H
He				100																												He
Li						7.42	92.6																									Li
Be									100																							Be
B										19.6	80.4																					B
C												98.9	1.11																			C
N														99.6	0.37																	N
O																99.8	.037	.204														O
F																			100													F
Ne																				90.9	.257	8.82										Ne
Na																							100									Na
Mg																								79.0	10.0	11.0						Mg
Al																											100					Al
Si																												92.2	4.70	3.09		Si
P																															100	P

Element	32	33	34	35	36	37	38	39	40	41	42	43	44	45	46	47	48	49	50	51	52	53	54	55	56	57	58	59	60	61	Element
S	95.0	.076	4.22		.014																										S
Cl				75.8		24.2																									Cl
Ar					.337		.063		99.6																						Ar
K								93.1	.012	6.88																					K
Ca									97.0		0.64	.145	2.06		.003		0.18														Ca
Sc														100																	Sc
Ti															7.93	7.28	73.9	5.51	5.34												Ti
V																			0.24	99.8											V
Cr																			4.34		83.8	9.50	2.36								Cr
Mn																								100							Mn
Fe																							5.82		91.7	2.19	0.33				Fe

Element	58	59	60	61	62	63	64	65	66	67	68	69	70	71	72	73	74	75	76	77	78	79	80	81	82	Element
*Fe	0.33																									*Fe
Co		100																								Co
Ni	67.9		26.2	1.19	3.66		1.08																			Ni
Cu						69.2		30.8																		Cu
Zn							48.9		27.8	4.11	18.6		0.62													Zn
Ga												60.4		39.6												Ga
Ge													20.5		27.4	7.76	36.5		7.76							Ge
As																		100								As
Se																	0.87		0.02	7.58	23.5		49.8		9.19	Se

Element	78	79	80	81	82	83	84	85	86	87	88	89	90	91	92	93	94	95	96	97	98	99	100	101	102	103	104
*Se	23.5		49.8		9.19																						
Br		50.7		49.3																							
Kr	0.35		2.27		11.6	11.6	56.9		17.4																		
Rb								72.2		27.8																	
Sr							0.56		9.86	7.02	82.6																
Y												100															
Zr													51.5	11.2	17.1		17.4		2.80								
Nb																100											
Mo															15.8		9.04	15.7	16.5	9.46	23.8		9.63				
Ru																			5.51		1.87	12.7	12.6	17.1	31.6		18.6
Rh																										100	

Element	102	103	104	105	106	107	108	109	110	111	112	113	114	115	116	117	118	119	120	121	122	123	124	125	126	127	128	129	130
*Ru	31.6		18.6																										
Rh		100																											
Pd	0.96		11.0	22.2	27.3		26.7		11.8																				
Ag						51.8		48.2																					
Cd					1.22		0.88		12.4	12.8	24.1	12.3	28.9		7.58														
In												4.28		95.7															
Sn											0.96		0.66	0.35	14.3	7.61	24.0	8.58	32.8		4.72		5.94						
Sb																				57.2		42.8							
Te																			.089		2.46	0.87	4.61	6.99	18.7		31.8		34.5
I																										100			

Element	124	125	126	127	128	129	130	131	132	133	134	135	136	137	138	139	140	141	142	143	144	145	146	147	148	149	150	151	152	153	154
*Sn	5.94																														
*Te	4.61	6.99	18.7		31.8		34.5																								
I				100																											
Xe	.096		.090		1.92	26.4	4.08	21.2	26.9		10.4		8.87																		
Cs										100																					
Ba							.101		.097		2.42	6.59	7.81	11.3	71.7																
La															.089	99.9															
Ce													.193		.250		88.5		11.1												
Pr																		100													
Nd																			27.1	12.2	23.8	8.30	17.2		5.73		5.62				
Sm																					3.09			15.0	11.2	13.8	7.44		26.7		22.7
Eu																												47.8		52.2	

	152	153	154	155	156	157	158	159	160	161	162	163	164	165	166	167	168	169	170	171	172	173	174	175	176	177	178	179	180	181	182	
*Sm	26.7		22.7																													*Sm
*Eu		52.2																														*Eu
Gd	.200		2.15	14.7	20.5	15.7	24.9		21.9																							Gd
Tb								100																								Tb
Dy					.052		.090		2.29	18.9	25.5	25.0	28.2																			Dy
Ho														100																		Ho
Er											.136		1.56		33.4	22.9	27.1		14.9													Er
Tm																		100														Tm
Yb																	.135		3.03	14.3	21.8	16.1	31.8		12.7							Yb
Lu																								97.4	2.59							Lu
Hf																							0.18		5.20	18.5	27.1	13.8	35.2			Hf

	180	181	182	183	184	185	186	187	188	189	190	191	192	193	194	195	196	197	198	199	200	201	202	203	204	205	206	207	208	209	
*Hf	35.2																														*Hf
Ta	.012	100																													Ta
W	0.14		26.4	14.4	30.6		28.4																								W
Re						37.5		62.5																							Re
Os					.018		1.59	1.64	13.3	16.1	26.4		41.0																		Os
Ir												37.3		62.7																	Ir
Pt											.013		0.78		32.9	33.8	25.3		7.21												Pt
Au																		100													Au
Hg																	.146		10.0	16.8	23.1	13.2	29.8		6.85						Hg
Tl																								29.5		70.5					Tl
Pb																									1.48		23.6	22.6	52.3		Pb
Bi																														100	Bi

	232	233	234	235	236	237	238	
Th	100							Th
U			.006	0.72			99.3	U

Abb. 8. Massenzahlen und relative Häufigkeit stabiler Isotope

Sigmundschen α-Werten abweichen. Die von Gries und Strydom [17] gefundene Abhängigkeit von M_2/M_1 wird durch Polynomfunktionen beschrieben:

i) $\lg \dfrac{M_2}{M_1} \leqq -1,2$:

$$\alpha_{eff} = 0,120 \tag{2b}$$

ii) $-1,2 < \lg \dfrac{M_2}{M_1} \leqq -0,144$:

$$\alpha_{eff} = 0,0857 \left(\lg \frac{M_2}{M_1}\right)^5 + 0,289 \left(\lg \frac{M_2}{M_1}\right)^4 + 0,402 \left(\lg \frac{M_2}{M_1}\right)^3$$
$$+ 0,350 \left(\lg \frac{M_2}{M_1}\right)^2 + 0,220 \lg \frac{M_2}{M_1} + 0,189 \tag{2c}$$

iii) $-0,144 < \lg \dfrac{M_2}{M_1} \leqq 1,8$:

$$\alpha_{eff} = 0,0449 \left(\lg \frac{M_2}{M_1}\right)^6 - 0,107 \left(\lg \frac{M_2}{M_1}\right)^5 - 0,209 \left(\lg \frac{M_2}{M_1}\right)^4$$
$$+ 0,314 \lg \left(\frac{M_2}{M_1}\right)^3 + 2,207 \left(\lg \frac{M_2}{M_1}\right)^2 + 0,156 \left(\lg \frac{M_2}{M_1}\right)$$
$$+ 0,183 \tag{2d}$$

Für die Kern-Abbremskraft gilt:

$$S_n = 84,7 \frac{Z_1 \cdot Z_2}{(Z_1^{2/3} + Z_2^{2/3})^{1/2}} \cdot \frac{M_1}{M_1 + M_2} \cdot s_n(\varepsilon) \tag{2e}$$

$s_n(\varepsilon) =$ universeller Kern-Abbremsquerschnitt $\left(\dfrac{d\varepsilon}{d\varrho}\right)_n$ der LSS-Theorie [18]. Näherungsweise kann $s_n(\varepsilon)$ durch folgende Polynome angegeben werden:

i) $0,001 \leqq \varepsilon < 0,2$:

$$s_n(\varepsilon) = -0,0205(\lg \varepsilon)^3 - 0.106(\lg \varepsilon)^2 - 0,0188 \lg \varepsilon + 0,435 \tag{2f}$$

ii) $0,2 \leqq \varepsilon < 10$:

$$s_n(\varepsilon) = 0,0583(\lg \varepsilon)^3 - 0,110(\lg \varepsilon)^2 - 0,175 \lg \varepsilon + 0,356 \tag{2g}$$

iii) $10 \leqq \varepsilon < 100$:

$$s_n(\varepsilon) = 0,5 \frac{\ln 1,294\varepsilon}{\varepsilon} \tag{2h}$$

ε kann aus der Anregungsenergie E_0 [keV], den Massen und Atomnummern der Targetatome [M_2, Z_2] und der Primärionen [M_1, Z_1] berechnet werden.

$$\varepsilon = 32,5E \cdot \frac{1}{Z_1 \cdot Z_2(Z_1^{2/3} + Z_2^{2/3})^{1/2}} \cdot \frac{M_2}{M_1 + M_2} \qquad (2i)$$

Die näherungsweise berechneten Sputterkoeffizienten gelten nur für nicht reaktives Sputtern (Ar^+), da bei Reaktivsputtern mit Sauerstoff die Oberflächenbindungsenergie durch Überführung in einen oxid-ähnlichen Zustand verändert wird. Tabelle 1

Tabelle 1. Sputterkoeffizienten für Reinelemente (Gries und Strydom [17], $\theta = 90°$)

	Ar^+		Cs^+	
	5 keV	10 keV	10 keV	15 keV
B	0,69	0,77	1,16	1,29
C	0,56	0,61	0,93	1,03
Al	2,48	2,61	4,30	4,56
Si	2,00	2,11	3,46	3,67
Ti	1,97	2,22	4,48	5,00
Fe	2,45	2,75	5,60	6,3
Cu	3,3	3,7	7,7	8,5
Mo	2,0	2,25	4,8	5,4
Ag	4,75	5,4	11,9	13,5
W	1,8	2,1	5,1	5,8
Au	4,15	4,9	12,1	13,9

enthält von Gries und Strydom [17] berechnete Sputterkoeffizienten für typische Analysenbedingungen [Ar^+ 5 und 10 keV, Cs^+ 10 und 15 keV]. Die Werte können unter Verwendung von Gleichung 3 auf andere Einfallswinkel als 90° umgerechnet werden:

$$S_\theta = S_{90} \cdot \frac{1}{(\sin \theta)^x} \qquad (3)$$

Als Wert für den Koeffizienten x wurden $+1$ für $M_1 < M_2$ [19] bzw. $^5/_3$ für $M_1 \geqq M_2$ [17] eingesetzt.

Diese Winkelabhängigkeit des Sputterkoeffizienten dokumentiert sich auch bei der Analyse von rauhen Proben durch eine von der Orientierung des Mikrobereiches abhängige Abtragung.

Der Einfluß der chemischen Oberflächenreaktion von Sauerstoff beim Reaktivsputtern soll hier kurz an einem metallischen Dünnfilmsystem dokumentiert werden. Tabelle 2 zeigt einen Vergleich von berechneten relativen Sputterkoeffizienten (wobei keine chemischen Effekte berücksichtigt werden) und Sputterkoeffizienten wie sie bei Reaktivsputtern erhalten werden. Bezugselement ist Titan (reine Metallschicht). Die relativen Sputterkoeffizienten sind bei Reaktivsputtern höher weil offensichtlich die

Tabelle 2. Vergleich von für inertes Sputtern berechneten Sputterkoeffizienten (Gries [17]) mit unter reaktiven Bedingungen gemessenen Sputterkoeffizienten. Wegen der schwierigen exakten Primärstrommessung werden auf Titan normierte Koeffizienten verglichen (Probe: metallisches Dünnfilmsystem, Dicke der einzelnen Schichten 11–100 nm)

Inertes Sputtern: berechnete Sputterkoeffizienten (Gries [17])				Reaktivsputtern: gemessene Sputterkoeffizienten		
E/P-Atom (keV)	2,75	9,5	14,5	O_2^+ 2,75	O^- 9,5	14,5	$O^- + P_{O_2} = 5 \cdot 10^{-3}$ Pa 9,5
Au/Ti	1,67	1,87	2,08	4,55	5,55	7,69	6,66
Pd/Ti	1,65	1,78	1,90	3,45	3,70	4,76	1,61
NiCr/Ti 80/20	1,19	1,21	1,22	0,83	0,64	0,71	0,73

Sputterkoeffizienten für eine mit Sauerstoff angereicherte Titanschicht wegen der hohen Oberflächenbindungsenergie von Titanoxid niedriger sind. Die Unterschiede in den Sputterkoeffizienten beim Reaktivsputtern erklären sich mit dem bei unterschiedlichen Bedingungen verschiedenen Ausmaß der Sauerstoffimplantation bzw. Sauerstoffsättigung in den Schichten. Die Sauerstoffaffinität der einzelnen Metalle spielt eine große Rolle.

Für eine näherungsweise Berechnung der Sputterkoeffizienten von homogenen Zweistoffsystemen (Legierungen oder Verbindungen) wird von van Craen [20] nach Glg. 4 vorgeschlagen:

$$\bar{S} = \frac{M_A \cdot S_A + M_B \cdot S_B}{X_A \cdot M_A + X_B \cdot M_B} \tag{4}$$

$\bar{S}$ = mittlerer Sputterkoeffizient des Zweistoffsystems

M_A, M_B = Massen der Targetatome A und B in Zweistoffsystemen

S_A, S_B = Sputterkoeffizienten der reinen Komponenten A und B (für gleiche Primärionenart, -energie etc.)

X_A, X_B = atomare Anteile der Elemente A und B in Zweistoffsystemen

Neben den beschriebenen dominierenden Zusammenhängen ist noch ein geringer Einfluß der Kristallstruktur bzw. -orientierung zu verzeichnen. Die Abhängigkeit der Sputterausbeute von den verschiedenen Parametern ist in Abb. 9 dokumentiert.

Berechnungen und Messungen zeigen, daß die Sputterausbeuten für die meisten Elemente und Verbindungen unter üblichen Analysenbedingungen in der Größenordnung von 0,5–10 liegen.

Ionisierungswahrscheinlichkeit (α_A):

Die Ionisierungswahrscheinlichkeit hängt primär von der Art der Primärionen und der Targetatome ab. Daneben existiert ein geringerer Einfluß der chemischen Zusammensetzung der Probe und des Oberflächenzustandes (Austrittsarbeit) [21].

Der Einfluß der Art der Primärionen besteht darin, daß die Wahrscheinlichkeit der Bildung von positiven Ionen bei Beschuß mit Primärionen deren Elemente eine hohe

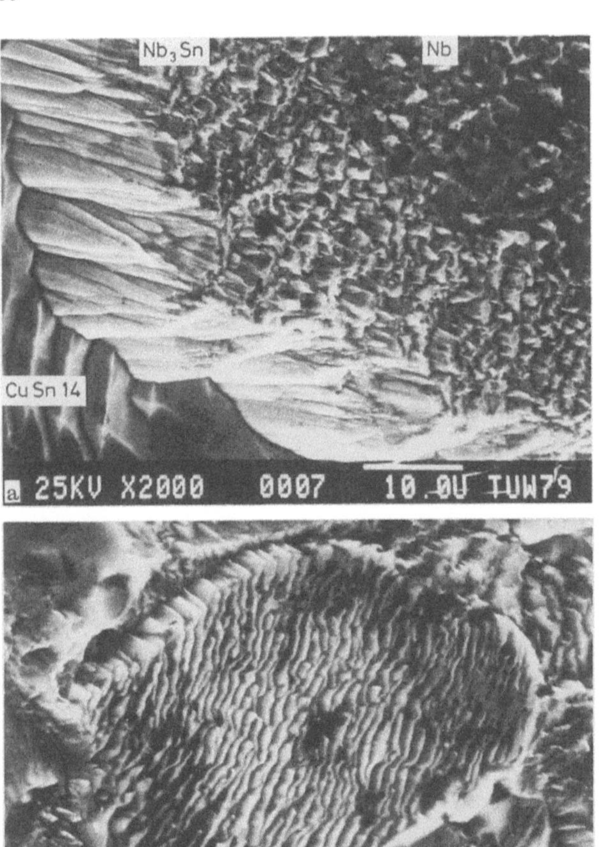

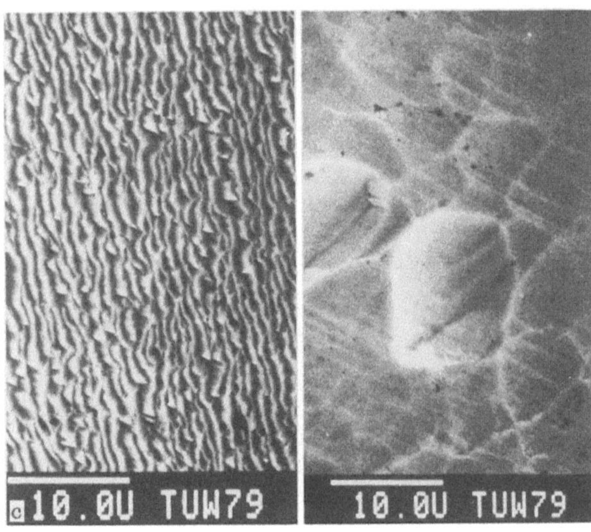

Abb. 9a–c. Abhängigkeit der Sputterausbeute von Probenparametern demonstriert am 3-phasigen System $CuSn14/Nb_3Sn/Nb$:
a) Überblicks-REM-Mikrographie. Massenzahl und Bindungseinfluß: $CuSn14$ zeigt wesentlich höhere Sputterausbeute als Nb_3Sn und Nb, **b)** Preferentielles Sputtern an Korngrenzen in Nb-Phase, **c)** Einfluß der Orientierung der Kristallflächen bei polykristallinen Materialien auf Sputterausbeute $(CuSn14)$ [$PI = O_2^+$, $E_0 = 5,5$ keV, $i_B = 1$ µA]

^{2}He 24.581	^{10}Ne 21.559	^{18}Ar 15.755	^{36}Kr 13.996	^{54}Xe 12.127	^{86}Rn 10.746
	^{9}F 17.418	^{17}Cl 13.01	^{35}Br 11.84	^{53}I 10.454	^{85}At 9.5
	^{8}O 13.614	^{16}S 10.357	^{34}Se 9.75	^{52}Te 9.01	^{84}Po 8.43
	^{7}N 14.53	^{15}P 10.484	^{33}As 9.81	^{51}Sb 8.639	^{83}Bi 7.287
	^{6}C 11.256	^{14}Si 8.149	^{32}Ge 7.88	^{50}Sn 7.342	^{82}Pb 7.415
	^{5}B 8.296	^{13}Al 5.984	^{31}Ga 6.00	^{49}In 5.785	^{81}Tl 6.106
			^{30}Zn 9.391	^{48}Cd 8.991	^{80}Hg 10.43
			^{29}Cu 7.724	^{47}Ag 7.574	^{79}Au 9.22
			^{28}Ni 7.633	^{46}Pd 8.33	^{78}Pt 9.0
			^{27}Co 7.86	^{45}Rh 7.46	^{77}Ir 9.0
			^{26}Fe 7.87	^{44}Ru 7.364	^{76}Os 8.7
			^{25}Mn 7.432	^{43}Tc 7.28	^{75}Re 7.87
			^{24}Cr 6.764	^{42}Mo 7.10	^{74}W 7.98
			^{23}V 6.74	^{41}Nb 6.88	^{73}Ta 7.88
			^{22}Ti 6.82	^{40}Zr 6.84	^{72}Hf 7.0
			^{21}Sc 6.54	^{39}Y 6.38	^{57}La 5.61
	^{4}Be 9.320	^{12}Mg 7.644	^{20}Ca 6.111	^{38}Sr 5.692	^{56}Ba 5.210
^{1}H 13.595	^{3}Li 5.390	^{11}Na 5.138	^{19}K 4.339	^{37}Rb 4.176	^{55}Cs 3.893

Abb. 10. Erste Ionisierungspotentiale der Elemente [eV]

Abb. 11. Elektronenaffinitäten [eV]

1	2	3	4	5	6	7	8	9	10	11	12	13	14	15	16	17	18
^{1}H 0.7542																	^{2}He 0
^{3}Li 0.620	^{4}Be 0											^{5}B 0.28	^{6}C 1.268	^{7}N 0	^{8}O 1.462	^{9}F 3.399	^{10}Ne 0
^{11}Na 0.546	^{12}Mg 0											^{13}Al 0.46	^{14}Si 1.385	^{15}P 0.743	^{16}S 2.0772	^{17}Cl 3.615	^{18}Ar 0
^{19}K 0.5012	^{20}Ca 0	^{21}Sc 0	^{22}Ti 0.2	^{23}V 0.5	^{24}Cr 0.66	^{25}Mn 0	^{26}Fe 0.25	^{27}Co 0.7	^{28}Ni 1.15	^{29}Cu 1.226	^{30}Zn 0	^{31}Ga 0.3	^{32}Ge 1.2	^{33}As 0.80	^{34}Se 2.0206	^{35}Br 3.364	^{36}Kr 0
^{37}Rb 0.4860	^{38}Sr 0	^{39}Y 0	^{40}Zr. 0.5	^{41}Nb 1.0	^{42}Mo 1.0	^{43}Tc 0.7	^{44}Ru 1.1	^{45}Rh 1.2	^{46}Pd 0.6	^{47}Ag 1.303	^{48}Cd 0	^{49}In 0.3	^{50}Sn 1.25	^{51}Sb 1.05	^{52}Te 1.9708	^{53}I 3.061	^{54}Xe 0
^{55}Cs 0.4715	^{56}Ba 0	^{57}La 0.5	^{72}Hf 0	^{73}Ta 0.6	^{74}W 0.6	^{75}Re 0.15	^{76}Os 1.1	^{77}Ir 1.6	^{78}Pt 2.128	^{79}Au 2.3086	^{80}Hg 0	^{81}Tl 0.3	^{82}Pb 1.1	^{83}Bi 1.1	^{84}Po 1.9	^{85}At 2.8	^{86}Rn 0

Elektronenaffinität aufweisen (Sauerstoff) im Vergleich zu Edelgasionen (Ar^+) stark erhöht wird [22]. Die Wahrscheinlichkeit der Bildung von negativen Sekundärionen kann durch Verwendung von Primärionen mit niedrigem Ionisierungspotential (z. B. Caesium) gegenüber Edelgasionen (hohes Ionisierungspotential) deutlich vergrößert werden [23]. Dies bedeutet, daß durch sogenanntes „Reaktivputtern" mit O_2^+, O^- oder Cs^+ bis zu einem Faktor 100 höhere Sekundärionenausbeuten im Vergleich zu Sputtern mit Edelgasionen erhalten werden.

Die Abhängigkeit der Sekundärionenausbeute von der Art der Targetatome kann bei Sputtern mit reaktiven Primärionen im Wesentlichen auf die unterschiedlichen Ionisierungsenergien (für positive Sekundärionen) bzw. Elektronenaffinitäten (für negative Sekundärionen) zurückgeführt werden [5]. Je niedriger die Ionisierungsenergie ist, desto höher ist die Ausbeute an positiven Ionen, je höher die Elektronenaffinität ist, desto höher ist die Ausbeute an negativen Sekundärionen.

In der Praxis kombiniert man die Einflüsse von Primärionen und Ionisierungsenergie (Abb. 10) bzw. Elektronenaffinität (Abb. 11) um höchste Sekundärionenausbeute zu erreichen: Elemente mit relativ niedrigen Ionisierungsenergien (Gruppe 1–4 des PSE) werden unter Verwendung von Sauerstoff als Primärionen als positive Sekundärionen gemessen. Elemente mit hoher Elektronenaffinität (Gruppe 5–7 des PSE) werden meist als negative Sekundärionen gemessen, wobei die höchsten Ausbeuten bei Verwendung von Cs^+-Primärionen erhalten werden.

Der Einfluß der Primärionenart kann qualitativ und für viele Elemente sogar halbquantitativ mit Hilfe des (allerdings physikalisch umstrittenen) Modells der Existenz eines lokalen thermodynamischen Gleichgewichtes zwischen Neutralteilchen, Ionen und Elektronen im Sekundäremissionsspot erklärt werden [5, 24].

Nach diesem LTE („local thermodynamic equilibrium")-Modell wird die Konzentration der Skundärionen im Emissionsspot („Plasma" unmittelbar über der Festkörperoberfläche) von der Zahl der freien Elektronen bestimmt: Ist diese niedrig, dann ist die relative Zahl der positiven Sekundärionen groß, da eine geringe Wahrscheinlichkeit der Neutralisation besteht (Reaktion $A^+ + e \rightleftharpoons A^\circ$). Die Konzentration der Elektronen im Plasma wird stark von der elektronischen Austrittsarbeit der Festkörperoberfläche bestimmt. Bei Beschuß mit Sauerstoff entsteht an der Oberfläche ein oxidartiger Zustand, welcher die Austrittsarbeit für Elektronen erhöht und die positive Sekundärionenausbeute im Vergleich zu einer reinen metallischen Oberfläche, wie sie bei Edelgasionen vorliegt, deutlich erhöht. Dieser Einfluß wird experimentell auch dadurch belegt, daß die positive Sekundärionenemission mit der Sauerstoffkonzentration in der Probe zunimmt, bis schließlich bei Oxiden ein Maximalwert erreicht wird.

Die Sauerstoffkonzentration an der Probenoberfläche kann z. B. durch ein zusätzliches Angebot an Sauerstoffmolekülen durch Einlassen von O_2 in die Probenkammer während des Primärionenbeschusses erhöht werden. Abbildung 12 zeigt die Zunahme der Intensität von B^+ in einer homogenen dotierten Siliziumprobe mit steigendem Sauerstoffpartialdruck (angezeigt durch SiO_2^+) in der Probenkammer. Selbst bei Verwendung von „inerten" Argon-Primärionen kann dadurch bei entsprechendem Sauerstoffangebot an der Probenoberfläche (d. h. bei einem Partialdruck von ca. 10^{-3} Pa) unter der Voraussetzung einer hohen Sauerstoffaffinität des Targetmaterials die Sekundärionenausbeute von Oxiden erreicht werden (z. B. bei Si).

Die Ausbeute von negativen Sekundärionen kann nach dem LTE-Modell durch

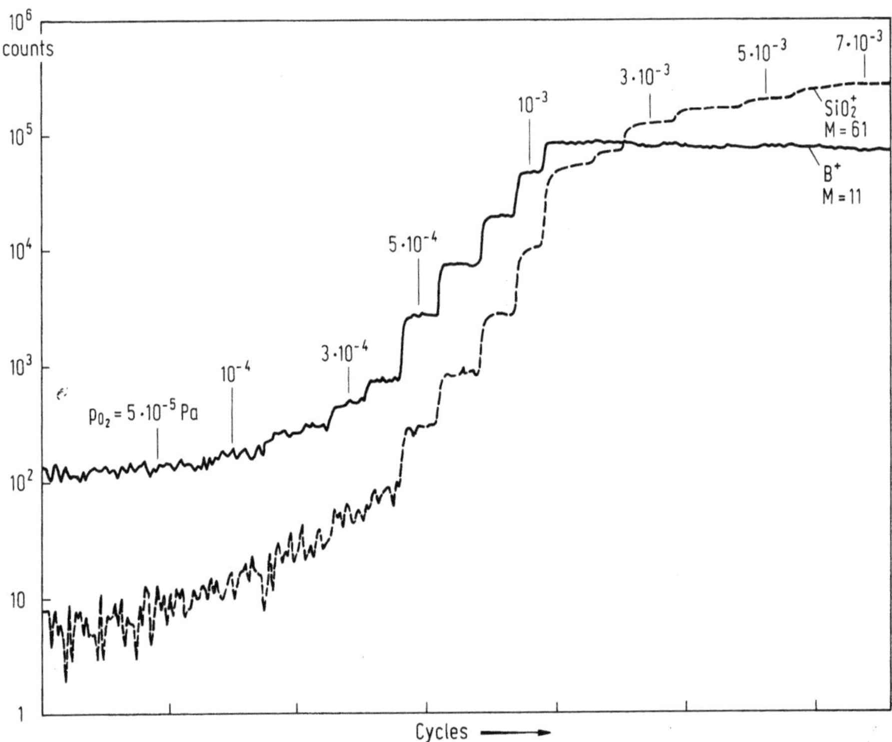

Abb. 12. Abhängigkeit der Intensität von $^{11}B^+$ und $^{29}Si^{16}O_2^+$ vom Sauerstoffpartialdruck in Probenkammer (Tiefenprofil über Rein-Silizium) [PI = Ar^+, E_0 = 5,5 keV, i_B = 400 nA, 500 × 500 μm]

eine Erniedrigung der Austrittsarbeit für Elektronen erhöht werden. Dies kann durch Bedeckung der Probenoberfläche mit einem Caesium-Film [25] oder einfacher durch Verwendung von Cs^+-Primärionen [23] erfolgen. In diesem Fall steigt die negative Ionisierungswahrscheinlichkeit entsprechend dem Gleichgewicht $A^\circ + e \rightleftharpoons A^-$ an.

Tabelle 3 enthält einen Vergleich der relativen Sekundärionenintensitäten zahlreicher Elemente für Cs^+ und O^- als Primärionen [26]. Beim Vergleich der Daten ist zu beachten, daß die Sekundärionenintensitäten dem Produkt S.α_A entsprechen und außerdem verschiedene instrumentelle Einflüsse bzw. Matrixeffekte eingehen. Die Verwendung von Reaktivionen für die Analyse und die damit verbundene (zumindest weitgehende) Überführung der Oberfläche in einen definierten chemischen Zustand hat auch zur Konsequenz, daß der Einfluß der chemischen Zusammensetzung (etwa in einer Legierungsreihe) auf die Sekundärionenausbeute wesentlich geringer ist als bei Sputtern mit Edelgasionen. Während die Sekundärionenausbeute verschiedener Elemente Unterschiede von mehreren Zehnerpotenzen aufweist (α ca. 0,1 bis 10^{-5}) liegt der Einfluß der chemischen Zusammensetzung auf die Sekundärionenintensität eines Elementes in verschiedenen Matrices (gleiche Sputterausbeute vorausgesetzt) meist innerhalb einer Größenordnung.

Tabelle 3. Relative Sekundärionenintensitäten bei Anregung mit Sauerstoff- und Caesiumionen [26], A^+, A^- = positive, negative Atomionen

Relative Sekundärionenintensitäten

Element	A^- (16,5 keV Cs$^+$)	A^+ (13,5 keV Cs$^+$)	A^+ (13,5 keV O$^-$)
H	$5 \cdot 10^6$		$7 \cdot 10^3$
Be	$3 \cdot 10^3$	$6 \cdot 10^3$	$5 \cdot 10^5$
B	$1,7 \cdot 10^5$	$3 \cdot 10^3$	$5 \cdot 10^5$
C	$4 \cdot 10^6$	$2 \cdot 10^3$	10^3
N			10^2
O	$1,5 \cdot 10^7$	$3 \cdot 10^3$	$7 \cdot 10^2$
Mg	$4,5 \cdot 10^4$	$2 \cdot 10^4$	10^6
Al	$3 \cdot 10^4$	$3 \cdot 10^4$	$7 \cdot 10^5$
Si	$4 \cdot 10^6$	$2 \cdot 10^4$	$5 \cdot 10^5$
P	$3 \cdot 10^5$		$3 \cdot 10^4$
S	$2 \cdot 10^7$	10^5	$4 \cdot 10^2$
Ca	$1,5 \cdot 10^3$	$4 \cdot 10^4/8 \cdot 10^6$	$2 \cdot 10^6$
Ti	10^4	$8 \cdot 10^3$	$2 \cdot 10^6$
V	$5 \cdot 10^4$	$4 \cdot 10^3$	$1,5 \cdot 10^6$
Cr	$3 \cdot 10^3$	$2 \cdot 10^3$	$1,5 \cdot 10^6$
Mn		$3 \cdot 10^3$	$6 \cdot 10^5$
Fe	$3 \cdot 10^3$	$2 \cdot 10^3$	$4 \cdot 10^5$
Co	10^4	$2 \cdot 10^3$	10^5
Ni	$2 \cdot 10^4$	$3 \cdot 10^3$	$5 \cdot 10^4$
Cu	$1,5 \cdot 10^4$	$5 \cdot 10^3$	$5 \cdot 10^4$
Zn	10^2	$7 \cdot 10^3$	$2 \cdot 10^4$
Ga	$7 \cdot 10^2$	$6 \cdot 10^4$	$8 \cdot 10^5$
Ge	10^5	$8 \cdot 10^3$	$3 \cdot 10^4$
As	$1,8 \cdot 10^5$	$4 \cdot 10^3$	10^3
Se	$3 \cdot 10^5$	$5 \cdot 10^4$	10^3
Zr	$3 \cdot 10^3$	10^4	$5 \cdot 10^5$
Nb	$2 \cdot 10^4$	$3 \cdot 10^3$	$5 \cdot 10^5$
Mo	10^3	$8 \cdot 10^3$	10^6
Ru	$4 \cdot 10^3$	$6 \cdot 10^3$	$2 \cdot 10^6$
Rh	$9 \cdot 10^3$	$7 \cdot 10^3$	$8 \cdot 10^5$
Pd	$2 \cdot 10^3$	10^3	10^5
Ag	$8 \cdot 10^3$	$3 \cdot 10^3$	$5 \cdot 10^3$
Cd	$2 \cdot 10^2$	$1,5 \cdot 10^3$	10^3
In	10^2	$6 \cdot 10^4$	$2 \cdot 10^6$
Sn	10^4	10^3	10^4
Sb	$2 \cdot 10^4$	$4 \cdot 10^3$	$3 \cdot 10^3$
Te	$7 \cdot 10^4$	$1,5 \cdot 10^4$	10^3
Ba	10^2	$5 \cdot 10^4$	$2 \cdot 10^6$
Hf	10^2	$4 \cdot 10^3$	$2 \cdot 10^5$
Ta	$6 \cdot 10^2$	10^3	10^5
W	$2,5 \cdot 10^4$	$7 \cdot 10^3$	$1,5 \cdot 10^5$
Re	$6 \cdot 10^2$	$2 \cdot 10^4$	$2 \cdot 10^5$
Os	10^5	10^4	10^5
Ir	$3 \cdot 10^5$	$6 \cdot 10^3$	10^4
Pt	$3 \cdot 10^5$	10^4	$6 \cdot 10^2$
Au	$4 \cdot 10^5$	$6 \cdot 10^2$	10^2
Hg	10^2		10^3
Pb	$1,5 \cdot 10^3$	10^4	10^4
Bi	$4 \cdot 10^3$	$2 \cdot 10^4$	$2 \cdot 10^3$
Th	$1,5 \cdot 10^4$	$5 \cdot 10^4$	$4 \cdot 10^4$

Eine weitere Angleichung der Sekundärionenausbeuten ($S.\alpha_A$) bei verschiedenen Matrices kann durch die beschriebene Erhöhung des Sauerstoffangebotes an der Probenoberfläche während der Analyse erfolgen. Außerdem werden durch die chemische Oberflächenreaktion mit Sauerstoff die Unterschiede in den verschiedenen Sputterkoeffizienten bei heterogenen Materialien stark reduziert (s. auch Kap. 7.4.2).

Das LTE-Modell [5] kann nicht nur qualitativ zur Beschreibung der Einflüsse von Primärionenart und Targetmaterial auf die Sekundärionenausbeute verwendet, sondern es kann bei dessen quantitativer Formulierung mit Hilfe der Saha-Eggert-Gleichung zur Berechnung von relativen Sekundärionenausbeuten herangezogen werden. Nach der Saha-Eggert-Gleichung ist die Ionenkonzentration in einem Plasma eine Funktion der Ionisierungsenergie, der freien Elektronenkonzentration und der Plasmatemperatur. Nach Andersen [5] können die freie Elektronenkonzentration und die Plasmatemperatur für ein vorgegebenes Stoffsystem und für bestimmte Anregungsbedingungen aus der Messung der Sekundärionenintensitäten von 2 Elementen bekannter Konzentration (innere Standards) oder eines Elementes in 2 Ionisierungsstufen berechnet werden. Sind diese Werte bekannt können die Sekundärionenausbeuten aller anderen Elemente in dem betreffenden Stoffsystem auf Grund von deren bekannten Ionisierungsenergien berechnet werden. Die Kenntnis der Sekundärionenausbeuten ermöglicht dann die quantitative Bestimmung dieser Elemente in der Probe („CARISMA"). Morgan und Werner [27] haben eine vereinfachte Version („einparametriges LTE-Modell") vorgeschlagen, welches im Wesentlichen eine Berechnung der Sekundärionenausbeuten als Funktion der Ionisierungsenergien und einer Plasmatemperatur ermöglicht und Daten ähnlicher Qualität liefert wie die zweiparametrige Version. Tabelle 4 enthält relative Ionisierungswahrscheinlichkeiten, welche nach diesem Verfahren berechnet wurden [28]. Die Richtigkeit dieser Werte liegt für die meisten Elemente in der Größenordnung eines Faktors 5. Die Anwendung des einparametrigen LTE-Modells für die quantitative Analyse ist unter Angabe der zugrundeliegenden Formeln in Kap. 4.2.1.2 dargestellt.

Tabelle 4. Relative positive Ionisierungswahrscheinlichkeiten in verschiedenen Matrices (Kohlenstoff, Eisen, Wolfram) berechnet nach LTE-Modell [28] (Primärionen: Sauerstoff) $T = 7000$ K

Element	MATRIX		
	Kohlenstoff	Eisen	Wolfram
Ar	0,005	$8,0 \cdot 10^{-6}$	$1,2 \cdot 10^{-5}$
Ag	355	0,6	0,7
Al	1 690	2,7	3,6
As	23	$3,8 \cdot 10^{-2}$	$5,1 \cdot 10^{-2}$
Au	23	$3,7 \cdot 10^{-2}$	$5,0 \cdot 10^{-2}$
B	36	$5,8 \cdot 10^{-2}$	$7,8 \cdot 10^{-2}$
Ba	40 100	64	86
Be	72	0,11	0,15
Bi	336	0,53	0,73
Br	0,9	$1,5 \cdot 10^{-3}$	$2,0 \cdot 10^{-3}$
C	1,0	$1,6 \cdot 10^{-3}$	$2,2 \cdot 10^{-3}$
Ca	12 600	20	27
Cd	137	0,22	0,29

Tabelle 4   (Fortsetzung)

Element	MATRIX		
	Kohlenstoff	Eisen	Wolfram
Cl	0,1	$2,1 \cdot 10^{-4}$	$2,9 \cdot 10^{-4}$
Co	390	0,62	0,84
Cr	1720	2,7	3,7
Cs	80000	127	173
Cu	230	0,37	0,50
Fe	627	1,0	1,4
Ga	1820	2,9	3,9
Ge	241	0,38	0,52
Hf	1790	2,8	3,9
Hg	12	$2,0 \cdot 10^{-2}$	$2,7 \cdot 10^{-2}$
J	8	$1,4 \cdot 10^{-2}$	$1,8 \cdot 10^{-2}$
In	3060	4,9	6,6
Ir	1,3	$2,1 \cdot 10^{-3}$	$2,8 \cdot 10^{-3}$
K	56800	90	123
Kr	0,08	$1,3 \cdot 10^{-4}$	$1,7 \cdot 10^{-4}$
La	17600	28	38
Li	11800	19	25,5
Mg	1160	1,9	2,5
Mn	650	1,04	1,4
Mo	1350	2,1	2,9
N	0,015	$2,4 \cdot 10^{-5}$	$3,3 \cdot 10^{-5}$
Na	18400	29	39,8
Nb	1840	2,9	3,9
Ni	267	0,4	0,58
Os	125	0,2	0,27
P	10	$1,7 \cdot 10^{-2}$	$2,3 \cdot 10^{-2}$
Pb	940	1,5	2,0
Pd	350	0,6	0,75
Pt	38	$6,2 \cdot 10^{-2}$	$8,4 \cdot 10^{-2}$
Rb	67900	108	147
Re	366	0,6	0,8
Rh	477	0,7	1,0
Rn	15	$2,4 \cdot 10^{-2}$	$3,2 \cdot 10^{-2}$
Ru	661	1,05	1,4
S	3,4	$5,5 \cdot 10^{-3}$	$7,4 \cdot 10^{-3}$
Sb	99	0,15	0,21
Sc	6430	10,2	14
Se	11	$1,7 \cdot 10^{-2}$	$2,4 \cdot 10^{-2}$
Si	158	0,25	0,34
Sn	600	0,95	1,3
Sr	21600	34	46,8
Ta	518	0,8	1,1
Te	47	$7,5 \cdot 10^{-2}$	0,10
Ti	3700	5,9	8,0
Tl	2910	4,6	6,3
V	2490	4,0	5,4
W	461	0,7	1,0
Xe	1,6	$2,5 \cdot 10^{-3}$	$3,5 \cdot 10^{-3}$
Y	1660	2,6	3,6
Zn	70	0,1	0,15
Zr	2740	4,4	5,9

3 Gerätetechnik

3.1 Gerätetypen

Grundsätzlich kann man 2 SIMS-Varianten unterscheiden [2, 29]:

i) SIMS-Zusatzeinrichtungen in Kombinationsgeräten (AES/XPS/SIMS, ISS/SIMS) bestehend aus Ionenquelle, Extraktionselektrode und Quadrupolmassenspektrometer. Bei einzelnen Geräten ist eine Fokussierungs- und Scanningeinrichtung für den Primärstrahl vorhanden. Als Primärionen dienen meist Ar^+, in neuesten Versionen kommen Flüssig-Metall-Ionenquellen zum Einsatz (In, Ga), welche sehr niedrige Strahldurchmesser (d < 1 µm) erreichen. Diese SIMS-Einrichtungen werden in Kombination mit XPS, AES, LEED, ELS oder ISS vornehmlich für chemisch-physikalische Oberflächenuntersuchungen (Adsorption, Desorption etc.) eingesetzt. Da viele Untersuchungen in sogenannten statischen oder quasistatischen Techniken durchgeführt werden, ist ein sehr sauberes Ultra-Hochvakuum notwendig. Diese Geräte sind daher ausheizbar und erreichen Enddrücke bei abgeschalteter Ionenquelle von 10^{-8}–10^{-9} Pa. Die Kapazitäten für Mikroanalyse, dynamische Tiefenprofilanalyse und Spurenanalyse sind deutlich schlechter als bei den speziellen SIMS-Geräten, die im folgenden beschrieben sind.

ii) Sekundär-Ionen-Massenspektrometer (Ionenmikrosonde, Ionenmikroskop): Diese Geräte versuchen die vollen Möglichkeiten von SIMS durch Optimierung aller Bauteile hinsichtlich lateralem Auflösungsvermögen, Nachweisstärken etc. auszunutzen. Grundsätzlich enthalten SIMS-Spezialgeräte folgende Komponenten:

Ionenquelle
Primärionen-Massenfilter
Linsensystem zur Fokussierung der Primärionen und Ablenkung
Präzisions-Probenbühne mit Lichtmikroskop
Extraktionselektrode (Immersionslinse), u. U. mit
mehrstufigem Linsensystem zur Fokussierung des Emissionsspots in das Massenspektrometer
elektrostatischer Analysator oder einfaches Energiefilter
Massenanalysator (Quadrupolmassenfilter oder
Sektorfeldmassenspektrometer)
Sekundärionen-Detektoren
Ionen-Bildschirm („Channel Plate") zur direkten
Abbildung der Ionenemission (Ionenmikroskopie)
Elektronische Einheiten
Computersteuerung
Ultra-Hochvakuum-Pumpsystem — Enddruck ca. 10^{-6}–10^{-8} Pa, zum Teil mit
Ausheizmöglichkeit der Probenkammer
Zusatzgeräte: Elektronendusche, Gaseinlaßventil etc.

Abbildung 13 und 14 zeigen schematisch das Konstruktionsprinzip einer Ionenmikrosonde mit Quadrupol-Massenspektrometer [30] und einer Ionenmikrosonde (Ionenmikroskop) mit abbildendem doppelfokussierendem Massenspektrometer [31]. Der Unterschied zwischen beiden Geräten liegt hauptsächlich in den

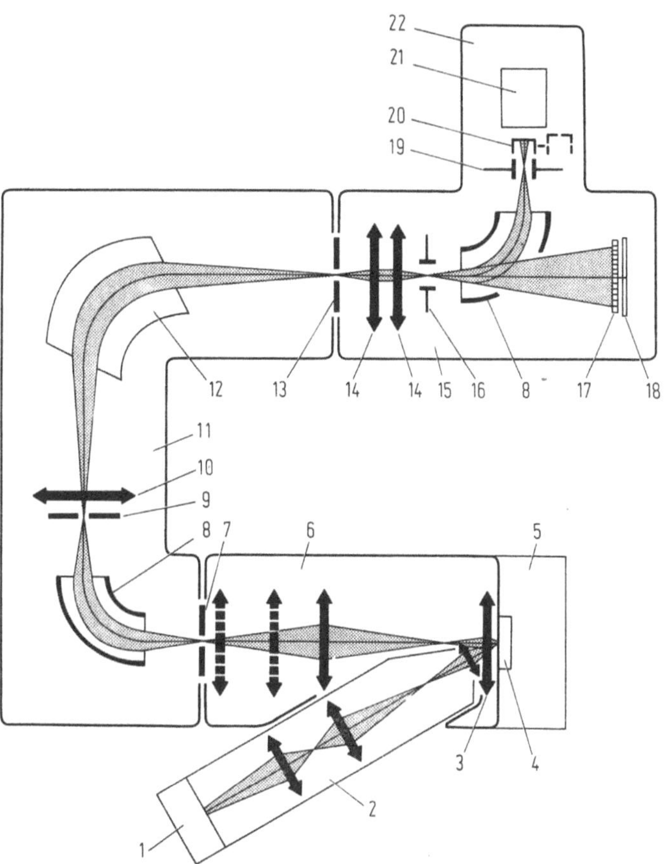

Abb. 13. Aufbau von Sekundär-Ionen-Massenspektrometer Cameca IMS 3f (Ionenmikroskop)
1 — Ionenquelle, 2 — Primär-Ionen-Optik, 3 — Immersionslinse, 4 — Probe, 5 — Probenkammer, 6 — Transfer-Optik, 7 — Eintrittsspalt, 8 — Elektrostatischer Analysator, 9 — Energiespalt, 10 — Bildübertragungslinse, 11 — Spektrometer, 12 — Magnetischer Separator, 13 — Austrittsspalt, 14 — Projektionslinse, 15 — Projektions-, Bilddarstellungs- und Detektorsystem, 16 — Deflektor, 17 — Channel-Plate, 18 — Fluoreszenzschirm, 19 — Deflektor, 20 — Faraday Cup, 21 — Elektronenvervielfacher, 22 — Vorverstärker
Neue Versionen dieses Gerätetyps verfügen über ein Primärmassenfilter, welche den gleichzeitigen Anschluß von Sauerstoff- und Cäsiumquelle ermöglicht.

Massenspektrometern. Beide Geräte ermöglichen eine Strahlfokussierung auf wenige µm, wobei neueste Entwicklungen bereits in den Submikrometerbereich vordringen. Die Begrenzung der analysierten Fläche erfolgt bei dem abbildenden Gerät mittels Blenden im Sekundärionenbereich (sowohl bei Punktanalysen mit feinfokussiertem Strahl als auch bei der Aufnahme von Tiefenprofilen in Rastertechnik). Bei der Ionensonde mit Quadrupol-Massenspektrometer ist die analysierte Fläche bei der Punktmessung durch den Strahldurchmesser begrenzt, bei der Tiefenprofilmessung in Rastertechnik werden mittels elektronischer Schaltung des Zählsystems nur die im Rasterzentrum generierten Sekundärionen registriert („Electronic Gating"). Ein weiterer weniger bedeutender Unterschied

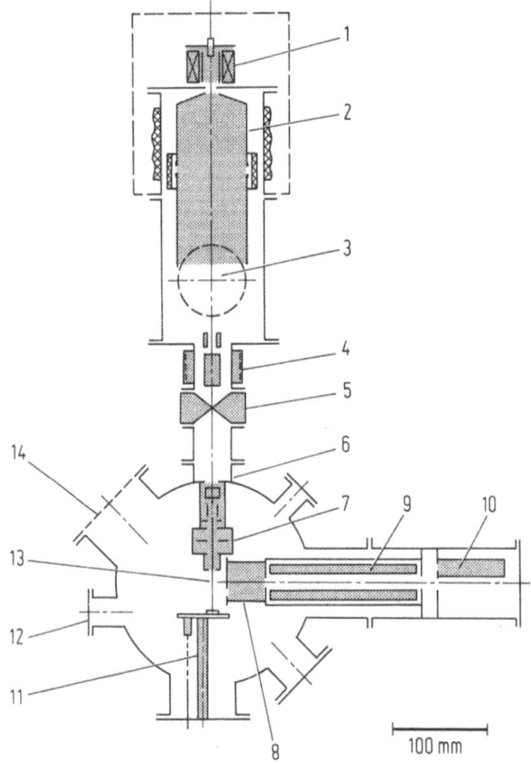

Abb. 14. Aufbau von Sekundär-Ionen-Massenspektrometer Atomika ADIDA 3000
1 — Primärionenquelle, 2 — Primärstrahlformation, 3 — Turbomolekularpumpe, 4 — Primärmassenfilter, 5 — Ventil, 6 — Druckabfallstufe, 7 — Feinfokussierung und Rasterablenkung, 8 — Sekundär-Ionen-Optik, 9 — Quadrupol-Massenfilter, 10 — Detektor, 11 — Probenmanipulator, 12 — Schleuße, 13 — Ionenpumpe, 14 — Beobachtungsfenster

ist der Einfallswinkel des Primärstrahls (Cameca IMS 3f 60° zur Probenebene, Atomika 90°).

Die verschiedenen Konstruktionsprinzipien des Massenspektrometers (mit Ionenextraktionssystem) bedingen jedoch wesentliche Unterschiede in den analytischen Kriterien, insbesondere lateralem Auflösungsvermögen und Nachweisstärke [16] und bei der Analyse von Isolatoren und leichten Elementen (insbes.. H). Für die meisten Problemstellungen sind die analytischen Gütekriterien bei Verwendung eines doppelfokussierenden Massenspektrometers deutlich besser.

3.2 Komponenten eines SIMS-Gerätes

3.2.1 Ionenquelle

Ionenquellen beruhen entweder auf dem Prinzip einer Gasentladung oder der Verdampfung und Ionisierung von flüssigem Metall.

Gasentladungsquellen werden für die Erzeugung der Primärionen Ar^+, O_2^+, O^- und N_2^+ verwendet. Wichtigstes Konstruktionsprinzip ist das Duoplasmatron (Abb. 15), in dem bei einer Entladung zwischen Kathode und Anode bei einem Gasdruck von größenordnungsmäßig 10 Pa positive und negative Ionen sowie

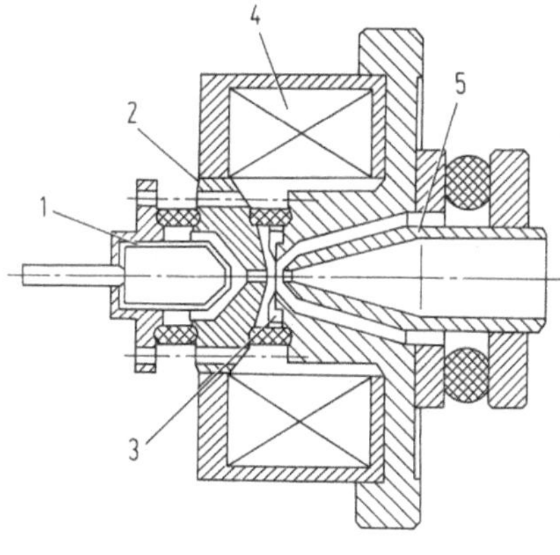

Abb. 15. Aufbau von Duoplasmatron-Ionen-Quelle:
1 — Kathode, 2 — Zwischenelektrode, 3 — Anode, 4 — Spule, 5 — Extraktionselektrode

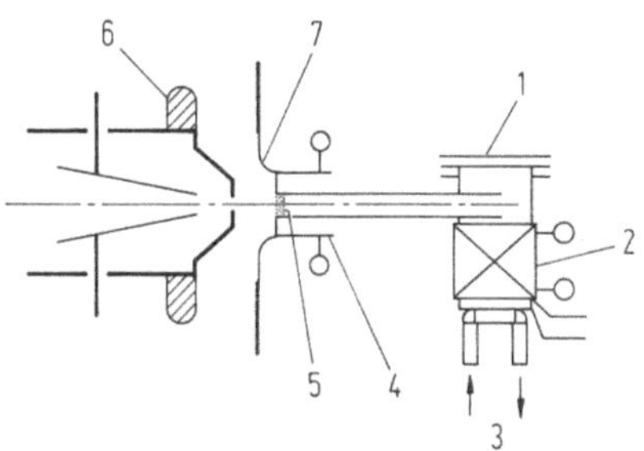

Abb. 16. Aufbau einer Caesium-Ionen-Quelle: 1 — Caesium-Reservoir, 2 — Heizeinrichtung für Verdampfer, 3 — Kühlung, 4 — Heizeinrichtung für Ionisation, 5 — W-Fritte, 6 — Extraktionselektrode, 7 — Primärelektrode

Elektronen erzeugt werden. Die positiven und negativen Ionen können durch eine Bohrung in der (justierbaren) Zwischenelektrode mittels eines Potentials an der Extraktionselektrode aus dem Plasma entfernt und in ein mehrstufiges Linsensystem gerichtet werden. Das Duoplasmatron zeichnet sich durch gute Richtstrahlwerte und eine hohe Stabilität des Primärionenstroms aus ($\Delta i_B \sim 0,5\,\%/\mathrm{h}$).

Strahlströme (gemessen mit Faraday-Cup in Probenkammer) von ca. 5 µA für O_2^+ und Ar^+ sowie ca. 1 µA für O^- können routinemäßig bei defokussiertem Primärstrahl (d $\sim$ 50 µm) erreicht werden.

Als Beispiel einer Flüssig-Metall-Ionenquelle ist in Abb. 16 das Prinzip der Cs^+-Quelle dargestellt. Das Metall Caesium wird in einem Heizreservoir verflüssigt und verdampft.

Cs-Dampf diffundiert in eine Wolfram-Fritte, welche auf ca. 1100 °C geheizt wird und dadurch thermische Oberflächenionisation des Cs-Atoms hervorruft. Der Cs^+-Strahl wird extrahiert und in das Primärionensystem geleitet. Primärströme von mehr als 5 µA sind erzielbar.

Auf ähnlichen Prinzipien beruhen andere Flüssig-Metall-Ionenquellen, wie für Ga^+ [32] und In^+ [33, 34].

3.2.2 Primärstrahlfilterung

Die Primärstrahlfilterung ist wegen der starken Verunreinigung der Emission des Duoplasmatrons (s. Abb. 17 [35]) sinnvoll und für viele Zwecke der Spurenanalyse notwendig. Auch wird die Hybridbildung in den Sekundärionenspektren durch den

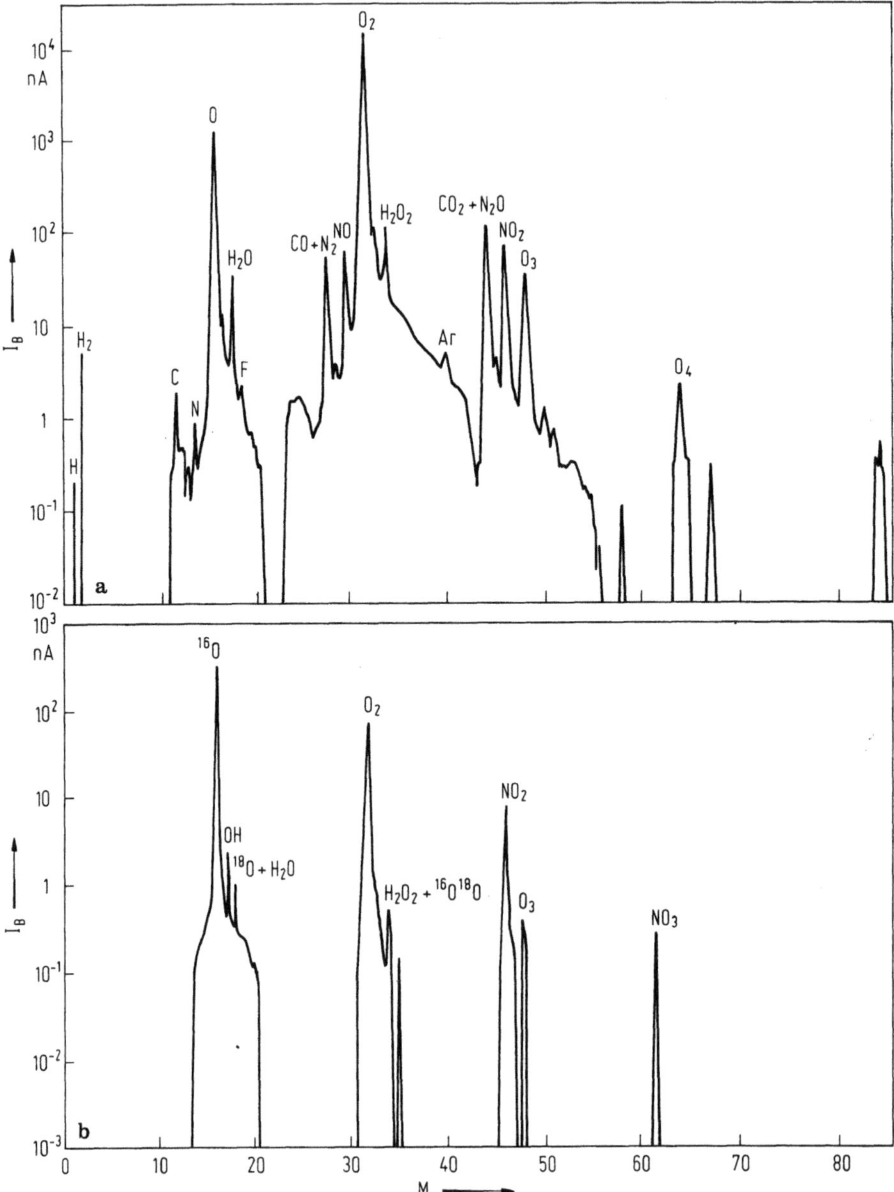

Abb. 17 a, b. Emissionsspektrum von Duoplasmatron bei Erzeugung von Sauerstoffionen [35]
a) positives Emissionsspektrum [$E_0 = 15$ keV], **b)** negatives Emissionsspektrum [$E_0 = 12,5$ keV]

reineren Strahl verringert. Weiteres wird der Neutralteilchenfluß auf die Probenoberfläche etwas reduziert. Diese Neutralteilchen stammen aus dem Duoplasmatron, gelangen als Folge der Druckdifferenz zwischen Duoplasmatron und Probenkammer (ca. 5 Größenordnungen) auf die Probenoberfläche und verringern durch unkontrolliertes Sputtern bei Tiefenprofilen etwas den dynamischen Bereich.

Als Primärstrahlfilter können magnetische Sektorfelder oder Wien-Filter verwendet werden. Besonders elegant ist der Einsatz von Tandem-Primärmassenfiltern, welche den Betrieb von 2 verschiedenen Ionenquellen ohne zeitraubende Montage ermöglichen. Besonders bewährt sich die Kombination Duoplasmatron und Caesium-Quelle, da sich die damit verfügbaren Primärionen hinsichtlich ihrer Eigenschaften nahezu ideal ergänzen.

3.2.3 Primärionenoptisches System

Dieses besteht aus elektrostatischen Linsen (bei Hochleistungsgeräten 3 hintereinandergeschaltete Linsen) zur Beschleunigung und Fokussierung des Primärstrahls auf die Probenoberfläche. Blenden zur Strahlbegrenzung bzw. Justierung sind eingebaut.

Die Raster-Spulen ermöglichen die Abtastung der Probe entlang einer Linie oder über eine Fläche. Rasterlänge und -geschwindigkeit sind variabel.

3.2.4 Probenbühne und Lichtmikroskop

Die Probenbühne muß eine möglichst exakte Positionierung der Probe unter dem Strahl bei Beobachtung durch das Lichtmikroskop zur Auswahl der Analysenbereiche ermöglichen. Für Step-Scan-Profile ist eine Computersteuerung mit einer Ortspräzision von ± 1 µm erforderlich. Beide Ansprüche sind bei modernen Ionenmikrosonden erfüllt.

Die Orientierung der Proben in der Probenkammer definiert den Auftreffwinkel des Primärionenstrahls. Der Vorteil eines Auftreffwinkels von 90° liegt vor allen darin, daß eine Sättigung mit Sauerstoff bei der quantitativen Analyse eher erreicht wird als bei einem Winkel von 60°. Der Vorteil eines Winkels von 60° liegt in höheren Sputterraten, geringeren Implanationstiefen der Primärionen, geringeren Knock-on-Effekten bei der Analyse und einer günstigeren Geometrie der Ionenextraktion. Zur Erreichung einer vollständigen Sauerstoffsättigung muß allerdings O_2 bei der Analyse zudosiert werden (Partialdruck in der Probenkammer ca. 10^{-3} Pa).

3.2.5 Ionenextraktionssystem

Das Ionenextraktionssysten dient zur Kollektion eines möglichst großen Anteils emittierter Sekundärionen und „Fokussierung" in das Massenspektrometer.

Die Sekundärionen zeigen an der Probenoberfläche eine Cosinus-Verteilung mit einer Energieverteilung bis ca. 200 eV für Atomionen und ca. 100 eV bei Molekülionen (Abb. 18). Die wahrscheinlichste Energie (Intensitätsmaximum) liegt bei ca. 5 bis 10 eV.

Je nach Konstruktion des Ionenextraktionssystems wird nun ein verschieden großer Anteil der emittierten Sekundärionen in das Massenspektrometer geleitet. Dieser Anteil hängt im Wesentlichen vom erfaßten Raumwinkel und dem Extraktionspotential ab. Bei hohen Extraktionspotentialen (z. B. 4500 V) wird ein Großteil der Sekundärionen kollektiert. Bei Hochleistungsgeräten erfolgt weiters durch ein

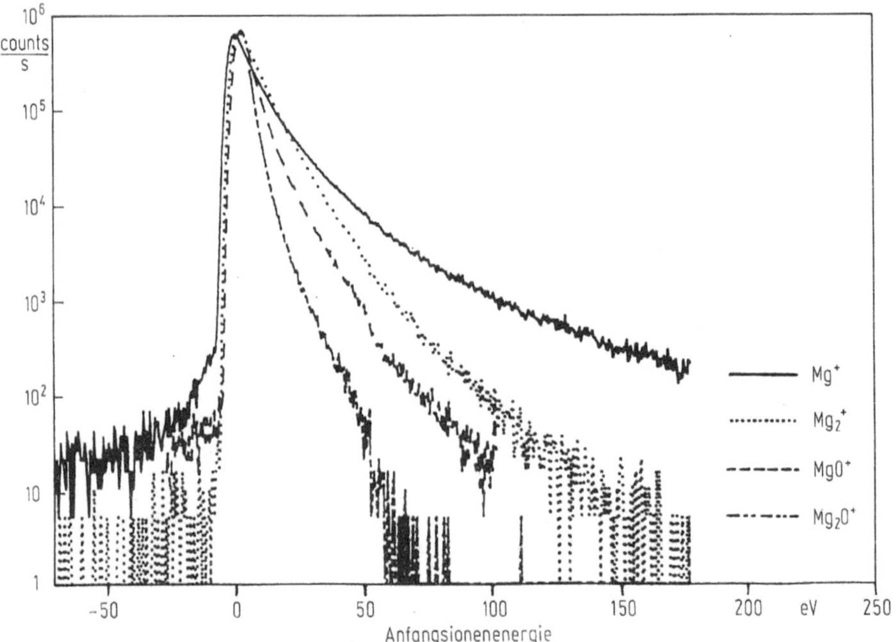

Abb. 18. Energieverteilung von Atom- und Molekülionen (Probe Mg-Metall)

3stufiges Linsensystem eine echte Fokussierung des Emissionsspots in den Eintrittsspalt des Massenspektrometers. Dies ermöglicht eine optimale Anpassung von analysierter Fläche und Ionendetektion — d. h. daß selbst bei kleinen Durchmessern des Emissionsspots der hohe Wirkungsgrad der Sekundärionenkollektion voll erhalten bleibt. Dies ist die Basis für nachweisstarke Spurenanalysen von Mikrobereichen.

3.2.6 Massenspektrometer

Das Massenspektrometer dient zur Auftrennung der einzelnen Ionen nach ihrem Masse/Ladungsverhältnis. Wesentlich für die analytischen Gütekriterien sind vor allem Energieakzeptanz (Transmission) und Massenauflösungsvermögen.

Das doppelfokussierende Massenspektrometer bestehend aus Energieanalysator und magnetischem Sektorfeld weist eine Energieakzeptanz von ca. 150–200 eV auf. Dies bedeutet, daß praktisch die gesamte von der Extraktionsoptik in den Eintrittsspalt projizierte Sekundärionenintensität aufgenommen werden kann und für die Massenauftrennung zur Verfügung steht. Dadurch kann eine Transmission des Massenspektrometers von ca. 10% erreicht werden.

Quadrupol-Massenspektrometer haben jedoch eine sehr geringe Energieakzeptanz von wenigen eV, sodaß der Großteil der in das Massenspektrometer projizierten Sekundärionen bei der Messung verloren geht. Die Transmission ist um mindestens eine Größenordnung kleiner als bei doppelfokussierenden Massenspektrometern. Weiters wirken sich unterschiedliche Energieverteilungen von analytischen Ionen als

Änderungen der gemessenen Sekundärionenintensitäten im Vergleich zu den emittierten Intensitäten aus. Dies kann zu zusätzlichen Fehlern bei der quantitativen Analyse führen. Der größte Nachteil der geringen Energieakzeptanz ist aber bei der Analyse von nichtleitenden Materialien zu verzeichnen, da selbst geringfügige Änderungen der Energieverteilung, wie sie durch nichtkompensierbare Aufladungseffekte entstehen, relativ starke Verschiebungen der gemessenen Sekundärionensignale verursachen (s. auch Kap. 6). Es ist somit schwierig in Isolatoren stabile Sekundärionensignale zu erhalten.

Quadrupol- und doppelfokussierende Massenspektrometer unterscheiden sich weiters hinsichtlich des erzielbaren Massenauflösungsvermögens. Quadrupolspektrometer können maximal ein Auflösungsvermögen von ca. 800 erreichen, doppelfokussierende Spektrometer ermöglichen eine Massenauflösung von über 10000. Damit ist es nur mit einem doppelfokussierenden Massenspektrometer möglich Interferenzen bei der Spurenanalyse auf diese Weise zu trennen (s. Kap. 4.1.2). Quadrupolspektrometer können lediglich die Methoden der Energiefilterung benützen.

Ein weiterer gravierender Nachteil der Quadrupolspektrometer ist der höhere Hintergrund bei sehr niedrigen Massen und die stark massenabhängige Transmission. Als Vorteil ist zu verzeichnen, daß es bei der Masseneinstellung keine Hystereseeffekte gibt. Magnetische Spektrometer modernster Konstruktion zeigen jedoch nur sehr geringe Hystereseeffekte, sodaß auch damit der Übergang von Peak zu Peak innerhalb von Zehntelsekunden möglich ist.

Abbildende doppelfokussierende Massenspektrometer, wie bei Hochleistungsgeräten verwendet, ermöglichen außerdem die direkte Sekundärionenabbildung mit defokussiertem Strahl auf einem geeigneten Bildschirm („Channel Plate"). Dies ermöglicht die Herstellung von Ionenmikrographien mit hohem lateralen Auflösungsvermögen (R = 0,5 µm) und die Auswahl gezielter Bereiche innerhalb des Emissionsspots mittels Blenden im Sekundärionenbereich. Dies bringt wesentliche Vorteile bei der Mikroanalyse und Tiefenprofilmeßtechnik mit sich.

3.2.7 Detektoren, Zählsysteme

Als hochempfindliche Detektoren dienen offene Elektronenvervielfacher mit angeschlossenem Pulszählsystem. Diese ermöglichen Einzelionenzählung. Der Hintergrund (elektronisches Rauschen) beträgt ca. 0,1 cps, die Totzeit ca. 25 nsec, und der dynamische Bereich ca. 10^6. Um den dynamischen Bereich auf ca. 10^{11} zu erhöhen kann bei Hochleistungsgeräten ein Faraday-Cup für die Messung höherer Ströme alternativ verwendet werden.

Bei den Ionenmikroskopen erfolgt die Ablenkung der Sekundärionen in die Detektoren mittels eines elektrostatischen Deflektors und die Abbildung durch Projektion des virtuellen Sekundärionenbildes auf den Bildwandler mittels eines 2stufigen Linsensystems. Als Bildwandler dienen ein sogenanntes „Channel Plate" und ein Fluoreszenzschirm. Das „Channel Plate" enthält eine große Zahl kleiner rohrförmiger Elektronenvervielfacher (Ortsauflösung). Die durch den Ionenbeschuß erzeugten Elektronen werden auf den Fluoreszenzschirm beschleunigt und liefern die ionenmikroskopische Abbildung, welche üblicherweise mittels einer Videokamera auf einen Fernsehschirm projiziert oder direkt fotographiert wird.

3.2.8 Computersystem

Bei modernen Ionensonden werden praktisch alle Operationen, welche bei der Analysendurchführung vorgesehen sind, mittels Computers durchgeführt und die Daten direkt bei der Analyse vom Computer erfaßt. Erst dadurch ist es wegen der großen Geschwindigkeit der ablaufenden Prozesse möglich, die Informationen von SIMS voll zugänglich zu erhalten.

Folgende Computerprogramme werden bei SIMS-Untersuchungen üblicherweise eingesetzt:
1. Steuerprogramm
2. Kalibrierung des Massenspektrometers (positive, negative Sekundärionen)
3. Aufnahme von Massenspektren
4. Messung von Tiefenprofilen
5. Probentisch- und Massensteuerung für Mikrobereichs-Verteilungsanalyse
6. Isotopenverhältnismessung
7. Messung der Energieverteilung der Sekundärionen
8. Stabilität von Primär- und Sekundärionenstrom
9. Auswertung der Daten

3.2.9 Vakuumsystem

Zur Erzeugung des Ultrahochvakuums (Restgasdruck bei abgeschalteter Ionenquelle ca. 10^{-6}–10^{-8} Pa) werden Turbomolekularpumpen, unterstützt durch z. B. He-gekühlte Kryopumpen (für die Probenkammer) verwendet. Die Vakuumsteuerung erfolgt automatisch.

4 Analytische Charakteristika

Die wichtigsten allgemeinen analytischen Charakteristika betreffen Nachweisvermögen und Quantifizierbarkeit. Weitere für bestimmte Meßtechniken oder Aufgabenstellungen wichtige Charakteristika sind in Kap. 6 und 7 diskutiert.

4.1 Nachweisvermögen

4.1.1 Theoretisches Nachweisvermögen

Das theoretische Nachweisvermögen von SIMS berechnet sich aus Gl. 1 unter Berücksichtigung der Größenordnung der einzelnen Parameter: $I_p \sim 10^{13}$ Ionen/sec, $S \sim 0{,}5$–10, $\alpha_A \sim 0{,}1$–10^{-5}, $i_{S(A)} \sim 0{,}01$–1, $\eta_A \sim 0{,}1$.

Da der Detektorhintergrund ca. 0,1 cps beträgt, berechnet sich unter Zugrundelegung des 3s-Kriteriums eine theoretische Nachweisgrenze von ca. 0,01 ng/g für die empfindlichsten, bzw. von ca. 10 µg/g für die unempfindlichsten Elemente. Im allgemeinen gibt es aber für die bei einer Primärionenart unempfindlichen Elemente (z. B. die elektronegativen Elemente bei Sauerstoff als Primärionen) Anregungsarten, welche den Wirkungsgrad der Signalerzeugung stark erhöhen (z. B. Caesiumionen für die elektronegativen Elemente), sodaß in den meisten Fällen eine Ionisationswahrscheinlichkeit von 0,01–0,1 und damit entsprechend niedrige theoretische Nachweisgrenzen erzielt werden können. Bedingt durch den derzeit erreichten hohen Stand der gerätetechnischen Entwicklung ist eine weitere Verbesserung des theoretischen Nachweisvermögens nur über eine Erhöhung der Ionenausbeute durch Nachionisation wie sie bei der SNMS (Sputtered Neutral Mass Spectrometry) durchgeführt wird [36, 37], möglich.

4.1.2 Praktisches Nachweisvermögen

Das praktische Nachweisvermögen für die Multi-Element-Spurenanalyse hängt (bei Ausnutzung der maximalen Geräteempfindlichkeit) in erster Linie von der Komplexität des Massenspektrums des zu analysierenden Materials ab. Grundsätzlich sind Sekundärionenmassenspektren wegen der Bildung von Molekülionen, Clusterionen und mehrfach geladenen Teilchen sehr linienreich — d. h. es kommt häufig zu Interferenzen zwischen diesen Ionen und den analytischen Ionen (Spurenelementen). Diese Interferenzen können soweit gehen, daß nicht einmal ein qualitativer Nachweis eines Spurenelementes — selbst unter Auswertung der Isotopenhäufigkeitsmuster — möglich ist. Tabelle 5 enthält als Beispiel einige wichtige Interferenzen und deren Ursache.

Grundvoraussetzung für die sinnvolle Anwendung von SIMS für die Multi-Element-Spurenanalyse ist daher die möglichst vollständige Eliminierung dieser Interferenzen. Erst dann ist eine eindeutige Identifizierung der Spurenelemente und eine Quantifizierung möglich.

Für die Eliminierung der Interferenzen bieten sich bei den modernsten SIMS-

Tabelle 5. Typische Interferenzen in SIMS

Arten der Interferenz	Interferierendes Ion	Analytisches Ion	benötigtes Massenauflösungsvermögen
mehrfach geladene Matrixionen	$^{28}Si^{2+}$	$^{14}N^+$	950
	$^{62}Ni^{2+}$	$^{31}P^+$	3200
Clusterionen	$^{16}O_2^+$	$^{32}S^+$	1800
	$^{28}Si_2^+$	$^{56}Fe^+$	2950
Oxidionen	Cu_3O^+	$^{207}Pb^+$	1050
	Si_2O^+	$^{75}As^+$	3250
	AlO_2^+	$^{59}Co^+$	1500
Hydridionen	$^{30}SiH^+$	$^{31}P^+$	4000
	FeH^+	$^{55}Mn^+$	3300
	SnH^+	$^{121}Sb^+$	19500
Kohlenwasserstoffionen	$C_2H_3^+$	$^{27}Al^+$	650
	$C_5H_3^+$	$^{63}Cu^+$	650
	$C_2H_2^+$	CN^+	2000

Geräten zwei Möglichkeiten an, welche beide bei der technischen Analytik benötigt werden:

Energiefilterung:

Das Prinzip der Energiefilterung nutzt den Effekt aus, daß Atom- und Molekül-ionen eine unterschiedliche Energieverteilung aufweisen. Atomionen haben typischer-weise eine Verteilung ihrer kinetischen Energie bis ca. 200 eV, während Molekül-

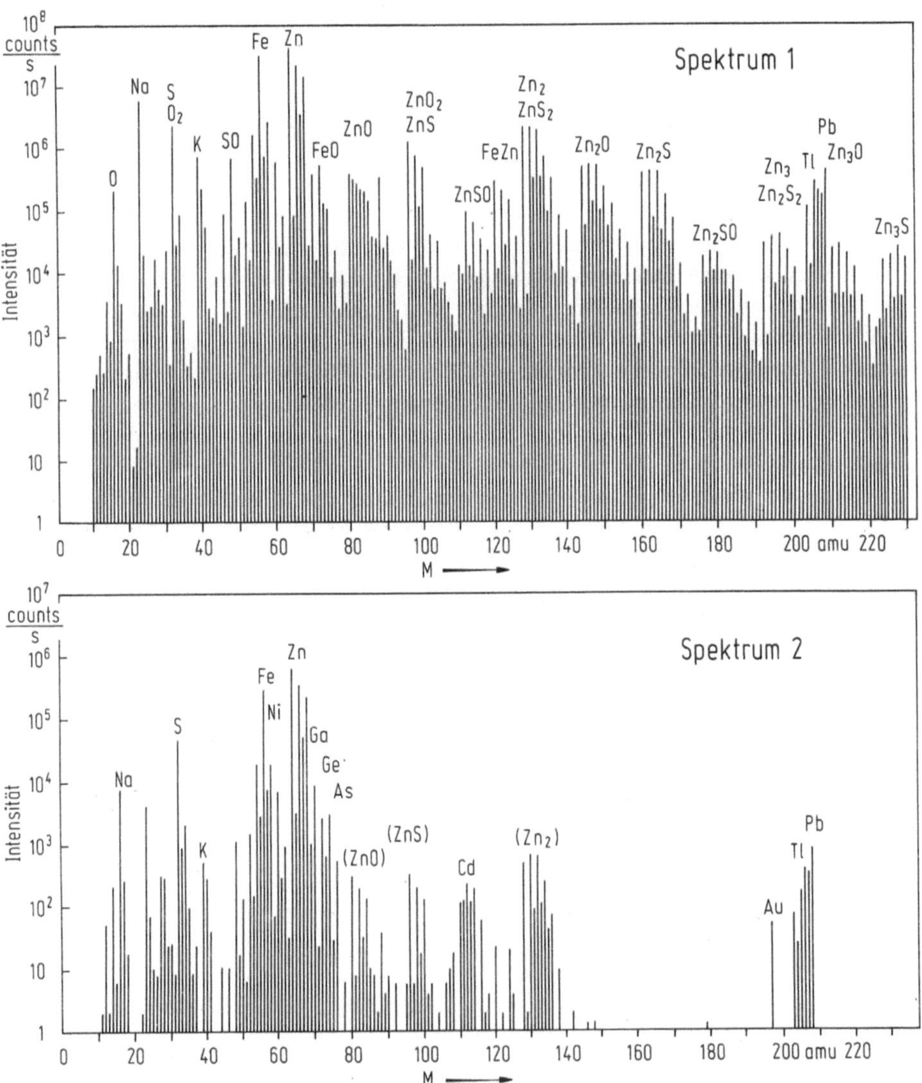

Abb. 19. Eliminierung von Interferenzen bei SIMS mittels Energiefilterung bei Spurenanalyse in ZnS (positive Sekundärionen): Spektrum 1: ohne Energiefilterung, Spektrum 2: Registrie-rung der Ionen mit kinetischer Energie zwischen 90 und 225 eV [PI = O^-, E_0 = 10 keV, i_B = 240 nA]

ionen meist lediglich Energien von unter 100 eV aufweisen (Abb. 18). Durch Setzen eines Energiefilters mit definiertem Schwellwert (benötigte Mindestenergie der Ionen um in das Massenspektrometer zu gelangen) und bestimmter Breite ist eine starke Reduktion und sogar eine vollständige Eliminierung der interferierenden Molekülionen möglich.

Dies ist in Abb. 19 am Beispiel von sehr reinem ZnS (Gesamtspurengehalt $< 1,5\%$) dargestellt. Mittels eines Energiefilters mit einem Schwellwert von 90 eV und einer Breite von 135 eV ist es möglich die Peaks der Spurenelemente Mn, Fe, Cu, Ga, Ge, As, Ag, Cd, In, Sb, Hg, Tl und Pb interferenzfrei zu erhalten (Kontrolle über Isotopenhäufigkeitsmuster und Berechnung von möglichen Atomkombinationen zu Molekülen).

Für einen erfolgreichen Einsatz der Energiefilterung ist es jedoch wesentlich, die Energieverteilung der Atom- und Molekülionen zu messen und Schwellwert sowie Energiebandbreite exakt dem jeweiligen Problem entsprechend einstellen zu können. Eine Energiebandbreite von über 100 eV ist zur Erzielung eines hohen Nachweisvermögens notwendig (Sektorfeld-Massenspektrometer).

Bei der Eliminierung der Molekülionen durch Energiefilterung tritt auch bei doppelfokussierenden Massenspektrometern eine Verringerung des praktischen Nachweisvermögens gegenüber den theoretischen Werten ein, da ein wesentlicher Teil der Atomionen ebenfalls eliminiert wird. Der Intensitätsverlust der analytischen Ionen beträgt üblicherweise den Faktor 10 bis 100. Im gleichen Ausmaß verringert sich auch das Nachweisvermögen.

Ein weiterer Nachteil der Energiefilterung ist, daß bei Anwendung von LTE-Quantifizierungsverfahren wie QUASIMS und CARISMA größere analytische Fehler auftreten als ohne Energiefilterung. Diese Korrekturverfahren berücksichtigen nicht, daß die Intensitätsverminderung durch Energiefilterung für verschiedene Ionen unterschiedlich ist. Schließlich können Interferenzen durch mehrfach geladene Atomionen oder Hydride durch diese Technik wegen ihrer den analytischen Ionen ähnlichen Energieverteilung nicht eliminiert werden.

Hochauflösende Massenspektrometrie:

Betrachtet man die wichtigsten Interferenzen, die bei SIMS auftreten, dann stellt man fest, daß meist ein Auflösungsvermögen von maximal 10000 ausreicht, um die analytischen Linien von den interferierenden zu trennen (s. Tabelle 5).

Durch die Verwendung des hohen Massenauflösungsvermögens ist allerdings ein Intensitätsverlust bei den analytischen Linien zu verzeichnen, welcher aber umso geringer ist, je kleiner der räumliche Bereich der Sekundärionenemission auf der Probe ist. Durch exakte Fokussierung des Emissionsspots in den Eintrittsspalt des doppelfokussierenden Massenspektrometers ist es möglich, den Intensitätsverlust bei Messung mit hohem Massenauflösungsvermögen relativ niedrig zu halten. Bei Erhöhung des Massenauflösungsvermögens von 500 auf 5000 und einem 2 μm-Spot ist der Intensitätsverlust kleiner als Faktor 20 [31].

Dieser Intensitätsverlust bewirkt eine entsprechende Verringerung des praktischen Nachweisvermögens gegenüber den theoretischen Werten.

Messungen mit hohem Massenauflösungsvermögen sind in der Praxis besonders wichtig für:

a) Untersuchung der Zusammensetzung einer bestimmten Masse auf verschiedene interferierende Linien (qualitativer Nachweis von Interferenzen),

b) Eliminierung der Interferenzen zwischen analytischen Ionen und mehrfach geladenen Atomionen bzw. Hydridionen,

c) im Bereich der extremen Spurenanalyse (ng/g–µg/g), weil in diesem Bereich bereits schwache Interferenzen das Resultat verfälschen und diese durch Energiefilterung oft nicht mehr eliminiert werden können.

Als Beispiel für die Anwendung hochauflösender Massenspektrometrie ist in Abb. 20 die Eliminierung der Interferenz von $^{30}Si^{3+}$ mit $^{10}B^+$ bei der Analyse von ^{10}B in Silizium dargestellt. Ohne Eliminierung der Interferenz wurde die praktische Nachweisgrenze bei einer Konzentration von $5 \cdot 10^{15}$ at/cm^3 [50 ng/g] liegen. Durch Verwendung eines Massenauflösungsvermögens von lediglich 700 kann diese Interferenz eliminiert werden. Erst dadurch wird der Peak von ^{10}Bor mit einer Konzentration von $2 \cdot 10^{14}$ at/cm^3 sichtbar. Die Erfassungsgrenze kann damit auf $2 \cdot 10^{13}$ at/cm^3 [0,2 ng/g] gesteigert werden. Bei Verlängerung der Meßzeit (hier 0,5 s/Datenpunkt) könnte die Erfassungsgrenze auf $5 \cdot 10^{12}$ at/cm^3 [50 pg/g] gesteigert werden.

Die beschriebenen Möglichkeiten der Eliminierung von Interferenzen sind auch von großer Bedeutung für die Reduktion des Einflusses der im Gerät erfolgenden Kontamination durch Restgase, Primärionenstrahl und Memory-Effekte. In allen Fällen, in denen die kontaminierende Substanz das analytische Ion nicht enthält, sondern nur dieses überlagert (z. B. $^{28}CO^+$ aus O_2^+-Primärionenstrahl interferiert

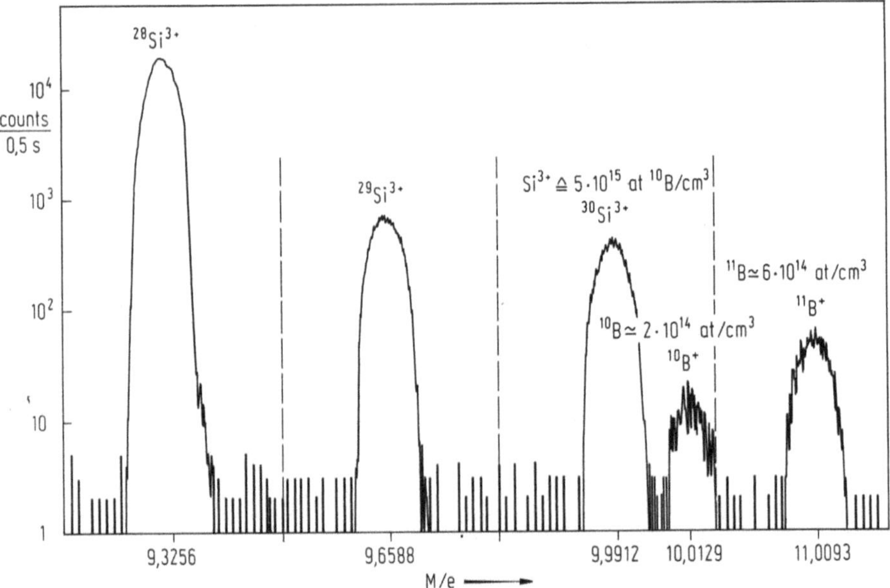

Abb. 20. Trennung der Interferenzen von $^{10}B^+$ und $^{30}Si^{3+}$ mittels hochauflösender Massenspektrometrie [PI $= O_2^+$, $i_B = 4\,µA$, $d_A = 80\,µm$, $\dfrac{M}{\Delta M} = 700$]

mit $^{28}Si^+$ bei der Siliziumanalyse in GaAs) ist eine Eliminierung des Kontaminationseinflusses möglich. Enthält jedoch die kontaminierende Substanz das analytische Ion, dann bestimmt die im dynamischen Gleichgewicht Deposition/Erosion sich einstellende Konzentration des kontaminierenden Elementes die praktische Nachweisgrenze. Die Kontamination wird in der Praxis durch Massenfilterung des Primärionenstrahls, Verwendung von besonders reinen Primärstrahlen (Caesium) und Ultra-Hoch-Vakuum in der Probenkammer stark reduziert. Probleme bestehen aber nach wie vor beim Nachweis von H, O und C, bei bestimmten Metallen (Fe, Cr, Ni, Ta aus Gerätebauteilen) und bei Auftreten von Memory-Effekten (Deposition von Probenmaterial auf Extraktionslinse und nachfolgendes Absputtern). Art und Ausmaß der damit verbundenen Verringerung des praktischen Nachweisvermögens sind abhängig von Analysenparametern und Material.

4.2 Quantifizierung

Quantifizierung bei SIMS bezieht sich primär auf eine Konversion der gemessenen Sekundärionenintensitäten in Konzentrationsangaben unter Zugrundelegung der in Gl. 1 angegebenen Beziehungen. Bei Tiefenprofilen kommt dazu eine Kalibrierung der Tiefenskala.

4.2.1 Konzentrationsskala

Für die Konversion der Sekundärionenintensitäten in analytische Konzentrationen stehen einerseits empirische Verfahren, welche sich externer Standards bedienen, und andererseits theoretische Methoden, welche auf der Berechnung der Ionisierungswahrscheinlichkeiten (Sekundärionenausbeuten) beruhen, zur Verfügung.

4.2.1.1 Empirische Quantifizierungsmethoden

i) Absolute Empfindlichkeitsfaktoren:
    Die Abhängigkeit der Sekundärionenintensität von der Konzentration wird als absoluter Empfindlichkeitsfaktor ϱ_A bezeichnet, mit

$$\varrho_A = d\, I_{S(A)}/d\, c_A \tag{5}$$

Anhand von Standards kann für die Beziehung $I_{S(A)} = f(c_A)$ eine Kalibrierungskurve aufgestellt werden, die für die Bestimmung unbekannter Konzentrationen herangezogen werden kann. Vor allem für höhere Konzentrationen ist nicht notwendigerweise mit einer linearen Beziehung zu rechnen [38]. Die Anwendung des absoluten Empfindlichkeitsfaktors bedingt eine völlige Konstanz der instrumentellen Parameter — das ist in der Praxis schwer zu bewerkstelligen — und zweitens muß die Matrix von Standard und Probe in engen Grenzen gleich sein.

ii) Relative Empfindlichkeitsfaktoren [39]:
    Um Instabilitäten und Abweichungen bei der Reproduzierung einer bestimmten Gerätejustierung auszugleichen, empfiehlt es sich, ein Element — zweckmäßigerweise einen Hauptbestandteil — als internes Referenzelement zu wählen,

sodaß aus Gl. 5 geräteabhängige Größen durch Relativierung herausfallen. Es folgt somit für den relativen Empfindlichkeitsfaktor $\varrho_{A/B}$ (B sei hier das Referenzelement):

$$\varrho_{A/B} = \frac{I_p \cdot S \cdot \alpha_A^+ \cdot i_{S(A)} \cdot \eta_A}{I_p \cdot S \cdot \alpha_B^+ \cdot i_{S(B)} \cdot \eta_B} = \frac{I_{S(A)} \cdot c_B}{I_{S(B)} \cdot c_A} \tag{6}$$

Durch die Bestimmung der Intensitätsverhältnisse $I_{S(A)}/I_{S(B)}$ ist über einige Größenordnungen eine lineare Beziehung existent, aus der die unbekannte Konzentration c_A durch

$$c_A = \frac{I_{S(A)} \cdot c_B}{\varrho_{A/B} \cdot I_{S(B)}} \tag{7}$$

bestimmt werden kann.

Abbildung 21 zeigt als Beispiel die Eichkurve für die Bestimmung von B in Al_2O_3-Coatings [40]. Ausgewertet wurde das Verhältnis $^{11}B^+/^{27}Al^+$. Dieses zeigt eine lineare Abhängigkeit vom molaren Konzentrationsverhältnis B_2O_3/Al_2O_3 über mehr als 3 Größenordnungen. Die Reproduzierbarkeit der Boranalyse ist durch die Homogenität der Standards gegeben. Die relative Standardabweichung beträgt in diesem Fall $\pm 15\%$ rel. Bei homogenen Standards kann eine Reproduzierbarkeit von ca. 1–2% rel. erzielt werden.
Die Richtigkeit der quantitativen Analyse hängt im Wesentlichen von den Unterschieden in den Matrixeffekten (Einfluß der chemischen Zusammensetzung auf S und α) bei Standard und Probe ab. Ist eine gleiche Matrix vorhanden (etwa bei Spurenanalysen) und liegen die zu analysierenden Elemente in gleicher chemischer Bindung vor, dann ist die Richtigkeit durch die Analysenreproduzierbarkeit (meist bestimmt durch die Homogenität der Materialien)

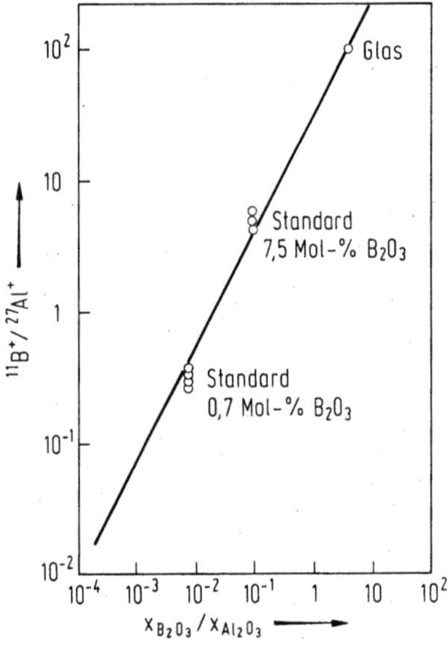

Abb. 21. Eichkurve für die quantitative Analyse von B in Al_2O_3—B_2O_3-Mischoxid-Coating [40] [PI = O^-, E_0 = 14,5 keV, i_B = 100 nA]

gegeben. Bei unterschiedlichen Matrices bzw. chemischer Bindung der Elemente in der Probe können Analysenfehler bis ca. Faktor 2 und darüber auftreten.

Die Einflüsse der Matrix können durch Einbeziehung von matrixspezifischen Korrelationsfaktoren in die Auswertung mit relativen Empfindlichkeitsfaktoren weitgehend berücksichtigt werden („Matrix-Ion-Species-Ratios", MISR-Methode nach McHugh [39]). Bei diesem Verfahren wird die Matrixabhängigkeit von relativen Empfindlichkeitsfaktoren experimentell bestimmt, wobei als Charakterisierung für den die Ionenemission beeinflußenden Oberflächenzustand der jeweiligen Matrix das Verhältnis von Matrixionen — z. B. MO^+/M^+ oder M_2^+/M^+ — herangezogen wird. Die Funktion $\varrho_{A/B}$ gegen I_{MO^+}/I_{M^+} dient als Eichkurve für die Ermittlung des richtigen relativen Empfindlichkeitsfaktors einer unbekannten Probe, wobei das gemessene Verhältnis I_{MO^+}/I_{M^+} den relativen Empfindlichkeitsfaktor bestimmt. Dieses Matrix-Korrelationsverfahren geht von der Voraussetzung aus, daß Matrixionenverhältnisse und analytische Ionen in ähnlicher Weise durch den elektronischen Zustand der Oberfläche (also die Matrix) beeinflußt werden. Diese Voraussetzung scheint sehr gut beim Einfluß von Sauerstoff auf die Sekundärionenemission erfüllt zu sein. Die Funktion $\varrho_{A/B}$ gegen I_{MO^+}/I_{M^+} kann durch Variation des Sauerstoffangebotes an der Probenoberfläche während des Sputterns ermittelt werden.

iii) Integrationsmethode:

Die Integrationsmethode [41, 42] kann für Proben, welche durch Ionenimplantation hergestellt wurden, verwendet werden. Das Prinzip beruht darauf, daß die Gesamtmenge des zu bestimmenden Elementes durch die Messung der Ionenimplantationsdosis bekannt ist.

Die Implanationsdosis Q_T (Anzahl der Atome, die pro Flächeneinheit in den Festkörper implantiert wurden [at/cm²]), ist proportional dem Integral des Intensitäts/Tiefen-Profils.

$$Q_T = K \cdot \int_0^\infty \frac{I_{S(A)}}{I_{S(M)}} \cdot dz \tag{8}$$

A, M = analytisches bzw. Matrixelement
z = Tiefe in cm

$$c_A(z) = Q_T \cdot \frac{I_{S(A)}}{I_{S(M)}} \cdot \frac{1}{\int_0^\infty \frac{I_{S(A)}}{I_{S(M)}} \cdot dz} \tag{8a}$$

$$c_A = K \cdot \frac{I_{S(A)}}{I_{S(M)}} \tag{8b}$$

$$K \hat{=} \varrho_{A/M} \tag{8c}$$

Aus Gl. 8 ist zu erkennen, daß mit Implanationsstandards relative Empfindlichkeitsfaktoren bestimmt werden können. Die Quantifizierung ist auch nach einer Temperung dieser Proben möglich, da sich dabei nur die Tiefe der Verteilung, aber nicht die Dosis ändert. Diese Methode wird routinemäßig für die Verteilungsanalyse der Dotierungselemente in Halbleitern eingesetzt [43] und kann prinzipiell auch für die Auswertung von Standards anderer Materialien (etwa Metalle), welche durch Ionenimplantation hergestellt wurden, herangezogen werden [44, 45]. Meßartefakte müssen bei der Integration der Intensität berücksichtigt werden. Bei der Messung von Proben mit einer Oxidschicht kann es in dieser zu einer beträchtlichen Signalerhöhung kommen. Wenn die Signalerhöhung durch den Matrixeffekt rechnerisch korrigiert wird, kann über das gesamte Profil integriert werden. Am Interface tritt eine Übergangszone auf, welche mit dieser Methode nicht quantifizierbar ist.

v) Standards für empirische Quantifizierungsverfahren:
In der Praxis hat sich die Vorgangsweise der Verwendung von externen Standards für die meisten Fragestellungen der Werkstoffanalytik als zielführend erwiesen. Dabei können entweder Standards durch Einbringung von Spurenelementen (Implantation, Diffusion, Dotierung bei Herstellung) für bestimmte Problemstellungen hergestellt oder einzelne Proben aus größeren mit SIMS zu analysierenden Serien mit verschiedenen Referenzmethoden charakterisiert werden. Letzteres ist eine häufig angewendete und bewährte Vorgangsweise, hat aber den grundsätzlichen Nachteil, daß meist Proben mit relativ hohen Konzentration an Spurenelementen (typisch 100 µg/g) als Standards verwendet werden müssen, weil die verfügbaren Referenzmethoden oft nicht die ausreichende Nachweisstärke für die quantitative Analyse aufweisen. Da nur wenige Industrielabors über die für die extreme Spurenanalyse notwendigen Reinsträume bzw. kontaminationsfreien Verfahren verfügen, limitieren die Möglichkeiten der konventionellen Spurenanalyse oft die Quantifizierung von SIMS.
Ein weiteres grundsätzliches Problem der Referenzanalysen von Standards liegt in den üblicherweise um Größenordnungen verschiedenen analytischen Mengenbereichen. Während bei Referenzmethoden wie AAS, NAA, ICP-OES die analysierte Probemenge größenordnungsmäßig Mikro- bis Milligramm beträgt, werden bei der Multi-Element-Spurenanalyse mit SIMS pro Massenpeak typischerweise nur 1–100 ng Probe abgesputtert. Dieser Unterschied in analysierter Probemenge um mehrere Größenordnungen stellt extrem hohe Anforderungen an die Homogenität der verwendeten Standards und verlangt, daß jedes SIMS-Resultat unter den Gesichtspunkten der Repräsentativität kritisch geprüft wird. Die Ausarbeitung von objektiven Bewertungskriterien für die Analysenrepräsentativität wird notwendig sein.
Für viele Problemstellungen, insbesondere Multielement-Spurenanalysen, sind jedoch Standards oft nicht verfügbar. Dann muß auf die halbquantitative Quantifizierungsmethode nach dem LTE-Modell zurückgegriffen werden.

4.2.1.2 Quantifizierung nach LTE-Modell

Das LTE („local thermal equilibrium")-Modell geht von der Annahme eines lokalen thermodynamischen Gleichgewichtes an der Probenoberfläche zwischen Atomen,

Ionen und Elektronen aus [5, 24], sodaß für den Prozeß $A^\circ \rightleftharpoons A^+ + e^-$ folgendes Massenwirkungsgesetz aufgestellt werden kann:

$$K_n^+ = \frac{n_{A^+} \cdot n_{e^-}}{n_{A^\circ}} \tag{9}$$

wobei K_n^+ die Gleichgewichtskonstante und n die Anzahl an Ionen, Elektronen, bzw. Neutralteilchen ist.

Unter Gleichgewichtsbedingungen kann für das Verhältnis von Atomen zu Ionen in dem als Plasma bezeichneten Zustand die Saha-Eggert-Ionisierungsgleichung

$$K_n^+ = \left(\frac{2\pi}{h^2} \cdot \frac{m_A^+ \cdot m_{e^-}}{m_{A^\circ}} kT \right)^{3/2} \cdot \frac{B_{A^+}(T) \cdot B_{e^-}(T)}{B_{A^\circ}} \cdot e^{-E_A/kT} \tag{10}$$

herangezogen werden.

h   = Planck'sches Wirkungsquantum [4, $132 \cdot 10^{-15}$ eV $\cdot$ s]
m   = Masse
k   = Boltzmann Konstante [$8{,}614 \cdot 10^{-5}$ eV $\cdot$ K^{-1}]
B(T) = elektronische Zustandssumme
E_A = erste Ionisierungsenergie des Elementes A [eV]

Aus der Kombination der Gleichungen 9 und 10 folgt nach deren Logarithmierung

$$\ln (n_{A^+}/n_{A^\circ}) = 15{,}38 + \ln 2(B_{A^+}(T)/B_{A^\circ}(T)) + 1{,}5 \ln T$$

$$- \frac{5040 (E_A - \Delta E)}{T} - \ln n_{e^-} , \tag{11}$$

wobei ΔE die Herabsetzung des Ionisierungspotentials aufgrund elektrostatischer Wechselwirkungen elektrisch geladener Teilchen und 2 die Zustandsumme des freien Elektrons ist. n_{e^-} ist die Zahl der freien Elektronen pro cm^3.

Mit der weiteren Annahme, daß sich die Gesamtzahl der abgesputterten Partikeln des Elementes A näherungsweise aus

$$n_A = n_{A^\circ} + n_{A^+} + n_{A^-} + n_{AO} + n_{AO_2} \tag{12}$$

zusammensetzt, kann man für die weiteren Anteile ähnliche Gleichgewichtsüberlegungen wie für die positiv geladenen Teilchen anstellen und kommt so zu Gleichungen in den Variablen T und n_{e^-}. Diese beiden Parameter können nach Gl. 11 durch Vorgabe von zwei bekannten Konzentrationen bestimmt werden. Das mit „CARISMA" bezeichnete Programm erlaubt somit die Bestimmung der übrigen unbekannten Konzentrationen.

Dieses Programm ist rechnerisch sehr aufwendig und benötigt eine größere Anzahl von thermodynamischen Daten, die nicht immer verfügbar sind. Das hat einige Autoren zur Vereinfachung dieses zweiparametrigen Ansatzes geführt.

Von Morgan und Werner [27] wurde in einem sogenannten „Kollisionskaskadenmodell" aufgrund der Saha-Eggert-Gleichung folgender einparametriger Ansatz

$$n_{A^+}/n_{A^\circ} = K \cdot (B_{A^+}(T)/B_{A^\circ}(T)) \cdot e^{-E_A/kT} \tag{13}$$

mit K als matrixabhängiger Konstante der Berechnung der Sekundärionenemission zugrundegelegt [27, 46]. Mit der weiteren Vereinfachung, daß man in Gl. 12 ohne signifikanten Verlust an Richtigkeit nur den ersten Term der rechten Seite verwendet (d. h. $n_{A^\circ} \gg n_{A^+}$, n_{A^-}, N_{AO}, ...), erhält man für die gesuchte Konzentration des Elementes A

$$c_A = K' \cdot I^+_{S(A)} \cdot i^{-1}_{S(A)} \cdot (B_{A^\circ}(T)/B_{A^+}(T)) \cdot e^{+E_A/kT} , \tag{14}$$

wobei $I^+_{S(A)}$ die gemessene Sekundärionenintensität des Elementes A, $i_{S(A)}$ die Isotopenhäufigkeit und K' eine weitere Proportionalitätskonstante darstellen. K' folgt aus K und der Proportionalität von $I^+_{S(A)}$ mit n_{A^+} und muß nicht bekannt sein, da diese durch Relativierung auf ein Referenzelement aus der Gleichung herausfällt.

Als einziger Anpassungsparameter bleibt nur die Temperatur T übrig, die mit einer bekannten Konzentration bestimmt werden kann. Damit ist eine erste Annäherung an die Möglichkeit einer standardfreien Analyse möglich, wenn T für eine bestimmte Matrix einmal errechnet wurde. Die Anpassung der Temperatur und Berechnung der Konzentrationen wird mit einem Computerprogramm namens „QUASIMS" durchgeführt [27, 28, 46].

Die Koeffizienten für die Temperaturabhängigkeit der Zustandssummen von Atomen und Ionen werden für einen Temperaturbereich von 1500 °K bis 7000 °K von de Galan et al. [47] angegeben. Für höhere Temperaturbereiche müssen diese extrapoliert werden. Als Kriterium für die Ermittlung von T aus Gl. 14 gilt die minimale Fehlersumme zwischen vorgegebenen und errechneten Konzentrationen [48].

Diese auf thermodynamischen Modellen beruhenden Berechnungen haben sich in der Praxis in manchen Fällen gut bewährt, ungeachtet der Frage, ob in der Realität wirklich ein Gleichgewichtszustand in einem Plasma zustandekommt. So wurde für die errechneten Temperaturen keine physikalisch relevante Erklärung gefunden, doch haben sie sich als guter Anpassungsparameter für das Ausmaß der Ionisierung bewährt [50].

Aus der Tatsache, daß sich im Modell von Andersen (Gl. 11, 12) in ein und derselben Probe die Konzentration der Elektronen n_{e^-} in Abhängigkeit von der Wahl des Referenzelementes um über vier Zehnerpotenzen ändert, schließt Wittmaack, daß dies kaum auf eine Gleichgewichtseinstellung schließen läßt [51]. Falls überhaupt möglich, kann es nur innerhalb einer einzelnen Kollisionskaskade zu einem annähernden Gleichgewichtszustand kommen, da die ungefähre Lebenszeit einer Kaskade mit 2×10^{-13} s [51] viel kleiner ist als der für übliche Primärstromdichten gegebene zeitliche Abstand zweier in einem typischen Kaskadenvolumen mit einem Durchmesser von etwa 10 nm eintreffender Projektile [50]. Werner und Morgan vermuten aufgrund von Computersimulationen eine mittlere Anzahl von 15 möglichen Stößen zwischen Atomen, Ionen und Elektronen und halten daher die Hypothese eines Gleichgewichtes innerhalb der Lebenszeit einer einzelnen Kollisionskaskade für denkbar [50].

Als Beispiel soll die Bestimmung von Spurenelementen in ZnS (Spektrum in Abb. 19) mit dem Modell nach Werner (QUASIMS) beschrieben werden [48]: Als Eingangswerte dienen die interferenzfreien und nach ihrer Isotopenhäufigkeit korrigierten Sekundärionenintensitäten. Zur Ermittlung des Temperaturparameters wird in erster Näherung angenommen, daß die Summe der Begleitelemente 1 % beträgt, sodaß als Zn- und S-Standardkonzentrationen je 49,5 % eingegeben werden können. Der aus dieser Näherung resultierende Fehler ist gegenüber dem Gesamtfehler vernachlässigbar gering.

Den größten Einfluß auf das Analysenresultat hat wie Abb. 22 zeigt die Plasmatemperatur. Je nach gewählter Temperatur werden um Größenordnungen unterschiedliche Resultate für Haupt- und Spurenelemente erhalten. Für die Wahl einer geeigneten Temperatur muß daher die Richtigkeit der Wiedergabe der Konzentrationen von Referenzelementen (hier Zn und S) oder anderer Spurengehalte dienen. Im vorliegenden Fall liefert T = 5400 K das richtige Verhältnis von Zink und Schwefel (1:1) und kann daher für die Berechnung der Spurenelementgehalte herangezogen werden.

Eine weitere wesentliche Fehlerquelle bei der Quantifizierung nach dem LTE-Modell tritt bei starker Energiefilterung (zur Eliminierung der Interferenzen) auf, da die unterschiedliche Energieverteilung verschiedener analytischer Ionen eine verschieden starke Reduktion der Sekundärionenintensität bewirkt und diese im Berechnungsverfahren nicht berücksichtigt wird. Auch ist im allgemeinen eine starke

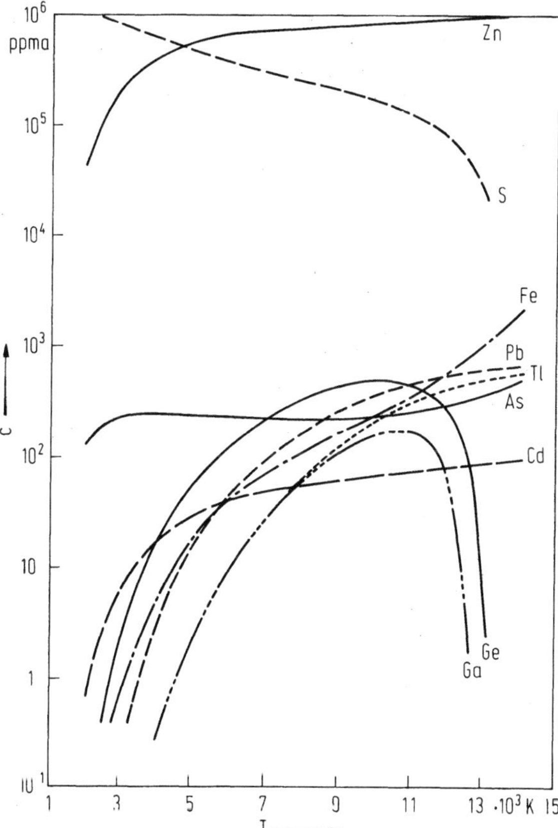

Abb. 22. Abhängigkeit der mit QUASIMS berechneten Konzentrationen von der Temperatur [48] (normierte Ionenströme: Zn = 1, S = 0,029, Fe, Ga, Ge, Ti, Pb = 0,001, As, Cd = 0,0001) [PI = O⁻, E_0 = 12,5 keV, Energiefenster 95 bis 225 eV]

Tabelle 6. Quantitative Analyse von Stahlprobe (NBS SRM 467) mittels CARISMA ($PI = O_2^+$, $E_0 = 17,5\,keV$)

Element	SIMS [ppma]	NBS-Analyse [ppma]	Fehlerursachen
C	4 500	5097	
Al	21 800	3300	1, 2
Si	3 400	5152	
P	195	592	1
Ti	8 600	3020	2
V	566	447	
Cr	885	384	2
Mn	6 500	2700	2
Co	621	661	
Ni.	715	834	
Cu	182	586	3
Zr	463	573	
As	98	1039	1
Nb	1 400	1700	
Mo	26	121	
Sn	152	469	
Ta	64	707	3, 4
W	8	605	3, 4
Fe	94,88%	97,15%	

1) Modell nicht gut geeignet
2) Inhomogenität der Probe
3) Interferenz (Peak Stripping)
4) Ungenügende Berücksichtigung der Oxide (TaO^+)

Unterbewertung von Elementen mit besonders niedriger Ionisierungsenergie und von schweren Isotopen (massenabhängige Transmission des Spektrometers) festzustellen.

Tabelle 6 zeigt das Resultat einer quantitativen Multielementanalyse mit dem CARISMA-Verfahren [24] und führt die wichtigsten Ursachen für Abweichungen zwischen den berechneten SIMS-Ergebnissen und den zertifizierten Durchschnittswerten an.

Die Quantifizierung mit dem LTE-Modell liefert die besten Resultate bei homogenen sauerstoffgesättigten Systemen, wie Gläsern. In diesem Fall kann für die meisten Elemente eine Richtigkeit besser als Faktor 2 erwartet werden [49]. Bei anderen Materialien liefert das Verfahren die Konzentrationsgrößenordnung der analysierten Elemente (Analysenfehler Faktor 2–5).

Sinnvollerweise wird dieses Quantifizierungsverfahren nur dann eingesetzt, wenn keine geeigneten externen Standards zur Verfügung stehen und die Ansprüche an die Analysenrichtigkeit nicht allzu groß sind — etwa bei vielen Fragestellungen der Multielement-Spurenanalyse in Werkstoffen (z. B. Metallen) [52].

4.2.2 Tiefenskala

Die Konversion der Zeit in eine Tiefenskala kann einerseits mittels der Sputterraten (nm/sek), welche für bestimmte Analysenbedingungen und Materialien mittels

Standardproben bestimmt wurden, oder durch direkte Tiefenausmessung der einzelnen
Krater nach der Analyse mittels Interferenzmikroskopie, Profilometrie (DEKTAK,
Talysurf) oder Rasterelektronenmikroskopie erfolgen.

Zur Bestimmung der Sputterraten können Dünnfilmproben (aufgedampfte Metall-
schichten, Oxidschichten etc.) deren Dicke bekannt ist oder durch geeignete Methoden (z. B. Ellipsometrie) bestimmt werden kann, herangezogen werden. Da Sputterraten bei Probenwechsel bzw. Neujustierung des Gerätes experimentell schwierig
zu reproduzieren sind, ist die Tiefenkalibrierung nach dieser Methode mit einem
relativ großen Fehler von 25–50 % behaftet.

Eine exakte – bis auf wenige Nanometer richtige Tiefenkalibrierung liefert bei
Proben mit ursprünglich völlig ebener Oberfläche die direkte Ausmessung der
einzelnen Krater. Bei der Kalibrierung von Tiefenprofilen über heterogene Strukturen
(Mehrschichtstrukturen) muß jedoch berücksichtigt werden, daß die ·verschiedenen
Schichten üblicherweise unterschiedliche Sputterraten aufweisen. Abbildung 23 zeigt
schematisch die Tiefenkalibrierung für ein Schichtsystem SiO_2/Si.

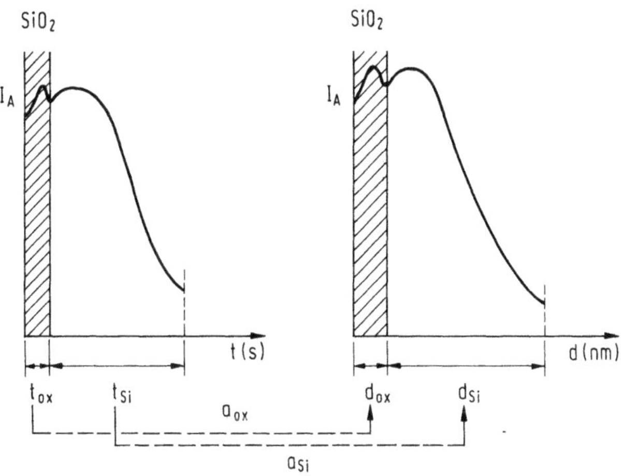

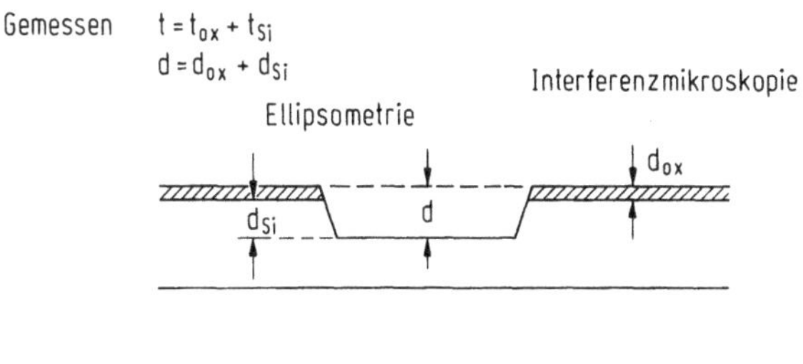

Abb. 23. Schematische Darstellung der Kalibrierung der Tiefenskala im System SiO_2/Si:
I_A = Intensität von Dotierungselement, t = Zeit [sec], t_{ox}, t_{Si} = Sputterzeit in SiO_2 bzw. Si,
a_{ox}, a_{Si} = Sputterrate in SiO_2 bzw. Si [nm/sek], d_{ox} = Schichtdicke von SiO_2, d_{Si} = Sputtertiefe
in Si

5 Probenvorbereitung

Die Probenvorbereitung richtet sich nach analytischer Fragestellung und Materialart. Grundsätzlich gilt, daß Proben mit einer ausreichenden elektrischen Leitfähigkeit (Metalle, Halbleiter, halbleitende Mineralien) direkt ohne Probenvorbereitung untersucht werden können. Voraussetzung ist eine ebene Oberfläche der Probe. Diese Vorgangsweise wird vor allem dann gewählt werden, wenn die unmittelbare Oberfläche des Werkstoffes (etwa Ablagerungen, Oxidationsschichten) untersucht werden soll.

Für Spurenanalysen in oberflächennahen Schichten des Festkörpers — etwa bei Halbleitern — kann eine vorherige Reinigung der Oberfläche mit ultrareinen organischen Lösungsmitteln sinnvoll sein, damit eine oberflächliche Kontamination nicht durch Knock-on-Effekte bei der Analyse in den Festkörper gebracht wird.

Für die Mikrobereichscharakterisierung von Festkörpern werden bei SIMS üblicherweise polierte Proben eingesetzt. Die Herstellung der Proben erfolgt in der üblichen metallographischen Technik (Schleifen und Polieren in mehreren Stufen mit abnehmender Körnung bis unter 1 µm), wobei die gängigen Mittel verwendet werden können. Eine Reinigung der polierten Oberfläche mit destilliertem Wasser oder organischen Lösungsmitteln im Ultraschallbad ist notwendig. Zusätzlich muß die zu analysierende Stelle mittels des Ionenstrahls vorgeätzt werden um restliche Verunreinigungen zu entfernen.

Grundsätzlich ist es vorzuziehen, wenn die Proben ohne Einbettung präpariert werden können. Für kleine Probenstücke können spezielle Halterungen aus Messing, Stahl oder ähnlichen Materialien hergestellt werden, mit denen die Herstellung eines ebenen metallographischen Schliffes möglich ist. Sollte eine Einbettung unbedingt notwendig sein, dann sollten möglichst saubere Metalle von niedrigem Schmelzpunkt (z. B. In) oder weitgehend vakuumfeste Kunstharze (Araldit) verwendet werden. Im Falle der Kunstharzeinbettung empfiehlt sich die Probe mehrere Stunden nach der Härtung in einer Hochvakuumapparatur (z. B. Bedampfungsanlage) ausgasen zu lassen. Alle Einbettungen haben den Nachteil, daß beim Schleifen und Polieren das Einbettmaterial über die Probenoberfläche verschmiert wird und die Oberflächenverunreinigung nur durch ausreichendes Ionenätzen vollständig entfernt werden kann.

Dies ist besonders für die Spurenanalyse an Oberflächen von großer Bedeutung. Mikrobereichs- und Oberflächenanalysen können aber auch an rauhen Probenoberflächen — etwa Bruchflächen — ausgeführt werden. Die maximale Rauhigkeit der Oberfläche, bei der noch sinnvolle Resultate erhalten werden können, beträgt ca. 50–100 µm. Obwohl bei Geräten mit hohem Ionenextraktionspotentialen (einige kV) der Einfluß der Probenrauhigkeit auf die Sekundärionenausbeute reduziert wird, ist bei der Analyse von rauhen Proben mit einem verminderten dynamischen Bereich bei der Tiefenprofilmessung und Morphologieeinflüssen auf die (semi)quantitative Analyse sowie die ionenmikroskopischen Abbildungen zu rechnen.

Bei der Analyse von rauhen Proben ist weiters zu berücksichtigen, daß die Probe als solche ziemlich eben sein muß: der maximale Höhenunterschied soll nicht mehr als 1 mm betragen, da ansonsten die Ionenextraktionsfelder nicht mehr optimal auf die Probenoberfläche justiert werden können.

Spezielle Vorbereitungen müssen für die Analyse von pulverförmigen Proben getroffen werden. Da die Pulverteilchen fest an einem ebenen Substrat haften müssen, muß eine pulverförmige Probe entweder zu einem Preßling geformt oder als dünner Film auf ein reines Metallsubstrat aufgepreßt werden. Bei der Herstellung von Preßlingen besteht die Gefahr eines Abriebs vom Preßstempel, welcher sogar in Schichten von wenigen Nanometern bei der Oberflächenanalyse nachgewiesen werden kann. Bei spröden Pulvern ist ein Verpressen mit einem Preßhilfsmittel notwendig. Als solches kommen reine Metallpulver in einer Beimengung von 5–10 Gew. % in Frage. Da in der Praxis normalerweise keine hochreinen Metallpulver mit definierten Spurengehalten verfügbar sind, muß dieses gesondert mit SIMS bezüglich seiner Spurenelemente untersucht werden. Bei Analyse mehrere Spurenelemente in einer Pulverprobe ist es u. U. notwendig verschiedene Preßhilfsmittel für eine Probe zu verwenden um die Kontamination möglichst niedrig zu halten.

Die Herstellung einer dünnen Pulverfilmprobe auf einem Metallfilm kann, um Verunreinigungen durch den Preßstempel zu vermeiden, zwischen zwei Metallfolien erfolgen. Diese werden vor der Analyse getrennt. Als Substrate eignen sich vor allem Goldfolien, welche in hoher Reinheit erhältlich sind. Allerdings sind auch diese Folien bezüglich ihres oberflächlichen Spurenelementgehaltes (insbes. Alkali-, Erdakalielemente) mit SIMS zu überprüfen.

Für die Analyse von größeren (d > 10–20 μm) einzelnen Pulverteilchen mit SIMS können diese ohne Bindemittel auf einen polierten Metallblock (z. B. Tantal) aufgebracht werden. Auf Grund der Adhäsionskräfte besteht eine beträchtliche Wahrscheinlichkeit, daß die einzelnen Teilchen an der Oberfläche haften bleiben.

6 Spezielle Meßtechniken für Isolatoren

Elektrisch nichtleitende Proben verlangen eine besondere Probenvorbereitung und/ oder Meßtechnik um die beim Ionenbeschuß auftretenden Aufladungen kompensieren oder deren Einfluß eliminieren zu können. Die elektrostatische Aufladung einer Probe hängt primär von der Primärionenpolarität ab. Bei Beschuß einer nichtleitenden Probe mit positiven Primärionen (O_2^+, Ar^+, Cs^+) kommt es durch die Implantation der positiven Ladungen und die zusätzliche Emission von Sekundärelektronen zu einer starken positiven Aufladung, die bis zu mehreren hundert Volt betragen kann. Das Ausmaß der positiven Aufladung wird durch die Eigenleitfähigkeit der Probe, die Stromdichte und bei nichtleitenden Dünnfilmproben (z. B. SiO_2 auf Si) von der Dicke der Isolatorschicht bestimmt. Außerdem ist die Aufladung am Beginn der Analyse niedriger (ca. 50 V) und steigt mit zunehmender Dauer der Ionenimplantation stark an. Weiters wird das Ausmaß der Aufladung von der Polarität der Sekundärionen beeinflußt: hohe positive Extraktionspotentiale (ca. 4500 V) vergrößern bei der Messung von negativen Sekundärionen die Sekundärelektronenemission und damit die positive Aufladung. Eine Verringerung der Aufladung ist umgekehrt bei der Messung von positiven Sekundärionen festzustellen.

Bei Beschuß einer nichtleitenden Probe mit negativen Primärionen (O) erfolgt primär eine negative Aufladung, welche aber durch die Emission von Sekundär-

elektronen teilweise kompensiert wird. Bei der Messung von positiven Sekundärionen wird eine negative Aufladung in der Größenordnung von > 100 V festgestellt.
Bei der Messung von negativen Sekundärionen ist diese geringer.

Die Aufladungen von Isolatoren bei der Analyse bewirken primär einen starken
Intensitätsverlust der gemessenen Sekundärionen. Dieser Effekt kann am besten
an Hand der Energieverteilungskurven veranschaulicht werden. Abbildung 24 zeigt
die bei Verwendung von negativen Primärionen (O^-) erhaltene Energieverteilung
von Al^+ in einer goldbesputterten Al_2O_3-Probe [40]. Am Beginn der Analyse
unmittelbar nach Durchsputtern der Goldschicht tritt noch keine Aufladung auf,
die Energieverteilungskurven entsprechen denen von leitenden Proben (rechte Kurven). Nach einigen Minuten Sputtern im Al_2O_3 baut sich eine negative Ladung
von 60 V auf, welche die Energieverteilungskurve um diesen Betrag verschiebt. Dies
bedeutet, daß bei Einstellung des Energieanalysators im doppelfokussierenden
Massenspektrometer auf eine Akzeptanz der ursprünglichen Energieverteilung nur
mehr ein Bruchteil der emittierten Sekundärionenintensität gemessen wird — das
gemessene Sekundärionensignal sinkt mit zunehmender Aufladung um mehrere
Größenordnungen ab.

Ein weiterer Effekt der Aufladungen besteht in einer möglichen Diffusion von
leicht beweglichen Ionen (z. B. Alkaliionen) während der Analyse. Abbildung 25
zeigt das Tiefenprofil einer Na-Implantation in Glas: aufgenommen mit negativen
Primärionen (und vollständiger Kompensation der Aufladungen — s. unten) wird
das Implantationsprofil richtig wiedergegeben, bei positiven kommt es auf Grund

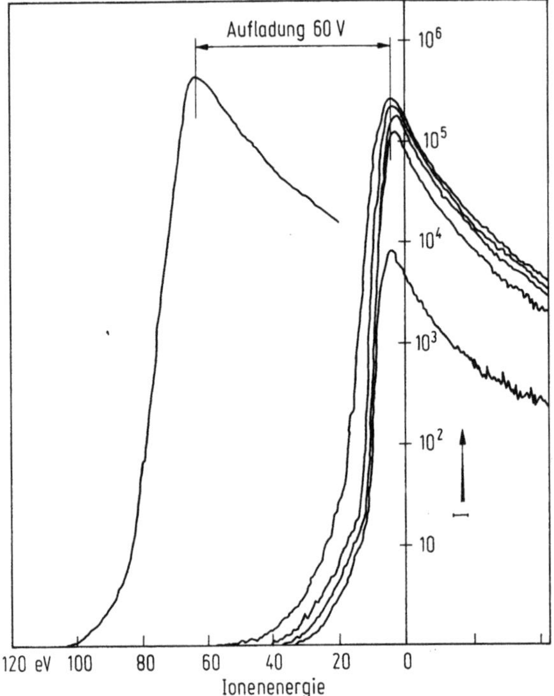

Abb. 24. Verschiebung der Energieverteilung von $^{27}Al^+$ bei der
Analyse von Al_2O_3 nach Durchsputtern der Goldschicht durch
Aufladung um ca. 60 Volt
[PI $= O^-$, $E_0 = 14,5$ keV,
$i_B = 100$ nA]

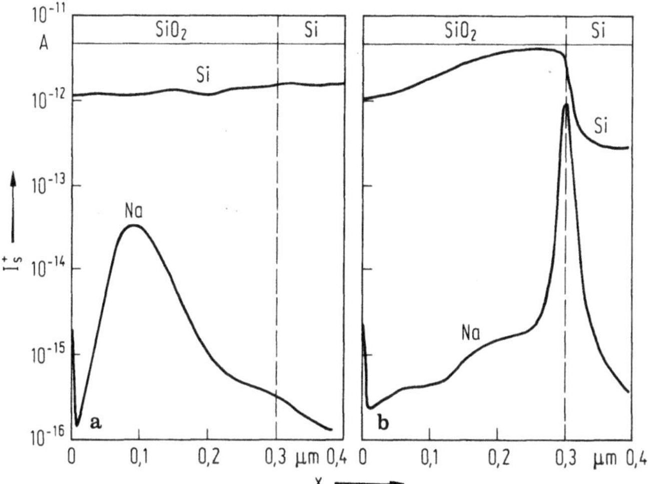

Abb. 25a, b. Tiefenprofil von implantiertem Na in 300 nm SiO_2 auf Si (80 keV, 10^{15} cm^{-2}) [53]
a) Analyse mit O^-: richtige Wiedergabe der Na-Verteilung, **b)** Analyse mit O_2^+: Anreicherung von Na an Grenzfläche verursacht durch die positive Oberflächenaufladung beim Sputtern

hoher positiver Oberflächenladungen zu einer Wanderung der Na^+-Ionen in die Probe hinein. Dies führt zu einer Anreicherung am Interface Isolator/Halbleiter.

Das Ausmaß der Aufladungen kann durch Aufbringen eines dünnen (ca. 20 bis 50 nm) leitenden Filmes oder Aufpressen einer Tantal-Blende [53], in deren Zentrum analysiert wird, reduziert werden. Als leitende Schicht können aufgesputterte Goldfilme dienen. Bei der Analyse wird der Goldfilm durchgesputtert. Unterhalb des Goldfilmes baut sich jedoch eine Restladung (bei negativen Primärionen typisch —40 V) auf, welche kompensiert werden muß.

Als Nachteil der Goldbesputterung ist die Verunreinigung der Probenoberfläche mit Spurenelementen (Na, Ag, Cu, As, Pb, Sn) zu verzeichnen. Die Verwendung von Aufdampftechnologien im UHV mit ultrareinen Metallen würde hier zweifellos einen Vorteil bringen. Trotzdem ist die Erhöhung der Oberflächenleitfähigkeit durch Aufbringen eines Goldfilmes wegen ihrer Einfachheit die am meisten praktizierte Methode zur Reduktion von Aufladungen. Die bei Verwendung von negativen Primärionen relativ niedrigen Aufladungen können bei doppelfokussierenden Massenspektrometern einfach kompensiert werden.

Die möglichst vollständige Kompensation von Aufladungen bzw. Aufladungseffekten ist eine notwendige Voraussetzung für die erfolgreiche Charakterisierung von Nichtleitern mit SIMS. Es bieten sich bei modernen Hochleistungsgeräten folgende Methoden an [54, 55]:

i) Kompensation durch Variation von Probenpotential bzw. Energieakzeptanz:
   Die durch die Aufladung bedingte Verschiebung der Energieverteilung kann durch kontinuierliche Änderung des Probenpotentials während der Analyse rückgängig gemacht werden. Liegt beispielsweise das Maximum der Energieverteilung von

Al^+ in Al_2O_3 an der Oberfläche bei $+4500$ V (Extraktionspotential), so verschiebt es sich durch die Aufladung um -60 V auf $+4440$ V.

Durch Veränderung des Extraktionspotentials auf normal 4500 V durch (computergesteuerte) Erhöhung der Spannung zwischen Probe und Immersionslinse wird die Energieverteilung wieder der Energieakzeptanz des Analysators angepaßt.

Um eine präzise Nachregulierung des Probenpotentials zu ermöglichen ist es notwendig die Aufladungen möglichst genau zu messen. Dies kann mit höchster Präzision durch wiederholte Messung der Sekundärionenintensität eines Moleküliions während der Analyse an seiner steil abfallenden Flanke der Energieverteilung erfolgen [55]. Werden z. B. Analysen in einer SiO_2-Schicht durchgeführt, dann kann das Molekülion $^{72}Si_2O^+$ bei einer kinetischen Energie von $+30$ eV (entsprechend der Mitte der steil abfallenden Flanke der Energieverteilung, Probenpotential $+4470$ V) laufend mitgemessen werden. Ändert sich die Aufladung der Probe nur um 10 V sinkt die Si_2O^+-Intensität um einen Faktor 10 ab. Die Kompensation der sich während der Analyse ständig ändernden Aufladungen erfolgt nun in der Weise, daß mittels einer Computer-Subroutine, die in den automatischen Meßvorgang implementiert wird, während der Messung von $^{72}Si_2O^+$ das Probenpotential so angepaßt wird, daß die gleiche Si_2O^+-Intensität wie ohne Aufladung erhalten wird. Auf diese Weise ist es möglich Aufladungen bis zu ca. ± 120 eV vollständig zu kompensieren und hochstabile Sekundärionen-

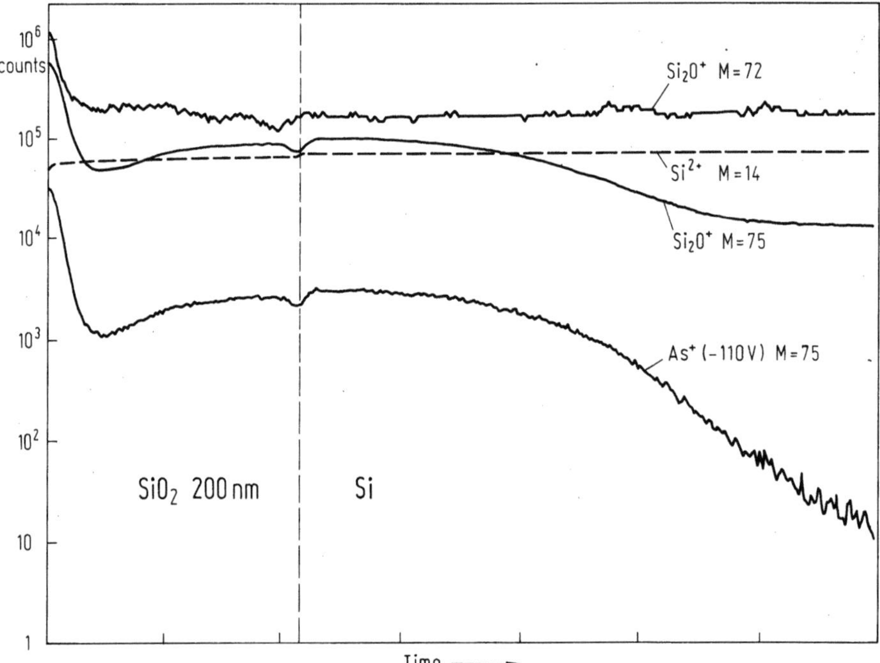

Abb. 26. Tiefenprofil von As über Schichtsystem SiO_2/Si mit Aufladungskompensation durch präzise kontinuierliche Anpassung des Probenpotentials (PI = O_2^+, E_0 = 8 keV, i_B = 600 nA, Raster 500 × 500 µm, P_{O_2} = 5 · 10^{-3} Pa]

signale zu erhalten. Abbildung 26 zeigt als Beispiel ein Tiefenprofil von As in einer 200 nm dicken SiO_2-Schicht auf Si. Selbst bei der Analyse mit positiven Primärionen ohne weitere Maßnahmen zur Aufladungskompensation werden Profile hoher Stabilität und Richtigkeit erhalten. Diese Methode kann zur Zeit als die Technik angesehen werden, welche Aufladungseffekte mit höchster Präzision kompensiert.

Eine weitere — einfachere — Technik besteht darin, daß die Energieakzeptanz des Massenspektrometers durch geeignete Positionierung des Energiespaltes der Aufladung angepaßt wird. So kann beispielsweise die in Abb. 24 wiedergegebene Verschiebung der Energieverteilung von Al^+ in Al_2O_3 dadurch kompensiert werden, daß der Energiespalt soweit verschoben wird bis wieder die gesamte Sekundärionenintensität in den Spalt fällt. Auch mit dieser Methode werden bei nicht allzu stark während der Analyse schwankenden Aufladungen, wie sie bei goldbesputterten Proben und negativen Primärionen verzeichnet werden, außerordentlich stabile Profile erhalten.

ii) Kompensation durch Ladungsausgleich:

Die bei Beschuß einer Isolatoroberfläche mit positiven Primärionen auftretenden hohen positiven Aufladungen können durch Bestrahlung der Probe mit Elektronen während der Analyse reduziert bzw. in günstigen Fällen vollständig eliminiert werden („Elektronendusche"). Die Elektronen werden aus einer Glühkathode auf Nullpotential emittiert und durch das positive Probenpotential auf ca. 4500 eV beschleunigt. Die Intensität des Elektronenbeschusses kann durch Variation des Emissionsstromes dem Ausmaß der Aufladung angepaßt werden. Wegen des Einflusses des Extraktionspotentials auf die Elektronenbahnen kann diese Technik (bisher) nur bei der Messung von positiven Sekundärionen angewendet werden.

Diese Methode der Ladungskompensation bewährt sich außerordentlich bei dicken Isolatorschichten oder kompakten Isolatorproben mit hohen Aufladungen bis zu mehreren hundert Volt, welche elektronisch nicht kompensiert werden können. Um hochstabile Sekundärionenintensitäten zu erhalten ist jedoch meist eine zusätzliche Kompensation der Restladung durch Anpassung des Probenpotentials oder entsprechende Positionierung des Energiespaltes notwendig. Auch bei dieser Technik bewährt sich das Monitoring der Aufladung mit Molekülionen.

7 Analytische Techniken und Einsatz von SIMS

7.1 Überblick

Die analytischen Techniken und die grundsätzlichen Möglichkeiten von SIMS für die Festkörperanalytik sind in Abb. 27 wiedergegeben. Dieses Schema gibt auch gleichzeitig für viele technische Problemstellungen die Analysenstrategie wieder. Demnach steht am Beginn der Festkörpercharakterisierung die Ausführung einer „Durchschnittsanalyse" — d. h. die Aufnahme und Auswertung eines Massenspektrums über bestimmte, meist jedoch räumlich nicht streng begrenzte Bereiche

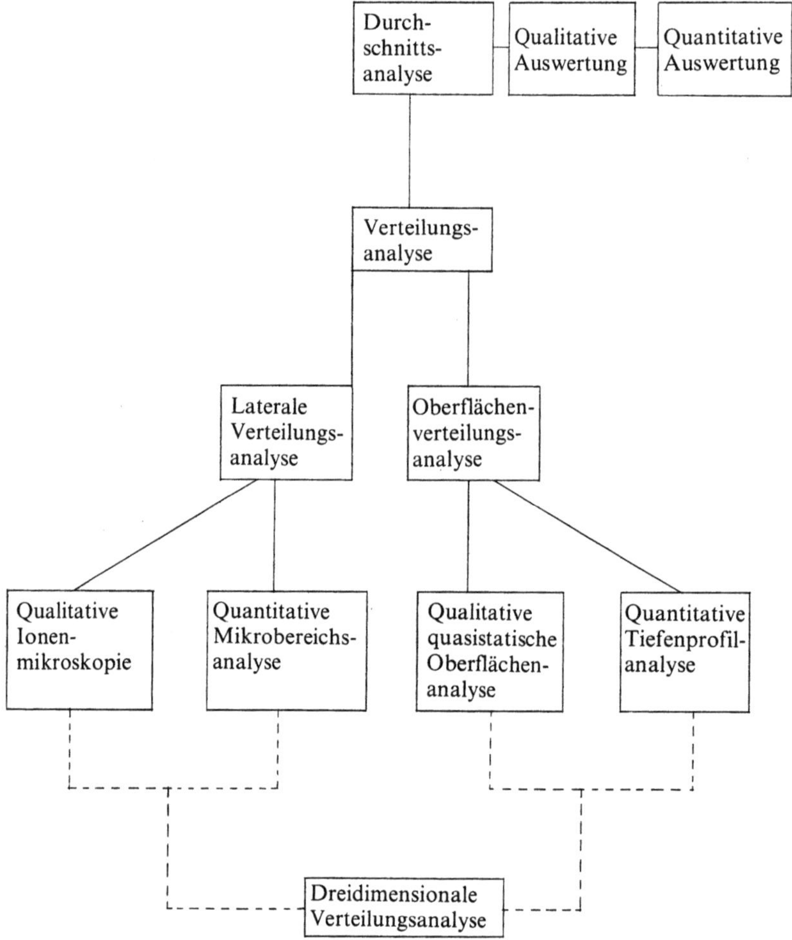

Abb. 27. Schematische Darstellung der Einsatzmöglichkeiten von SIMS

der Probe. Derartige Massenspektren liefern üblicherweise Basisinformationen für weitere Untersuchungen, d. h. die Verteilungsanalyse.

Diese Technik kann aber auch für die hochempfindliche Multi-Element-Spurenanalyse herangezogen werden. Dazu ist neben einer Methodenoptimierung hinsichtlich maximaler Nacheisstärke eine sorgfältige qualitative und quantitative Auswertung der Massenspektren notwendig.

Bei der Ermittlung der Verteilung von Komponenten in einem Werkstoff unterscheidet man wegen unterschiedlicher Meßtechniken zwischen lateraler Verteilungsanalyse (qualitative Ionenmikroskopie und quantitative Mikrobereichscharakterisierung) und Oberflächenverteilungsanalyse (qualitative „quasistatische" Oberflächenanalyse, quantitative Tiefenverteilung). Die Kombination von Lateral- und Oberflächenverteilungsanalyse führt zur dreidimensionalen Charakterisierung eines Werkstoffes. Diese kann qualitativ durch Videoregistrierung der ionenmikroskopischen Abbildungen während des Sputtervorganges ohne Probleme dargestellt werden. Eine Umsetzung in dreidimensionale quantitative Elementverteilung bereitet jedoch trotz unbestreitbarer Fortschritte [17, 56] für praktische Problemstellungen noch beträchtliche Schwierigkeiten.

In den folgenden Abschnitten sollen die Möglichkeiten und Grenzen von SIMS für die Festkörperanalytik an Hand von wissenschaftlich-technisch interessanten Fragestellungen behandelt werden.

7.2 Durchschnittsanalyse

7.2.1 Einsatzbereich

Für die Ermittlung der durchschnittlichen chemischen Zusammensetzung von Festkörperproben existiert eine große Zahl von bewährten Methoden: chemische und thermoanalytische Verfahren, Photometrie, RFA, AAS, NAA, OES, SSMS [57]. Trotzdem besteht im Bereich der Spurenanalyse von Festkörpern Bedarf an neuen leistungsstärkeren Techniken. Die Entwicklung geht stark in Richtung von physikalischen in-Situ-Methoden, da bei deren Anwendung die mit chemischen Aufbereitungsschritten verbundenen Kontaminations- und Verlustprobleme bei der Spurenanalyse nicht auftreten. Als wichtige Fortschritte auf diesem Gebiet sind PIXES, CPAA, massenspektrometrische Techniken mit Laser-(LAMMS) oder Ionenanregung (SIMS) zu nennen. Während die Nachweisstärke von PIXES mit einigen µg/g limitiert ist und CPAA nur begrenzt, d. h. für leichte Elemente, sinnvoll eingesetzt wird, verbinden die massenspektrometrischen Methoden die Vorteile von hoher Nachweisstärke und der Erfassungsmöglichkeit aller Elemente. Von den beiden Technikern ist SIMS wesentlich weiter entwickelt und stellt eine brauchbare Ergänzung zu den genannten Routinemethoden für Multielement- und Ultraspurenanalyse dar. Grundsätzlich soll dazu auch festgestellt werden, daß für die Durchschnittsanalyse von Haupt- und Nebenbestandteilen SIMS für die meisten Elemente viel weniger geeignet ist als die angeführten Methoden. SIMS wird im Rahmen der Durchschnittsanalyse nur sinnvoll für die Spurenbestimmung eingesetzt.

7.2.2 Analysentechnik und Anwendungsbeispiele

Ziel der Analyse ist es, möglichst genaue Informationen über die Durchschnittsgehalte der Spurenelemente im Festkörper zu erhalten. Dies bedingt einmal die Aufnahme von Massenspektren über repräsentative Probenbereiche, dann die zweifelsfreie Indentifizierung der einzelnen Peaks im Massenspektrum und schließlich eine geeignete quantitative Auswertung. Um repräsentative — d. h. der Durchschnittszusammensetzung entsprechende — Resultate zu erhalten müssen normalerweise möglichst große Probenbereiche analysiert werden. Dies kann durch Abrasterung der Proben in einer Fläche von 500×500 µm und Registrierung der Sekundärionen aus einem im Zentrum liegenden Bereich von ca. 50 bis 250 µm erfolgen. Die Ausblendung des zentralen Bereiches für die Sekundärionenmessung erfolgt um Randeffekte (Oberflächenverunreinigungen) auszuschalten. Für die Multielementspurenanalyse werden vorerst für die qualitative Auswertung Überblicksspektren („Bar Graph MS" in Peak-Jumping-Mode) aufgenommen. Die qualitative Auswertung dieses Massenspektrums beinhaltet eine Überprüfung jedes interessierenden Peaks auf mögliche Interferenzen. Dies kann durch Aufnahme von Teilmassenspektren mit hohem Massenauflösungsvermögen (typisch 2000–5000) oder durch Auswertung der Isotopenhäufigkeitsverteilungen erfolgen. Wichtige Hinweise auf vorliegende Interferenzen erhält man durch Messung der Spektren mit unterschiedlicher Energiefilterung: wenn sich die Intensitäten von bestimmten Peaks wesentlich stärker bei Energiefilterung verringern, liegt eine Interferenz durch Molekül- oder Clusterionen vor. Schließlich werden noch logische Kombinationen von Atomionen zu Molekülionen bzw. mehrfach geladenen Ionen in ihrer Position im Massenspektrum überprüft.

Diese Auswertung führt zur Identifikation der Spurenelemente bzw. Ermittlung von interferenzfreien Peaks. Bei Metallen ist meist eine größere Anzahl interferenzfreier Peaks festzustellen. Als Beispiel sind diese für Tantal in Tabelle 7 angegeben.

Im Falle des Auftretens interferierender Peaks müssen die in Kap. 4.1.2 beschriebenen Methoden der Eliminierung von Interferenzen durch Anwendung der Energiefilterung oder hohen Massenauflösungsvermögens angewendet werden. Für die quantitative Analyse werden Scan-Massenspektren über ausgewählte Massenbereiche aufgenommen (Abb. 28). Die Aufnahmezeit für einen Massenpeak ist in weiten Grenzen variabel. Üblicherweise wird ein Massenpeak in ca. 1 sec gemessen. Dieser entspricht einer abgesputterten Probemenge von ca. 1 ng. Um Informationen über Repräsentativität und Homogenität der Probe zu erhalten werden diese Analysen einerseits an der gleichen Stelle aber in verschiedenen Sputtertiefen und andererseits an verschiedenen Stellen wiederholt. Da die Aufnahme eines Massenspektrums für 20 Elemente nur ca. 2 Minuten dauert, bereitet selbst eine oftmalige Wiederholung keine großen Probleme.

Tabelle 7. Multielement-Spurenanalyse in Ta-Sinterdraht: SIMS-Ergebnisse und Erfassungsgrenzen. Spektrum Abb. 28. $i_{S(A)}$ = Isotopenhäufigkeit, α_A^+/α_{Ta}^+ = relative Sekundärionenausbeute (bezogen auf Tantal)

Element	Masse	$i_{S(A)}$	$\dfrac{\alpha_A^+}{\alpha_{Ta}^+}$	c_A [µg/g]	Erfassungsgrenze [ng/g]
Na	23	1,00	35	5	0,1
K	39	0,931	110	7	0,03
Ca	40	0,970	24	20	0,2
Fe	54	0,058	1,2	3	100
Mn	55	1,00	1,2	0,2	3
Co	59	1,00	0,75	0,2	3
Y	89	1,00	3,2	0,009	3
Zr	90	0,515	5,3	0,3	5
Nb	93	1,00	3,5	2	3
Mo	92	0,158	2,6	10	30
	95	0,157		10	20
Hf	178	0,27	3,5	0,005	15
W	182	0,264	3,0	0,5	10

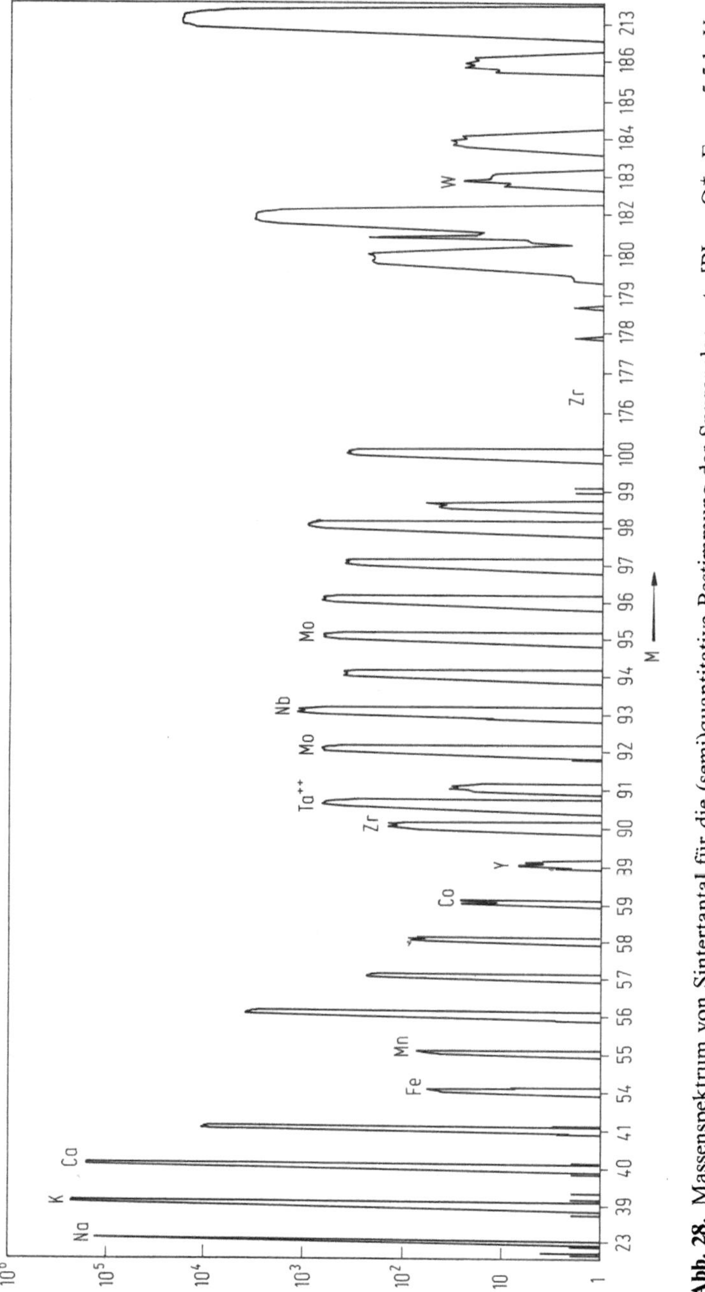

Abb. 28. Massenspektrum von Sintertantal für die (semi)quantitative Bestimmung der Spurenelemente [PI = O_2^+, E_0 = 5,5 keV, d_A = 60 μm, i_B = 500 nA, Drahtstärke 120 μm]

Die an allen Stellen gemessenen Sekundärionenintensitäten werden für jedes Element gemittelt und statistisch ausgewertet. Dadurch erhält man nicht nur einen mehr oder weniger repräsentativen Mittelwert, sondern auch Angaben über die Homogenität der Probe hinsichtlich ihrer Spurenelemente — eine Information, die oft von großer Bedeutung ist.

Die Quantifizierung erfolgt bei Vorliegen von Standards mittels relativer Empfindlichkeitsfaktoren, ansonsten mittels LTE-Verfahrens. Tabelle 7 enthält die Auswertung des Massenspektrums einer Sinter-Tantalprobe (Abb. 29). Die Y-Konzentration wird durch Messung eines externen Standards quantitativ mit einer Richtigkeit von größenordnungsmäßig $\pm 25\%$ rel. erhalten [58]. Als externer Standard kann ein mit Y_2O_3 dotiertes Reinst-Tantal-Pulver dienen. In diesem kann der Y-Gehalt (hier 40 µg/g) mittels RFA quantitativ bestimmt werden. Eine Extrapolation über mehrere Größenordnungen zu kleineren Konzentrationen hin ist wegen der weitgehenden Konstanz der Matrixeffekte und gleicher chemischer Bindung von Y im Pulver und im Sinterprodukt mit hoher Richtigkeit möglich.

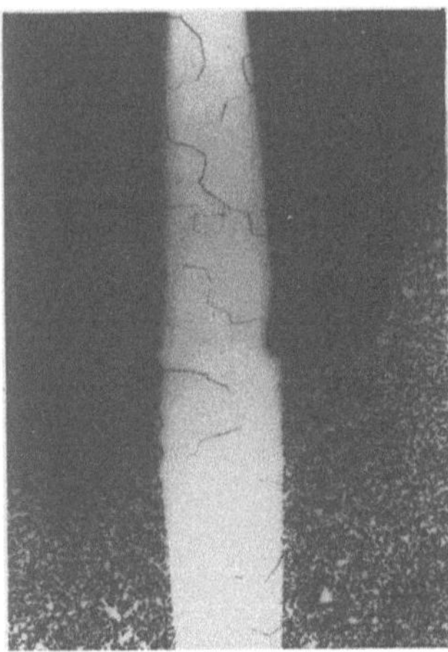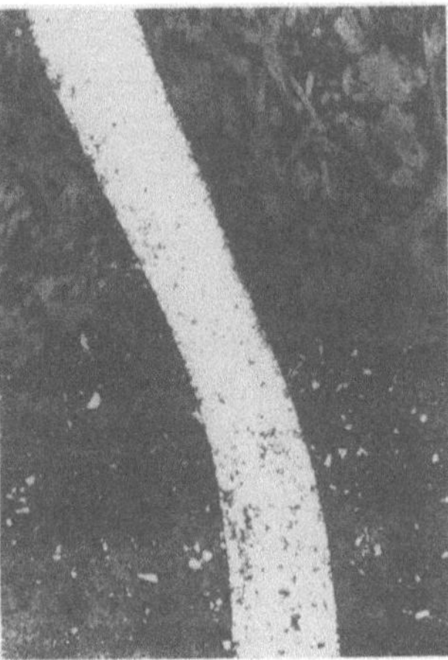

Abb. 29. Mikrostruktur von Tantaldrähten nach Rekristallisationsglühen (3 h bei 2100 °C). Links: undotiertes Tantal mit starker Rekristallisation. Rechts: Tantal dotiert mit Yttrium mit ursprünglichem feinkristallinen Mikrogefüge

Die Auswertung der übrigen Spurenelemente mittels QUASIMS [54] liefert Analysenwerte mit einer Richtigkeit von Faktor 2. Die Auswertung des Y-Signals des Ta-Pulvers mittels QUASIMS ergibt eine berechnete Y-Konzentration von 38 µg/g. Obwohl ein Einzelwert so liefert dieses Ergebnis doch einen weiteren Hinweis auf die Eignung des LTE-Models für (halb-)quantitative Analysen bei Metallen.

Tabelle 7 enthält auch die Erfassungsgrenzen für die Multielementspurenanalyse in Sinter-Tantal. Die Werte liegen im ng/g-Bereich. Da auch für andere Matrices ähnliche Nachweisgrenzen erhalten werden können, zählt SIMS zu den nachweisstärksten Methoden für die Spurenanalyse in Festkörpern.

Im Falle des Vorliegens von Interferenzen bei der Spurenanalyse und Anwendung von Energiefilterung oder hohen Massenauflösungsvermögens ist allerdings bei

Tabelle 8. Quantitative Multi-Element-Spurenanalyse in W-Ta-Nb-Ti-Mischkarbid (Pulverprobe)

Element	Referenz-analyse [μg/g]	SIMS		
		QUASIMS [μg/g]	Externer Standard [μg/g]	Prakt. EG [μg/g]
B	< 5	7	1	0,02
Al	< 50	2	2	0,02
Cr	225	70	102	0,1
Fe	290	75	100	0,3
Ni	12	71	20	0,05

Durchschnittsanalysen mit einem Verlust an Sekundärionenintensität und damit auch Nachweisstärke im Bereich eines Faktors 10 bis 100 zu rechnen.

Tabelle 8 enthält die Ergebnisse der Spurenanalyse eines WC-Pulvers, welches mit einer Energiefilterung von 50 eV analysiert wurde. Die quantitative Auswertung erfolgte unter Messung eines höher dotierten Pulvers (externer Standard, analysiert mit RFA und AAS) sowie mittels QUASIMS. Die Übereinstimmung ist trotz der bei Anwendung von QUASIMS auf energiegefilterte Spektren auftretenden Probleme zufriedenstellend. Die Analysenrichtigkeit beträgt etwa den Faktor 2 bis 3. Die Erfassungsgrenzen liegen im ng/g-Bereich.

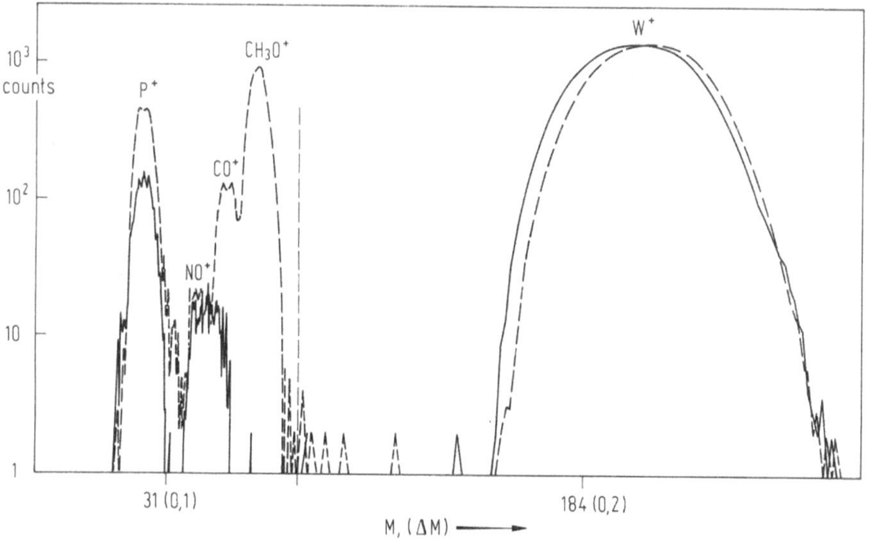

Abb. 30. Hochauflösungs-Massenspektrum von P in vorgesintertem (·········) und hochgesintertem (———) Hartmetall. Die mit SIMS bestimmten P-Gehalte betragen 8 μg/g für das vorgesinterte und 2–3 μg/g für das hochgesinterte Hartmetall. [PI = O_2^+, $E_0 = 5,5$ keV, $d_A = 60$ μm,

$i_B = 4$ μA, $\dfrac{M}{\Delta M} = 2300$]

Die Anwendung hohen Massenauflösungsvermögens ermöglicht es auch komplizierte Interferenzen aufzutrennen und quantitative Spurenanalysen mit hoher Richtigkeit durchzuführen. Abbildung 30 zeigt als Beispiel die hochaufgelösten Massenspektren bei M = 31 und 181 von zwei Hartmetallproben (WC-TiC-TaC-NbC/Co) für die quantitative Phosphoranalyse [59]. Die bei Masse 31 neben P auftretenden Peaks von NO^+, CO^+, CH_3O^+ können mit einem Auflösungsvermögen von 2300 vom P-Signal vollständig abgetrennt werden. Die quantitative Bestimmung von P erfolgte unter Verwendung eines mit 10 µg/g P dotierten WC-Pulvers (Referenzanalyse: Photometrie), wobei eine Richtigkeit von ca. $\pm 50\%$ rel. erzielt wird. Die Erfassungsgrenze für die Phosphoranalyse unter diesen Bedingungen liegt bei 50 ng/g.

Derartige Untersuchungen sind von größter technischer Bedeutung für die Weiterentwicklung von Rein- und Reinst-Werkstoffen, wie Sintermetalle oder Halbleiter. Spurenelemente üben in diesen Stoffgruppen einen entscheidenden Einfluß auf die mechanischen, elektrischen und optischen Eigenschaften aus. Durch aufwendige Reinigungsschritte und gezielte Dotierung mit Spurenelementen wird versucht, bestimmte Eigenschaften zu erzielen. Für systematische Untersuchungen der Spurenelemente — auch bei niedrigsten Konzentrationen — bietet SIMS viele Möglichkeiten. Die Richtigkeit der „klassischen" Methoden wie AAS, RFA, OES, NAA wird allerdings nicht erreicht. Dafür verfügt SIMS über ein höheres Nachweisvermögen für viele Elemente, überwiegende Kontaminationsfreiheit und hohe Analysengeschwindigkeiten. Nachteile sind neben der geringeren Analysenrichtigkeit die schwierige Auswertung der komplexen Spektren und die Notwendigkeit des Einsatzes von Festkörperstandards.

7.3 Mikrobereichsanalyse

Die Mikrobereichs- bzw. Verteilungsanalyse verfolgt das Ziel Informationen über die Verteilung der Elemente oder Isotopen im Inneren eines Festkörpers zu gewinnen. Dies kann durch folgende Analysentechniken erfolgen:
i)   qualitative Ionenmikroskopie
ii)   quantitative Elementar- und Isotopenanalyse von Mikrobereichen
iii) quantitative Element-Verteilungsanalyse

7.3.1 Ionenmikroskopie

Die Ionenmikroskopie [60] — d. h. die direkte Darstellung der Verteilung der emittierten Sekundärionen mittels des abbildenden Massenspektrometers — ermöglicht die Charakterisierung der Verteilung von Elementen an Oberflächen oder in Querschliffen von Werkstoffen.

Die ionenmikroskopischen Elementverteilungen beinhalten die typischen Vor- und Nachteile von SIMS: hohe Empfindlichkeit, aber schwierige Korrelation zwischen Sekundärionenintensität und lokaler Konzentration des abgebildeten Elementes. Dies kann bei heterogenen Strukturen mit stark unterschiedlichen Sputterkoeffizienten bzw. Sekundärionenausbeuten so weit gehen, daß ein völlig falscher Eindruck von der Elementverteilung erhalten werden kann. Versuche der Korrektur von Matrixeffekten bei Sekundärionenabbildungen [61] („quantitative Bildverarbeitung") sind erfolgversprechend, werden aber noch kaum in der Praxis der Werkstoffanalytik eingesetzt.

Die Möglichkeit, die Verteilung von Spurenelementen abzubilden, hängt im wesentlichen von deren Sekundärionenausbeute ab. Diese bestimmt nämlich die lokale Mindestkonzentration, welche noch eine ausreichende Intensität für die Abbildung (Heraushebung vom Untergrund des Bildschirms) liefert. Bei Elementen mit hoher Sekundärionenausbeute liefert eine lokale Konzentration von größenordnungsmäßig 10–100 µg/g noch eine Ionenabbildung. Bei unempfindlichen Elementen ist eine lokale Anreicherung der Elemente bis in den Prozentbereich notwendig (z. B. bei Stickstoff oder Gold).

Bei der Ionenmikroskopie von Spurenelementen tritt natürlich ein ähnliches Interferenzproblem wie bei der quantitativen Analyse auf. Grundsätzlich ist es möglich Ionenmikroskopie bei hoher Massenauflösung durchzuführen. Der damit verbundene Verlust an Sekundärionenintensität reduziert aber das Nachweisvermögen beträchtlich, so daß diese Methode bei Spurenelementen eine relativ große lokale Anreicherung verlangt.

Auftretende Interferenzen können oft auch durch eine Kombination der Ionenmikroskopie mit qualitativer Mikrobereichsanalyse geklärt bzw. interpretiert werden. Dies sei am Beispiel der Ionenmikroskopie einer Al-Si-22,5-Gußlegierung mit 0,1 % Sr dargestellt. Derartige Gußlegierungen können in ihrem Gefüge durch Zugabe von Spurenelementen, welche eine bevorzugte Ausbildung von sphärolithischer gegenüber lamellar/eutektischer Struktur bewirken, veredelt werden. Im Rahmen der systematischen technologischen Untersuchungen sollte die Verteilung dieser Spurenelemente in der Gußlegierung ermittelt werden, um nähere Hinweise auf die unterschiedliche Wirkungsweise verschiedener Spurenelemente gewinnen zu können.

Abbildung 31 zeigt die Ionenmikrographien von Al, Si und Sr. Die Verteilungsbilder von Al und Si zeigen deutlich die Bereiche der Si-Primärkristallbildung und der eutektischen Erstarrung. Sr (M = 88) scheint lokal angereichert als kleine Sr-reiche Einschlüsse und in den Si-Primärkristallen vorzuliegen. Eine genaue Betrachtung der möglichen Artefakte und Interferenzen führte aber zu einer Überprüfung der Anwesenheit von Sr in den Si-Primärkristallen durch Aufnahme von hochauflösenden Massenspektren der Masse 88 in den Sr-reichen Einschlüssen und Primärkristallen (Abb. 32). Dabei zeigte sich, daß in den Si-Primärkristallen nur Spuren von Sr vorhanden sind, und die Hauptintensität der Masse 88 in den Ionenmikrographien von dem interferierenden Molekülion $Si_2O_2^+$ stammt.

Sr liegt also in diesen Al—Si-Gußlegierungen vornehmlich lokal angereichert in kleinen Einschlüssen vor. Für eine nähere Charakterisierung dieser Einschlüsse müssen lateral hochauflösende Methoden der Mikrobereichsanalyse (z. B. AES) herangezogen werden.

Das laterale Auflösungsvermögen der Ionenmikroskopie liegt beim derzeitigen Stand der Gerätetechnik bei ca. 0,5 µm, wie auch aus den Ionenmikrographien hoher Vergrößerung des eutektischen Bereiches der Al -Si-Gußlegierung ersichtlich ist (Abb. 33).

Für die Spurenanalyse wird dieses Auflösungsvermögen oft nicht erreicht, da bei

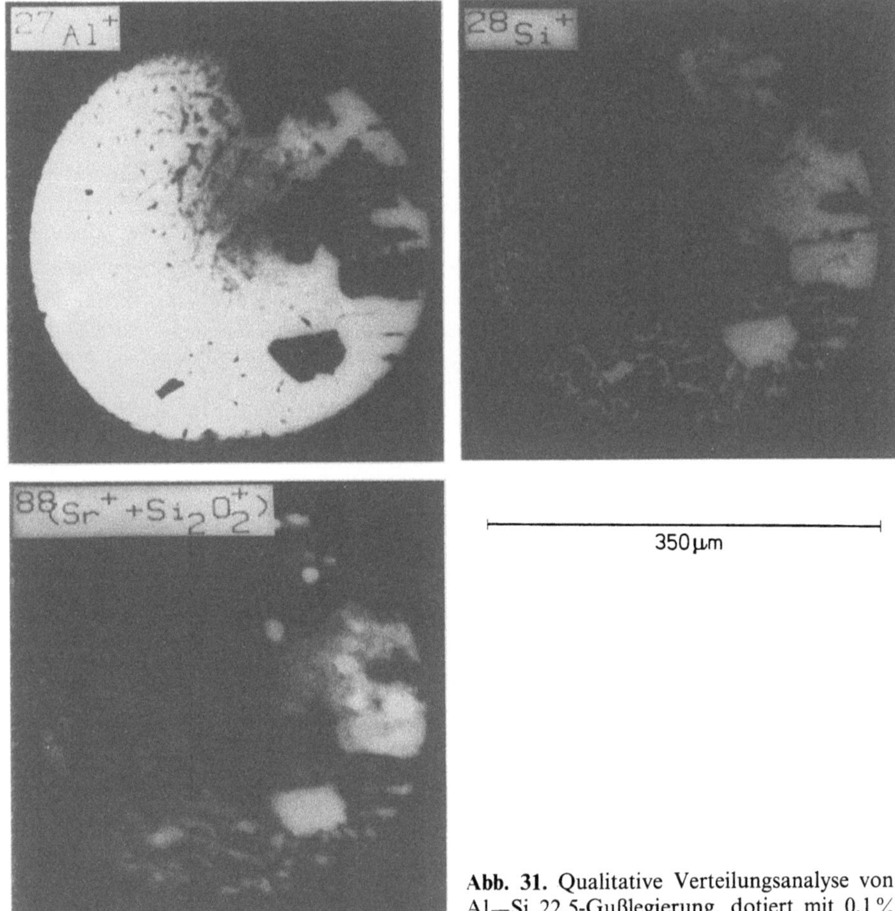

Abb. 31. Qualitative Verteilungsanalyse von Al—Si 22,5-Gußlegierung, dotiert mit 0,1 % Sr durch Ionenmikroskopie [PI = O$_2^+$]

Einstellung des Massenspektrometers auf höchste Transmission (große Kontrastblenden) und längere Sputterzeiten bei der Bildregistrierung eine Verringerung der Bildschärfe eintritt. Für den ionenmikroskopischen Nachweis von Spurenelementen an Korngrenzen ist weiters eine gewisse Mindestschichtdicke der Anreicherung notwendig. Diese liegt — in Abhängigkeit von der Empfindlichkeit des Spurenelementes — in der Größenordnung von 1 nm bis 1 µm. Oft können typische Segregationselemente im Querschliff wegen zu geringer Schichtdicke (oder zu feinem Gefüge mit Strukturen von unter 1 µm) nicht mehr als Korngrenzenanreicherung nachgewiesen werden. In solchen Fällen ist es meist sinnvoll Bruchproben mit AES oder, falls deren Nachweisvermögen nicht ausreicht, mit SIMS zu untersuchen.

Trotz dieser Limitierungen liefert die ionenmikroskopische Verteilungsanalyse — insbesondere in Kombination mit Mikrobereichsanalyse — wichtige Beiträge zur Gefügecharakterisierung von Werkstoffen. Insbesondere die Information, ob Spurenelemente lokal angereichert vorliegen oder homogen verteilt sind, ist für die moderne Werkstofforschung von Bedeutung.

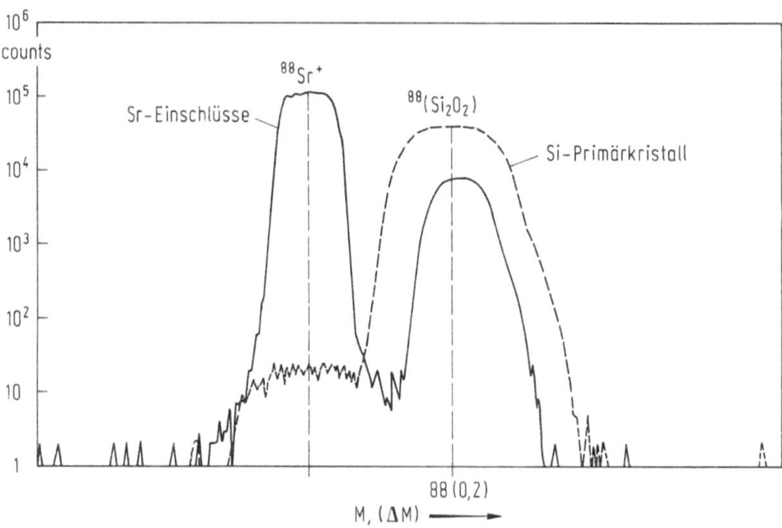

Abb. 32. Qualitative Mikrobereichsanalyse von Al—Si-22.5-Gußlegierung mit Hochauflösungs-Massenspektrometrie [PI $= O_2^+$, $d_A = 30$ μm, $\dfrac{M}{\Delta M} = 5000$]

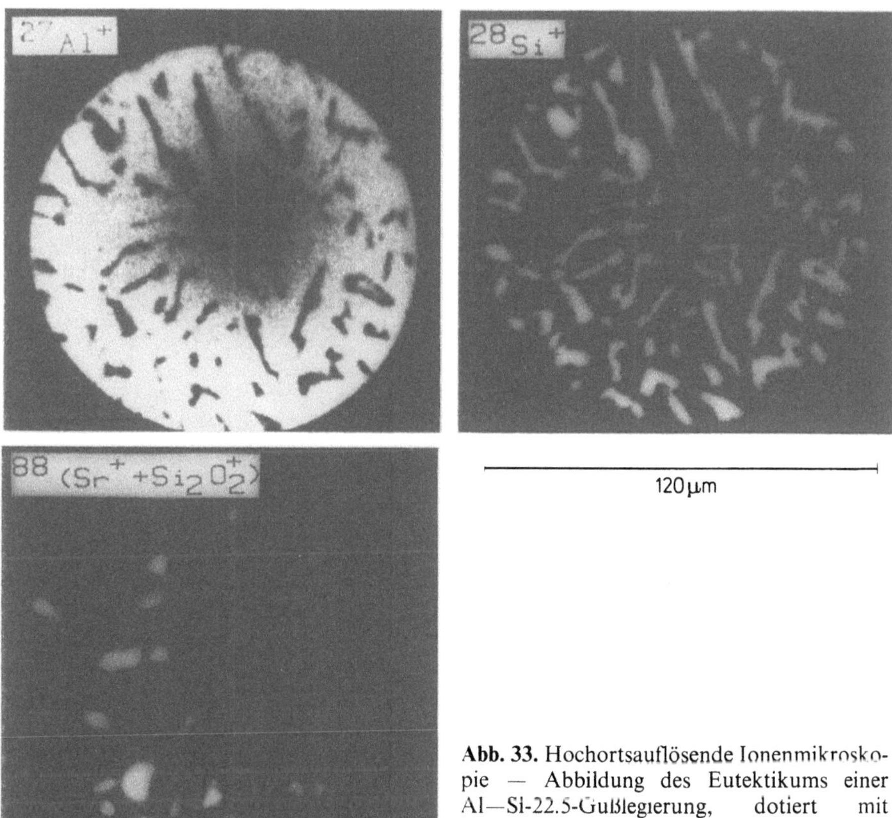

Abb. 33. Hochortsauflösende Ionenmikroskopie — Abbildung des Eutektikums einer Al—Si-22.5-Gußlegierung, dotiert mit 0,1 % Sr [PI $= O_2^+$]

7.3.2 Quantitative Mikrobereichsanalyse

7.3.2.1 Elementaranalyse

Die Standardmethode für die Elementaranalyse von Mikrobereichen, nämlich ESMA (bzw. REM mit Röntgenanalysator), ermöglicht Mikrobereichsanalysen für alle Elemente bis auf H, Be und B mit hoher Richtigkeit (Fehler 0,X — 1 %) und einem räumlichen Auflösungsvermögen von 2–3 µm. SIMS wird wegen seiner wesentlich geringeren Richtigkeit daher sinnvollerweise für die Bestimmung von Spurenbestandteilen (Multielementspurenanalyse) und die Charakterisierung von H, Be und B eingesetzt und ergänzt die elektronenstrahlmikroanalytischen Methoden.

Um das notwendige hohe laterale Auflösungsvermögen zu erzielen wird bei Scanning-Geräten mit möglichst feinfokussiertem Primärstrahl (min. ca. 2 µm), bei Geräten mit abbildendem Massenspektrometern mit einem auf 5–20 µm fokussiertem Primärstrahl und Auswahl der (kleineren) Analysenfläche mittels einer Blende im Sekundärionen-Teil gearbeitet. Die minimale Analysenfläche beträgt nach dieser Methode ca. 1,4 µm. Die Auswahl des zu analysierenden Mikrobereiches erfolgt durch eine Kombination lichtmikroskopischer Beobachtung mit hochortsauflösender Ionenmikroskopie. Zur Reinigung der Oberfläche ist ein Vorsputtern erforderlich.

Hauptanwendungsgebiete für die Multielementspurenanalyse von Mikrobereichen sind die Mineralogie und Geochemie. Die Kenntnis der Spurenelemente in einzelnen mineralischen Phasen innerhalb einer komplexen heterogenen Probe kann z. B. wichtige Informationen über Entstehung und Abbauwürdigkeit von Erzlagerstätten liefern [62].

Für die nachweisstarke Multielement-Spurenbestimmung wird üblicherweise eine Fläche von ca. 10 µm Durchmesser analysiert.

Im Prinzip wird die in Kap. 7.2 beschriebene Vorgangsweise eingeschlagen. Bei Mineralien treten jedoch mehr als bei Metallen Interferenzen auf, sodaß üblicher-

Tabelle 9. Ergebnisse der Multielement-Spurenanalyse von Mikrobereichen von ZnS-Vererzung ($d_A = 8$ µm, Spektrum Abb. 19)

Mn	35 ppma
Fe	1,2 %
Cu	5 ppma
Ga	1 ppma
Ge	1100 ppma
As	60 ppma
Ag	25 ppma
Cd	450 ppma
In	0,1 ppma
Sb	10 ppma
Hg	50 ppma
Tl	25 ppma
Pb	1300 ppma

weise mit starker Energiefilterung gearbeitet wird. Für das in Abb. 19 wiedergegebene interferenzfreie Spektrum der Spurenelemente in einem ZnS-Einschluß in einer Dolomitmatrix mußte eine starke Energiefilterung von 95 eV angewendet werden [63]. Aber selbst unter derart ungünstigen Bedingungen werden noch Erfassungsgrenzen für die meisten Spurenelemente im unteren µg/g-Bereich erhalten. Tabelle 9 enthält die quantitativen Spurengehalte eines ZnS-Einschlusses, wie sie durch Auswertung der Massenspektren von Abb. 19 erhalten wurden. Für die Quantifizierung wurden ZnS-Kristalle, welche hinsichtlich ihres Spurengehaltes mittels ICP-OES, AAS und ESMA analysiert worden waren, als externe Standards verwendet. Wegen der Inhomogenität der Spurenelementverteilung in diesen ZnS-Kristallen wurden zahlreiche Massenspektren (gleichmäßig über die Kristalle verteilt) aufgenommen und die Resultate gemittelt sowie statistisch bewertet. Damit ist es möglich eine Analysenrichtigkeit von ca. 25–50 % rel. für die Spurenelemente zu erzielen.

Eine der technischen Bedeutungen derartiger Mikrobereichsanalysen liegt in der Bestimmung des (heterogen verteilten) Spurenelementes Ge, welches den ökonomischen Wert einer ZnS-Lagerstätte stark beeinflußt.

SIMS ist beim derzeitigen Stand der Technik neben PIXES, LAMMS, LAMES und CPAA die einzige Methode für Spurenanalysen in Mikrobereichen und verfügt über die größte Leistungsfähigkeit (Nachweisstärke).

7.3.2.2 Isotopenanalyse

Die Bestimmung von Isotopenverhältnissen in einzelnen Phasen (Mikrobereichen) von Festkörpern ist von größtem Interesse für die analytische Geochemie und die Charakterisierung extraterrestrischer Materialien, da wichtige Informationen über Alter von Formationen und genetische Prozesse aus einer genauen Kenntnis von Isotopenkonzentrationen erhalten werden können. Als Standardmethoden für die Isotopenverhältnismessung werden derzeit verschiedene spezielle massenspektrometrische Techniken [64] eingesetzt, welche alle jedoch über keine Mikrobereichsauflösung verfügen, sondern nur Durchschnittswerte liefern können.

SIMS bietet auf Grund der Isotopenspezifizität des Massenspektrums die Möglichkeit Isotopenverhältnisse in einzelnen Phasen in-situ mit einem räumlichen Auflösungsvermögen von ca. 10 µm zu bestimmen. Allerdings sind dazu eine spezielle Meßtechnik und die Kompensation von Artefakten notwendig [65].

Die grundsätzliche Meßtechnik besteht in der Aufnahme eines Massenspektrums der interessierenden Isotope des betrachteten Elementes (z. B. ^{32}S, ^{33}S und ^{34}S bei Messung der Schwefelisotope) in der sogenannten „Flat-Top-Peak-Mode". Bei dieser Meßtechnik wird der Eintrittsspalt des doppelfokussierenden Massenspektrometers weitgehend geschlossen, der Austrittsspalt auf ca. die dreifache Breite des Eintrittsspalts geöffnet und durch Veränderung des Magnetfeldes der vom engen Eintrittsspalt begrenzte Sekundärionenstrahl über den Austrittsspalt abgelenkt. Auf diese Weise werden Massenpeaks mit völlig flachen Spitzen erhalten (Abb. 34). Die Isotopenverhältnismessung erfolgt in „Peak-Jumping-Mode" durch sequentielle Messung der Intensität der einzelnen Isotopen in der Mitte des Peaks. Dadurch wird eine hohe Präzision der Intensitätsverhältnisse erreicht.

Bei Vorliegen von Interferenzen — wie bei der Messung von Schwefelisotopen mit Sauerstoff als Primärionen (Interferenz ^{32}S$^-$ und ^{32}O$_2^-$) — müssen diese durch

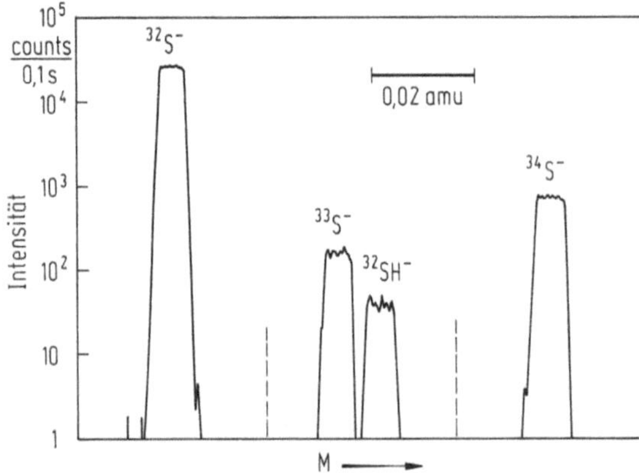

Abb. 34. „Flat-Top-Peak-Mode"-Massenspektrum der Schwefelisotope in PbS zur Isotopenverhältnisbestimmung [PI = Ar$^+$, E_0 = 10 keV, i_p = 150 nA, $\dfrac{M}{\Delta M}$ = 5100]

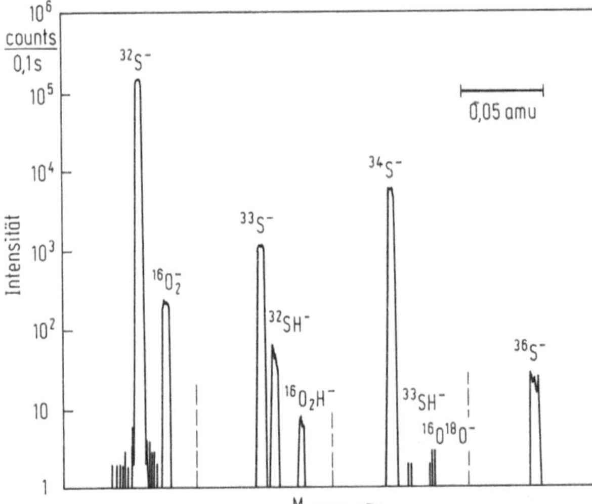

Abb. 35. Hochauflösungs-„Flat-Top-Peak-Mode"-Massenspektrum der Schwefelisotope in PbS zur Isotopenverhältnismessung mit Sauerstoff-Primärionen [PI = O$_2^+$, E_0 = 10 keV, i_p = 100 nA, $\dfrac{M}{\Delta M}$ = 6500]

Messung bei hohem Massenauflösungsvermögen eliminiert werden (Abb. 35) [66]. Die hohen Anforderungen an die Stabilität des Magnetfeldes können durch sorgfältig optimierte Meßzyklen (zur Reduktion von Hystereseeffekten) erreicht werden. Durch eine statistische Datenauswertung kann selbst bei diesen Problemstellungen eine hohe Analysenreproduzierbarkeit erzielt werden. Im Falle der Messung der Schwefel-Isotope in PbS-Phasen kann bei einem Massenauflösungsvermögen von

$$\frac{M}{\Delta M} = 5000$$ eine Präzision des Verhältnisses ^{34}S/^{32}S (angegeben als δ^{34}S/^{32}S-Wert)

von 2 $^0/_{00}$ erzielt werden:

$$\delta^{34}\text{S}/^{32}\text{S} = 1000 \cdot \frac{[^{34}\text{S}/^{32}\text{S}]_{\text{Pr.}}}{[^{34}\text{S}/^{32}\text{S}]_{\text{St.}}} - 1 \qquad [^0/_{00}]$$

Als Standard für die Schwefelisotopenmessung dient international ein Troilit aus dem Canon Diablo-Meteoriten mit $^{34}S/^{32}S = 0,045\,005$.

Die mit SIMS gemessenen Isotopen-Verhältnisse sind jedoch noch mit 2 systematischen Fehlern behaftet:

i) Die Totzeit des Detektionssystems (typisch 25 nsec) verändert wegen der für die jeweiligen Isotopen unterschiedlichen Sekundärionenintensitäten das Isotopen-Verhältnis. Eine Korrektur ist bei genauer Kenntnis der Totzeit (Messung mittels Standardproben) einfach möglich.

ii) Die Sekundärionenausbeute ist für verschiedene Isotope eines Elementes verschieden. Dieser sogenannte Massenfraktionierungseffekt [67] beträgt ca. 5–70‰ pro Massen einheit Differenz zwischen den gemessenen Isotopen — im Falle der Messung ^{34}S und ^{32}S 54‰ [66]. Dieser systematische Fehler ist meist weit größer als die zu charakterisierenden Isotopenverschiebungen in terrestrischen Proben. Die Massenfraktionierung kann aber bei geeigneter Meßtechnik innerhalb sehr enger Grenzen (< 1–2‰) konstant gehalten werden, sodaß die Bestimmung dieses systematischen Einflusses auf die Isotopenverhältnisse mit hoher Richtigkeit mittels einer Serie von Standardproben möglich ist. Abbildung 36 zeigt die Massendiskriminierungslinie ($=$ Eichkurve) für die Bestimmung des $\delta^{34}S$-Wertes. Dabei sind auf der Abszisse die mit SIMS gemessenen Werte und auf der Ordinate die massenspektrometrisch bestimmten „wahren" Werte aufgetragen. Mittels der Eichgeraden ist eine Korrektur der SIMS-Werte möglich. Die Streuung der SIMS-Werte um die Eichgerade bestimmt die Richtigkeit der Bestimmung des $\delta^{34}S$-Wertes. Diese beträgt ca. 2–3‰. Damit sind selbst bei ungünstigen Bedingungen

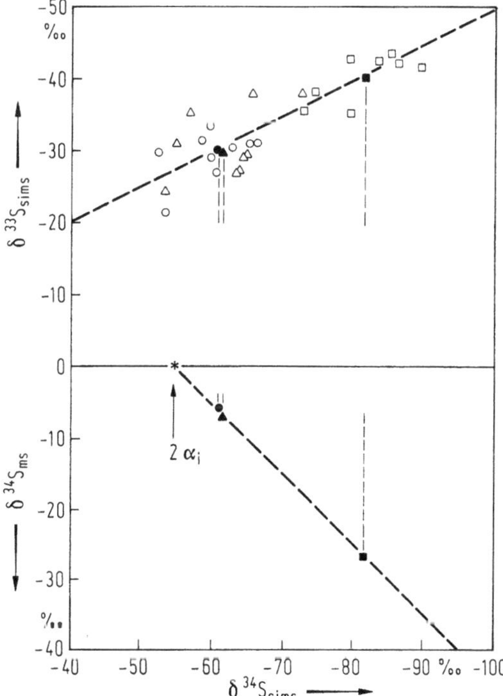

Abb. 36. Massendiskriminierungslinie (Eichkurve) für die Bestimmung der Isotopenverhältnisse von S. Aufgetragen sind $\delta^{34}S$ bzw. $\delta^{33}S$-Werte (Ordinate: Eichwerte bestimmt mit thermischer Massenspektrometrie. Abszisse: SIMS-Meßresultate) [PI $= O_2^+$, $E_0 = 10$ keV, $i_p = 10$–15 nA]

Präzisionsmessungen von Isotopenverhältnissen in Mikrobereichen von Festkörpern mit SIMS möglich.

Wegen der hohen Nachweisstärke können mit SIMS bei empfindlichen Elementen auch Isotopenverhältnisse von Spurenelementen in einzelnen mineralogischen Phasen gemessen werden: so ist es z. B. möglich das Isotopenverhältnis ^{26}Mg/^{24}Mg in Mikrophasen von Plagioklasen bei einer lokalen Mg-Konzentration von 0,1 % mit einer Richtigkeit von ca. 1 % zu bestimmen [65]. Wasserstoff/Deuteriumverhältnisse können in einzelnen nur wenige μm großen interplanetaren Staubteilchen bestimmt werden [68]. Diese Verhältnisse liefern wichtige Informationen über die im Weltraum ablaufenden thermonuklearen Prozesse.

7.3.3 Quantitative Verteilungsanalyse

Quantitative Verteilungsanalysen können bei SIMS nur über sequentielle Mikrobereichsanalysen erhalten werden, da die Verfahren zur quantitativen Bildverarbeitung noch nicht hinreichend für den Routineeinsatz entwickelt sind. Derartige sequentielle Mikrobereichsanalysen werden in der Step-Scan-Technik ausgeführt und können nach beliebigem Muster vorprogrammiert werden. In der Praxis werden bei der Werkstoffanalytik meist Linienprofile aufgenommen.

Das erste wesentliche Kriterium für die Verteilungsanalyse ist das laterale Auflösungsvermögen für die quantitative Mikrobereichsanalyse. Grundsätzlich kann ein hohes laterales Auflösungsvermögen durch Fokussierung des Primärionenstrahls auf ca. 2 μm oder durch Selektion eines kreisförmigen Analysenbereiches von 1,4 bzw. 8 μm Durchmesser mittels Blenden im Sekundärionenbereich bei Anregung mit größeren Strahldurchmessern erfolgen.

Sinnvoll wird SIMS vor allem für die quantitative Verteilungsanalyse von Spurenelementen eingesetzt. Da bei diesen Problemstellungen die hohe Nachweisstärke von SIMS voll ausgenützt werden soll, müssen alle Störeffekte eliminiert werden. Ein wesentlicher Störeffekt bei der Ausführung von lateralen Verteilungsanalysen ist die oberflächliche Kontamination jeder Probe — insbesondere mit Kohlenwasserstoffen und in der Umwelt allgegenwärtigen Elementen (Alkali-, Erdalkalielemente, Halogenide) sowie durch die Bildung von Oxidfilmen. Chemische Oberflächenreinigung mit verschiedenen organischen und anorganischen Lösungsmitteln kann vorteilhaft sein.

Noch wichtiger scheint bei Werkstoffanalysen ein entsprechend langes Vorsputtern, vorzugsweise mit reaktiven Primärionen (O_2^+, O^-) zu sein. Dadurch wird nicht nur die kontaminierte Schicht in-situ abgetragen sondern auch die für die Erzielung stabiler Signale notwendige Gleichgewichtskonzentration des reaktiven Primärions im zu analysierenden Mikrobereich erzeugt (s. Kap. 2.2).

Als Beispiel für die quantitative Verteilungsanalyse sei hier die Ermittlung der Verteilung von Mg in Kugelgraphit in Gußeisen dargestellt: Zugabe von Mg zu Gußeisen in einer Konzentration von ca. 0,3 % führt (bei Vorliegen bestimmter technologischer Voraussetzungen) zur Ausscheidung des Kohlenstoffs in Kugelform [69, 70] (Abb. 37). Über den Mechanismus des Kornwachstums gibt es eine Reihe teils widersprüchlicher Theorien. Ein Ansatzpunkt für die Aufklärung des Kornwachstums ist die Ermittlung der Verteilung von Mg im Kugelgraphit — d. h. die Klärung der Frage, ob dieses Element oberflächlich angereichert oder homogen ver-

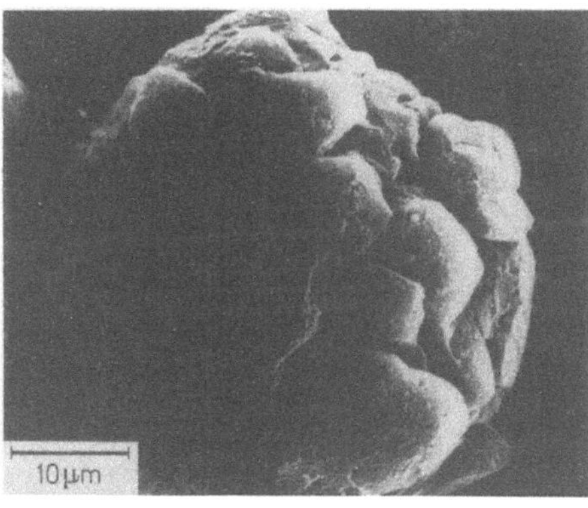

Abb. 37. Rasterelektronenmikroskopische Abbildung von Kugelgraphitteilchen isoliert aus Mg-beruhigtem Gußeisen [69]

teilt ist. Bisherige Untersuchungen konnten lediglich eine Durchschnittsanalyse von Mg im Kugelgraphit liefern. Die Verteilungsanalyse wurde mit der Step-Scan-Technik durchgeführt. Um Oberflächeneffekte zu eliminieren wurde ein Vorsputtern durch Verwendung eines breiten Strahldurchmesser (60 μm) und Auswahl eines analysierten Bereiches von 8 μm angewendet. Die Stufenweite wurde mit 8 μm so gewählt, daß ein kontinuierliches Profil erhalten wurde (Abb. 38).

Die Step-Scan-Profile von Magnesium, Kohlenstoff und Eisen (Abb. 39) zeigen, daß ein scharfer Anstieg am Interface zwischen Graphit und Eisen besteht und ein hoher dynamischer Bereich erzielt werden kann. Es ist deutlich eine Anreicherung von Magnesium in den äußeren Zonen des Kugelgraphits festzustellen. Allerdings ist auch im Inneren der Graphitkugeln eine hohe Intensität der registrierten Masse 24 festzustellen. Die Ursache dafür ist durch Untersuchung der Masse 24 mit hohem Massenauflösungsvermögen zu ermitteln: $^{24}Mg^+$ interferiert mit C_2^+.

Durch Punktmessung über jeweils 8 μm mit hohem Massenauflösungsvermögen ist es möglich, den Beitrag der Interferenz quantitativ zu bestimmen und diese hochaufgelösten Massenspektren aus kleinen Bereichen für die quantitative Auswertung heranzuziehen. Dabei wird das Intensitätsverhältnis C_2^+ zu Mg^+ ausgewertet. Als Standards wurden die Reinelemente Mg und C (Graphit) verwendet. Der Empfindlichkeitsfaktor $\varrho^{24}Mg/^{24}C_2^+$ beträgt $4 \cdot 10^{-4}$. Daraus berechnet sich eine Magnesiumkonzentration der äußeren Zone von Graphit von ca. 0,5 % und in der Mitte der Graphitkugeln

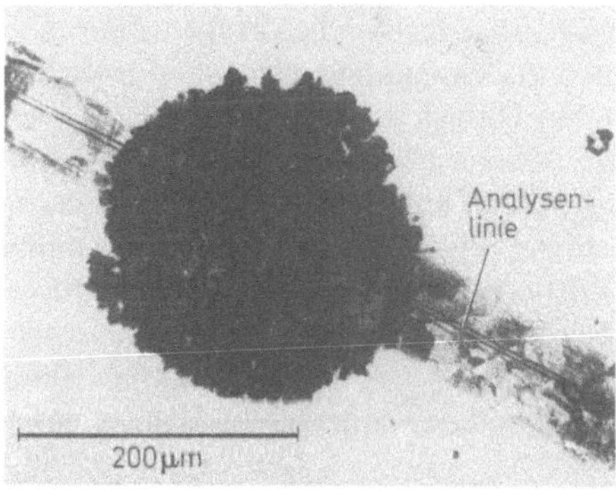

Abb. 38. Laterale Verteilungsanalyse von Mg in Kugelgraphit von Gußeisen: Vorätzspur [d = 60 μm] und Analysenlinie [d_A = 8 μm] [PI = O_2^+, i_B = 1 μA]

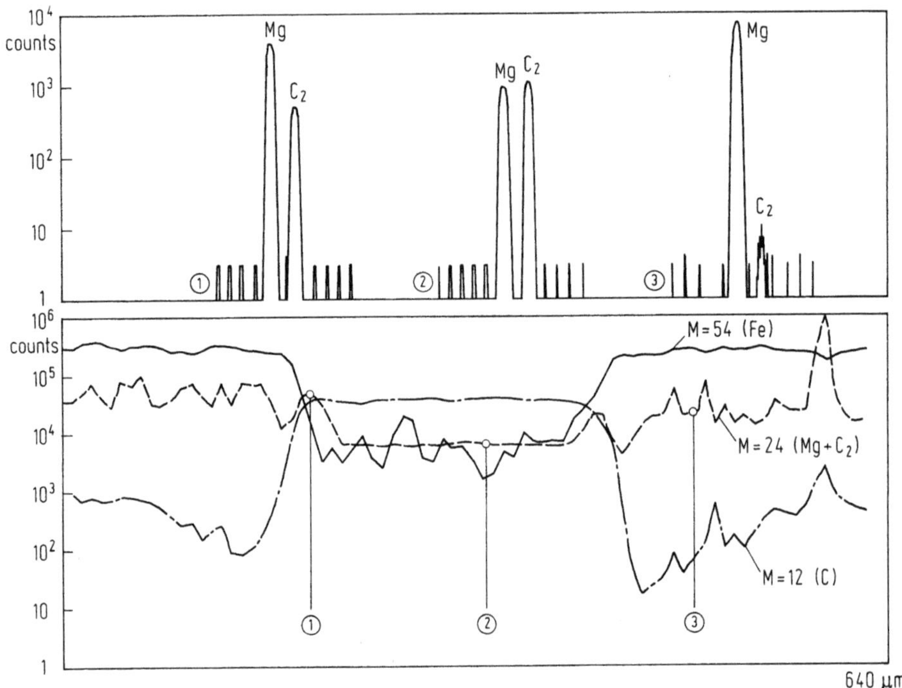

Abb. 39. Quantitative Verteilungsanalyse von Mg in Kugelgraphit von Gußeisen. Unten: Step-Scanning Profile [d_A = 8 µm], oben: Hochauflösungsmassenspektren von verschiedenen Mikrobereichen in Graphit und Eisenmatrix [d_A = 8 µm, $\dfrac{M}{\Delta M}$ = 3400]

von ca. 0,03 %. Die Erfassungsgrenze der Bestimmung von Mg im Graphit berechnet sich aus den hochaufgelösten Punktmessungen mit ca. 1 µg/g.

Ergänzt wird die quantitative Verteilungsanalyse durch die ionenmikroskopische Darstellung der wichtigsten Elemente. Die Ionenmikrographien (Abb. 40) zeigen deutlich eine Anreicherung von Magnesium in den oberflächennahen Bereichen des Graphits. An dessen Korngrenze sind auch weitere Elemente wie Natrium und Kalzium angereichert. Deren Bedeutung ist noch ungeklärt.

Elementprofile mit einer lateralen Auflösung von ca. 10 µm liefern wichtige Informationen in einer Reihe von weiteren wissenschaftlich-technischen Fragestellungen — etwa über die Verteilung von Spurenelementen in Coatings [40] oder zonar-gewachsenen Mineralkristallen [71] und im Studium von Diffusionsvorgängen [72].

Für viele Problemstellungen ist jedoch ein höheres laterales Auflösungsvermögen erforderlich. Durch Herstellung von Schrägschliffen unter einem Winkel von ca. 2° kann eine parallel zur Oberfläche liegende dünne Schicht um den Faktor 50 verbreitert werden. Durch die niedrige Informationstiefe von SIMS (incl. Vorsputtern ca. 100 nm) können derartige Schrägschliffe, bei denen die zu analysierende Zwischenschicht sehr dünn ist, so wie mit AES erfolgreich analysiert werden. Die Herstellung von flachen Schrägschliffen ist jedoch schwierig und es werden häufig keine scharfen Phasengrenzen erhalten.

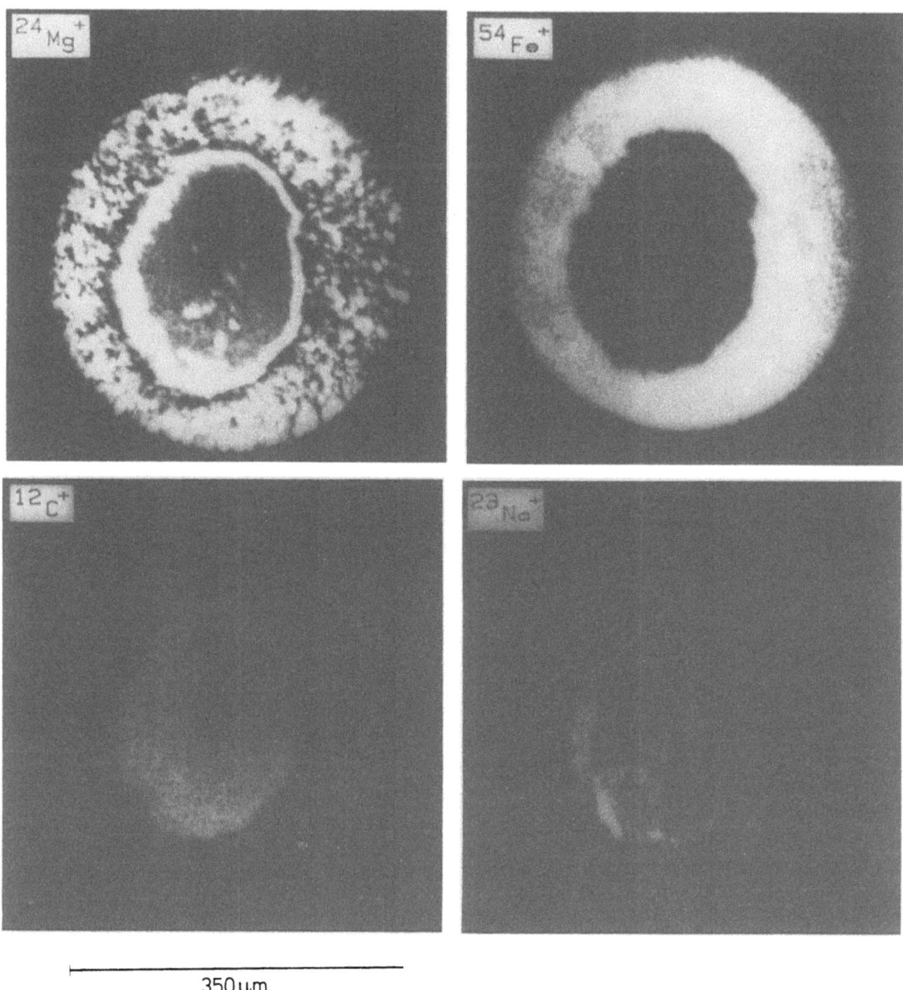

Abb. 40. Ionenmikroskopische Abbildung der Verteilung von Mg in Kugelgraphit von Guß-eisen [PI = O_2^+]

Aus diesem Grund ist erstrebenswert auch das laterale Auflösungsvermögen von SIMS weiter zu erhöhen. Beim derzeitigen Stand der Technik von SIMS kann ein laterales Auflösungsvermögen von ca. 1–2 µm erzielt werden. Allerdings ist wegen der kleinen analysierten Fläche eine Verringerung der Sekundärionenintensität zu verzeichnen. Dieser Intensitätsverlust wird durch Projektion des Sekundärionenemissionsspots in den Eintrittsspalt des Massenspektrometers mit Hilfe eines dreistufigen Linsensystems („Transfer Optik") bei modernen Geräten vergleichsweise gering gehalten, limitiert aber noch immer das Nachweisvermögen bei der Verteilungsanalyse der Spurenelemente.

Bei manchen Stoffsystemen besteht nun die Möglichkeit die Intensität des analytischen Signals durch eine chemische Oberflächenreaktion zu erhöhen und damit

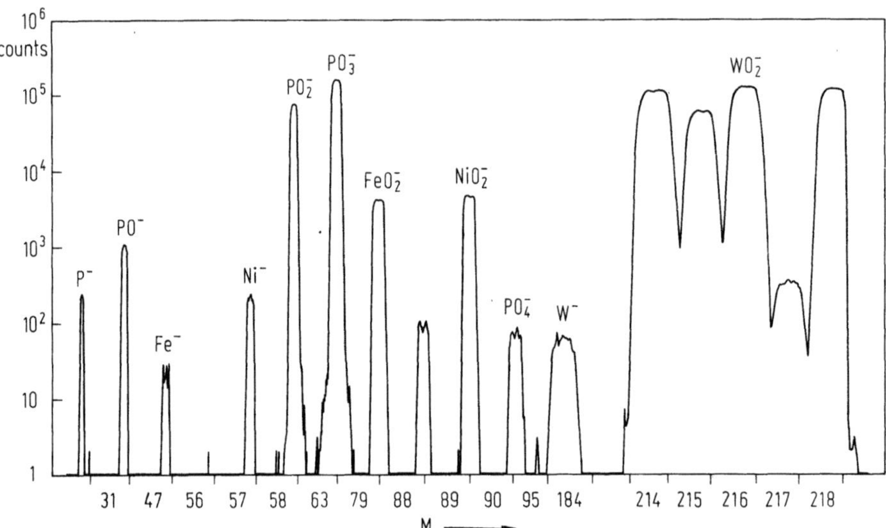

Abb. 41. Massenspektrum von W—NiFe-Legierung dotiert mit 350 µg/g P [PI $= O_2^+$, E_0 $= 14{,}5$ keV, $P_{O_2} = 5 \cdot 10^{-3}$ Pa, $d_A = 25$ µm, $i_B = 500$ nA]

die Nachweisstärke zu vergrößern. In solchen Fällen werden die Reaktionsprodukte, d. h. ihre Molekülionen gemessen. So können beispielsweise durch Reaktivsputtern mit Sauerstoff und ein zusätzliches Sauerstoffangebot an der Probenoberfläche durch Herstellung eines O_2-Partialdruckes von ca. $5 \cdot 10^{-3}$ Pa in der Probenkammer Oxidionen eines Elementes erzeugt werden, die für die Analyse gemessen werden können. Abbildung 41 zeigt an Hand des Massenspektrums einer W—NiFe-Legierung, daß das Spurenelement Phosphor (Durchschnittskonzentration 350 µg/g) bei einer chemischen Oberflächenreaktion um Größenordnungen intensivere Molekülionen (PO^-, PO_2^-, PO_3^-) als Atomionen (P^-) liefert. Das intensivste Oxidion PO_3^- zeigt gegenüber dem Atomion eine Signalerhöhung um den Faktor 1000 und kann damit

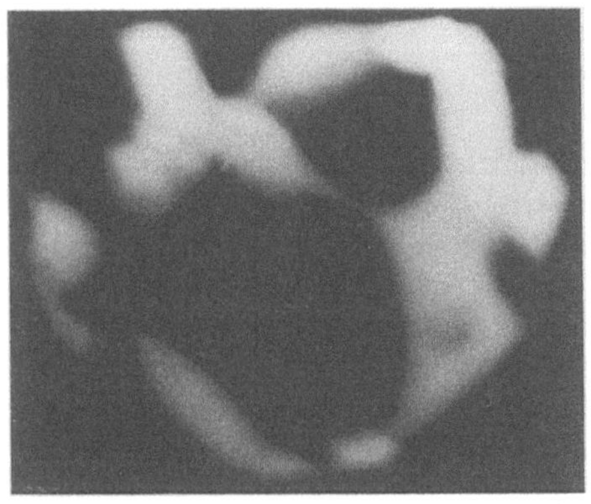

Abb. 42. $^{79}PO_3^-$-Ionenmikrographie und laterales Verteilungsprofil von P in W—NiFe-Legierung [PI $= O_2^+$, E_0 $= 14{,}5$ keV, $P_{O_2} = 5 \cdot 10^{-3}$ Pa, d_A $= 1{,}4$ µm, Vorätzen der Probe durch Raster 100×100 µm, $i_B = 500$ nA]

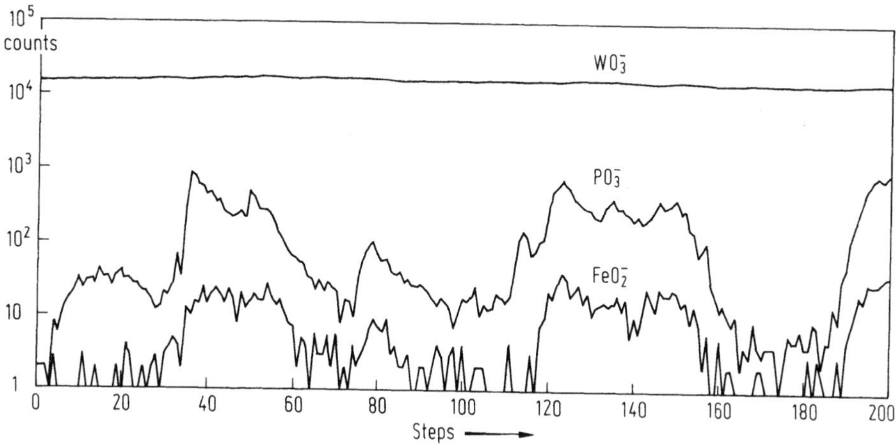

als empfindliches analytisches Ion für die hochauflösende Verteilungsanalyse von P herangezogen werden. Abbildung 42 zeigt das P-Verteilungsprofil über die Hauptphasen der Schwermetallprobe. Es ist deutlich ersichtlich, daß die überwiegende Menge von P sich in der NiFe-Bindephase·befindet und zudem noch am Interface zu den W-Körnern lokal angereichert ist. Das Signal von W ändert sich zwischen den beiden Phasen nur wenig, weil die W-Konzentration in der Binderphase ca. 20% beträgt und der Sputterkoeffizient in der NiFe-Phase ca. 50% höher ist als im W-Korn.

Die Erfassungsgrenze für P in der NiFe-Phase beträgt bei Messung von PO_3^- ca. 5 µg/g. Diese Molekülionen können auch für die Herstellung von hochempfindlichen Ionenmikrographien (Abb. 42) herangezogen werden.

Ähnliche Empfindlichkeitssteigerungen können auch bei Messung von Reaktionsprodukten von Primärstrahl und Probe erhalten werden — z. B. kann C hochempfindlich mittels eines N_2^+-Primärstrahls als CN^- nachgewiesen werden [73].

7.4 Oberflächenanalyse

Die Aufgabe der Oberflächenanalyse ist die Gewinnung von Information über den chemischen Aufbau der Oberfläche eines Festkörpers. Dies beinhaltet die Charakterisierung der äußersten Atomlagen einer Probe ebenso wie die Verteilung der Komponenten mit der Tiefe. Zusätzlich erfolgt in einzelnen Fällen die Gewinnung von Information über die laterale Verteilung von Komponenten an einer Oberfläche — dies entspricht jedoch den unter Pkt. 7.3 behandelten Methoden der Mikrobereichsanalyse (ausgeführt an unveränderten Oberflächen und nicht an Schliffen).

Als Meßtechnik für die Oberflächenanalyse wird die Aufnahme von Massenspektren innerhalb von sehr dünnen Tiefenbereichen der Oberfläche (einige bis max. 50 nm) und die Registrierung von Tiefenprofilen herangezogen. Bei der Messung von Tiefenprofilen wird die Probe flächenmäßig abgerastert und mittels der Blenden im

Sekundärionensystem die im Zentrum des Rasters emittierten Sekundärionen gemessen. Der Anteil der analysierten Fläche an der Rasterfläche beträgt zwischen 1 und 50 %. Je geringer dieser ist, desto größer ist der dynamische Bereich eines Tiefenprofils, da die Einflüsse eines nicht ganz ebenen Kraterbodens bei kleinerer analysierter Fläche geringer sind [10]. Dies entspricht einem höheren Tiefenauflösungsvermögen.

7.4.1 Qualitative „quasistatische" Oberflächenanalyse

Die Aufgabenstellung dieser Analysentechnik ist die qualitative und unter Umständen semiquantitative Charakterisierung von Oberflächenschichten einer Dicke von wenigen Nanometern [74]. Derartige Problemstellungen treten in der Praxis der Werkstoffanalytik sehr häufig auf — z. B. Identifizierung von unbekannten Kontaminations- oder Anlaufschichten, Oberflächencharakterisierung bei Haftungsproblemen von Schutzschichten. Häufig werden für die Identifizierung von Oberflächenschichten AES und XPS eingesetzt. Der Einsatz von SIMS ist sinnvoll für die Oberflächenanalyse von Spurenelementen und bestimmte Fälle der verbindungsspezifischen Charakterisierung [75].

Oberflächenanreicherungen von Spurenelementen spielen u. a. eine wichtige Rolle bei festen Luftschadstoffen, da bei Verbrennungsvorgängen Metalle an der Oberfläche von Staubteilchen kondensieren können und dort besonders hohe physiologische Aktivität aufweisen [76] sowie bei pulverförmigen Ausgangsprodukten für Sinterwerkstoffe, da in diesem Fall die Diffusionseigenschaften von den Spurenelementen stark beeinflußt werden [77].

Für beide Problemstellungen wäre es erstrebenswert, die Oberflächenanalyse auf Spurenelemente an einzelnen Teilchen ausführen zu können. Der Nachweis von Spurenelementen in Oberflächenschichten von wenigen Nanometern verlangt aber wegen des erforderlichen Materialkonsums relativ große analysierte Flächen [78]. Daher können Spurenanalysen nur an großen Einzelteilchen [79, 80] (d > 20 μm) oder an einem Kollektiv kleiner Teilchen ausgeführt werden.

In diesem Fall wird eine große Teilchenzahl (N > 1000) gemittelt (und daher auch repräsentative Information erhalten). Der Nachteil besteht aber darin, daß bei komplexen Stoffgemischen keine Zuordnung einer Oberflächenanreicherung eines Spurenelementes zu einer bestimmten Teilchenart möglich ist. Dies erschwert die Interpretation von Oberflächenanalysen von festen Luftschadstoffen beträchtlich.

Bei einkomponentigen Pulvern kann mit dieser Technik eine Oberflächenanreicherung von Spurenelementen prinzipiell nachgewiesen werden. Die Verteilungsinformation, die durch Aufnahme eines Tiefenprofils erhalten wird, stellt aber eine Faltung mit der dynamischen Signalerzeugungsfunktion (s. Kap. 2.2) und einer statistischen Gewichtungsfunktion dar, welche dadurch entsteht, daß lediglich am Beginn der Analyse die Oberfläche allein abgesputtert wird und mit zunehmender Sputtertiefe das Signal eine Mischung aus Bulk- und Oberflächenkonzentration darstellt. Diese Verschmierung des Tiefenprofils hat eine Verringerung des dynamischen Bereiches zur Folge.

Damit stellt sich die Frage, inwieweit bei Pulvern eine Anreicherung eines Spurenelementes auf den Körnern von einer Anreicherung in oberflächennahen Bereichen innerhalb der Körner unterschieden werden kann. Diese Fragestellung ist besonders bei pulverförmigen Ausgangsprodukten von Sinterwerkstoffen von Bedeutung, da eine verschiedenartige Verteilung der Spurenelemente einen unterschiedlichen Einfluß auf die beim Sintern ablaufenden Diffusionsprozesse hat. Bei Wolframkarbid vermutet man, daß bestimmte Elemente auf der Oberfläche der WC-Körner angereichert vorliegen (z. B. P), andere wiederum in den Körnern mehr oder weniger homogen verteilt sind (z. B. Li, B) und aus diesem Grund zu einer völlig unterschiedlichen Mikrostruktur des Hartmetalls führen. Als Ausgangspunkt für systematische Untersuchungen zum Einfluß dieser Dotierungselemente dient die Frage, inwieweit eine Oberflächenanreicherung eines Spurenelementes von einer Verteilung in den Körnern unterschieden werden kann.

Abbildung 43 zeigt die in quasistatischer Meßtechnik (Sputterrate $<0,5$ nm/min) aufgenommenen Tiefenprofile von Na, Ni, C und W in einem gepreßten WC-Pulver von 0,7 µm mittlerer Korngröße. Es wurden drei unterschiedliche Elementverteilungen erhalten: W und C zeigen eine praktisch konstante Signalintensität. Dies ist insofern überraschend, als man keinen Signalanstieg mit zunehmender Sauerstoffsättigung feststellt. Die Ursache liegt in kleinen R_P-Werten, niedrigen Sputterraten für WC und der hohen Affinität von W zu O. Dies führt zu einer sehr schnellen Einstellung des Sättigungsgleichgewichtes.

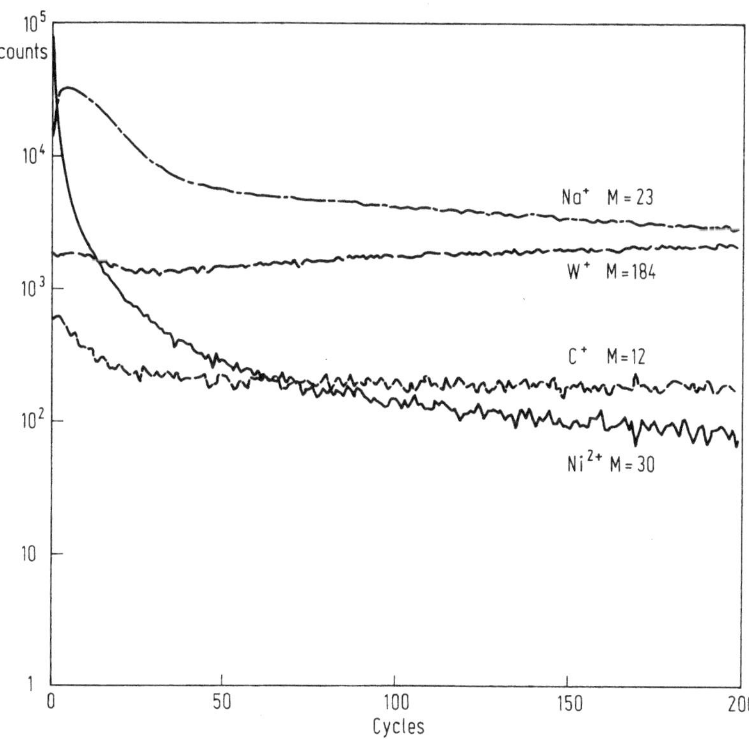

Abb. 43. Tiefenprofile von Na, Ni, C und W in gepreßtem WC-Pulver aufgenommen in quasistischer Meßtechnik [PI = O_2^+, E_0 = 12,5 keV, i_B = 5 nA, Raster 250 × 250 µm, d_A = 150 µm]

Interessant ist der völlig unterschiedliche Verlauf von Na und Ni. Während letzteres vom ersten Meßpunkt an der Oberfläche rasch um nahezu drei Größenordnungen abfällt, steigt das Na-Signal vorerst ca. um den Faktor 5 an, um dann einen langsamen Abfall über einen Größenordnung zu zeigen.

Dieses unterschiedliche Verhalten kann nur so interpretiert werden, daß Ni auf der Oberfläche der WC-Körner vorliegt, Na jedoch in die WC-Körner eingebaut ist, dort aber in oberflächennahen Bereichen konzentriert ist. Diese Interpretation wird gestützt durch die Herkunft der beiden Elemente: Na wurde dem Ausgangsprodukt für die WC-Herstellung, dem Blauoxid (WO_{3-x}), zugegeben und weist im WC eine durchschnittliche Konzentration von $< 10\ \mu g/g$ auf (Flammen-Emissions-Spektralanalyse). Es ist zu erwarten, daß sich bei der WC-Produktion ein bestimmter Na-Gehalt und eine bestimmte Verteilung im Pulver einstellt. Ni stammt hingegen aus einer Oberflächenkontamination aus im Prozeß eingesetzten Nickellegierungen. Es handelt sich um einen extrem dünnen Belag an der Oberfläche der WC-Körner. Die mittlere Schichtdicke dieses Oberflächenfilms von Nickel läßt sich mit ca. 0,5–1 nm abschätzen. Die Dicke der oberflächennahen Na-Anreicherung beträgt ca. 2–3 nm. Aussagen über die Bindung der Spurenelemente können durch Verwendung von Ar^+ als Primärionen und Auswertung der Molekülionen gewonnen werden. Abbildung 44 zeigt die Profile eines Phosphor dotierten WC-Pulvers. Die hohe Intensität des PO_3^--Moleküls und der parallele Verlauf mit O^- ist ein Indiz, daß P an O gebunden und zudem (wie der große dynamische Bereich des Profils zeigt) an der Oberfläche der WC-Körner angereichert ist.

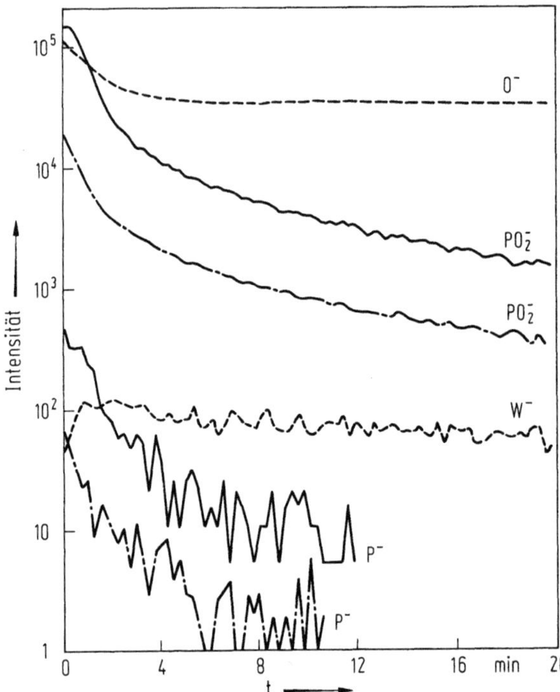

Abb. 44. Tiefenprofile von O, P und W in gepreßtem WC-Pulver aufgenommen in quasistatischer Meßtechnik [PI = Ar^+, E_0 = 10 keV, i_B = 10 nA, Raster 250 × 250 µm, d_A = 150 µm] strichlierte Profile: Probe mit 22 µg/g P
ausgezogene Profile: Probe mit 129 µg/g P

Die verbindungsspezifische Interpretation der Molekülionen-Patterns geht von der Voraussetzung aus, daß die ursprüngliche „nächste-Nachbarschafts-Beziehung" zwischen den Atomen in der Probe selbst beim Sputterprozeß weitgehend erhalten bleibt. Umfangreiche Untersuchungen an verschiedenen Systemen zeigen, daß dies — trotz der hohen kinetischen Energie der Primärionen — in hohem Maße der Fall ist. Erklärbar ist dieser Effekt dadurch, daß die Energieabgabe von den Primärionen in zahlreichen Stößen mit jeweils relativ kleiner Energieübertragung erfolgt. Dies manifestiert sich dann darin, daß die wahrscheinlichste kinetische Energie der Sekundärionen nur ca. 5–10 eV beträgt, also in der Größenordnung von chemischen Bindungsenergien liegt.

In der quasistatischen Oberflächenanalytik spiegeln diese Molekülionenmuster die in dünnster Oberflächenschicht (wenige nm) vorliegende Verbindung wieder. Abbildung 45 zeigt als Beispiel das Massenspektrum einer leicht kontaminierten Ag—CdO-Kontaktoberfläche. Das Muster der PO_x^--Ionen zeigt an, daß an der Oberfläche noch Phosphatreste (Waschmittelrückstände) vorliegen.

Ein weiteres wichtiges Anwendungsgebiet der Oberflächenanalyse unter quasistatischen Bedingungen ist die Identifizierung von organischen Substanzen an der Oberfläche von Metallen. In diesem Fall wird das Massenspektrum hinsichtlich des Auftretens von Molekül- und typischen Fragmentierungspeaks ausgewertet und damit die organische Substanz identifiziert. Dieser Methode wird vermutlich in der Zukunft bei der Charakterisierung von organischen Schichten auf Metallen (Ölfilme, Kunststoffüberzüge, Lacke etc.) im Verbund mit der IR-Spektroskopie eine beträchtliche Bedeutung zukommen. Da die Methoden jedoch noch weitgehend in Entwicklung sind und in der Laborpraxis noch wenig verwendet werden, soll darauf nicht näher eingegangen, sondern auf die Originalliteratur verwiesen werden [81].

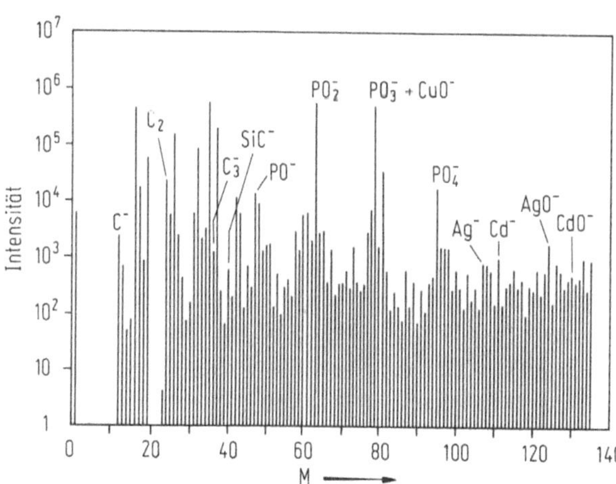

Abb. 45. Massenspektrum von kontaminierter Ag—CdO-Oberfläche mit typischem Phosphat-Molekülionen-Pattern) [PI = Ar$^+$, E$_0$ = 14,5 keV, i$_B$ = 5 nA, d$_A$ = 250 µm]

7.4.2 Quantitative Oberflächenanalyse

Die quantitative Oberflächenanalyse mit SIMS unter Anwendung der Tiefenprofilmeßtechnik verlangt eine exakte Kalibrierung von Konzentrations- und Tiefenmaßstab. Dabei erfolgt die Konversion der Zeitskala in eine Tiefenangabe durch Berechnung mit Sputterraten, oder — bei höchsten Richtigkeitsansprüchen — durch Ausmessung jedes einzelnen Kraters mittels mechanischer Verfahren (DEKTAK, Talysurf) oder Interferenzmikroskopie. Ist die Probe mehrschichtig aufgebaut, müssen die in den verschiedenen Schichten unterschiedlichen Sputterraten berücksichtigt werden (s. Kap. 4.2.2).

Die Kalibrierung der Intensitätsachse kann mittels externer Standards (relative Empfindlichkeitsfaktoren) oder bei Implantationsproben, bei denen die Gesamtdosis der eingebrachten Spurenelemente bekannt ist, durch die Integrationsmethode erfolgen (s. Kap. 4.2.1).

Bei der quantitativen Tiefenprofilanalyse müssen mögliche Artefakte sorgfältig studiert und soweit wie möglich eliminiert werden (Tabelle 10).

Tabelle 10. Mögliche Ursachen für Artefakte bei der Tiefenprofilanalyse [10]

Instrumentelle Einflüsse:	Kratereffekte
	Primärstrahl-Verunreinigungen
	Adsorptions- und Redepositionseffekte
Probeneinflüsse:	Matrixeffekte
	Interferenzen
	Selektivsputtern
	Oberflächenrauhigkeit
Ionenstrahlwechselwirkungen:	Knock-On-Effekte
	ioneninduzierte Diffusion
	Kaskadenmixing
	Sputteraufrauhung der Oberfläche
	Primärionenimplantation
	strukturelle Veränderungen beim Ionenbeschuß

Quantitative Verteilungsanalysen werden für eine Vielzahl von technischen Fragestellungen benötigt — etwa bei der Charakterisierung des Aufbaues von verschleißfesten Schichten auf Metallen, metallischen Schutzüberzügen auf Werkstoffen, optischen Glasaufdampfschichten uva. SIMS wird überall dort sinnvoll eingesetzt, wo ein hoher dynamischer Bereich der Verteilungsanalyse gefordert wird — oder anders ausgedrückt, die Oberflächenverteilung bis in den Spurenbereich verfolgt werden muß. Der dynamische Bereich von SIMS beträgt bei der Tiefenprofilanalyse etwa 10^7, gegenüber 10^3 bei AES und XPS. Als Nachteil stehen dem die bereits beschriebenen Probleme bei der Quantifizierung der SIMS-Daten gegenüber.

Dies verlangt eine der jeweiligen Problemstellung angepaßte Strategie und Methodenkombination, die in der Folge in Form von Einsatzbeispielen aus den wichtigsten Stoffgruppen beschrieben werden soll.

i) Halbleiter:
Das wichtigste Einsatzgebiet der quantitativen Oberflächenverteilungsanalyse mit SIMS ist die Charakterisierung der Dotierungselemente in Halbleitern [10, 43, 55, 82–91]. Dies nicht nur aus dem Grund, weil es sich bei dieser Fragestellung um eine der derzeit aktuellsten handelt, sondern vor allem, weil wegen der

hohen Anforderungen an die Verteilungsanalyse von allen Methoden für die Oberflächenanalyse SIMS am besten in der Lage ist, diese Ansprüche zu erfüllen. Die Anforderungen an die quantitative Verteilungsanalyse in Halbleitern sind im wesentlichen folgende:

Elemente: B, As, P, Sb in Si; Cr, Si, Be in GaAs,
Konzentrationsbereich: 10^{14}–$5 \cdot 10^{21}$ at/cm³ (~ 1 ng/g — X %)
dynamischer Bereich: 10^7
Tiefenauflösungsvermögen: X nm
Richtigkeit der Konzentrations- und Tiefenskala: 5–10% rel.

Diesen Anforderungen kann bei der Analyse von großflächigen Halbleitern einigermaßen entsprochen werden. Bei der Bauelementanalytik (Strukturen im Bereich weniger Mikrometer oder kleiner) ist nur eine sehr begrenzte quantitative Verteilungsanalyse möglich.

Eine der wesentlichen Anwendungen bei der großflächigen Halbleitercharakterisierung ist die hochpräzise Messung der Verteilung der Dotierungselemente für die Erstellung von mathematischen Modellen, welche die bei der Herstellung der Bauelemente ablaufenden Prozesse möglichst exakt beschreiben („Process Modelling") [89]. Diese Modelle ermöglichen es, die Verteilung der (eigenschaftsbestimmenden) Dotierungselemente in Bauelementen zu berechnen und damit den Zusammenhang zwischen diesen stofflichen Parametern und elektrischen Kenngrößen herzustellen. Weiters ermöglicht eine genaue Kenntnis der Verteilung der Dotierungselemente als Folge der technologischen Schritte eine Erhöhung der Produktausbeute, die heute bei hochintegrierten Bauelementen in der Größenordnung von 20–50% liegt.

Mit zunehmender Integrationsdichte werden höhere Konzentrationen von Dotierungselementen eingebracht und die Dotierung immer flacher (Tiefe < 500 nm). Dies verlangt eine präzise Kenntnis der Verteilung der Dotierungselemente und damit ein sorgfältiges Studium von kleinen Effekten und daraus eine Verbesserung der existierenden Prozeßmodelle. Die hochpräzisen Oberflächenverteilungsanalysen der Dotierungselemente stellen dann die Input-Größen dar, an welche die mathematischen Modelle angepaßt werden und womit festkörperphysikalische Effekte studiert werden können.

Um den gestellten Anforderungen einigermaßen entsprechen zu können, ist eine sorgfältige Methodenentwicklung in Richtung Erzielung höchsten Nachweisvermögens und höchster Richtigkeit notwendig.

Insbesondere ist auch in diesem Fall der Spurenanalyse die vollständige Eliminierung von Interferenzeffekten wichtig. Tabelle 11 enthält eine Zusammenstellung der wichtigsten optimalen Meßbedingungen für die quantitative Verteilungsanalyse von Dotierungselementen in Silizium mit SIMS. Von entscheidender Bedeutung für eine Hochleistungsanalytik für Halbleiter sind ausgefeilte Techniken der Energiefilterung und hochauflösende Massenspektrometrie. Tabelle 12 gibt eine Übersicht über die bei Anwendung optimaler Analysentechniken erzielbaren Nachweisgrenzen [10].

Für die Ausarbeitung der Quantifizierung ist es notwendig, Referenzmethoden mit unabhängigen systematischen Fehlern heranzuziehen. Für die Dotierungsanalyse in Si haben sich verschiedene Techniken der NAA und RBS außerordentlich bewährt [14]. Mit Hilfe von Referenzanalysen konnte auch die Richtigkeit

Tabelle 11. Optimale Analysenbedingungen für Verteilungsanalyse von Dotierungselementen in Si

Isotop	PI	Interferierendes Ion	ΔA.M.U.	$\dfrac{M}{\Delta M}$	Erfassungsgrenze [at/cm^3]	
					Energiefilterung	Hochauflösungs-Massenspektrometrie
^{10}B$^+$	O_2^+	^{30}Si^{3+}	0,202	490	—	10^{14}
^{11}B$^+$	O_2^+	^{10}B^{1}H$^+$	0,0115	960	—	10^{14}
^{31}P$^+$	O_2^+	^{30}Si^{1}H$^+$	0,0078	3960	—	$5 \cdot 10^{15}$
^{75}As$^+$	O_2^+	^{29}Si^{30}Si^{16}O$^+$	0,0235	3200	$2 \cdot 10^{16}$	$2 \cdot 10^{16}$
^{121}Sb$^+$	O_2^+	^{28}Si^{29}Si^{16}O$_4^+$	0,0293	4130	$5 \cdot 10^{16}$	—
^{123}Sb$^+$	O_2^+	^{29}Si^{30}Si^{16}O$_4^+$	0,0257	4780	$5 \cdot 10^{16}$	—
^{31}P$^-$	Cs$^+$	^{30}Si^{1}H$^-$	0,0078	3960	—	$1 \cdot 10^{15}$
^{75}As$^-$	Cs$^+$	^{29}Si^{30}Si^{16}O$^-$	0,0235	3200	—	$3 \cdot 10^{15}$
^{121}Sb^{28}Si$^-$	Cs$^+$ }	C$_x$H$_y$,		400	—	$3 \cdot 10^{15}$
^{123}Sb^{28}Si$^-$	Cs$^+$	Si$_x$O$_y$ (?)		400	—	$3 \cdot 10^{14}$

Tabelle 12. Nachweisgrenzen für die wichtigsten Dotierungselemente in Si und GaAs [10]

Matrix	Element	analytisches Ion	Primärionenart	Erfassungsgrenze [at/cm^3]
Si	H	H$^-$	Cs$^+$	$5 \cdot 10^{17}$
	C	C$^-$	Cs$^+$	$8 \cdot 10^{17}$
	N	SiN$^-$	Cs$^+$	10^{17}
	O	O$^-$	Cs$^+$	$6 \cdot 10^{18}$
	B	B$^+$	O$_2^+$	10^{14}
	P	P$^-$	Cs$^+$	$5 \cdot 10^{15}$
	P	P$^+$	O$_2^+$	$5 \cdot 10^{15}$
	As	AsSi$^-$	Cs$^+$	$3 \cdot 10^{15}$
	As	As$^+$	O$_2^+$	$2 \cdot 10^{16}$
GaAs	O	O$^-$	Cs$^+$	$5 \cdot 10^{17}$
	Si	Si$^+$	O$_2^+$	$3 \cdot 10^{15}$
	S	S$^-$	Cs$^+$	10^{15}
	Cr	Cr$^+$	O$_2^+$	$5 \cdot 10^{13}$
	Mn	Mn$^+$	O$_2^+$	$4 \cdot 10^{13}$
	Fe	Fe$^+$	O$_2^+$	$5 \cdot 10^{14}$
	Zn	Zn$^+$	O$_2^+$	10^{16}
	Se	Se$^-$	Cs$^+$	$3 \cdot 10^{13}$
	Te	Te$^-$	Cs$^+$	$2 \cdot 10^{13}$

von SIMS für die Oberflächenverteilungsanalyse ermittelt werden. Diese beträgt für die Dotierungselemente in Silizium (bei Konzentrationen im Bereich von 0,1–1 %):

B — 5–10 % rel.

P — ~20 % rel.

As — 10–15 % rel.

Sb — 10–15 % rel.

Diese analytischen Qualitätskriterien ermöglichen die routinemäßige Anwendung von SIMS für das Studium von für die Modellierung wichtigen Prozesse [43, 89] wie:

1. Ionenimplantationseffekte (Abb. 5)
2. Verteilung der Dotierungselemente während der Ausheilung („Redistribution") (Abb. 46)
   a) Ermittlung des Gleichgewichtes zwischen elektrisch aktiven und inaktiven Dotierungselementen, Ermittlung der Mechanismen für Clusterbildung [92]
   b) Präzipitationseffekte für Sauerstoff und die Dotierungselemente (Abb. 47)
   c) Segregation der Dotierungselemente zwischen Oxid und Silizium.

Für eine quantitative Verteilungsanalyse zwischen SiO$_2$ und Si ist die vollständige Eliminierung des chemischen Matrixeffektes, welcher selbst bei Sputtern mit Sauerstoff in diesem System etwa den Faktor 5 beträgt, notwendig. Dies ist wegen der hohen Sauerstoffaffinität von Si in diesem Fall durch Einstellung eines Sauerstoffpartialdruckes von $5 \cdot 10^{-3}$ Pa während der Analyse möglich [43].

Derartige Untersuchungen führen zu einer Reihe von neuen festkörperphysikalischen Erkenntnissen.

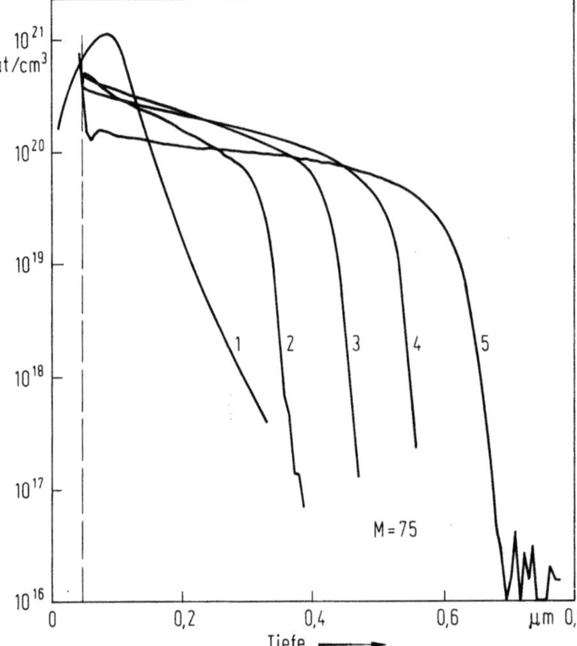

Abb. 46. Quantitative Tiefenprofilanalyse zur Ermittlung der Redistribution von As in Si bei der Ausheilung, 1: Implantation bei 150 keV durch 50 nm SiO_2, Dosis $9 \cdot 10^{15}$ at/cm², 2: T = 950 °C, 120 min, 3: T = 1000 °C, 60 min, 4: 950 °C, 480 min, 5: T = 1000 °C, 240 min, Temperung in N_2 [PI = O_2^+, Raster 250×250 µm, d_A = 150 µm]

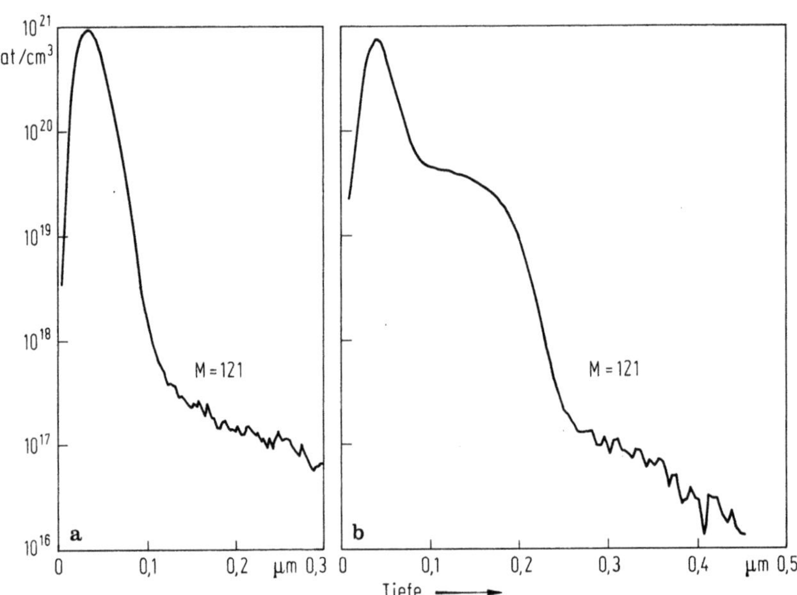

Abb. 47a, b. Quantitative Tiefenprofilanalyse zur Ermittlung der Präzipitation von Sb in Si a) Implantationsprofil [80 keV, $3 \cdot 10^{15}$ at/cm²], b) Profil nach Ausheilung (1000 °C, 60 min, N_2). [PI = O_2^+, E_0 = 5,5 keV, i_B = 1 µA, d_A = 150 µm]

Auf dem zweiten großen Halbleitersektor, dem der GaAs-Technologie, liegt das Hauptinteresse im Studium der Verteilung der Dotierungselemente während der Diffusionsbehandlung. Besonders interessant ist die Frage nach der Verteilung von Cr zwischen der oberflächlichen Si_3N_4-Schutzschicht und dem GaAs. Die Klärung dieser Frage bedingt die Entwicklung der quantitativen Interfaceanalyse — d. h. die Berücksichtigung unterschiedlicher Matrixeffekte, Sputterraten und der Effekte, die beim unmittelbaren Durchsputtern des Interfacebereiches auftreten. Abbildung 48 zeigt derartige mit hohem Massenauflösungsvermögen aufgenommene Profile von ^{52}Cr und ^{75}As [93]. Am Interface sind Signalerhöhungen um etwa eine Größenordnung feststellbar (Bulk-Cr-Konzentration $= 5,5 \cdot 10^{16}$ at/ cm^3), welche durch weitere Experimente echten Konzentrationserhöhungen bzw. Artefakten wie Matrixeffekten (bedingt durch Oxidanteil an GaAs-Oberfläche) quantitativ zugeordnet werden konnten [93].

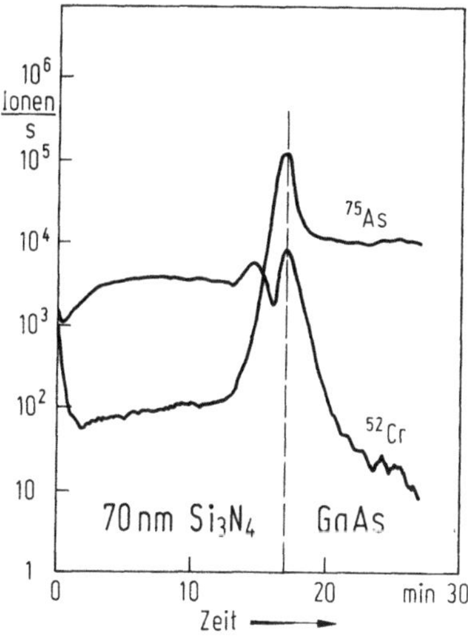

Abb. 48. Interfacecharakterisierung durch quantitative Tiefenprofilanalyse: Verteilung von Cr und As zwischen Si_3N_4 und GaAs beim Tempern [93] [PI $= O_2^+$. Raster 500×500 µm, $d_A = 60$ µm, $\dfrac{M}{\Delta M} = 2500$]

Die Frage der Eignung von SIMS für die Bauelementanalytik kann noch nicht endgültig beantwortet werden, da Entwicklungen in Richtung Verkleinerung der Primärstrahldurchmesser durch spezielle ionenoptische Konstruktionen [94] oder Einsatz von Metallionenquellen [95, 96] noch im Gang sind. Beim derzeitigen Stand der Gerätetechnik ist die Bauelementanalytik vor allem im Bereich der GaAs-Technik wichtig, da bei optoelektronischen Bauteilen größere Strukturen verwendet werden. Im Bereich der Siliziumtechnik ist die Integration vielfach so weit fortgeschritten, daß die Strukturen unterhalb der lateralen Auflösungsgrenzen von SIMS liegen.
Mit SIMS können Tiefenprofile über Analysenbereiche von 1,4 µm Durchmesser mit einem dynamischen Bereich von 10^4–10^5 aufgenommen werden. Selbst bei Analyse derartig kleiner Probenbereiche wird z. B. bei Bor in Silizium noch immer ein Nachweisvermögen von 10^{16} at/cm^3 (100 ng/g) erreicht [10]. Bei Berücksichtigung der abgesputterten Probemenge für die Messung eines Bor-

signals an der Erfassungsgrenze ergibt sich ein absolutes Nachweisvermögen für
B in Si von $2 \cdot 10^{-21}$ g. Dies entspricht der Anzahl von nur 140 Boratomen im
analytischen Volumen. Für As, P und Sb betragen die Nachweisgrenzen bei
Tiefenprofilmessung mit 1,4 µm analysierter Fläche ca. 10^{18} at/cm³. Allerdings
existieren eine Reihe von limitierenden Problemen (nichtleitende Deckschichten,
Auswahl des Analysenpunktes), sodaß in der Praxis die Verteilungsanalyse in
Bauelementen meist mit einem Analysendurchmesser von ca. 8–10 µm ausgeführt wird. Quantitative Tiefenprofile können selbst über solche relativ großen
Bereiche wichtige Informationen — etwa über die exakte Lage der p-n-Über-
ganges — liefern (Abb. 49).
Wichtige Bauelemente bestehen aus Mehrschichtstrukturen von Isolatoren, Leitern und Halbleitern (z. B. elektrolumineszierende Displays). Die wichtigsten
praktischen Probleme bei der quantitativen Verteilungsanalyse von komplexen
Mehrschichtstrukturen liegen in der Erzielung hohen Tiefenauflösungsvermögens
bis zu Schichtdicken von über 1 µm, der Kompensation von Aufladungen bei
Analyse der tief liegenden Isolatorschichten und der Quantifizierung bei großen
Unterschieden in Sputterraten und Matrixeffekten. Abbildung 50 zeigt ein Tiefenprofil der Hauptelemente über eine elektroluminiszierende Struktur mit dem Aufbau Indium-Zinnoxid [100 nm]/Al_2O_3 [250 nm]/ZnS(Mn) [350 nm]/Al_2O_3
[250 nm]/Indium-Zinnoxid [100 nm]/Al_2O_3 [250 nm]/Glas [97]. Die steile Aus-

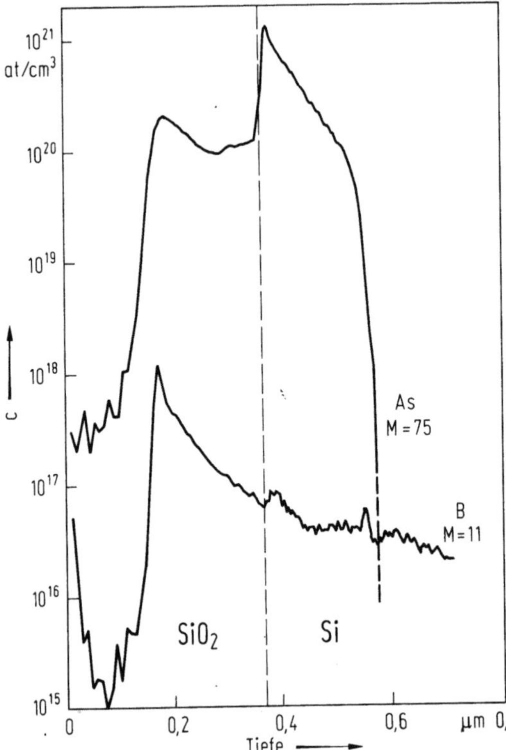

Abb. 49. Tiefenprofil von B, As in
Si-Bauelement [PI $=$ O_2^+, E_0
$= 5,5$ keV, $i_B = 800$ nA, $d_A = 8$ µm]

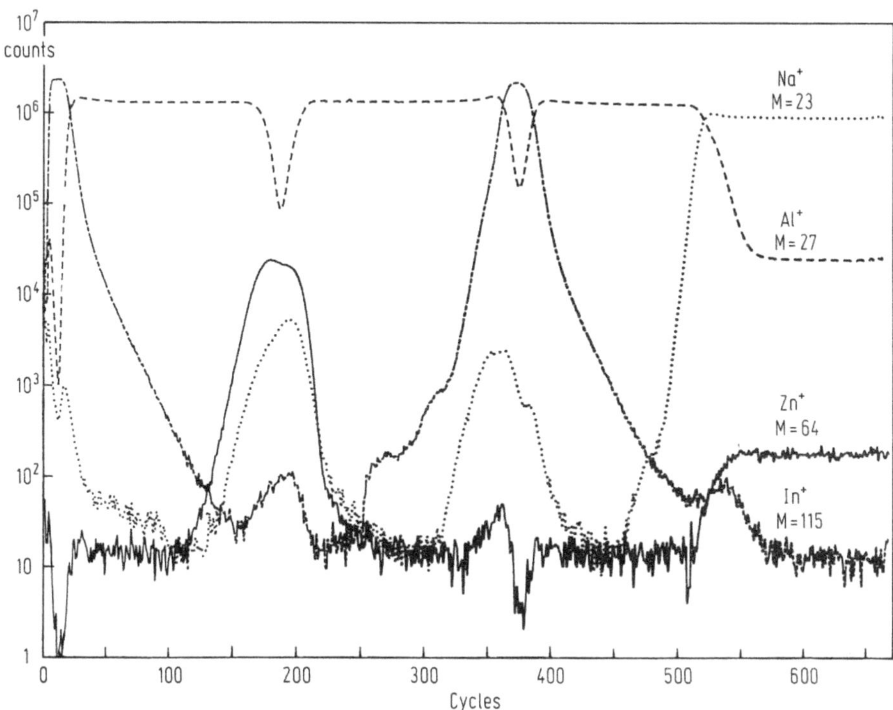

Abb. 50. Quantitative Charakterisierung von Mehrschichtstrukturen Leiter/Isolator/Halbleiter: Tiefenprofile von Na, Al, Zn und In von elektrolumineszierender Struktur [PI = O$^-$, Raster 100×100 µm, $d_A = 8$ µm]

bildung der Profile an den Schichtübergängen zeigt, daß selbst bei großen Sputtertiefen infolge der sorgfältigen Methodenoptimierung noch ein hohes Tiefenauflösungsvermögen und ein hoher dynamischer Bereich erreicht werden können. Voraussetzung dafür ist Auswahl einer kleinen analysierten Fläche (hier 8 µm Durchmesser) innerhalb einer großen abgetragenen Fläche (hier 100×100 µm) zur Ausschaltung von Randeffekten sowie die Kompensation der Aufladungen, welche bis zu 100 V betragen, durch Änderung des Probenpotentials während der Analyse und geeignete Justierung des Energiespaltes im doppelfokussierenden Massenspektrometer.

Das in Abb. 50 gezeigte Tiefenprofil, für welches Aufnahmezeiten von über 5 h benötigt wurden, zeigt (gemessen am Al$^+$-Signal) eine Stabilität von 1 % pro Stunde.

Für die Quantifizierung von Spurenelementen in diesen heterogenen Strukturen wird sinnvollerweise ein Computerprogramm eingesetzt, welches die verschiedenen Sputterausbeuten und Matrixeffekte berücksichtigt. Als Standards dienen elektrolumineszierende Strukturen gleichen Aufbaues, welche durch ein aufwendiges Verfahren — nämlich durch Kombination von chemischer Schichtabtragung und AAS — hinsichtlich ihres Spurengehaltes exakt charakterisiert werden [97]. Die Kombination von chemischen und physikalischen Analysenmethoden ist besonders bei hohen Richtigkeitsansprüchen oft erfolgversprechend.

ii) Metalle:

Die quantitative Tiefenprofilanalyse von metallischen Proben ist für eine Reihe von wissenschaftlich-technischen Fragestellungen von großer Bedeutung — etwa der Messung von kleinen Diffusionskoeffizienten [72], der Charakterisierung von Oberflächenvergütungen durch Eindiffusion von Neben- oder Spurenbestandteilen oder durch Ionenimplantation [98], Nachweis von Oberflächenreaktionen [99], Studium des Aufbaues von metallischen Dünnfilmstrukturen [100]. Im Vergleich zu (einkristallinen) Halbleitern treten bei der Tiefenprofilanalyse von polykristallinen Metallen zusätzliche Artefakte wie Selektivsputtern an Korngrenzen, Diffusion an Korngrenzen, oder unterschiedliche Sputterkoeffizienten bei heterogenen Materialien auf [45, 101]. Derartige Selektivsputtereffekte sind — wie Abb. 51 zeigt — besonders ausgeprägt bei nicht reaktivem Primärionenbeschuß (Ar^+). Eine starke Angleichung der unterschiedlichen Sputterkoeffizienten ist durch eine chemische Oberflächenreaktion mit O_2 während der Analyse möglich. Es können bei geeigneter Optimierung der Bedingungen selbst große Unterschiede wie sie in den Sputterkoeffizienten von Fe oder Al_2O_3 bestehen nahezu vollständig eliminiert werden (Abb. 51).

Eine weitere Schwierigkeit bei der quantitativen Tiefenprofilanalyse von Metallen ergibt sich durch eine oft vorhandene Oberflächenrauhigkeit bei technischen Proben. Diese sollte in jedem einzelnen Fall mittels REM überprüft und bei der

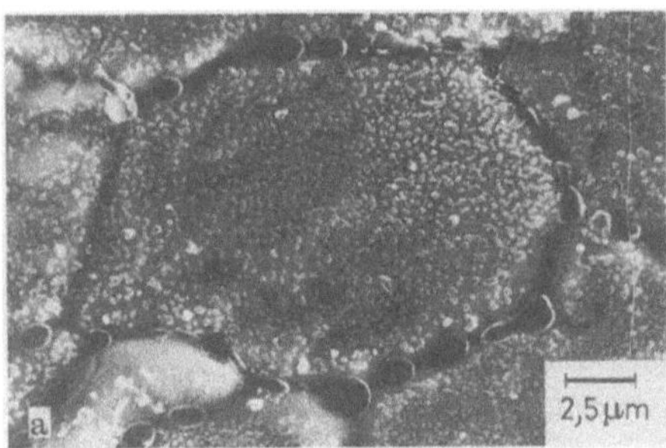

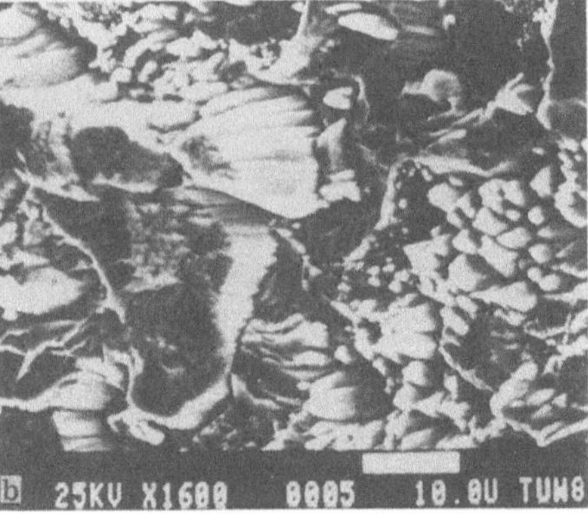

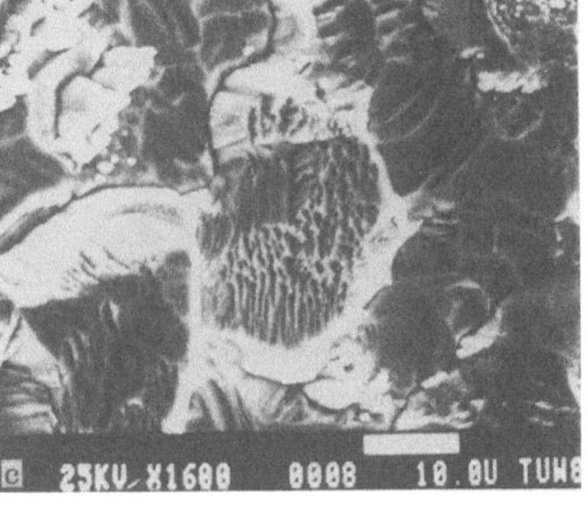

Abb. 51 a–c. Selektivsputtereffekte in heterogenen Metallen (REM-Aufnahmen): **a)** Oberfläche von FeAl0,25Si0,25 mit Aluminiumoxid-Präzipitaten vor Sputtern, **b)** Kraterboden nach Sputtern einer Oberflächenschicht von ca. 6 µm: Kegel entsprechen den Aluminiumoxidpräzipitationen, daneben Orientierungseinfluß der Kristallflächen auf Sputterkoeffizienten sichtbar (PI = Ar^+, 14,5 keV). **c)** Kraterboden nach Reaktivsputtern einer Oberflächenschicht von ca. 6 µm: durch die chemische Oberflächenreaktion mit Sauerstoff werden die Selektivsputtereffekte weitgehend eliminiert (PI = Ar^+, p_{O_2} = 5 · 10^{-3} Pa)

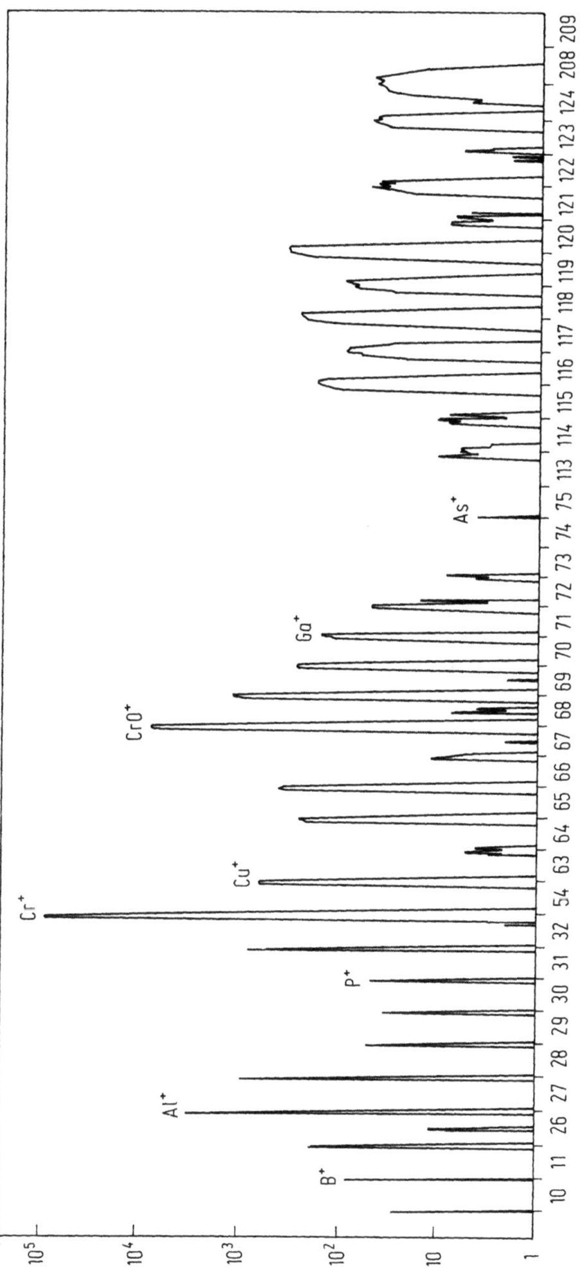

Abb. 52. Massenspektrum von 50 nm Cr-Schicht auf Cu für Multielement-Spurenanalyse [PI = O_2^+, E_0 = 5,5 keV, d_A = 150 μm, Raster 500 × 500 μm, i_B = 100 nA, Energiefilterung 50 eV]

Interpretation der Profile berücksichtigt werden. Bei der quantitativen Auswertung ist zu berücksichtigen, daß die Sekundärionenausbeuten stark von der Legierungszusammensetzung abhängen können [102–104]. Auch ist die Verfügbarkeit der Herstellung von Standardproben wegen der meist inhomogenen Verteilung von Spurenelementen schwierig [105]. Bei Implantationsstandards treten Sputter-Effekte an Korngrenzen auf, welche das Implantationsprofil verzerren [45]. Dadurch ist die Auswertung solcher Standardprofile mit einem höheren Fehler als bei Halbleitern behaftet. Grundsätzlich gilt für die quantitative Tiefenprofilanalyse, daß bei polykristallinen Materialien im Vergleich zu Einkristallen ein geringerer dynamischer Bereich und eine geringere Analysenrichtigkeit erzielt wird. Dies gilt jedoch für alle Analysentechniken, welche die Ionenzerstäubung benutzen.

Wegen der hohen Nachweisstärke wird SIMS auch bei Metallen bevorzugt für die Verteilungsanalyse von Spurenelementen eingesetzt. Dabei ist die Multielementkapazität besonders wichtig.

Spurenelemente spielen z. B. bei Metallisierungsstrukturen, wie sie in der Elektronikindustrie verwendet werden, eine besondere Rolle. Derartige Dünnfilmstrukturen müssen oft hinsichtlich der Art, Menge und Verteilung der Spurenelemente charakterisiert werden. Die Dicke der einzelnen Schichten liegt im Bereich von ca. 50 nm bis einige µm.

Um eine (semi)quantitative Multielementspurenanalyse in sehr dünnen Schichten

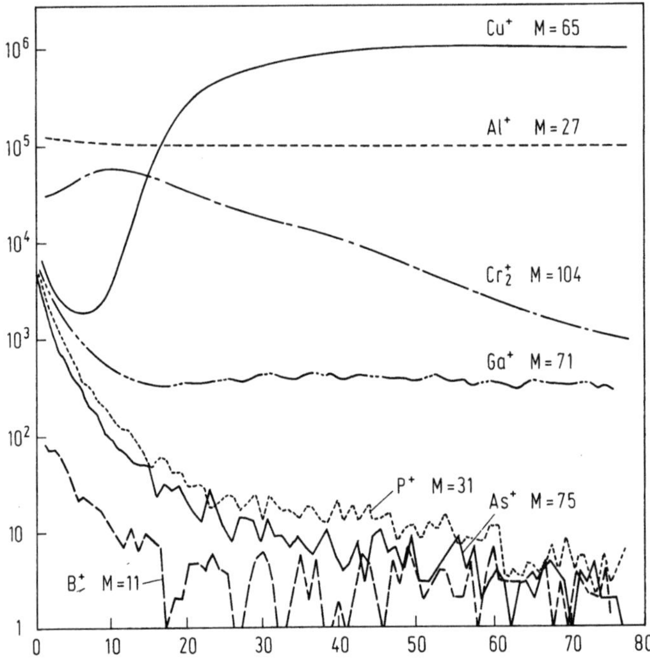

Abb. 53. Tiefenprofile von B, Al, P, As, Ga, Cr und Cu von 50 nm Cr-Schicht auf Cu [PI = O_2^+, E_0 = 5,5 keV, d_A = 150 µm, Raster 500 × 500 µm, i_B = 100 nA, Energiefilterung 50 eV]

zu ermöglichen, müssen größere Flächenbereiche (z. B. 150 × 150 μm) abgerastert werden, um pro Masse im Spektrum nur eine Schichtdicke von ca. 1 nm absputtern und trotzdem hohe Sekundärionenintensitäten und damit entsprechende Nachweisgrenzen zu erzielen.

Abbildung 52 enthält als Beispiel ein Massenspektrum zur Auswertung für die Multielementspurenanalyse, welches in einer nur 50 nm dicken Cr-Schicht aufgenommen, ohne daß die darunter liegende Cu-Schicht wesentlich angeregt wurde [52]. Eine halbquantitative Auswertung dieses Spektrums mit dem LTE-Verfahren zeigt, daß selbst in derartig dünnen Schichten noch eine Multielementspurenanalyse mit Erfassungsgrenzen im ng/g-Bereich möglich ist.

Bei der Interpretation der Tiefenprofile (Abb. 53) muß die Oberflächenrauhigkeit, welche im vorliegenden Fall einige μm betrug (Abb. 54), berücksichtigt werden. Es zeigt sich, daß für das Signal der oberflächlichen Metallisierungsschicht (Cr) ein — dem statistischen Abtragungsprozeß einer rauhen Probe entsprechender — flacher Abfall verzeichnet wird, da auch nach Durchsputtern der Chromschicht an den Kornflächen mit günstiger Orientierung zwischen den Cu-Kristallen noch Cr-Reste vorhanden sind. Erst nach Durchsputtern einer Schicht von ca. 100 nm ist Chrom auf die Intensität eines Spurenelementes reduziert. Trotz dieser Verzerrungen können auch bei derartig rauhen Proben wichtige Informationen gewonnen werden — etwa über die Dicke der Metallisierungsstrukturen oder über die oberflächliche Anreicherung von Spurenelementen. Selektivsputtereffekte können bei derartig dünnen Schichten weitgehend vernachlässigt werden (Abb. 54).

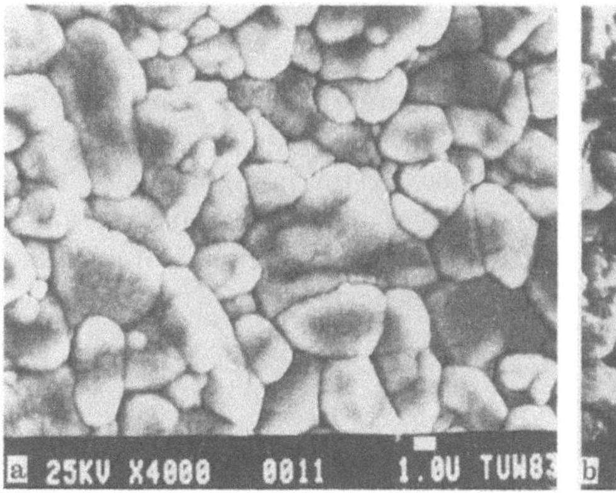

Abb. 54a, b. Morphologie der Cr—Cu-Dünnfilm-Struktur **a)** Oberfläche von 50 nm-Cr-Schicht, **b)** Kraterboden nach Absputtern von ca. 200 nm

iii) Keramische Coatings:
   Bei keramischen Coatings bietet sich SIMS vor allem für die Verteilungsanalyse der leichten Elemente (B, C, N, O), welche mit anderen Methoden [ESMA] oft schwierig zu analysieren sind, sowie der Spurenelemente, welche Kristallwachstum, und damit Morphologie sowie Verschleißeigenschaften beeinflussen, an [40].

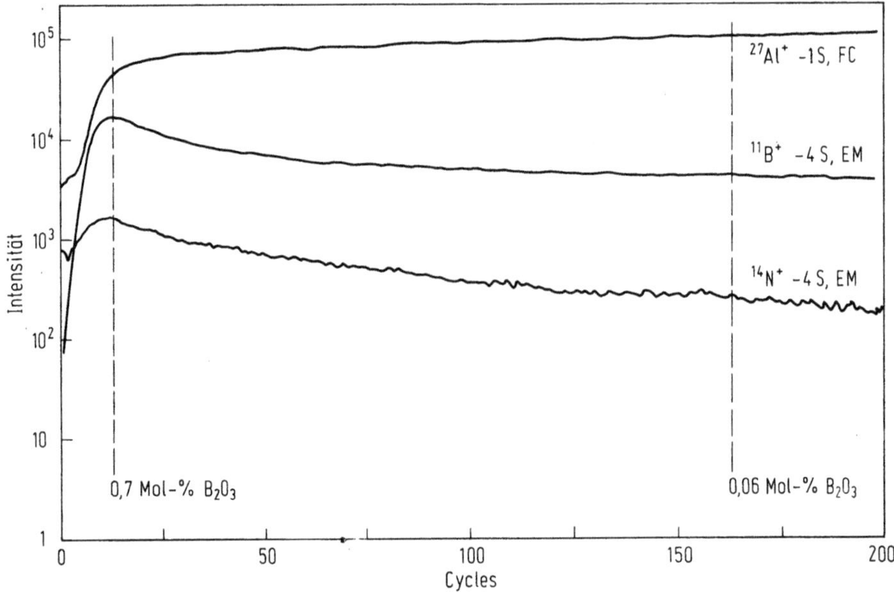

Abb. 55. Tiefenprofil von B, N und Al in Al_2O_3—B_2O_3-Mischoxid-Coating [PI = O$^-$, E_0 = 14,5 keV, i_B = 100 nA, d_A = 150 µm]

Für diese Fragestellungen wird SIMS bevorzugt mit ESMA, XRD, RFA und ev. AES kombiniert.

Meßtechnisch müssen vor allem die bei den üblicherweise einige µm-dicken Schichten auftretenden Aufladungen kompensiert werden. Dies kann mit den in Kap. 6 angegebenen Methoden erfolgreich durchgeführt werden, wie das Tiefenprofil von B, N und Al in einem CVD-Al_2O_3/B_2O_3-Mischoxid-Coating auf einem Hartmetall zeigt (Abb. 55). Durch das hohe Eextraktionspotential für die Sekundärionen werden auch bei hoher Probenrauhigkeit (Abb. 56) stabile Profile erhalten. Eine quantitative Auswertung ist mittels Eichfunktionen (Abb. 21) möglich (Standards: aufgesputterte Mischoxide, Borglas).

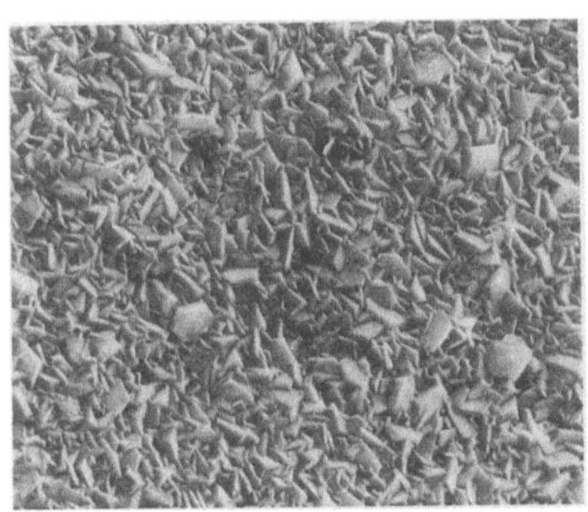

Abb. 56. Oberflächenmorphologie von Al_2O_3—B_2O_3-Mischoxid-Coating [REM-Aufnahme, 1 cm = 5 µm]

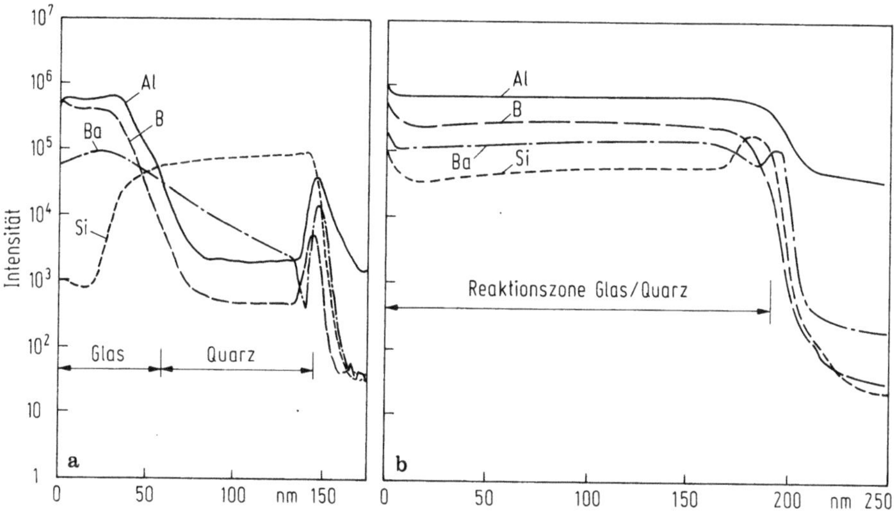

Abb. 57a, b. Tiefenprofil von Glas-Quarz-Sputterschichten auf Metalloxid **a**) Ausgangszustand, 60 nm Glas, 80 nm Quarz), **b**) nach Wärmebehandlung

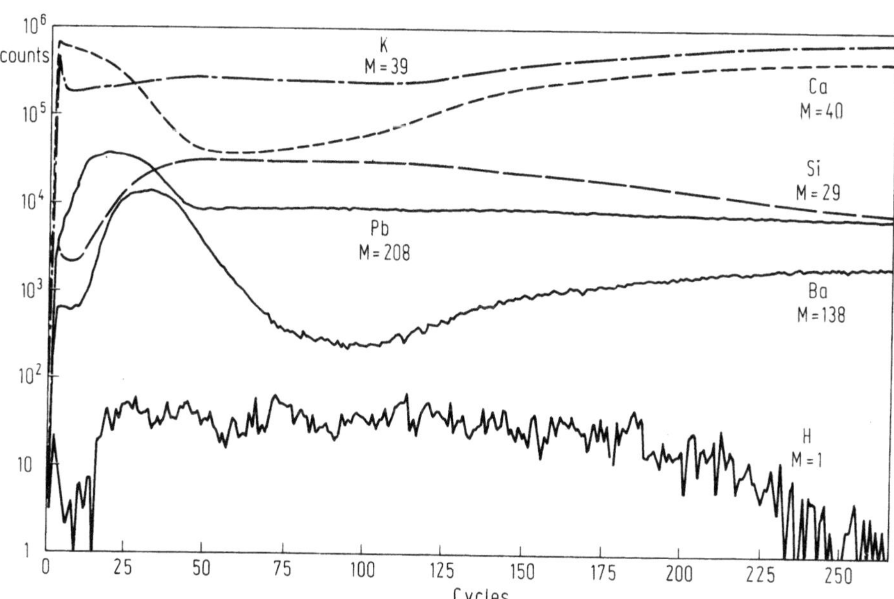

Abb. 58. Tiefenprofil von H, Si, K, Ca, Ba und Pb in verwitterter Glasoberfläche — trockene Zone, Sputtertiefe ca. 5 µm. [PI = O$^-$, E$_0$ = 14,5 keV, i$_B$ = 300 nA, Raster 225 × 225 µm, d$_A$ = 8 µm]

iv) Glas:

Auch in der Glasforschung und -technologie existieren eine große Zahl von oberflächenanalytischen Fragestellungen — etwa bei der Korrosion oder bei Herstellung und Einsatz von Dünnfilmstrukturen.

Gläser sind für SIMS-Untersuchungen wegen ihres amorphen Strukturzustandes und des Vorliegens einer oxidischen Matrix hervorragend geeignet. Probleme des preferentiellen Sputterns wie bei Metallen treten hier nicht auf. Die quantitative Auswertung erfolgt einfach über relative Empfindlichkeitsfaktoren, welche für eine bestimmte Glasmatrix durch Messung von Gläsern bekannter Zusammensetzung (Referenzanalysen: RFA, AAS, ESMA, chemische Methoden, ICP-OES für Spurenelemente) bestimmt werden können. Für nahezu alle Glasmischungen sind Proben ausreichender Homogenität verfügbar. Die chemischen Matrixeffekte sind wegen der Sauerstoffsättigung des Systems vergleichsweise gering, sodaß keine allzugroße Anforderungen bezüglich der Ähnlichkeit der chemischen Zusammensetzung von Probe und Standard gestellt werden müssen und weiters eine Extrapolation der Empfindlichkeitsfaktoren in den Spurenbereich mit hoher Richtigkeit möglich ist.

Wesentlich ist bei der Oberflächenanalyse von Gläsern die möglichst vollständige Kompensation der Aufladungen. Dies ist jedoch bei Hochleistungs-

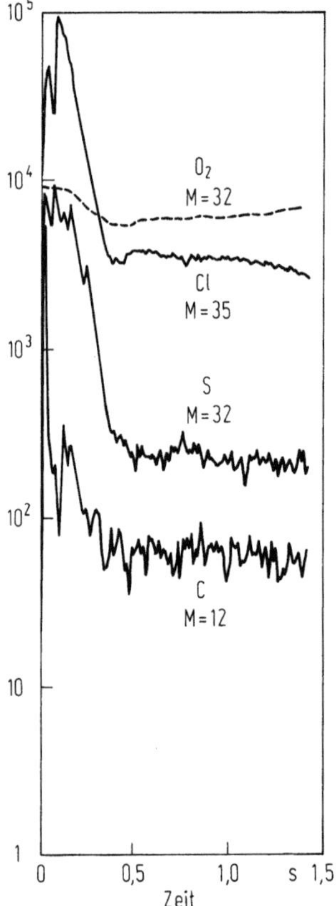

Abb. 59. Tiefenprofil von S, Cl und C mit hohem Massenauflösungsvermögen in verwitterter Glasoberfläche — trockene Zone, Sputtertiefe ca. 2 μm. [PI = O⁻, E_0 = 14,5 keV, i_B = 500 nA, Raster 300 × 300 μm, d_A = 60 μm, $\frac{M}{\Delta M}$ = 2500]

geräten ohne große Schwierigkeiten mit den in Kap. 6 beschriebenen Methoden möglich. Auch ioneninduzierte Reaktionen (Diffusion kleiner Ionen) können durch geeignete experimentelle Bedingungen klein bzw. vernachlässigbar gehalten werden.

Abbildung 57 zeigt die Profile von B, Ba, Si und Al einer auf ein Metalloxid aufgesputterten Glas/Quarz-Schicht (Dicke 60 bzw. 80 nm) im Originalzustand und nach Wärmebehandlung. Die Diffusion der verschiedenen Elemente ineinander (bereits beim Aufsputtern wegen der damit verbundenen Temperaturerhöhung) kann als Funktion der Prozeßparameter systematisch untersucht werden.

Ein weiteres wichtiges Anwendungsgebiet ist die Oberflächenkorrosion von Glas — etwa durch nukleare Prozesse [72], Angriff von Körperflüssigkeiten bei Bioelektroden, korrosiven Gasen bei Hochtemperatur-Gasreaktionen in Glasreaktoren oder einfach die atomosphärische Verwitterung [106]. Zur Demonstration des hohen Informationsgehaltes von SIMS-Profilen ist in Abb. 58 das Tiefenprofil über eine verwitterte Bleiglasoberfläche dargestellt: Die Elemente Ca, Pb und Ba werden bei der Verwitterung aus der oberflächennahen Glaszone an die Oberfläche transportiert und reagieren dort mit CO_2 bzw. SO_2/SO_3 unter Bildung schwerlöslicher Karbonate und Sulfate.

Weiters werden aus der Oberflächenzone K sowie das farbgebende Element Cu ausgelaugt und ausgewaschen. Bei der Auslaugung durch H_2O wird der ursprüngliche Glaszustand durch Entfernung der Netzwerkbildner an der Oberfläche in ein Kieselsäuregel übergeführt. Dies dokumentiert sich in den

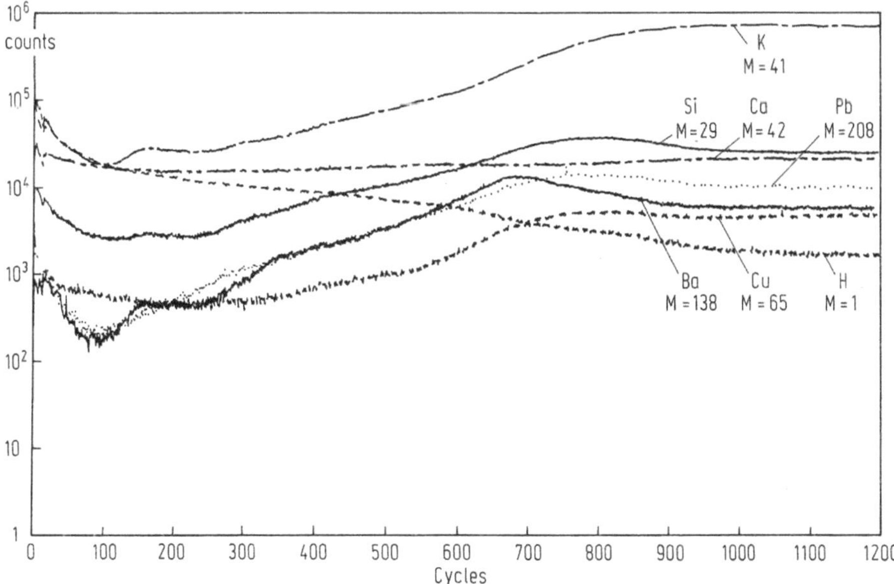

Abb. 60. Tiefenprofil von H, Si, K, Ca, Cu, Ba und Pb in verwitterter Glasoberfläche — beregnete Zone, Sputtertiefe 30 µm. [PI = O$^-$, E_0 = 14,5 kcV, i_B — 550 nA, Raster 300 × 300 µm, d_A = 8 µm, $\dfrac{M}{\Delta M}$ = 5000]

Profilen in einer relativen Erhöhung von Si und der hohen Konzentration von H. Das Eindringen von SO_3 kann durch die Aufnahme von Schwefeltiefenprofilen mit hohem Massenauflösungsvermögen bewiesen werden (Abb. 59). Um Profile mit hohem Massenauflösungsvermögen von Nichtleitern erhalten zu können ist eine vollständige Kompensation von Aufladungen notwendig.

SIMS-Tiefenprofile können auch dazu dienen das unterschiedliche Ausmaß einer Glaskorrosion festzustellen. Bei der atmosphärischen Verwitterung von Glas läßt sich die Korrosionstiefe mit dem Feuchtigkeitsangebot korrelieren: Beträgt die Korrosionstiefe an einem Glasobjekt an einer trockenen Stelle ca. 5 µm (Abb. 58), kann sie an beregneten Stellen 30 µm erreichen (Abb. 60). Die in Abb. 60 wiedergegebenen Profile zeigen auch, daß bei Hochleistungsgeräten mit hohem Extraktionspotential Oberflächenverteilungsanalysen bis zu großen Tiefen ausgeführt werden können. Dies ist für viele Werkstoffanalysen von Bedeutung, weil damit die Lücke zur Oberflächencharakterisierung an Querschliffen mittels ESMA, welche eine Mindestschichtdicke von 3–5 µm verlangt, geschlossen wird.

8 Zusammenfassende Bewertung von SIMS

Die in den letzten Jahren stattgefundene Entwicklung der Gerätetechnik auf dem Sektor der Sekundär-Ionen-Massenspektrometrie ermöglicht es nunmehr den Ansprüchen, die der Werkstoffanalytiker an Untersuchungstechniken stellt, weitgehend gerecht zu werden. Unter Berücksichtigung der bereits weit verbreiteten und gut eingeführten Methoden für die Werkstoffcharakterisierung und den zusätzlichen Informationsmöglichkeiten, die eine neue Methode eröffnen soll, ergeben sich die in Tabelle 13 auf der linken Seite angeführten Anforderungen an die SIMS-Technik. Deren praktische Realisierung in Geräten der zweiten Generation, ist in der rechten Spalte angegeben. Daraus geht hervor, daß gegenüber den älteren Gerätetypen eine wesentliche Verbesserung der analytischen Kriterien und für viele Probleme grundsätzlich neue Lösungsmöglichkeiten gegeben sind.

Beim derzeitigen Entwicklungsstand zeichnet sich SIMS durch folgende Eigenschaften aus:
1. Hohes absolutes Nachweisvermögen — abs. EG $\leq 10^{-20}$ g.
2. Hohe relative Nachweisstärke — rel. EG = ng/g–µg/g.
3. Hohes räumliches Auflösungsvermögen — Tiefe: $\sim$ 1 nm, Lateral: $\sim$ 1–2 µm.
4. Ausreichende Richtigkeit der quantitativen Analyse für viele Fragestellungen [107].

Auf Grund dieser Eigenschaften ist SIMS eine leistungsfähige und für viele Problemstellungen wichtige Methode für die:
1. (Durchschnitts-)Ultraspurenanalyse und Multielement-Spurenanalyse
2. Spurenanalyse von Mikrobereichen
3. Isotopenanalyse von Mikrobereichen
4. Verteilungsanalyse von Spurenelementen
5. Spurenanalyse von Oberflächen

Die bekannten der Methode inhärenten Probleme, welche in der komplexen Wechselwirkung Primärionenstrahl/Festkörper ihren Ursprung haben, wie Selektiv-

Tabelle 13. Notwendige Eigenschaften von SIMS für die Werkstoffanalytik und deren derzeitige technische Realisierung

Eigenschaften	technische Realisierung
Möglichkeit der Mikrobereichsanalyse	$d_{A(min)} = 1,4\ \mu m$
Möglichkeit der Sekundärionenabbildung mit hohem lateralen Auflösungsvermögen	$R = 0,5\ \mu m$
Hohe Nachweisstärke für Spurenelemente	
— Hohe Primärionenströme	$i_B = 1\text{--}10\ \mu A$
— Verwendung von Cs^+ für elektronegative Elemente	Cs^+-Quelle
— hoher Wirkungsgrad der SI-Messung	ca. 10% bei $\dfrac{M}{\Delta M}\ 300$
— niedriger Hintergrund des Detektionssystems	$0,1$ cps
Möglichkeit der Eliminierung von Interferenzen	
— Energiefilterung	variabler Schwellwert, E-Akzeptanz $\leqq 200$ eV
— hohes Massenauflösungsvermögen	$\dfrac{M}{\Delta M} \leqq 20\,000$
Hohe Stabilität von Primär- und Sekundärionenstrahl	$\Delta I \leqq 1\%$ pro Stunde
Großer dynamischer Bereich bei Tiefenprofilen	$DR \leqq 10^7$
Großer linearer Bereich des Detektionssystems	$DR \leqq 10^{11}$

sputtern, chemischer Matrixeffekt, Knock-On-Effekte können in der überwiegenden Mehrzahl der technischen Fragestellungen in der Interpretation berücksichtigt werden. Voraussetzung dafür ist gewöhnlich eine ausreichende Stoffkenntnis.

Insgesamt kann SIMS beim gegenwärtigen Erkenntnisstand als eine der wichtigsten Methoden für die Festkörperanalytik bezeichnet werden [107, 108]. Da die Methode (bei entsprechender technischer Realisierung in Form von hochwertigen Ionenmikrosonden) neue und technisch wichtige Informationsdimensionen erschließt, kann vorausgesetzt werden, daß SIMS in der Zukunft eine ähnliche Bedeutung und Verbreitung erlangen wird wie ESMA, AES und XPS. Schon heute bietet sich für viele werkstoffanalytischen Probleme der Einsatz bestimmter Methodenkombinationen bevorzugt an, und zwar für die Oberflächenanalyse die Kombination AES/XPS/SIMS/RBS und für die Multi-Element-Spurenanalyse RFA/ICP-OES/NAA/SIMS.

9 Literatur

1. Benninghoven, A.: Surf. Sci. *53*, 596 (1975)
2. Hantsche, H.: Microscopica Acta *81*, 91 (1983)
3. Castaing, R., Slodzian, G.: J. Microsc. *1*, 395 (1962)
4. Liebl, H.: J. Appl. Phys. *38*, 5277 (1967)

5. Andersen, C. A. (Hsg.): Microprobe Analysis, Wiley New York 1973
6. Zinner, E.: Scanning *3*, 57 (1980)
7. Heinrich, K. F. J., Newbury, D. E.: Secondary Ion Mass Spectrometry, NBS SP 427, Washington DC, USA (1975)
8. Littmark, U., Hofer, W. O.: Nucl. Instr. Meth. *168*, 329 (1980)
9. Sigmund, P.: Phys. Rev. *184*, 383 (1969)
10. Zinner, E.: J. Electrochem. Soc. *130*, 199 C (1983)
11. Dearnaley, G.: IAEA SMR 15/44, S. 167
12. Myers, S. M.: Nucl. Instrum. Meth. *168*, 265 (1980)
13. Lindhard, J., Scharff, M., Schiøtt, H. E.: K. Dansk Vidensk. Selsk., Mat.-Fys. Medd. *33*, 10 (1963)
14. Ryssel, H., Ruge, I.: Ionenimplantation, Teuber, Stuttgart 1978
15. Werner, H. W.: Surf. Sci. *47*, 301 (1975)
16. Rüdenauer, F. G.: Instrumental Aspects of Spatially 3-Dimensional SIMS-Analysis, in SIMS III (A. Benninghoven et al., Hsg.), S. 2 Springer Berlin 1982
17. Gries, W. H., Strydom, H. J.: A Table of Normalized Sputtering Yields for Mono-elemental Polycristalline Targets, National Institute for Materials Research, CSIR, Pretoria 1984
18. Lindhard, J., Nielsen, V., Scharff, M.: K. Dansk Vidensk. Selsk., Mat.-Fys. Medd. *36*, 10 (1968)
19. Blaise, G.: Materials Characterization by Ion Beams, Plenum Press, New York 1978
20. van Craen, M.: Privatmitt. 1983
21. Schroeer, J. M.: An Outline of Secondary Emission Models, Lit. 7, S. 121
22. Andersen, C. A.: Int. J. Mass Spectr. Ion Phys. *2*, 61 (1969)
23. Magee, C. W.: J. Elchem. Soc. *126*, 660 (1979)
24. Andersen, C. A., Hinthorne, J. R.: Anal. Chem. *45*, 1421 (1973)
25. Bernheim, M., Slodzian, G.: Caesiated Surfaces and Negative Ion Emission, in SIMS III (A. Benninghoven et al., Hsg.), S. 151, Springer Berlin 1982
26. Storms, H. A.: Anal. Chem. *49*, 2023 (1977)
27. Morgan, A. E., Werner, H. W.: J. Microsc. Spectrosc. Electron. *2*, 285 (1977)
28. Hillebrandt, M.: Diplomarbeit TU Wien 1983
29. Liebl, H.: Scanning *3*, 79 (1980)
30. Atomika, München
31. Lepareur, M.: Revue Thomson-CSF 12, 225 (1980)
32. Gnaser, H.: Fres. Z. Anal. Chem. *319*, 719 (1984)
33. Prewett, P. D., Jefferies, D. K.: Inst. Phys. Conf. Ser. *54*, 316 (1980)
34. Rüdenauer, F. G. et al.: First Results on a Scanning Ion Microprobe Equipped with an EHD-Type Indium Primary Ion Source, in SIMS III, S. 43 (A. Benninghoven, Hsg.). Springer Berlin 1982
35. Zinner, E.: Privatmitt. 1983
36. Müller, K. H., Oechsner, H.: Mikrochim. Acta, Suppl. 10, 51 (1983)
37. Becker, C. H., Gillen, K. T.: The Surface Analysis by Laser Ionization Technique, in SIMS V (A. Benninghoven, Hsg.), Springer Berlin 1986
38. Newbury, D. E.: Scanning *3*, 110 (1980)
39. McHugh, J. A.: Secondary Ion Mass Spectrometry, in Methods of Surface Analysis, (S. P. Wolsky, A. Czanderna, Hsg.), Elsevier New York 1976
40. Grasserbauer, M., et al.: Fres. Z. Anal. Ch. *314*, 340 (1983)
41. Werner, H. W.: Acta Electronica *19*, 53 (1976)
42. Morrison, G. H.: Quantification of SIMS, in SIMS III (A. Benninghoven et al., Hsg.), S. 244, Springer Berlin 1982
43. Stingeder, G., et al.: Fres. Z. Anal. Ch. *314*, 304 (1983)
44. Leta, D. P., Morrison, G. H.: Anal. Chem. *52*, 277 (1980)
45. Pivin, J. C., et al.: Use of Ionic Implantation for Quantification of SIMS, in SIMS III (A. Benninghoven et al., Hsg.), S. 274, Springer Berlin 1982
46. Morgan, A. E., Werner, H. W.: Mikrochim. Acta 1978 II, 31
47. de Galan, R., Smith, R., Winefordner, J. D.: Spectrochim. Acta *23 B*, 521 (1968)
48. Pimminger, M.: Dissertation, TU Wien 1983

49. Newbury, D. E., Heinrich, K. F. J.: Mikrochim. Acta, Suppl. 8, 3 (1979)
50. Werner, H. W., Morgan, A. E.: Adv. in Mass Spectrometry, Bd. 7 (N. Daly, Hsg.) Heyden, S. 764, London 1977
51. Wittmaack, K.: Nucl. Instr. and Methods 168, 343 (1980)
52. Grasserbauer, M., Wilhartitz, P., Stingeder, G.: Mikrochim. Acta 1983 III, 467
53. Smets, B. M. J., Gossink, R. G.: Fres. Z. Anal. Chem. 314, 285 (1983)
54. Werner, H. W., Morgan, A. E.: J. Appl. Phys. 47, 1232 (1976)
55. Stingeder, G.: Dissertation TU Wien 1983
56. Drummer, D. M., Morrison, G. H.: Anal. Chem. 52, 2147 (1980)
57. Kelker, H. (Hsg.): Analysen- und Meßverfahren, Ulmann's Enzyklopädie der Technischen Chemie, Bd. 5, 4. Auflage, Verlag Chemie, Weinheim (1980)
58. Grasserbauer, M. et al.: Fres. Z. Anal. Ch. 317, 539 (1984)
59. Kny, E. et al.: Fres. Z. Anal. Ch. 317, 782 (1984)
60. Morrison, G. H., Slodzian, G.: Anal. Chem. 47, 932A (1975)
61. Rüdenauer, F. G., Steiger, W.: Mikrochim. Acta II, 375 (1981)
62. Schroll, E.: Analytische Geochemie, Bd. 1 und 2, Enke, Stuttgart, 1975 und 1976
63. Pimminger, M. et al.: Fres. Z. Anal. Ch. 316, 293 (1983)
64. Debievre, P.: Accurate Isotope Ratio Mass Spectrometry: in Adv. Mass Spectr.: Vol 7A (N. Daly, Hsg.), S. 395, Institute of Petroleum, London 1978
65. Zinner, E., Grasserbauer, M.: SIMS Isotopic Measurement at High Mass Resolution in SIMS III (A. Benninghoven et al., Hsg.) Springer Berlin 1982, S. 292
66. Pimminger, M. et al.: Anal. Chem 56, 407 (1984)
67. Lorin, J. C., Havette, A., Slodzian, G.: Isotope Effect in Secondary Ion Emission, in SIMS III (A. Benninghoven et al., Hsg.), Springer Berlin 1982, S. 140
68. Zinner, E., McKeegan, K. D., Walker, R. M.: Nature (1983)
69. Lux, B.: Gießereiforsch. 22, 65 (1970)
70. Lux, B.: Gießereiforsch. 22, 161 (1970)
71. Pimminger, M. et al.: Tschermak's Min. Petr. Mitt. 34, 131 (1985)
72. Lodding, A., Odelius, H.: Mikrochim. Acta Suppl. 10, 21 (1983)
73. Beske, H. E., Holzbrecher, H., Radermacher, L.: Mikrochim. Acta 1980 II, 409
74. Benninghoven, A.: Surf Sci 28, 541 (1971)
75. Pimminger, M., Grasserbauer, M.: Mikrochim. Acta, Suppl. 10, 61 (1983)
76. van Craen, M., Natusch, D. F. S., Adams, F.: Anal. Chem. 54, 1786 (1982)
77. Schreiner, M. et al.: High Temperatures — High Pressures 13, 567 (1981)
78. Werner, H. W.: Vacuum 24, 10, 493 (1974)
79. Newbury, D. E.: SIMS for the Analysis of Singe Particles, in: Heinrich K. F. J. (Hsg.) Characterization of Particles, NBS SP 533, Washington, DC, USA (1980)
80. Morgan, A. E., Werner, H. W.: J. Chem. Phys. 68, 3900 (1978)
81. Benninghoven, A., Sichtermann, W.: Anal. Chem. 50, 1180 (1978)
82. Clegg, J. B.: Surf Interface Anal. 2, 91 (1980)
83. Magee, C. W. et al.: Thin Solid Films 81, 1 (1981)
84. Blattner, R. J., Evans, C. A.: Scanning Electron Microscopy IV, 55, 1980, SEM Inc Chicago (1980)
85. Wilson, R. G., Deline, V. R.: Appl. Phys. Lett. 37, 793 (1980)
86. Huber, A. M. et al.: Inst. Phys. Conf. Ser., No. 56, 579 (1981)
87. Werner, H. W.: Mikrochim. Acta Suppl. 8, 25 (1979)
88. Werner, H. W.: Fres. Z. Anal. Ch. 314, 209 (1983)
89. Guerrero, E.: Dissertation, Technische Universität Wien 1984
90. Galuska, A. A., Morrison, G. H.: Anal. Chem. 56, 74 (1984)
91. Grasserbauer, M., Stingeder, G.: Trends in Analyt. Chem. 3, 133 (1984)
92. Guerrero, E. et al.: J. Electrochem. Soc. 129, 1827 (1982)
93. Traxlmayr, U. et al.: Fres. Z. Anal. Ch., 319, 855 (1984)
94. Liebl, H.: in SIMS III (A. Benninghoven et al., Hsg.), Springer Berlin 1982, S. 176
95. Steiger, W. et al.: Mikrochim. Acta, Suppl. 10, 111 (1983)
96. Higatsberger, M. J. et al.: in SIMS III (A. Benninghoven, Hsg.) S. 38, Springer Berlin 1982
97. Antson, H. et al.: Fres. Z. Anal. Ch. 322, 175 (1985)

98. Gries, W.: Inst. J. Mass Spectr. Ion Phys. *30*, 97 and 113 (1979)
99. Stingeder, G. et al.: Fres. Z. Anal. Chem. *319*, 787 (1984)
100. van Criegern, R. et al.: Fres. Z. Anal. Chem. *319*, 861 (1984)
101. Tsunoyama, K. et al.: in SIMS III (A. Benninghoven et al., Hsg.), S. 211, Springer Berlin 1982
102. Yu, M. L., Reuter, W.: J. Vac. Sci. Technol. *17*, 36 (1978)
103. Yu, M. L., Reuter, W.: J. Appl. Phys. *52*, 1478 and 1489 (1981)
104. Yu, M. L., Reuter, W.: J. Vac. Sci. Technol. *18*, 570 (1981)
105. Illgen, L. et al.: Surf. Interface Anal. *2*, 77 (1980)
106. Schreiner, M. et al.: Fres. Z. Anal. Ch., *319*, 600 (1984)
107. Grasserbauer, M. et al.: Mikrochim. Acta 1984 III, 317
108. Grasserbauer, M.: Fres. Z. Anal. Ch. *322*, 105 (1985)

Auger-Elektronen-Mikroanalyse
Grundlagen und Anwendungen

Hans Joachim Dudek

Inhaltsverzeichnis

1 Einleitung

Die Auger Elektronen Mikroanalyse (AES, Auger electron spectroscopy) hat sich in den letzten Jahren zu einem bedeutsamen Verfahren der Mikrobereichs- und Oberflächenanalyse entwickelt. Die AES wird heute zur Lösung von vielen technischen Problemstellungen, insbesondere in der Werkstoff- und Halbleiterforschung, eingesetzt. An dieser Stelle sollen die Grundlagen und die für die praktische Analytik wichtigen Methoden der Auger Elektronenmikroanalyse dargestellt werden.

Bei der Bearbeitung von technischen Problemstellungen mittels mikro- und oberflächenanalytischer Verfahren, müssen den realen, „schmutzigen" Proben angepaßte Methoden eingesetzt werden, da andernfalls Fehlinformationen zur Fehlinterpretationen führen. Durch Auswahl der Themen und der Anwendungsbeispiele wurde versucht diesem Sachverhalt Rechnung zu tragen.

Die Auger Elektronenspektroskopie liefert reproduzierbare Aussagen an chemisch homogenen, ebenen, elektrisch leitenden und monokristallinen Oberflächen. Die aus der Praxis kommenden Proben sind jedoch überwiegend chemisch inhomogen, polykristallin, deren Oberfläche ist im allgemeinen rauh, durch Fremdsubstanzen verunreinigt und manchmal auch elektrisch nichtleitend. Dieser Bericht soll methodische Hinweise geben und die Grenzen der AES bei der Untersuchung solcher Proben aufzeigen.

Um Anfängern eine Einarbeitung in die Auger Elektronenspektroskopie zu erleichtern, wurde folgender Aufbau gewählt: In einem einleitenden Abschnitt 2 wurden die Grundlage der AES so dargestellt, daß eine Einarbeitung in das Arbeitsgebiet auch ohne Vorkenntnisse möglich ist. Bei dieser Darstellung wurden Details ausgelassen und die Betonung auf eine Erklärung der Zusammenhänge gelegt. In Abschnitt 3 wurden das praktische Arbeiten und die zu erwartenden Probleme an Beispielen dargestellt. Die Beispiele wurden so ausgewählt, daß sie die Arbeitsmethoden der AES und die dabei auftretenden Probleme erläutern. Da die Beispiele aus laufenden Untersuchungen des Autors entnommen sind, zeigen die Ergebnisse eher eine Zwischenbilanz, als ein abgeschlossenes Bild. Sie sollen primär die derzeitigen Möglichkeiten und Grenzen der AES in der Werkstoff-Forschung aufweisen.

Im Abschnitt 4 wurden einige methodische Grundlagen der AES vertieft. Es wurde auch hier mehr Wert auf Verständnis als auf methodische Strenge gelegt. Die räumliche Begrenzung erlaubt nur die Beschreibung einiger, vornehmlich für die praktische Anwendung wichtiger Themen.

Um die Auger Elektronen Mikroanalyse zur Bearbeitung von analytischen Problemstellungen effektiv einzusetzen, sind Kenntnisse über den Aufbau der Materie, Methoden der Elektronenspektroskopie, der Raster Elektronenmikroskopie und der Mikrobereichsanalyse erforderlich. Dieses Wissen kann hier nicht mit ausreichender Ausführlichkeit dargeboten werden. Literaturhinweise sollen eine vertiefte Einarbeitung in die Einzelthemen erleichtern.

2 Einführung in die Grundlagen

Die bei der Spektroskopie der Auger Elektronen erhaltenen Informationen stehen in unmittelbarem Zusammenhang mit dem Aufbau der Atome. Da jedes Atom einen für seine Ordnungszahl charakteristischen Aufbau der Energieniveaus der Elektronen (Schalenstruktur) hat, ist über die Bestimmung des Energieniveauschemas eine Ermittlung der Ordnungszahl und damit eine chemische Analyse möglich. Es ist daher zweckmäßig, bei einer Einführung in die Auger Elektronenspektroskopie mit einer kurzen Zusammenstellung der wichtigsten Informationen über den energetischen Aufbau der Atome zu beginnen.

2.1 Aufbau der Atome

Ein einfaches Bild über den Aufbau der Atome vermittelt das von Rutherford, Bohr und Sommerfeld entwickelte Atommodell. Einen Z-fach positiven Kern (Z-Ordnungszahl) umgibt eine Z-fach negative Elektronenwolke. Die Elektronen umkreisen den Kern auf Bahnen, die durch drei Quantenzahlen n, l und s definiert sind (von einer Diskussion der magnetischen Quantenzahl wird hier abgesehen, vgl. [1, 2]) und die neben Z die Energie eines Elektrons im Atom bestimmen. n wird Hauptquantenzahl, l Bahndrehimpuls und s Spinn-Quantenzahl genannt. Ein Elektron mit den Quantenzahlen n, l, s umkreist den Kern — im Gegensatz zur klassischen Elektrodynamik — ohne Emission einer elektronenmagnetischen Strahlung.

Die Quantenzahlen können im Atom folgende Werte annehmen: $n = 1, 2, 3, \ldots,$ $l = 0, 1, 2, \ldots, n - 1$, $s = \pm \frac{1}{2}$. Das Pauli'sche Ausschließungsprinzip besagt, daß innerhalb eines Atoms nie zwei Elektronen in allen Quantenzahlen übereinstimmen dürfen. Dies bedingt, daß die Elektronenbahnen im Atom mit wachsender Hauptquantenzahl n aufgefüllt werden. Statt die Hauptquantenzahl $n = 1, 2, 3, \ldots$ anzugeben werden auch die Abkürzungen K, L, M, ... benutzt. Für die Bahndrehimpulsquantenzahlen $l = 0, 1, 2, \ldots$ hat man die Abkürzungen s, p, d, ... eingeführt. Bahndrehimpuls und Spin werden in den Atomen zum Gesamtdrehimpuls aufaddiert (vgl. Abschnitt 4.1.1). Werden die Bahndrehimpulse aller Elektronen einer Schale addiert, so erhält der resultierende Wert $L = 0, 1, 2, \ldots$ die Bezeichnung S, P, D, ... Für eine eingehendere Beschreibung des Aufbaus der Atome sei auf Lehrbücher verwiesen [1, 2].

2.2 Wechselwirkung der Atome mit Strahlung

Wird einem Atom die Energie ΔE — etwa durch Einstrahlen einer elektromagnetischen Welle oder durch Stoß von Elektronen oder Ionen — zugeführt, so ändert sich der Atomzustand gemäß der Gleichung,

$$\Delta E = E_{n'} - E_n \tag{2.1}$$

wobei n und n′ die Quantenzahlen des End- bzw. Ausgangszustands sind.

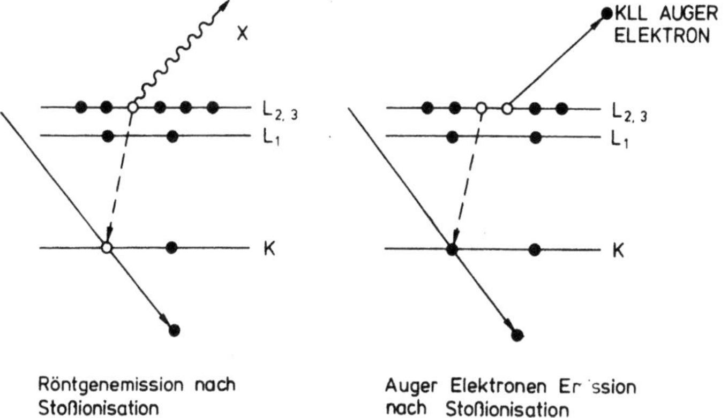

Abb. 1a and b. Emission von Röntgenstrahlen a) und eines $KL_1L_{2,3}$ Auger Elektrons b) nach einer Stoßionisation der K-Schale des Atoms

Wird ein Elektron als Folge einer solchen Energieübertragung aus dem Atomverband völlig entfernt, so wird der Vorgang Ionisation genannt. Erfolgt die Ionisation durch Einwirkung elektromagnetischer Strahlung, so spricht man vom Photoeffekt und das emitierte Elektron wird als Photoelektron bezeichnet.

Nach dem Ionisationsvorgang verbleibt das Atom in einem einfach positiv geladenem Zustand. Dieser Zustand kann auf verschiedenen Wegen in den Ausgangszustand überführt werden. Einer der möglichen Wege ist in Abb. 1a dargestellt. Ein Elektron aus einer höheren Schale springt in die Lücke des tieferen Atomniveaus. Es wird dabei ein Energiebetrag frei, der durch die Differenz der Bindungsenergien in den beiden beteiligten Schalen gegeben ist. Diese Energie kann in Form eines Röntgenquants emitiert werden, deren Frequenz v gemäß

$$\Delta E = h \cdot v \tag{2.2}$$

($h = 6{,}626 \cdot 10^{-34}$ Js Plancksches Wirkungsquantum) berechnet werden kann.

2.3 Der Auger Effekt

Die Wechselwirkung von Strahlung mit Atomen kann in einer Nebelkammer sichtbar gemacht werden. Die Nebelkammer ist ein mit einem Sichtfenster und einem beweglichen Kolben versehener Behälter, in dem sich ein mit Wasserdampf gesättigtes Gas, z. B. Stickstoff oder Argon befindet. Durch eine plötzliche Bewegung des Kolbens wird das Gas adiabatisch expandiert. Das Gas kühlt dabei ab und der Wasserdampf kondensiert bevorzugt an elektrisch geladenen Gasmolekülen, die als Kondensationskeime wirken. Auf diese Weise können die Bahnen von schnell beweglichen, ionisierend auf die Gasmoleküle wirkenden Teilchen (Stoßionisation) sichtbar gemacht werden. Legt man an die Kammer zusätzlich noch ein elektrisches oder magnetisches Feld an, so kann aus der Krümmung der Teilchenbahn die Teilchenenergie ermittelt werden [1, 2].

Pierre Auger hatte beim Studium des Photoeffekts in Experimenten mit der Nebelkammer in den Jahren 1922–1925 beobachtet, daß bei Bestrahlung von Atomen mit Röntgenstrahlen nicht nur Photoelektronen erzeugt werden, sondern daß vom Entstehungsort des Photoelektrons ein weiteres Elektron emittiert wurde, dessen Energie durch die Differenz der Energieniveaus der bestrahlen Atome gemäß (2.1) gegeben ist (über eine genaue Bestimmung der Energie der Auger Elektronen siehe 2.3 und Abschnitt 4.1.2).

Die Emission dieser Elektronen wird, wie Abb. 1 b zeigt, dadurch erklärt, daß die beim Sprung eines Elektrons aus einer höheren in eine tiefere Schale freiwerdende Energie nicht in Form eines Röntgenquants emittiert wird, sondern auf ein weiteres Elektron einer inneren Schale desselben Atoms übertragen wird.

Sind $E(K)$, $E(L_1)$ und $E(L_{2.3})$ die Bindungsenergien der Elektronen in den Schalen K, L_1 und $L_{2.3}$, so verläßt das Elektron aus der $L_{2.3}$ Schale das Atom mit der kinetischen Energie

$$E_{kin} = E(K) - E(L_1) - E(L_{2.3})$$

Bei Einbettung des Atoms in einen Festkörper kann es diesen unter Leistung der Austrittsarbeit Φ_A mit der kinetischen Energie

$$E_{kin} = E(K) - E(L_1) - E(L_{2.3}) - \Phi_A \tag{2.3}$$

verlassen. Eine genauere Diskussion dieses Vorgangs ist in Abschnitt 4.1.2 gegeben.

Das auf diese Weise erzeugte Elektron wird heute „Auger Elektron" und der Vorgang „Auger Effekt" genannt [3]. J. J. Lander zeigte 1953 [4], daß der Auger Effekt auch bei Beschuß einer Materialoberfläche mit Elektronen beobachtet werden kann.

Die erste Anwendung des Auger Effekts zur Untersuchung des chemischen Aufbaus von Oberflächen findet man bei Powell [863], der mittels AES eine Kohlenstoffkontamination auf Wolframoberflächen nachwies. Scheibner und Tharp [864] und Palmberg [865] setzten als erste das Gegenfeldspektrometer und Palmberg [866] den Zylinderspiegelanalysator zur AES Analyse von Oberflächen ein (siehe Abschnitt 2.4). Ein wesentlicher Fortschritt beim Nachweis der Auger Linien wurde von Harris [9] durch elektronisches Differenzieren der Auger Spektren erzielt (Abschnitt 2.6).

Die Auger Elektronen kennzeichnet man durch die an dem Emissionsprozeß beteiligten Energieniveaus des Atoms. Das gemäß Abb. 1 b emittierte Auger Elektron trägt die Bezeichnung $KL_1L_{2.3}$ oder allgemeiner KLL. Die Bezeichnung KLL besagt, daß das Auger Elektron durch Ionisation der K-Schale entstand, wobei ein Elektron aus der L-Schale die Lücke in der K-Schale auffüllte und die dabei freiwerdende Energie auf ein weiteres Elektron aus der L-Schale übertragen wurde. Bei Ionisation des L-, bzw. des M-Niveaus werden die entsprechenden Bezeichnungen LMM bzw. MNN gewählt (vgl. Abschnitt 4.1.1).

In diesem Kapitel werden nur die durch Elektronenstrahlen induzierten Ionisierungen der Atome und der darauf folgende Auger Effekt betrachtet. Der durch Röntgenstrahlen ausgelöste Auger Effekt wird in Kapitel 3 dieses Buches eingehend diskutiert. Der durch Einstrahlung von Ionenstrahlen hervorgerufene Auger Effekt hat bisher noch nicht die hervorragende Bedeutung der beiden anderen Verfahren gewonnen.

2.4 Elektronenspektroskopie

Charakteristisches Merkmal der Auger Elektronen ist deren Energie. Sie ist gemäß Gleichung (2.3) durch die Differenz der Energien der am Auger Effekt beteiligten Energieniveaus gegeben. Durch Messung der Energie der Auger Elektronen kann damit die emittierende Atomart ermittelt werden.

In der Nebelkammer wurde die Energie des Auger Elektrons aus der Krümmung der Elektronenbahn ermittelt. Bei der Analyse des Aufbaus der Materie werden heute zur Bestimmung der Elektronenenergien Elektronenspektrometer verwendet. In einem Elektronenspektrometer (Abb. 2) wird das Elektron durch elektrische oder magnetische Felder so in seiner Bewegung beeinflußt, daß nur Elektronen bestimmter Energie einen vorgegebenen Ort, z. B. die Öffnung einer Blende erreichen. Bei Kenntnis der Feldstärke (oder Eichung der Energieachse) und Messung des Elektronenstroms hinter der Blende kann so die Energie der Elektronen und deren Intensität ermittelt werden.

Durch systematische Änderungen der elektrischen, bzw. magnetischen Felder werden Elektronen mit verschiedenen Energien nacheinander auf den Detektor fokussiert. Trägt man die im Detektor gemessene Intensität in Abhängigkeit von der angelegten Feldstärke auf, so erhält man bei entsprechender Eichung, die Energieverteilung der in das Spektrometer einfallenden Elektronen. Der Verlauf der Intensität der Elektronen (oder deren Ableitung nach der Energie) in Abhängigkeit von der Energie wird Spektrum genannt.

Ein einfaches Prinzip eines Elektronenspektrometers ist in dem Gegenfeldspektrometer (retarding field analyzer, RFA), Abb. 3, realisiert. Durch Beschuß einer Probenoberfläche P mit Elektronen, werden von dieser Sekundärelektronen ausgelöst (vgl. Abschnitt 2.6.1). Sie breiten sich in einem an dem Kollektor angelegten elektrischen Saugfeld strahlenförmig aus. An einem zwischen Probe und Kollektor gelegenen Gitter wird ein Gegenfeld U_g angelegt. Nur diejenigen Elektronen erreichen den Kollektor hinter dem Gitter, deren Energie größer als das an diesem

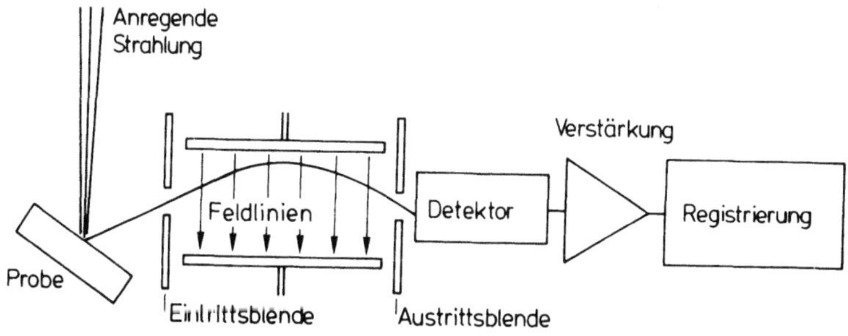

Abb. 2. Aufbau eines Elektronen-Spektrometers

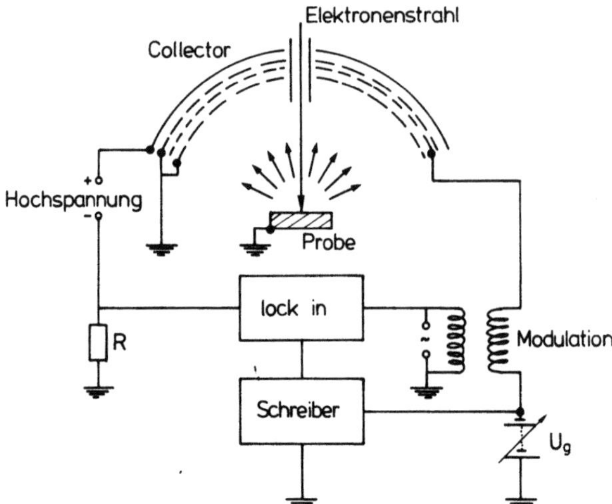

Abb. 3. Aufbau eines Gegenfeldspektrometers

anliegende Gegenfeld U_g ist. Als Signal wird die Summe aller Elektronen mit Energien größer als U_g gemessen. Durch elektronisches Differenzieren dieses Signals nach U wird die Energieverteilung und durch zweifaches Differenzieren, die in der Auger Elektronenspektroskopie übliche erste Ableitung der Intensität nach der Energie erhalten [5].

Ein gegenwärtig häufig verwendetes Elektronenspektrometer ist der Zylinderspiegelanalysator (cylindrical mirror analyser, CMA), dargestellt in Abb. 4. Zwischen

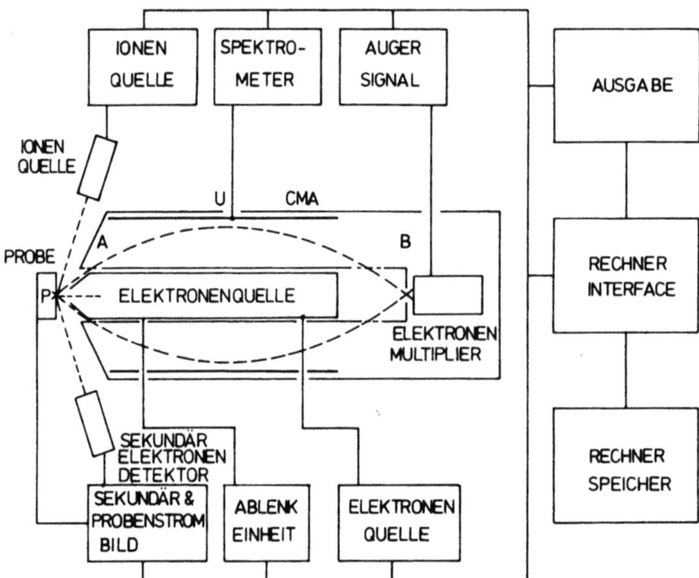

Abb. 4. Aufbau einer Auger-Sonde mit einem Zylinderspiegelanalysator (CMA)

zwei koachsialen Zylinderflächen wird ein elektrisches Potential U angelegt. Elektronen, die von einem bestimmten Punkt P der Zylinderachse aus auf einem Kegelmantel mit dem spitzen Winkel $\gamma = 42,18°$ (Raumwinkel $\Delta\Omega_{CMA} = 2\pi \cdot \Delta\gamma \sin\gamma$, $\Delta\gamma \cong 10°$) zwischen die Zylinderflächen gelangen, werden durch das Feld U auf die Achse zurückfokussiert. Die Lage des Abbildungspunkts B hängt von der Energie der in P startenden Elektronen und von U ab. An der Stelle B wird eine Blende und dahinter ein Elektronenmultiplier angebracht. Durch Änderung von U wird in B die Energieverteilung der in P emittierten Elektronen (Spektrum) gemessen (vgl. Abschnitt 2.6).

Der ebenfalls in der AES eingesetzte sphärische Kugelkondensator zur Messung der Energieverteilung der Auger Elektronen wird in Kapitel 3 beschrieben.

2.5 Aufbau einer Auger Sonde

Abbildung 4 zeigt schematisch den Aufbau einer Apparatur für die Auger Elektronenmikroanalyse. Auf der Achse eines Zylinderspiegelanalysators wird eine Elektronenquelle montiert. Der hier erzeugte Elektronenstrahl kann auf die Oberfläche einer zu untersuchenden Probe P außerhalb des CMA's fokussiert werden. Ablenkplatten oder Spulen ermöglichen — ähnlich wie bei einem Raster Elektronenmikroskop — eine zeilenförmige Abrasterung der Probenoberfläche. Ein seitlich angebrachter Sekundärelektronendektor erlaubt die Abbildung der Oberfläche mit Sekundärelektronen.

Die in P auftreffenden Elektronen können bei ausreichender Energie die inneren Schalen der Atome der Probe ionisieren. Dies hat gemäß Abschnitt 2.3 eine Emission von Auger Elektronen zur Folge. Befinden sich die emittierenden Atome in der Nähe der Probenoberfläche, so können die Auger Elektronen — ohne durch inelastische Stöße Energie zu verlieren — das Material verlassen, und in das Vakuum austreten. Liegt ihre Ausbreitungsrichtung innerhalb des Raumwinkels $\Delta\Omega_{CMA}$, so gelangen sie zwischen die Zylinderflächen des CMA. Im Gegensatz zum Sekundärelektronendetektor bei der Rasterelektronenmikroskopie werden die Auger Elektronen nicht durch ein elektrisches Feld in das Innere des CMA's gesaugt. Es kommt vielmehr darauf an, daß die Bahnen der Auger Elektronen außerhalb des Spektrometers unbeeinflußt durch elektrische und magnetische Felder bleiben. Zwischen den Zylinderflächen werden die Elektronen durch das anliegende elektrische Feld auf die Achse des Spektrometers abgelenkt. Bei vorgegebener Energie E der in den CMA eintretenden Elektronen gibt es eine Spannung U zwischen den Zylinderflächen, bei der die Elektronen in die Blendenöffnung B auf die Achse fokussiert werden. Durch Variation von U wird die Energieverteilung der von P in den Raumwinkel $\Delta\Omega_{CMA}$ emittierten Elektronen erhalten.

Für die Elektronenstrahlerzeugung und die Messung der Auger Elektronen genügt im Prinzip ein Vakuum von ca. 10^{-5} Torr. In einem solchen Vakuum werden jedoch Oberflächen in Bruchteilen einer Sekunde mit Molekülen aus der Restgasatmosphäre bedeckt. Da die AES-Informationstiefe (vgl. Abschnitt 2.7 und 4.3) nur wenige Atomlagen beträgt, weist man im Auger Spektrum solcher Oberflächen überwiegend die adsorbierten Restgase nach. Um die Kontamination der Oberfläche mit Restgasen zu unterbinden, ist in der Auger Sonde ein Vakuum von besser als $1 \cdot 10^{-9}$ Torr erforderlich (vgl. Abschnitt 4.9).

Die Signalverarbeitung in der Auger Sonde kann entweder analog durch elektronische Verstärkung und Darstellung auf einem XY-Schreiber, oder digital durch Abspeichern im Speicher einer elektronischen Rechenanlage erfolgen. Durch Anschluß eines Rechners wird nicht nur eine um ein vielfaches gesteigerte Analysengeschwindigkeit, sondern häufig auch eine Verbesserung des Analysenergebnisses erzielt. Der Anschluß eines Rechners erlaubt u. a. folgende Funktionen:

a) Steuerung der Elektronenstrahlposition auf der Probenoberfläche und damit gezielte Ansteuerung einzelner vorgewählter Phasen; Aufnahme der Elementverteilung entlang einer Linie (line scan) oder in einer Fläche (Flächenverteilung).

b) Wiederholte Aufnahme eines Spektrums, Spektrumausschnitts, eines Line Scans oder einer Elementverteilung in einer Fläche und Summation der Signale in den einzelnen Energiekanälen zur Verbesserung des Signal/Rausch-Verhältnisses (vgl. z. B. [848]).

c) Steuerung der Koordinaten einer Probenbühne.

d) Steuerung der Ionenquelle für eine automatische Tiefenprofilanalyse.

e) Ablagerung der Meßwerte auf einem Massenspeicher.

f) Verbinden einzelner Befehle für einen vollautomatischen Analysenablauf.

g) Datenmanipulation, wie Spektrenaddition und Subtraktion, Glättung von Spektren, Line Scans und Flächenverteilungsbildern [360], Differentiation und Integration, Entfaltung von Linienprofilen und Korrektur der Intensitäten zur Bestimmung der Konzentrationen.

2.6 Das Spektrum der Rückstreuelektronen

Abbildung 5a zeigt den Verlauf der Elektronenintensität in Abhängigkeit von der Energie, wie er bei Zählung der Impulse mit einem Sekundärelektronenvervielfacher am Ausgang eines CMA's (Stelle B Abb. 4) in Abhängigkeit von der an den Zylinderflächen angelegten Spannung erhalten wird. Das Spektrum wurde an einer Berylliumfolie mit einem Elektronenstrahl der Energie von 2 keV erhalten. Gezählt wurden, bei einer vorgegebenen Spannung U an den Zylinderflächen des CMA's, jeweils alle Elektronen, deren Energie im Intervall E, $E + \Delta E$ liegt. Da die Energieauflösung eines CMA's $R = \Delta E/E$ abhängig von E ist, wird mit wachsender Energie das Energiefenster ΔE proportional zu E verbreitert: $\Delta E = R \cdot E$. Das Spektrum der Abb. 5a gibt daher $N(E) \cdot \Delta E = N(E) \cdot E \cdot R$ in Abhängigkeit von der Energie E wieder. Innerhalb einer Augerlinie ($\Delta E \cong 10$ eV) ist die Änderung des Energiefensters ΔE ohne nennenswerten Einfluß auf die Linienform, man kann daher vereinfachend von einer Abhängigkeit der Form $N = N(E)$ ausgehen (vgl. 4.1.3).

Zum Zustandekommen eines Spektrums der Abb. 5a tragen folgende Komponenten bei (eine eingehende Diskussion des Untergrunds im AES-Spektrum findet man in [832–835, 874–876]:

a) Bei kleinen Energien zwischen 0 und ca. 50 eV findet man ein Maximum der sogenannten „wahren Sekandärelektronen" (vgl. hierzu [6, 7]). Elektronen aus diesem Energiebereich werden bevorzugt zur Abbildung in der Raster Elektronen-mikroskopie verwendet (Sekundärelektronenbild).

b) Bei hohen Energien in der Nähe der Primärenergie befindet sich ein scharfes Maximum, welches den elastisch (ohne Energieverlust) im Material rückgestreuten Elektronen entspricht.

c) Dem elastischen Peak benachbart findet man häufig eine Serie von Maxima (vgl. Abb. 5b), die definierten Verlusten der elastisch gestreuten Elektronen zuzuordnen sind. Verluste dieser Art kann ein Elektron etwa durch Anregung von kollektiven Schwingungen im Material (Plasmonen = kollektive Schwingungen der Metall-elektronen relativ zum Kristallgitter [815]) erleiden. Die dem elastischen Peak

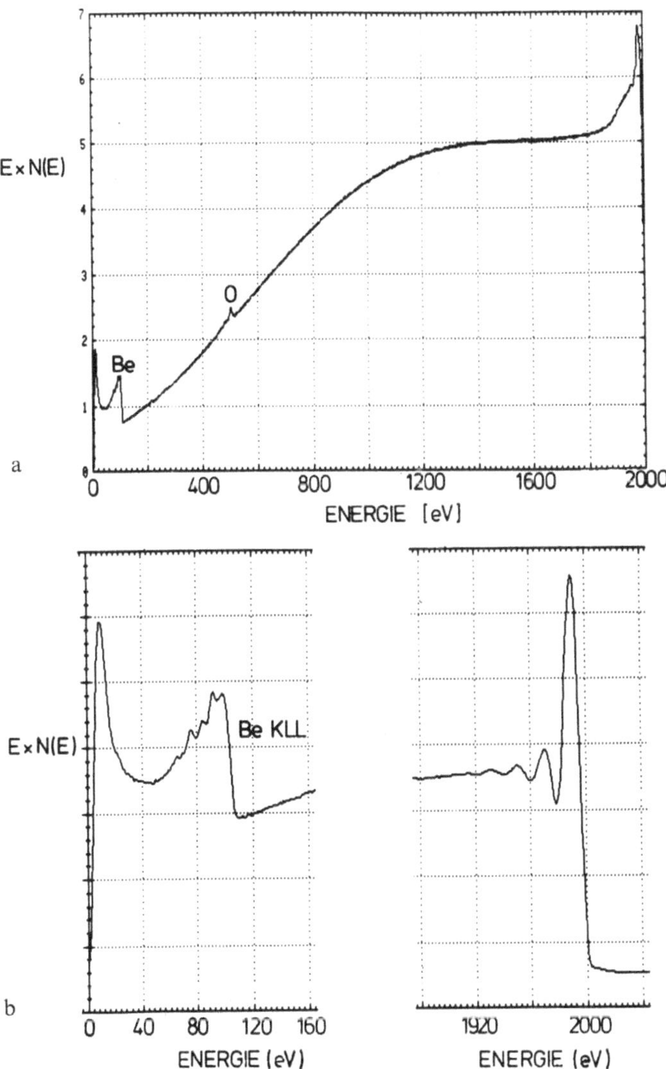

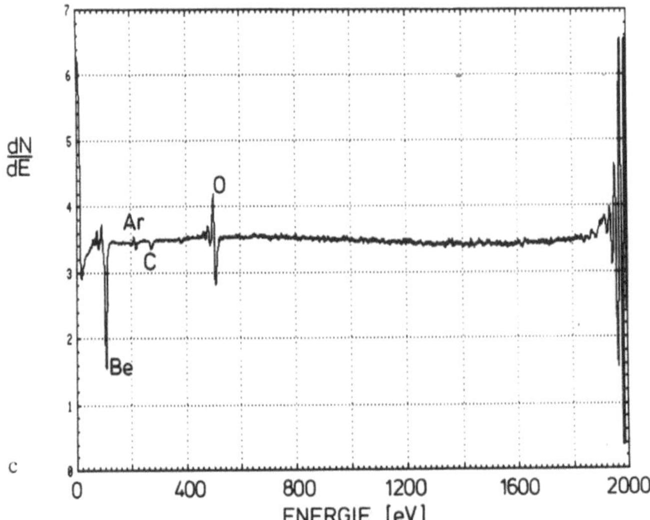

Abb. 5a–c. Auger Elektronenspektrum einer Berylliumfolie. Primärenergie 2 keV. **a)** N(E) · E Darstellung des Spektrums, **b)** Ausschnitt des niederenergetischen und hochenergetischen Bereichs aus a. **c)** Das differenzierte Spektrum dN/dE

benachbarten Energieverluste werden häufig ebenfalls zur Charakterisierung von Festkörperoberflächen herangezogen (vgl. z. B. [956–958]).

d) Zwischen dem Peak der Sekundärelektronen und den elastisch gestreuten Elektronen findet man einen langgestreckten Verlauf, der durch die mehrfach im Material inelastisch gestreuten Elektronen gebildet wird.

e) Auf dem Untergrund der inelastisch gestreuten Elektronen werden kleine Maxima beobachtet, die den Auger-Übergängen entsprechen. Ein besonderes Merkmal der Auger-Peaks ist, daß deren Energielage im Spektrum unabhängig von der Primärenergie ist und allein durch die Probenzusammensetzung bestimmt wird.

Das Spektrum der Abb. 5a ermöglicht nicht ohne weiteres einen Rückschluß auf den Verlauf der Sekundär- oder der Rückstreuelektronen [8]. Bei der Aufnahme des Verlaufs der Sekundärelektronen mit einem CMA wird das Signal zu kleinen Energien hin durch die Abnahme N(E) · E → 0 verfälscht. Bei der Messung des Energieverlaufs der Rückstreuelektronen mittelt der CMA über einen großen Winkelbereich (vgl. [8] und Abb. 45).

In Abb. 5a erkennt man, daß die Maxima des Auger-Effekts häufig sehr klein im Vergleich zu den übrigen Komponenten des Spektrums sind. L. A. Harris zeigte 1968 [9], daß durch Differenzieren der Energieverteilung der Rückstreuelektronen (nach der Energie) der Untergrund unterdrückt und die Auger-Linien stark hervorgehoben werden können. (Durch das Differenzieren werden die niederfrequenten Komponenten des Spektrums (Untergrund und Flickerrauschen) unterdrückt, die hochfrequenten Komponenten (Auger Linien und Schrotrauschen) betont. Ein überproportionaler Anstieg des Schrotrauschens wird im differenzierten Spektrum durch die glättende Wirkung der Spektrometerfunktion verhindert (vgl. Abschnitt 4.7 und [813])). So wird die in Abb. 5a sichtbare kleine Sauerstofflinie

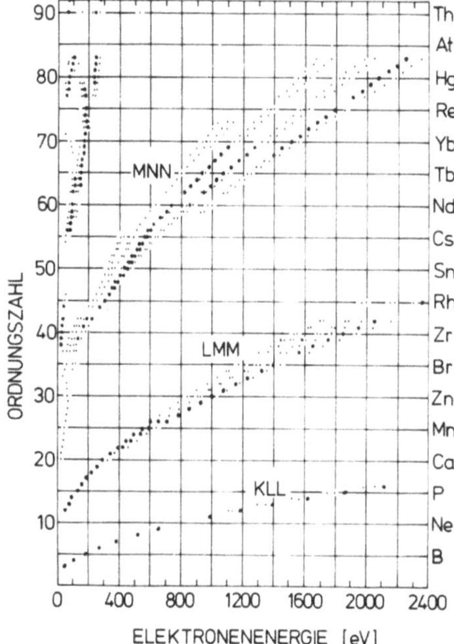

Abb. 6. Energielage der Auger Linien der chemischen Elemente (nach [10])

durch Differenzieren des Spektrums deutlich hervorgehoben (Abb. 5c). Kleine Peaks des Kohlenstoffs und Argons, die im Spektrum (Abb. 5a) kaum erkennbar sind, werden beim Differenzieren erst nachweisbar. Die Energielagen und die Formen der Auger-Linien sind in Handbüchern zusammengestellt [570]. Als Linienlage der Auger Elektronen wird die Position des höherenergetischen Minimums im differenzierten Spektrum definiert. Abbildung 6 gibt die Energielage aller für die praktische Analytik wichtigen Auger Linien wieder. Mittels der Auger Elektronenspektroskopie sind alle Elemente ab Lithium nachweisbar. (Lithium hat zwei K-Elektronen und ein L-Elektron. Im metallischen Lithium bildet das L-Niveau das Valenzband. Bei dem KLL-Übergang die Lithiums wird bei Ionisation der K-Schale, das eine L-Elektron die Lücke dort auffüllen, und ein weiteres Elektron des Valenzbands als Auger Elektron emittiert).

2.7 AES Informationstiefe

Zum Signal im Auger-Spektrum tragen nur diejenigen Auger-Elektronen bei, die noch keine Energie durch Stoß mit den Festkörperatomen verloren haben. Für die Informationstiefe der Auger-Elektronenspektroskopie ist daher die mittlere freie Weglänge der Auger-Elektronen (Weg zwischen dem Entstehungsort und dem ersten inelastischen Stoß, inelastic mean free path = imfp) im Material entscheidend. Abbildung 7 zeigt die Abhängigkeit der mittleren freien Weglänge von der Energie der Auger-Elektronen und von dem Material [11] (vgl. Abschnitt 4.3). Die Länge des Weges bis zu einem Stoß mit Energieverlust hat die Größenordnung eines Atomdurchmessers. Als Informationstiefe wird üblicherweise das Dreifache der freien Weglänge gewählt

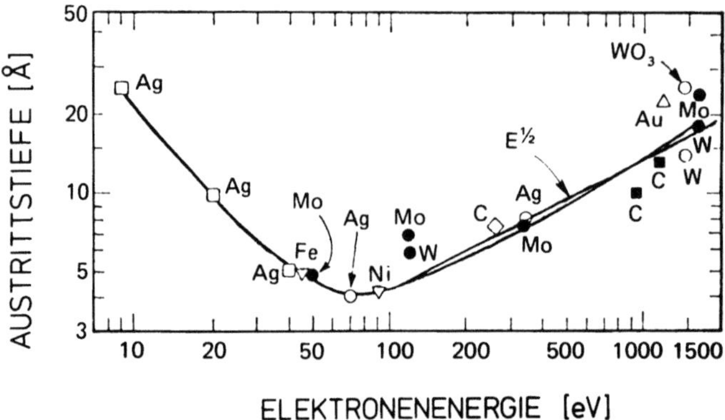

Abb. 7. Austrittstiefe der Auger Elektronen im Material in Abhängigkeit von deren Energie (nach [11])

(Abschnitt 4.3.1). Es können in der Praxis folgende Richtwerte angenommen werden [12].

Informationstiefe bei Metallen   5– 20 Å

      Oxiden   15– 40 Å

      Polymeren 40–100 Å

Die Auger-Elektronenspektroskopie ist daher ein oberflächenspezifisches Analysenverfahren.

2.8 Tiefenprofilanalyse

In Laborluft hergestellte Oberflächen werden in Bruchteilen einer Sekunde durch Luftbestandteile kontaminiert (vgl. Abschnitt 4.9.1). Auf der Oberfläche lagern sich bevorzugt Sauerstoff, Wasserdampf und Kohlenwasserstoffe ab. Nach Einschleusen in das Vakuum der Analysenkammer verbleibt auf der Oberfläche eine Kontaminationsschicht, die nicht ohne Beeinflussung des Oberflächenzustandes entfernt werden kann. Aufgrund der geringen Informationstiefe der AES werden an einer solchen Oberfläche bevorzugt die Bestandteile der Kontaminationsschicht gemessen. Eines der gebräuchlichsten Verfahren zum Entfernen der Kontaminationsschicht ist das Ätzen der Oberfläche durch Ionenbeschuß (vgl. Abschnitt 4.6). Dazu wird seitlich an der Analysenkammer eine Ionenquelle so montiert, daß der Ionenstrahl den zu analysierenden Punkt der vor dem Spektrometer justierten Probe trifft. Mit dem Ionenstrahl kann man, ähnlich wie mit dem Elektronenstrahl die Probenoberfläche zeilenförmig abrastern, wodurch eine Fläche bis zu ca. 1 cm^2 gleichmäßig geätzt werden kann.

Das Ionenätzen wird nicht nur zum Reinigen von Oberflächen, sondern vor allem zur Analyse des chemischen Aufbaus dünner Schichten verwendet. Das Prinzip dieser sogn. Tiefenprofilanalyse ist in Abb. 8 schematisch angedeutet. Während ein Ionenstrahl gleichmäßig die Oberfläche abträgt, wird die Oberflächenzusammensetzung mittels AES bestimmt. Man erhält die Intensität des

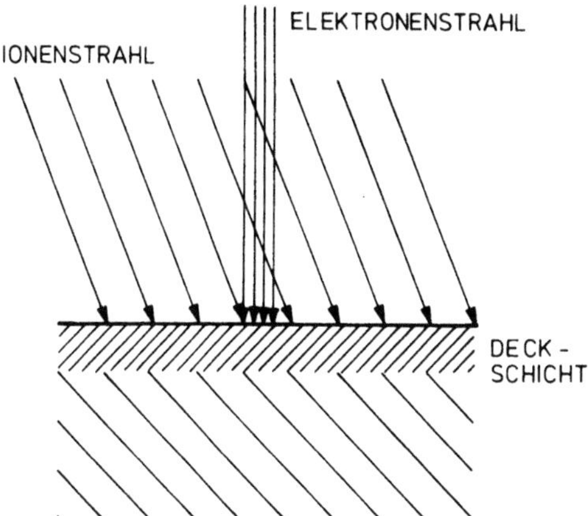

Abb. 8. Prinzip der AES-Tiefenprofilanalyse dünner Schichten

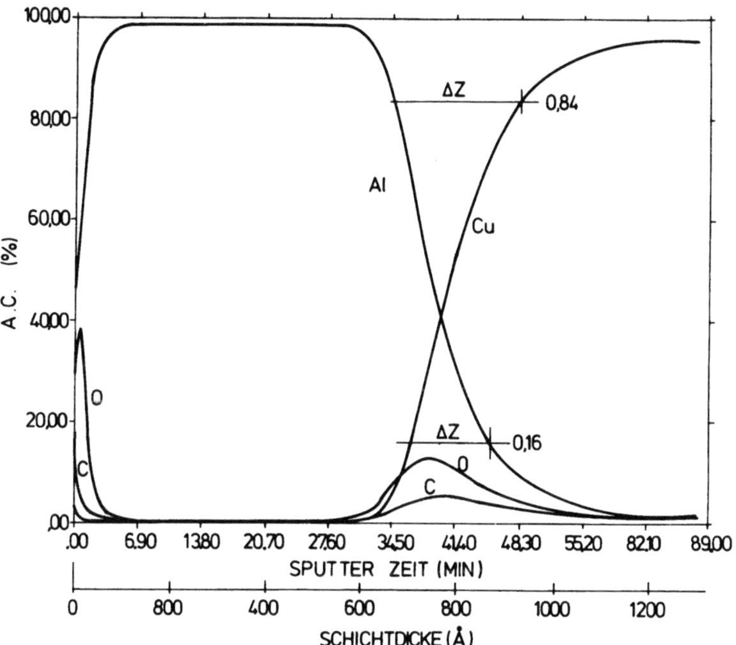

Abb. 9. AES-Tiefenprofil einer auf eine Kupferunterlage aufgedampften Aluminiumschicht. Δz ist die Tiefenauflösung

Auger-Signals in Abhängigkeit von der Ätzzeit und bei Eichung der Ätzzeit in Längenmaß auch in Abhängigkeit von der Schichtdicke (vgl. Abschnitt 4.6). In Abb. 9 ist das Ergebnis einer Tiefenprofilanalyse von einer auf einer Kupferunterlage aufgedampften Aluminiumschicht wiedergegeben. Mit wachsender Ionenätzzeit (Sputterzeit) wird eine Abnahme der Kohlenstoff- und Sauerstoffkontamination bis auf vernachlässigbar kleine Werte beobachtet. Gleichzeitig steigt die

Aluminiumkonzentration an und durchläuft ein langgestrecktes Plateau. Am Ende der Aluminiumdeckschicht fällt das Al-Signal allmählich auf Null ab, während das Kupfersignal steil bis zu einem Plateau ansteigt. Im Interface zwischen der Al-Deckschicht und dem Cu-Substrat wird eine Anreicherung der Elemente Kohlenstoff und Sauerstoff beobachtet. Diese gelangen an diese Stelle in der Zeitspanne zwischen dem Herstellen der Kupferoberfläche und dem Aufdampfen der Aluminiumschicht.

Im allgemeinen ist die Ordinatenachse im Tiefenprofil die Ionenätzzeit (Sputterzeit). In Abb. 9 war auch eine Eichung der Ätzzeit in Längeneinheiten möglich, da die Dicke der Aluminiumschicht während des Aufdampfens mittels eines Quarz-Schichtdickenmeßgeräts bestimmt wurde. Die angegebene Dickeneichung gilt streng nur für die Aluminiumdeckschicht, da Kupfer einen anderen Sputterkoeffizienten als Aluminium hat (vgl. Abschnitt 4.6.4).

2.9 Literaturhinweise

Einführende Publikationen über die verschiedenen Methoden der Oberflächenanalyse findet man in [13–16, 870, 871], weiterführende Veröffentlichungen in [17–24]. Eine Literaturzusammenstellung gibt [25]. Einführende Übersichtsartikel zur Auger Elektronenspektroskopie und deren Anwendung sind [26–45, 876, 872, 927–929]. Eine Literaturzusammenstellung über AES und LEED bis 1970 findet man bei [46]. Ein Vergleich verschiedener Oberflächenanalysenverfahren findet man in [995].
Ergänzende Literatur: Festkörperphysik und chemische Bindung [47–51].
Raster Elektronenmikroskopie [52–54].
Elektronenstrahl-Materie-Wechselwirkung [54–58].
Vakuumphysik [59].

3 Analysendurchführung und Anwendungsbeispiele

Dieser Abschnitt soll an Beispielen die Durchführung von Auger Elektronenmikroanalysen und die dabei auftretenden analytischen Probleme beschreiben. Als erstes Beispiel wird das oberflächennahe Korngrenzensegregationsverhalten von Neusilber diskutiert [60].

Neusilber ist eine Kupfer-Nickel-Zink-Legierung mit Zusätzen von Blei und Mangan. Die Legierung wird zur Herstellung von Tafelgeräten, Bestecken, Musikinstrumenten und in der Elektrotechnik benutzt. Der Bleizusatz dient als Spanbrecher, das Mangan zur Verminderung der Glühbrüchigkeit.

3.1 Präparation

Zur Untersuchung des Oberflächen- und Korngrenzensegregationsverhaltens wird nach den üblichen Präparationsverfahren ein Schliff hergestellt, und die Oberfläche mittels organischer Lösungsmittel und destilliertem Wasser im Ultraschallbad gereinigt. Die Probe wird bei 730 °C in Argon 10 min geglüht (Abkühlen im Argonstrom). Um den Einfluß der Luftkontamination klein zu halten, wird die Probe möglichst umgehend in die Auger-Sonde geschleust.

Bei der Probenpräparation strebt man einen möglichst definierten Oberflächenzustand an. Die eben beschriebene Präparation der Neusilberoberfläche kann erheblich verbessert werden, wenn die Oberflächenreinigung (z. B. durch Ionenätzen) und das Glühen in einer UHV-Apparatur durchgeführt wird und die Probe über ein Schleusensystem direkt in die Analysenkammer transportiert werden kann (oberflächenanalytische „in situ" Präparation, vgl. Abschnitt 4.9).

Die Kontamination aus der Luft kann weitgehend auch durch eine Präparation in einem mit Stickstoff gefluteten Handschuhkasten verhindert werden. Der Handschuhkasten sollte direkt mit der Schleuse der Auger Sonde verbunden sein.

Weitere Fragen zur Präparation werden in den folgenden Abschnitten in Zusammenhang mit Problemen der Analyse an nichtleitenden Werkstoffen und am Interface diskutiert. Präparationsmethoden für die Oberflächenanalyse werden in [842, 958] und in Kapitel 1 dieses Buches beschrieben.

3.2 Punkt- und Flächenanalyse, Elementverteilungsbilder

Abbildung 10 zeigt ein in der Auger Sonde aufgenommenes Sekundärelektronenbild der Oberfläche der geglühten Neusilberprobe. Durch die Glühbehandlung werden die Körner im Schliff deutlich sichtbar (thermisches Ätzen).

Zur Bestimmung der auf der Oberfläche enthaltenen Elemente wird der Elektronenstrahl kontinuierlich über die in Abb. 10 dargestellte Fläche gerastert (z. B. mit TV-Frequenz) und dabei mit dem Auger-Elektronenanalysator das Spektrum der emittierten Elektronen aufgenommen. Es ist in Abb. 11 wiedergegeben. Mit diesem Spektrum wird die Anwesenheit der Elemente Zink, Blei, Mangan, Sauerstoff, Schwefel, Chlor und Kohlenstoff nachgewiesen. Die Identifizierung der Peaks im Spektrum erfolgt durch Vergleich der Linienlage auf der Energieachse und der

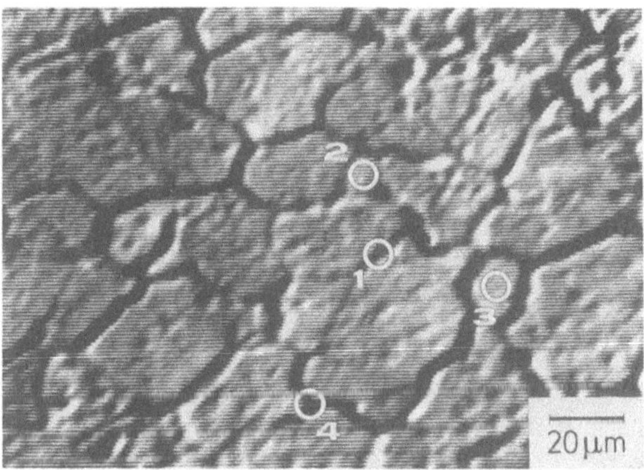

Abb. 10. Mit einer Auger Sonde aufgenommenes Sekundärelektronenbild der Oberfläche einer bei 730 °C/10 min geglühten Neusilberlegierung

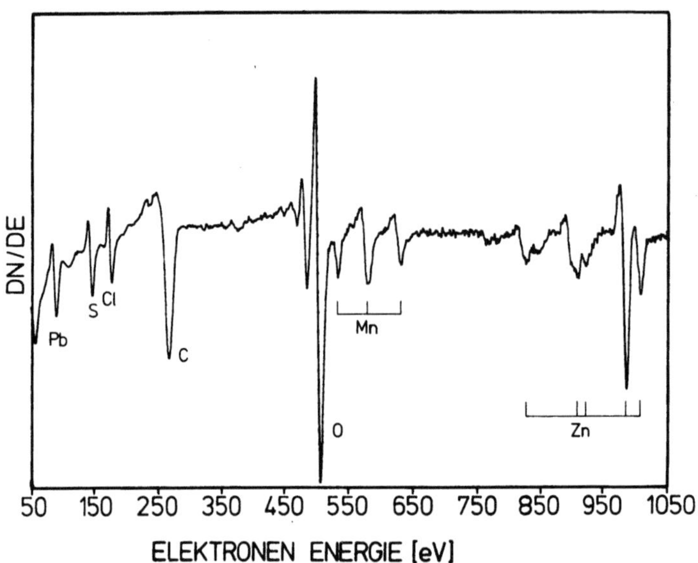

Abb. 11. AES Übersichtsspektrum der in Abb. 10 dargestellten Fläche

Linienform mit der Linienlage und Form von Spektren von Standardsubstanzen, meistens Reinelementstandards, die in Handbüchern oder Tabellen (vgl. Abb. 6) zusammengestellt sind [570].

Es gilt nun zu ermitteln, ob die mit dem Spektrum der Abb. 11 nachgewiesenen Elemente in dem Probenausschnitt der Abb. 10 homogen verteilt sind. Dazu werden Flächenverteilungsbilder der anwesenden Elemente angefertigt.

Es sei daran erinnert, daß zur Erstellung von Sekundärelektronenbildern im Rasterelektronenmikroskop ein fokussierter Elektronenstrahl zeilenförmig einen kleinen Oberflächenausschnitt der Probe abrastert. Simultan bewegt sich ein Elektronenstrahl in einer Oszillographenröhre. Die Helligkeit der Oszillographenröhre wird durch die in der Probe erzeugte Sekundärelektronen- (Rückstreuelektronen-, Probenstrom-)-Intensität moduliert. Bei der Aufnahme von Flächenverteilungsbildern der Elemente mit der Auger-Sonde wird die Helligkeit der Oszillographenröhre durch die am Probenort erzeugte Auger-Elektronenintensität moduliert. Die Aufnahme von Flächenverteilungsbildern kann entweder mittels der Analogelektronik oder digital durch Rechnersteuerung erfolgen.

Werden die Flächenverteilungsbilder mittels der Analogelektronik aufgenommen, so erfolgt die Steuerung der Helligkeit der Oszillographenröhre durch den Ausschlag des höherenergetischen Minimums im differenzierten Spektrum des Auger Peaks des betrachteten Elements. Bei einer rechnergesteuerten Aufnahme der Flächenverteilungsbilder wird die im direkten Spektrum gemessene Intensität im Auger Peak (korrigiert um die Intensität im benachbarten Untergrund) zur Helligkeitsmodulation verwendet (vgl. Abschnitt 3.4).

Abbildung 12 zeigt die (analog aufgenommenen) Flächenverteilungsbilder für die Elemente Zink, Mangan, Blei und Schwefel der in Abb. 10 dargestellten Oberfläche. Die Elemente sind in der Fläche inhomogen verteilt. Während Blei und

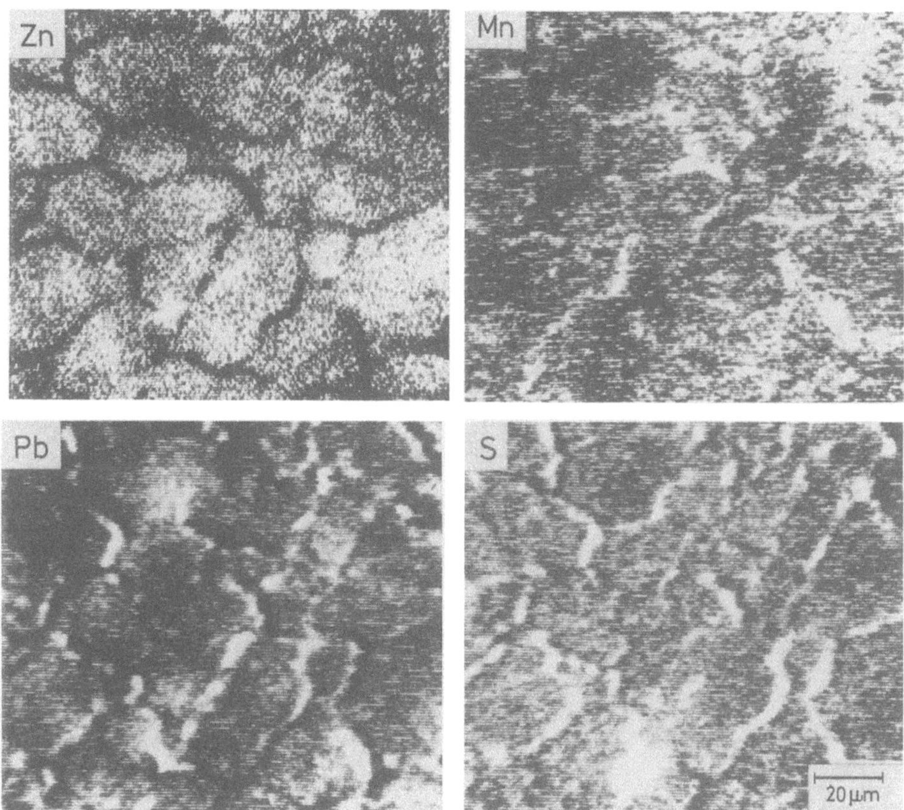

Abb. 12. AES-Flächenverteilungsbilder von der in Abb. 10 dargestellten Fläche für die Elemente Zn, Mn, Pb und S

Mangan bevorzugt an Korngrenzen lokalisiert ist, findet man Zink im Korninnern. Das Übersichtsspektrum der Fläche (Abb. 11) gibt damit nur einen ersten Anhaltspunkt über den chemischen Aufbau in der Oberfläche der geglühten Neusilberlegierung.

Die durch die Flächenverteilungsbilder gewonnenen Informationen können nun durch Punktanalysen vertieft werden. Dazu lokalisiert man den Elektronenstrahl manuell oder rechnergesteuert nacheinander an verschiedenen Punkten der Probenoberfläche. Während einer Verweilzeit wird ein Spektrum der vom angeregten Probenvolumen emittierten Elektronen gemessen. Die Punktanalysen der in Abb. 10 eingezeichneten Stellen sind in Abb. 13 wiedergegeben. Der Abstand zwischen dem niederenergetischen Maximum und dem höherenergetischen Minimum ist ein Maß für die Auger-Elektronenintensität und damit für die Zahl der im Anregungsvolumen enthaltenen Atome des betrachteten Elements (vgl. Abschnitt 3.3 und 4.2). Durch Ausmessen dieser Abstände kann daher ein erster Anhaltspunkt über die Konzentration der Elemente in der Probenoberfläche erhalten werden.

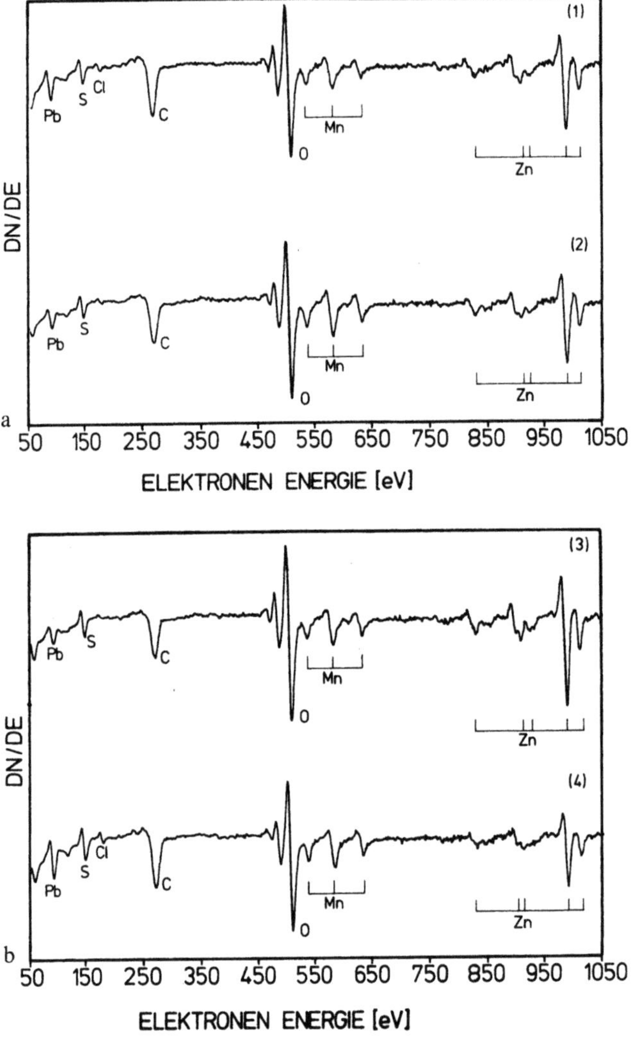

Abb. 13a and b. AES-Übersichtsspektren von den vier in Abb. 10 eingezeichneten Punkten

3.3 Tiefenprofilanalyse an einer Neusilberoberfläche

Die Punkt- und Flächenanalysen auf der Oberfläche von Neusilber ergaben hohe
Konzentrationen der Elemente Sauerstoff, Chlor, Kohlenstoff und Schwefel. Diese
Elemente sind in der Legierung entweder gar nicht, oder nur in sehr geringen
Konzentrationen enthalten. Andererseits sind die Hauptbestandteile der Legierung wie
Kupfer und Nickel in der Oberfläche kaum nachweisbar. Den Grund für diese
Diskrepanz wird man in einer Abweichung der Oberflächen- von der Legierungs-
zusammensetzung suchen.

Die Zusammensetzung der Oberflächenschicht kann mittels der AES-Tiefenprofil-analyse ermittelt werden. Dazu wird die Oberfläche gleichmäßig durch Ionenätzung abgetragen, und gleichzeitig die Auger-Elektronenintensität für die in Abb. 10 einge-zeichneten Punkte, und für die durch das Spektrum (Abb.11) nachgewiesenen Elemente gemessen (vgl. Abschnitt 2.8 und 4.6).

Der Vergleich der AES-Tiefenprofile der einzelnen Punkte untereinander zeigt (Abb. 14), daß die Oberflächenschicht der Probe nicht nur lateral, sondern auch in der Tiefe inhomogen aufgebaut ist. In der Umgebung von Punkt 1 finden wir in der

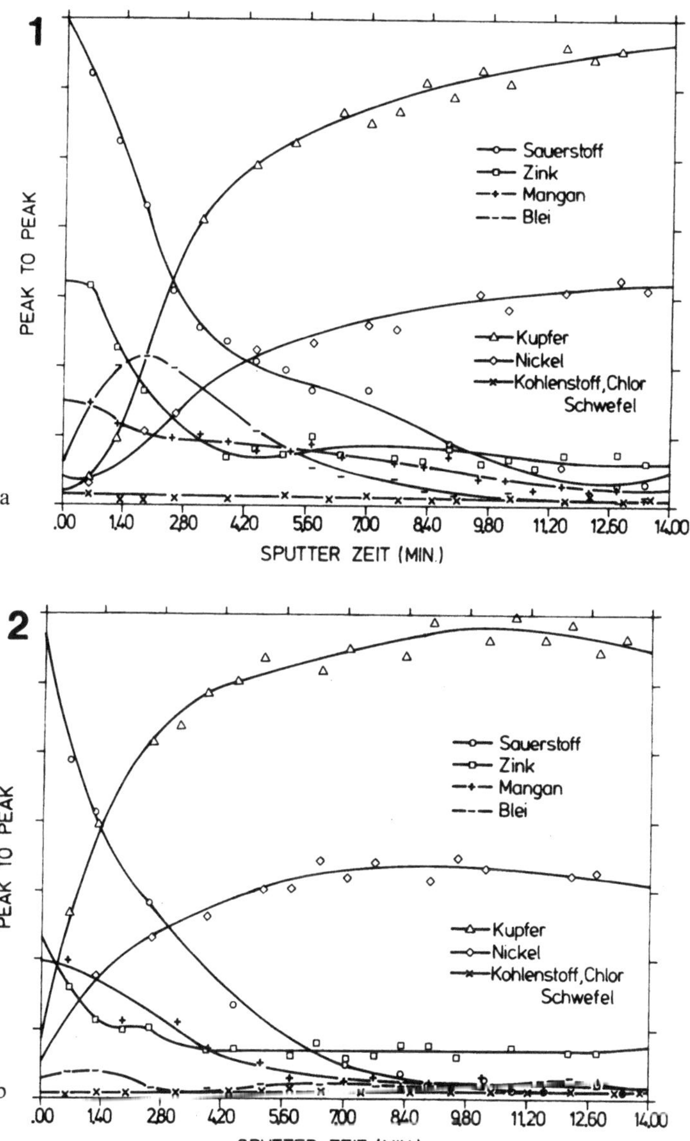

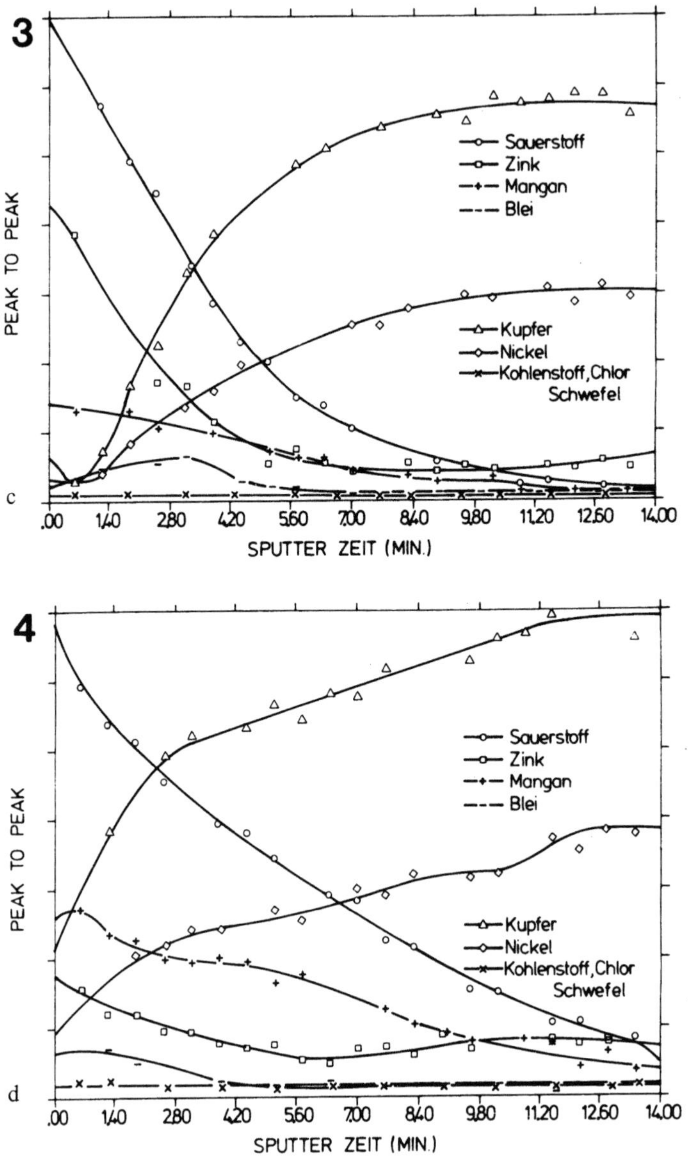

Abb. 14a–d. AES-Tiefenprofilanalysen an den vier in Abb. 10 eingezeichneten Punkten

obersten Schicht eine bevorzugte Segregation von Zink. Darunter liegt eine Segregation von Blei. In den übrigen Punkten findet man nur eine geringe Bleianreicherung. Im Punkt 2 ist die Deckschicht relativ dünn. Die Kupferintensität steigt sogleich zu Beginn des Ionenätzens steil an. Im Punkt 3 ist in Oberflächennähe bevorzugt Zink segregiert. Erst nach Abfall des Zn-Signals steigt an dieser Stelle das Kupfersignal an. Im Punkt 4 ist in Oberflächennähe und in größeren Tiefen vor allem Mangan angereichert. Der Sauerstoff dringt hier wesentlich tiefer in das Materialinnere ein, als an den übrigen analysierten Punkten.

Wie auch noch die weiteren in diesem Abschnitt angeführten Beispiele zeigen, ist die im Mikrobereich lokal sich ändernde chemische Zusammensetzung ein typisches

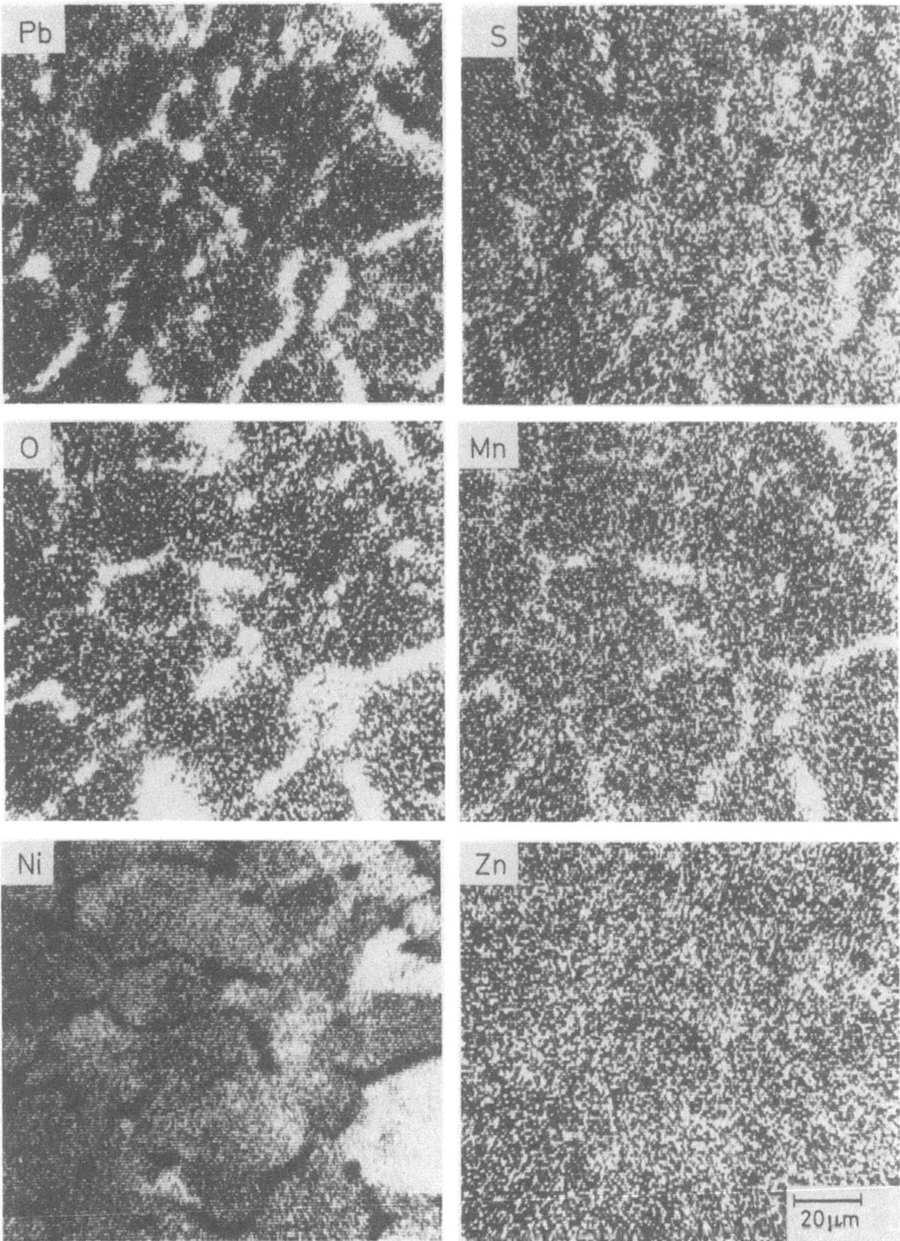

Abb. 15. AES-Flächenverteilungsbilder der in Abb. 10 dargestellten Neusilberoberfläche nach dem Ionenätzen

Merkmal von Werkstoffen. Bei der Untersuchung technischer Problemstellungen genügt es daher nicht, eine Probenstelle durch Aufnahme von Spektren und Tiefenprofilen zu charakterisieren. Erst eine detaillierte Untersuchung der räumlichen Verteilung des im Mikrobereich gegebenen chemischen Aufbaus verhütet Fehlinterpretationen und ermöglicht das Verständnis der Werkstoffeigenschaften.

Nach dem Abtragen der Oberflächensegregationsschicht sind durch Aufnahme von Flächenverteilungsbildern (Abb. 15) Aussagen über die Korngrenzensegregation im Neusilber möglich. Während Zink in der Oberfläche homogen verteilt ist, Nickel im Korninnern nachgewiesen wird, findet man die Elemente Blei, Mangan, Sauerstoff und Schwefel bevorzugt an den Korngrenzen.

Das Glühen von Neusilber bei 730 °C in Argon hat damit sowohl eine Oberflächensegregation der Elemente Blei, Zink und Schwefel, als auch eine oberflächennahe Korngrenzensegregation von Blei, Mangan, Schwefel und Sauerstoff zur Folge. Die Elemente Schwefel und Sauerstoff dürften dabei bevorzugt aus der Ofenatmosphäre in die Oberfläche und in die Korngrenzen eingedrungen sein. Es sei ergänzend darauf hingewiesen, daß ein Glühen bei niedrigeren Temperaturen, etwa bei 600 °C nur zu einer Oberflächen-, nicht aber zu einer Korngrenzensegregation führt [60].

3.4 Versuch einer quantitativen Analyse der Neusilberoberfläche

Die Zahl der emittierten Auger Elektronen eines Elements hängt von der Anzahl der Atome dieses Elements in der Probenoberfläche ab. Die Auger Elektronenintensität (im differenzierten Spektrum der Abstand zwischen dem niederenergetischen Maximum und dem höherenergetischen Minimum) ist ein Maß für die Zahl der Atome des betrachteten Elements innerhalb der Informationstiefe. Zur Bestimmung der Konzentrationen aus den Intensitäten muß jedoch in Korrekturrechnungen u. a. der Einfluß der Elektronenstreuung im Material, und der Einfluß der chemischen Zusammensetzung auf die Informationstiefe berücksichtigt werden (vgl. Abschnitt 4.2).

Tabelle 3.1 Auswertung der AES-Intensitäten zur Bestimmung der Gewichtskonzentrationen in der Oberfläche der Neusilberprobe vor und nach dem Ionenätzen

	vor Ionenätzen	nach Ionenätzen	Brutto Zusammensetzung
Cu	3,5	67,0	57,21
Ni	—	17,8	11,67
Zn	32,4	10,5	29,89
Pb	34,1	1,8	0,9
Mn	12,6	0,5	0,36
O	12,6	2,5	—
S	0,6	—	—
Cl	1,0	—	—
C	3,4	—	—

Die Probleme einer quantitativen AES-Analyse der Oberflächenzusammensetzung sollen an dieser Stelle nur durch eine Auswertung der an der Neusilberprobe erhaltenen Intensitäten diskutiert werden. (Weitere Details sind in den Abschnitten 4.2 bis 4.4 beschrieben). In Tabelle 3.1 sind die mit der Methode der Empfindlichkeitsfaktoren (vgl. Abschnitt 4.4.3) gewonnenen Gewichtskonzentrationen der in der Oberfläche der Neusilberprobe enthaltenen Elemente der Bruttozusammensetzung der Legierung gegenübergestellt.

Die Abweichungen des Analysenergebnisses von der Probenzusammensetzung sind vor allem in der Natur der Probe und in dem oberflächenspezifischen Charakter der AES begründet. Vor dem Ionenätzen liegt eine Oberflächensegregation, eine Oberflächenoxidation und eine Oberflächenkontamination vor, die die Bruttozusammensetzung der Probe völlig verfälschen. Nach dem Ionenätzen ist die Segregations-, Oxidations- und Kontaminationsschicht entfernt. Die Oberfläche enthält dennoch nicht die Probenzusammensetzung. Blei und Mangan ist weiterhin an den Korngrenzen segregiert. Zink dagegen dürfte infolge der Oberflächensegregation in den darunterliegenden Schichten abgereichert sein. Die Fehlmessung bei Nickel ist auf eine Linienüberlappung von Kupfer und Nickel zurückzuführen. Eine Trennung der Peaküberlappung ist jedoch prinzipiell möglich (vgl. [61]). Darüberhinaus beeinflussen die Ionenstrahlen die Oberflächenzusammensetzung (vgl. Abschnitt 4.6.5).

3.5 Analyse an rauhen Oberflächen

Die Intensität der Auger Elektronen hängt von dem Einfallwinkel α des Primärstrahls und von dem Beobachtungswinkel β (Auger Elektronenabnahmewinkel) ab. Die Analysengeometrie ist für einen CMA mit koachsialer Elektronenquelle in Abb. 16 schematisch wiedergegeben. Bei einer Zunahme des Elektroneneinfallwinkels α (zur Oberflächennormalen) wird der Weg der Primärelektronen in Oberflächennähe verlängert und der Elektronenrückstreukoeffizient η erhöht. Beides führt zu einer Erhöhung der Ionisierungsdichte und damit zu einer Erhöhung des Auger Elektronensignals (vgl. Abb. 45). Die Winkelverteilung der Auger Elektronenemission, d. h. die Abhängigkeit der Intensität von β hat an amorphen Substanzen etwa einen cosinusförmigen Verlauf (vgl. Abschnitt 4.2.1) wird aber an kristallinen

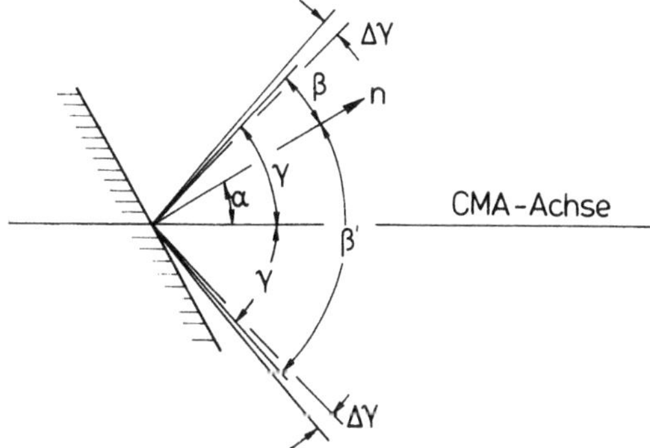

Abb. 16. Meßgeometrie bei der Auger Elektronenspektroskopie unter Verwendung eines Zylinderspiegelanalysators, n-Probennormale, α-Elektroneneinfallwinkel, β- bzw. β'-Signalabnahmewinkel, γ = 43,2° Öffnungswinkel des Spektrometers, $\Delta\gamma$ der von dem CMA erfaßte Winkelbereich

Objekten außerordentlich stark durch die Kristallorientierung beeinflußt (vgl. hierzu [62–84]).

Bei der Analyse rauher Oberflächen ändert sich der Einfallwinkel α und der Signalabnahmewinkel β lokal von Probenort zu Probenort. Rückstreuelektronen können — ähnlich wie bei der Röntgenmikroanalyse an rauhen Objekten — an benachbart hervorstehenden Flächen charakteristische Auger Signale auslösen. Die hervorstehenden Flächen können zudem die analysierte Objektstelle von der Spektrometeröffnung abschatten [846]. Spektren verschiedener Stellen der Oberfläche sind daher quantitativ miteinander nicht vergleichbar. Dies ist bei der Interpretation der Flächenverteilungsbilder zu beachten, in denen Oberflächenrauhigkeiten zur Helligkeitsmodullation des Bildes führen können [849]. (Der Einfluß der Oberflächenrauhigkeit auf das Ergebnis der AES-Analyse wird u. a. bei [84–86, 20, 960] diskutiert). An einem Beispiel aus der Pulvermetallurgie von Werkstoffen soll gezeigt werden, daß die bisher diskutierten Analysenmethoden dennoch mit Erfolg auch an rauhen Objekten eingesetzt werden können.

Bei der pulvermetallurgischen Herstellung von Werkstoffen wird zunächst ein feinkörniges Pulver (Pulverkorngröße ca. 10–100 µm) der Legierung hergestellt. Das Pulver wird erhalten, indem z. B. ein Elektronenstrahl oder ein elektrischer Lichtbogen die als rotierende Elektrode ausgebildete Legierung aufschmilzt, wobei die Schmelze durch die Fliehkräfte in kleinen, im Fluge erstarrende Tröpfchen, versprüht wird. Aus dem Pulver wird durch Heißpressen oder heißisostatisches Pressen das Bauteil hergestellt.

Eines der Probleme bei der Entwicklung von pulvermetallurgisch hergestellten Werkstoffen ist die Herstellung eines sauberen Ausgangspulvers. Verunreinigungen gelangen in das Pulver in Form von Fremdpartikeln (z. B. durch Abbrand des Elektrodenmaterials) und als Oxidations-, Kontaminations-, Segregations- und Auf-

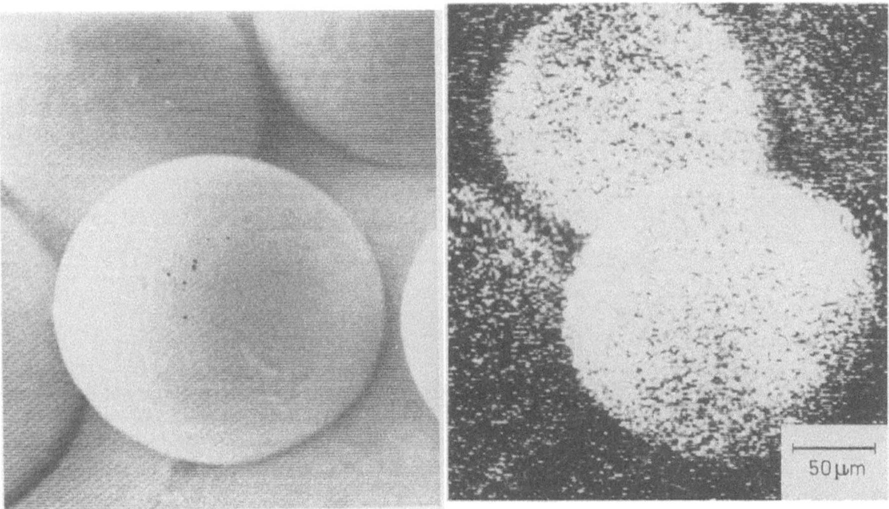

Abb. 17. Sekundärelektronenbild (links) und Aluminium-Verteilungsbild der Oberfläche von Ti6Al4V;Pulverkörnern

dampfschichten auf der Pulverkornoberfläche. Bei der Pulvermetallurgie des Titans werden chemisch unterschiedlich zusammengesetzte Deckschichten auf der Oberfläche einzelner Körner des Ausgangspulvers beobachtet. Abbildung 17 zeigt das Sekundärelektronenbild und das Flächenverteilungsbild für Aluminium erhalten am Ausgangspulver der Ti6Al4V-Legierung. Derartige Aluminiumdeckschichten werden nur an einigen von 10 000 untersuchten Pulverkörnern gefunden (die zwei Pulverkörner mit Aluminiumdeckschicht in Abb. 17 haften aneinander).

Bei der Kugel ist ein kontinuierlich sich ändernder Einfallwinkel α gegeben. In der Kugelmitte fällt der Primärstrahl senkrecht ein ($\alpha = 0$), am Kugelrand liegt streifender Einfall vor ($\alpha = 90°$). In Abb. 17 nimmt die Auger Elektronenintensität der Kugel am Rand zu. Dies kann durch die bereits diskutierte Zunahme der Ionisierungsdichte mit wachsendem Einfallwinkel α des Primärstrahls interpretiert werden (vgl. hierzu Abb. 45).

Abbildung 18 zeigt den Verlauf der Auger Elektronenintensität der Elemente Sauerstoff, Kohlenstoff und Titan gemessen entlang einer Linie (Linescan) über eine Ti6Al4V-Pulverkornoberfläche. Bemerkenswert ist der steile Anstieg der Intensität

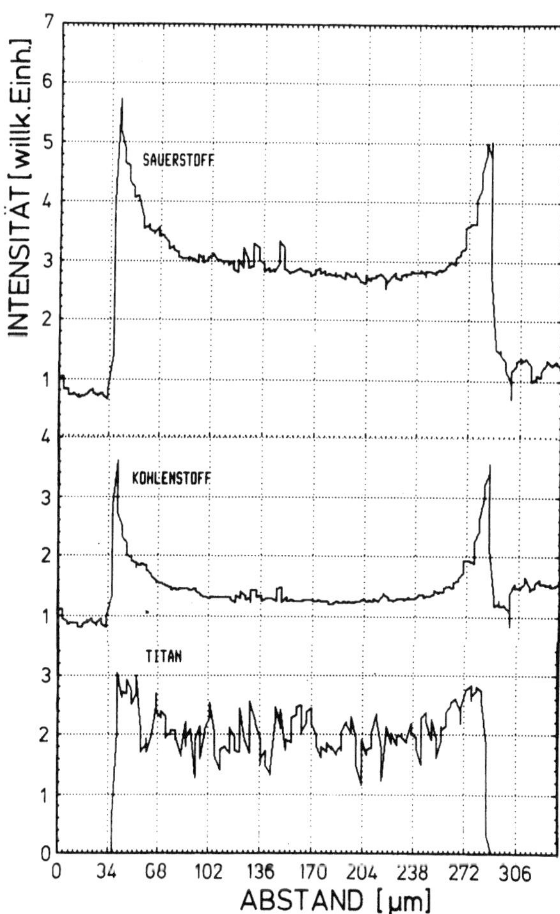

Abb. 18. Digitaler Linescan über eine Ti6Al4V-Kugel für die Elemente Sauerstoff, Kohlenstoff und Titan. Meßparameter $U = 5\,kV$, $H_{1/2} \cong 0.2\,\mu m$, $I \cong 0.01\,\mu A$. Zum Vergleich mit dem Verlauf der Intensität der Sekundärelektronen über eine Kugel siehe [826]

für die Elemente Sauerstoff und Kohlenstoff und der eher geringe Anstieg der
Intensität für Titan am Kugelrand. Durch den schrägen Einfall des Primärstrahls
wird, wie diskutiert, die Ionisierungsdichte am Kugelrand erhöht, was zu einem
Anstieg der Auger Intensitäten der Elemente der Kontaminationsschicht — Sauerstoff
und Kohlenstoff — führt. Das Auger Signal des unter der Kontaminationsschicht gelegenen Titans wird dagegen, infolge einer Verlängerung des Absorptions-
wegs gemäß $d_0/\cos \beta$ (d_0 — Dicke der Kontaminationsschicht, β — Signalabnahmewinkel), absorbiert. Die Variation der Ionisierungsdichte an rauhen Objekten mit
wechselndem Einfallwinkel bewirkt sowohl eine Änderung der Auger Elektronenintensität, als auch eine Änderung des Untergrunds im Auger Spektrum. Zur
Intensität von AES Flächenverteilungsbildern an rauhen Objekten tragen daher das
Auger Signal und der Untergrund bei. Um den Einfluß des Untergrunds aus einem
Flächenverteilungsbild zu extrahieren; wird bei der rechnergesteuerten Aufnahme zur

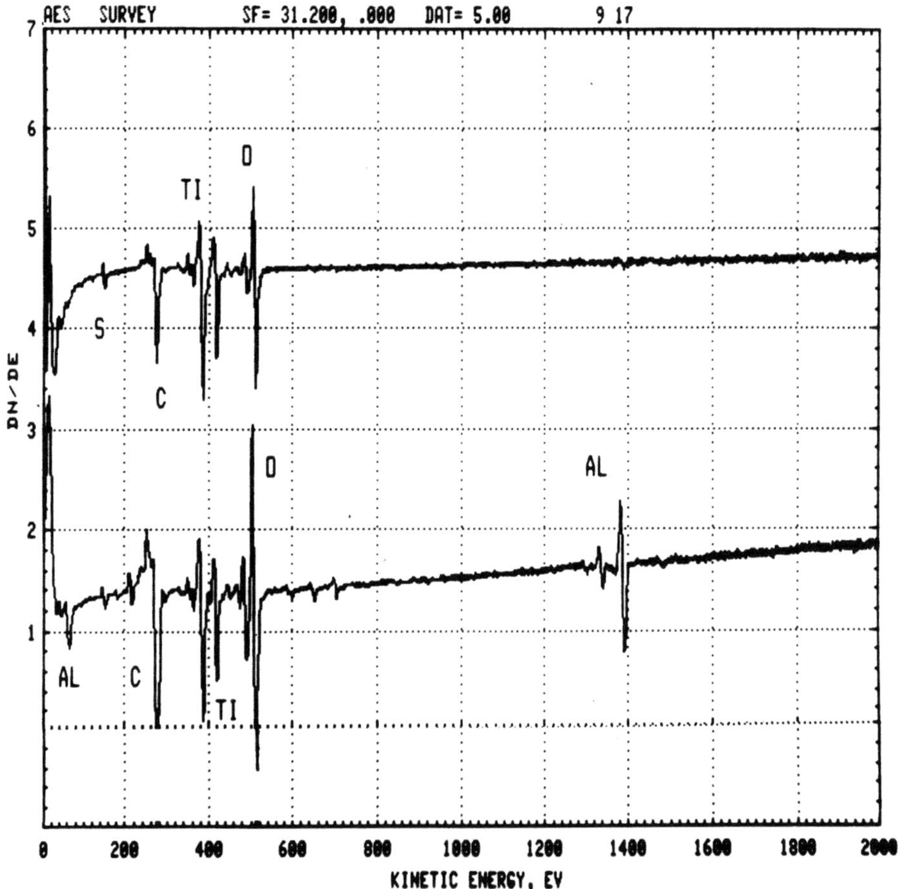

Abb. 19. AES-Übersichtsspektrum von eines Ti6Al4V-Pulverkorns ohne (oben) und mit Aluminiumdeckschicht (unten)

Helligkeitsmodulation nicht das Signal $N_A(E)$ des Elements A, sondern ein durch die Untergrundintensität $N_B(E)$ korrigiertes Signal $(N_A(E) - N_B(E))/N_B(E)$ gewählt. Eine Zusammenstellung verschiedener Verfahren zur Korrektur der topographischen Effekte findet man in [846].

Die durch den Untergrund hervorgerufene Modulation der Helligkeit im (analogen) Flächenverteilungsbild von rauhen Objekten kann zu falschen Folgerungen über die

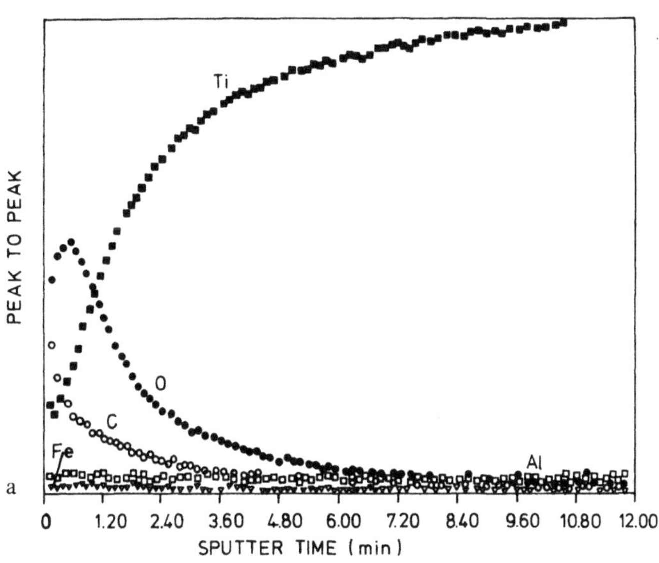

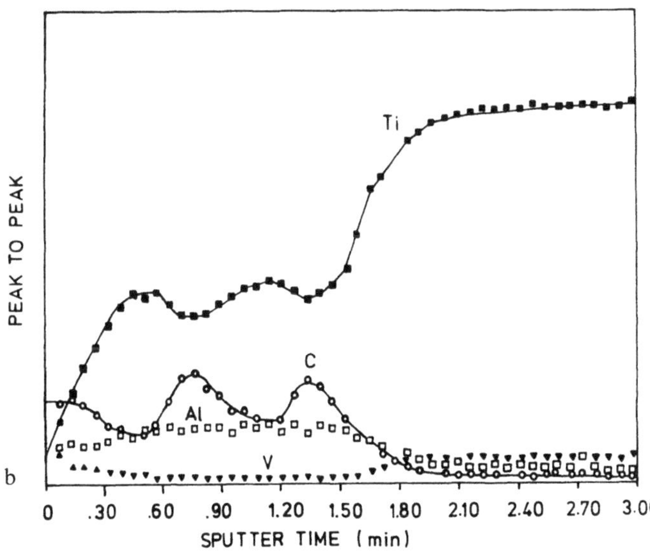

Abb. 20a und b. AES-Tiefenprofile von der Oberfläche eines Ti6Al4V-Pulverkorns ohne a) und mit Aluminiumdeckschicht b)

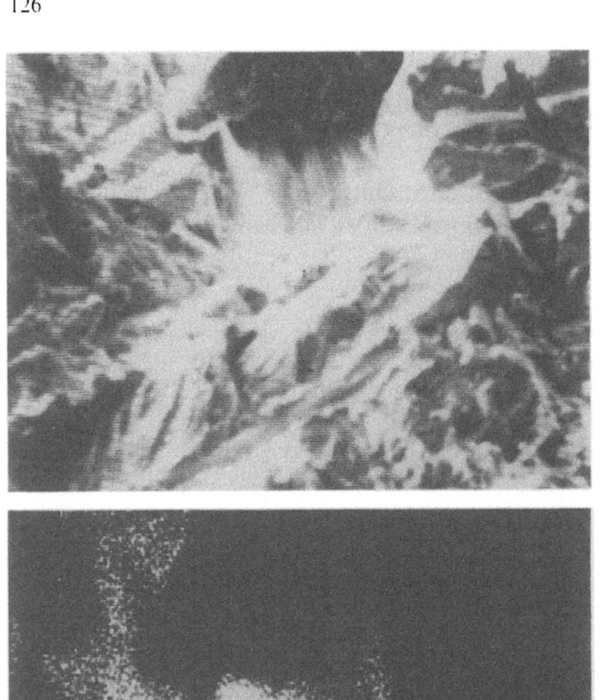

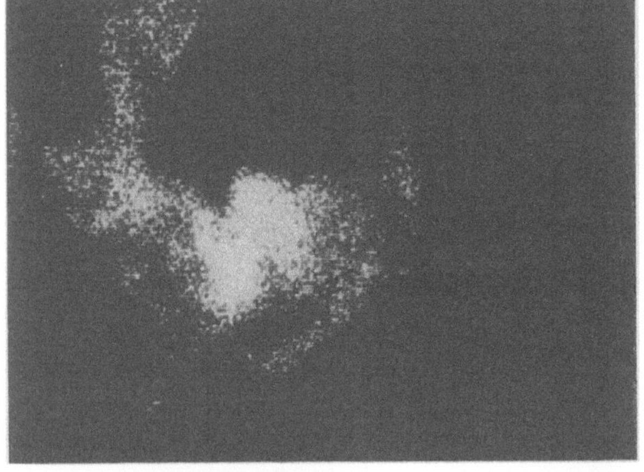

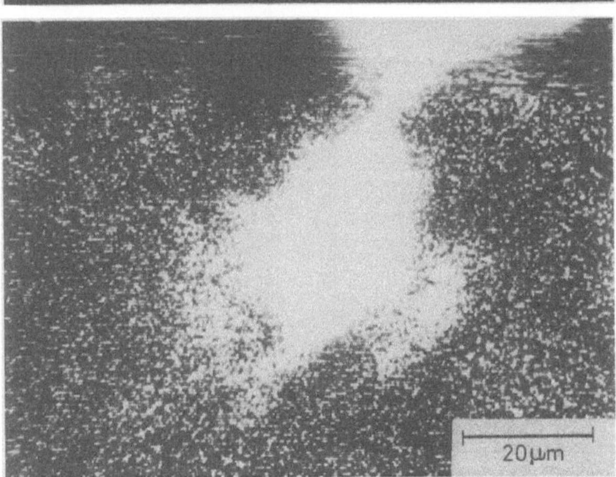

Abb. 21. Sekundärelektronenbild (oben) und AES-Flächenverteilungsbilder für Aluminium (mitte) und Eisen (unten) eines Ausschnitts aus dem Rißursprung einer Ermüdungsbruchfläche der pulvermetallurgisch hergestellten Ti6A14V-Legierung

Anwesenheit eines Elements führen. Um dies zu vermeiden, müssen die Informationen aus dem Flächenverteilungsbild durch Punktanalysen überprüft werden. In Abb. 19 wird die Punktanalyse einer Ti6Al4V-Kugel mit Aluminiumbedeckung mit der Punktanalyse einer Kugel ohne Deckschicht verglichen. Der große Aluminiumpeak bestätigt die Anreicherung dieses Elements in der Pulverkornoberfläche. Darüberhinaus weisen die Spektren die Anwesenheit der Elemente Eisen, Kohlenstoff, Chlor, Sauerstoff und Schwefel nach.

In einem AES-Tiefenprofil wird der chemische Aufbau der Deckschichten auf der Pulverkornoberfläche ermittelt (Abb. 20). Bei der Mehrzahl der Pulverkörner findet man ein Tiefenprofil Abb. 20a, in welchem die Intensität des Sauerstoffs nach Durchlaufen eines Maximums und der Kohlenstoff sofort kontinuierlich abnehmen. Dieses Ergebnis entspricht dem Tiefenprofil an einer an Luft kontaminierten Titanoberfläche. Bei den mit Aluminium angereicherten Pulverkornoberflächen wird eine einige 100 Å dicke Deckschicht mit einem komplexen und von Kugel zu Kugel unterschiedlichen Aufbau gefunden [87]. Abbildung 20 b zeigt ein Beispiel eines solchen Tiefenprofils. Daraus ist zu ersehen, daß zum Aufbau dieser Deckschicht neben Aluminium der Kohlenstoff und in anderen Fällen Eisen und Sauerstoff beitragen.

Bei der Pulvermetallurgie des Aluminiums wird ein ähnlicher Effekt, wie bei den Titanlegierungen beobachtet. Hier segregiert während der Pulverherstellung Magnesium auf der Pulverkornoberfläche. Im Gegensatz zur Pulvermetallurgie des Titans findet man jedoch eine Magnesiumanreicherung auf jedem Pulverkorn, Abb. 26 (vgl. [1055]). Eine Magnesiumsegregation wird auch auf Oberflächen von Schmelzen magnesiumhaltiger Aluminiumlegierungen beobachtet [88].

Die Beschichtung einzelner Pulverkornoberflächen mit Fremdsubstanzen führt zur Verschlechterung der mechanischen Eigenschaften pulvermetallurgisch hergestellter Titan-Bauteile. So zeigen einzelne Proben dieser Legierung im Ermüdungsversuch eine deutlich reduzierte Lebensdauer. Im Rißursprung der Bruchfläche von in Wechsellast beanspruchten Proben können die gleichen Verunreinigungen nachgewiesen werden, wie auf der Pulverkornoberfläche. Abbildung 21 zeigt einen Ausschnitt aus dem Rißursprung einer Ermüdungsbruchfläche einer pulvermetallurgisch hergestellten Ti6Al4V-Probe. Die Flächenverteilungsbilder für Aluminium und Eisen weisen die Anreicherung dieser Elemente an dieser Stelle nach. Mittels Übersichtsspektren und durch eine AES-Tiefenprofilanalyse kann die Anreicherung der Elemente Sauerstoff, Kohlenstoff, Aluminium und Eisen nachgewiesen und der chemische Aufbau der Schicht in der Bruchfläche ermittelt werden. Es zeigt sich dabei, daß die Ermüdungsrißbildung an Elementanreicherungen erfolgt, die auch auf die Pulverkornoberfläche nachgewiesen werden kann [87].

3.6 Linienform und Energielage der Auger Linien

An einem weiteren Beispiel soll die analytische Bedeutung der Linienform und der Energielage eines Auger Elektronenpeaks erläutert werden.

Berylliumfolien in dicken zwischen ca. 100 µm bis herab zu wenigen Mikrometern werden wegen ihrer Durchlässigkeit für energetische Strahlung (Röntgenstrahlen, Strahlung des Weltraums) als Strahlungsfenster benutzt. Die Berylliumfolie trennt ein Gas (z. B. im Geiger-Müller-Zählrohr) vom Vakuum (z. B. des

Weltraums). Für solche Strahlungsdetektoren werden freitragende Folien von einigen
cm² benötigt. Die Folien sollten möglichst dünn, mechanisch stabil und für Gase
undurchlässig sein. Die Auger Elektronenspektroskopie ermöglicht es, Gründe für
eine eventuelle auftretende Gasdurchlässigkeit solcher Folien aufzufinden.

Die untersuchten Berylliumfolien waren im Anlieferungszustand mit einer relativ
dicken Oxidschicht (ca. 0,1 µm) bedeckt. Im Sekundärelektronenbild findet man auf
der Oberfläche der Folie keine Risse. Nach Abtragen der Oxidschicht mittels
Ionenätzen findet man jedoch die in Abb. 22a erkennbare Struktur [44]. Es
werden dunkle und helle Bereiche sichtbar. In den hellen Bereichen sind deutlich
Risse zu sehen. Eine AES-Analyse identifiziert die dunklen Bereiche als metallisches
Beryllium, die hellen als Berylliumoxid (Abb. 23). Das Oxid wird in den hellen
Bereichen durch die Anwesenheit des Sauerstoffs und durch eine geänderte Linienform

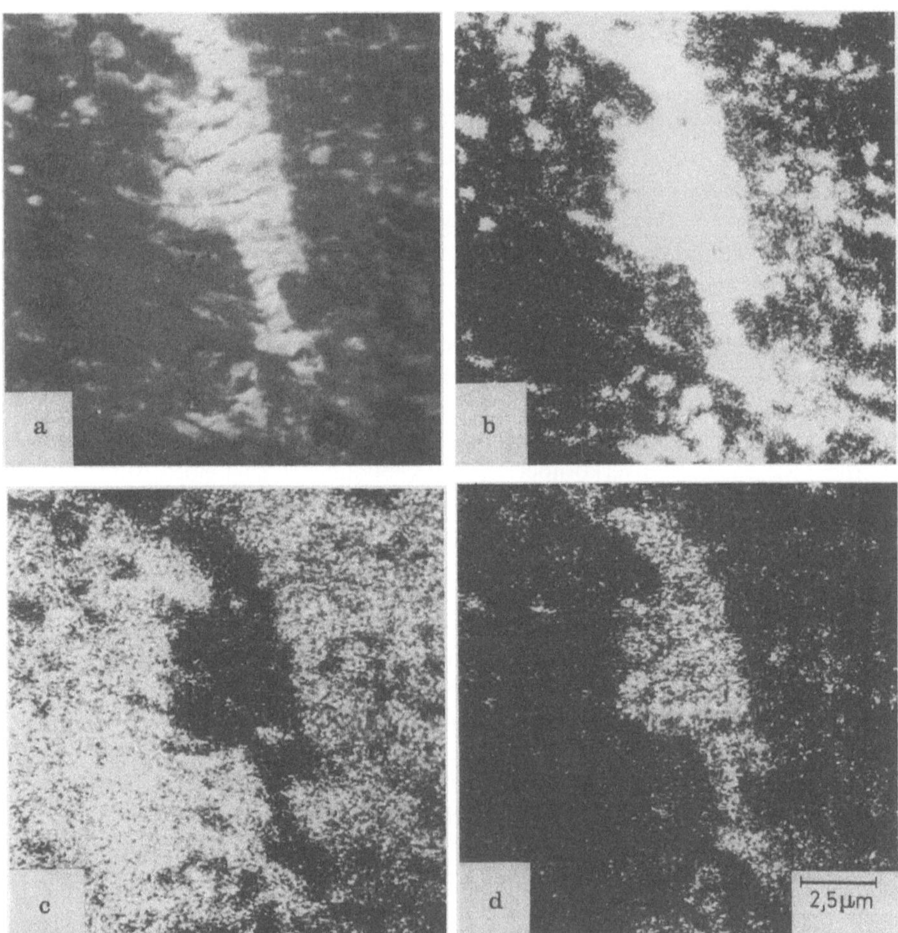

Abb. 22 a–d. Sekundärelektronenbild **a)** und AES-Flächenverteilungsbilder für Sauerstoff **b)**,
metallisches Beryllium **c)** und oxidisches Beryllium **d)** der Oberfläche einer ionengeätzten
Berylliumfolie

und Linienlage des Be—KLL-Peaks identifiziert. Die veränderte Linienform des Be KLL-Peaks wird bei hoher Energieauflösung deutlich (Abb. 24, Energieauflösung 0,3 %, Modulationsamplitude im differenzierten Spektrum 1 eV). Im metallischen Zustand liegt der Be—KLL-Peak bei 104 eV, im oxidischen Zustand bei ca. 90 eV. Ein Vergleich der Abbildungen 23 und 24 zeigt, daß die „wahre" Linienform eines

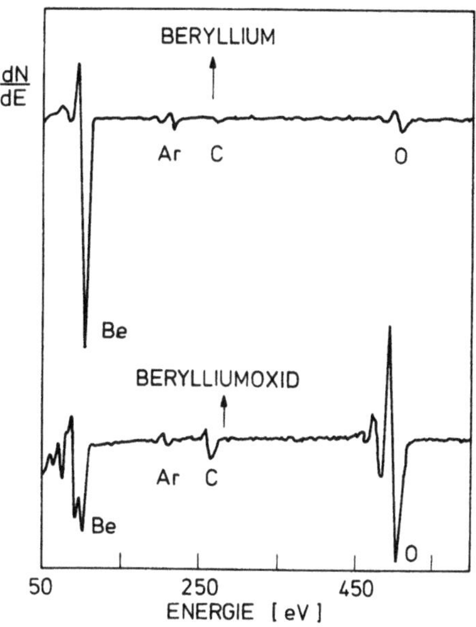

Abb. 23. AES-Übersichtsspektren aus den dunklen (oben) und hellen Bereichen (unten) der Berylliumoberfläche (Abb. 22)

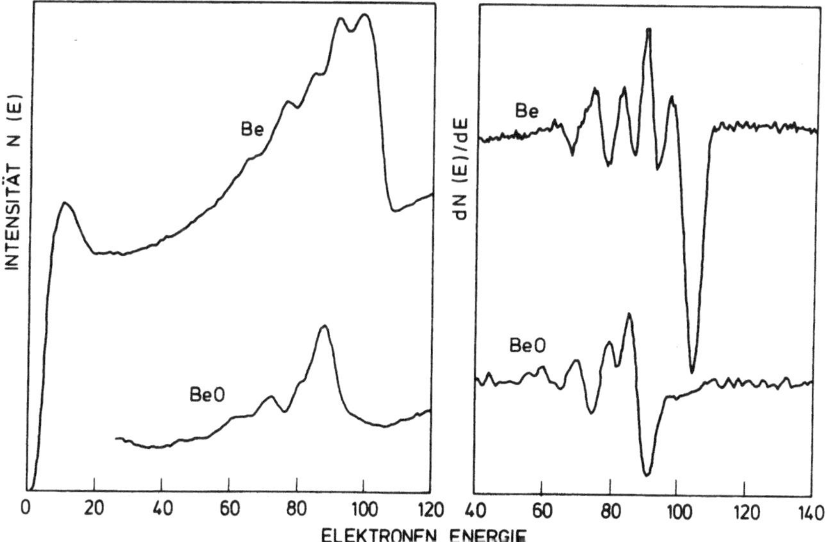

Abb. 24. KLL-Berylliumpeak im metallischen (oben) und oxidischen Zustand (unten) in der N(E) · E- (links) und in der dN/dE-Darstellung (rechts)

Peaks erst bei Messungen mit ausreichend hoher Energieauflösung sichtbar wird
(vgl. dazu auch die Abbildungen 40 und 41 und [89]).

Die unterschiedliche Energielage des metallischen und oxidischen Zustands wird
durch die Änderung der Bindungsenergien beim Übergang Be → BeO erklärt
(Abb. 25). In einer vereinfachenden Betrachtungsweise gehen die äußeren Elektronen
des metallischen Berylliums bei der Oxidation zum Sauerstoff über, wobei die mit
sechs Elektronen besetzte äußere Schale des Sauerstoffs eine Oktettkonfiguration der
Edelgase erhält. Im mit dem Sauerstoff gebundenen Beryllium steht dann einem
4fach positiven Kern eine nur 2fach negative Elektronenhülle gegenüber. Die verbleibenden zwei K-Elektronen des Berylliumatoms werden nun durch den Kern
stärker gebunden. Im Photoelektronenspektrum des Berylliumoxids verschiebt sich
dadurch der Be 2s Peak zu höheren Bindungsenergien (von 111,5 eV zu 114,2 eV
[10]). Im AES-Spektrum hat das Be—KLL-Elektron eine geringere kinetische
Energie.

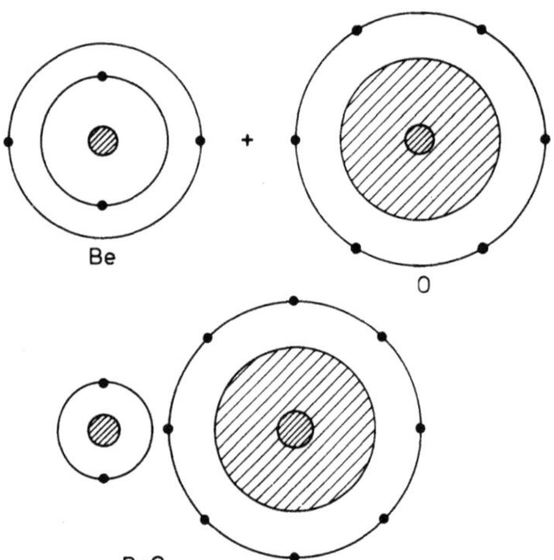

Abb. 25. Bei der Oxidation des Berylliums
ändern sich im Berylliumatom die Kern-
abstände der verbleibenden K-Elektronen
(schematisch, vgl. [405–409])

Die Linienform und Energielage eines Auger-Peaks kann zur Identifizierung des
Bindungszustandes herangezogen werden. Beryllium und dessen Oxid ist hier nur ein
sehr einfaches Beispiel. Die je nach chemischer Bindung unterschiedliche Energielage
eines Peaks kann auch als analytisches Hilfsmittel benutzt werden. So zeigt etwa
Abb. 22 die Flächenverteilungsbilder für Sauerstoff, für metallisches und für
oxidisches Beryllium. Die Unterscheidung der Bindungszustände kann ebenfalls bei
der AES-Tiefenprofilanalyse erfolgen [44]. Die beiden chemischen Zustände des
Berylliums können wie zwei verschiedene Elemente voneinander getrennt werden.

Bei der Pulvermetallurgie des Aluminiums ermöglicht die AES-Linienanalyse
schnelle Rückschlüsse auf die Art der chemischen Bindung des Sauerstoffs. Abbildung 26 zeigt Übersichtsspektren und die KLL-Linienform des Aluminiums auf der
Oberfläche von Pulvern hergestellt in Luft- und in Heliumatmosphäre. Die Linienform und Energielage des Al—KLL-Peaks der in Luft hergestellten Pulver ist
erwartungsgemäß typisch für ein oxidisch gebundenes Aluminium. Die Linienform

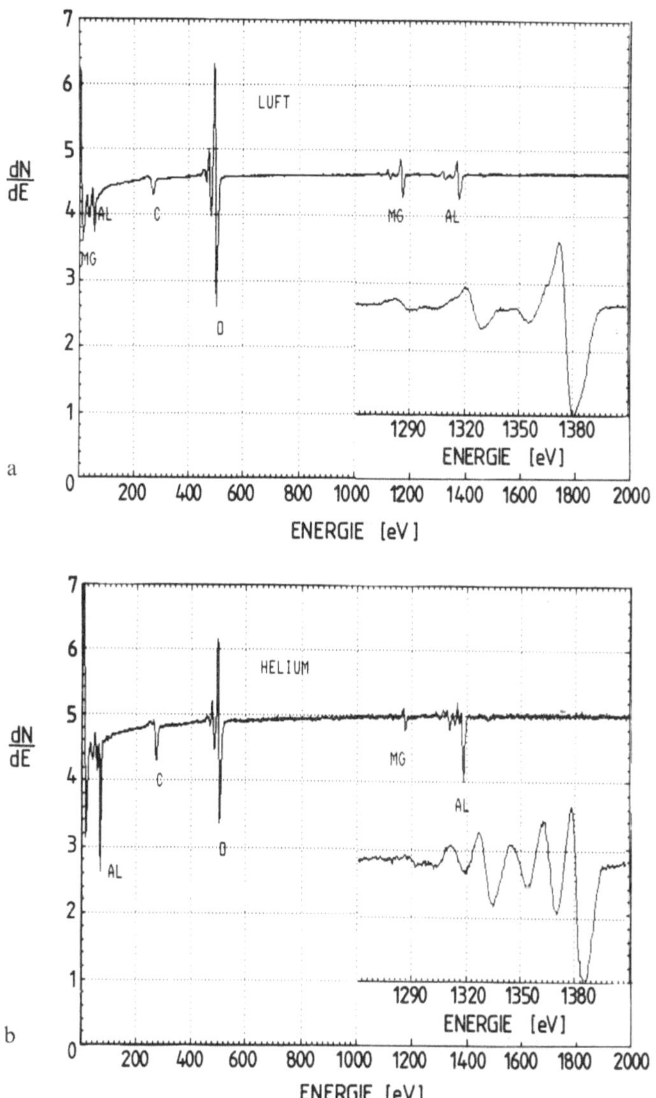

Abb. 26a und b. AES-Übersichtsspektrum und Linienform des Al-KLL Peaks von der Oberfläche von Aluminiumpulvern **a)** hergestellt an Luft und **b)** hergestellt unter Helium

und Energielage des Al—KLL-Peaks des in Helium hergestellten Pulvers ist dagegen charakteristisch für das metallische Aluminium. Auf der Oberfläche der an Luft hergestellten Pulver ist der Sauerstoff als Oxid gebunden. Auf der Oberfläche der in Helium hergestellten Pulver ist der Sauerstoff nur adsorbiert.

Die Identifizierung der chemischen Bindung ist nur bei deutlichen Änderungen der Linienlage und -form möglich. Eine Zusammenstellung der Literatur zur Deutung der Linienform und Energielage der Auger-Peaks gibt Tabelle 4.1.

3.7 Analyse nichtleitender keramischer Werkstoffe

Bei der Bestrahlung nichtleitender Werkstoffe mit Elektronen kann die zugeführte elektrische Ladung (genauer die Differenz aus der durch den Primärstrahl zugeführten und der durch Elektronenrückstreuung und Sekundärelektronenemission abgeführten Ladung) nicht abfließen; der Werkstoff lädt sich auf.

Für den hier interessierenden Bereich der Primärenergie ist die auf der Probenoberfläche von schlechten elektrischen Leitern verbleibende Ladung fast immer negativ. Der Ablauf der Aufladung ist sehr komplex und noch nicht vollständig geklärt. Details dazu findet man in [868, 869]. Zum Verständnis der AES an nichtleitenden Werkstoffen sollen an dieser Stelle die folgenden Überlegungen angeführt werden. Die Wechselwirkung des Primärstrahls mit der auf der Oberfläche der Probe (und im Probeninnern) angesammelten Ladung kann — je nach der Größe der elektrischen Leitfähigkeit der Probe, der Primärenergie und der Primärintensität — unterschiedlich sein. Dies führt zu unterschiedlichen Analysenbedingungen. Ist die Ladung auf der Oberfläche homogen verteilt und das hervorgerufene elektrische Potential deutlich kleiner als die Energie der Primärelektronen, so können diese die Probenoberfläche erreichen und dort Atome in ihren inneren Schalen ionisieren. Die die Oberfläche verlassenden Auger Elektronen erhalten im Feld der Oberflächenladung eine zusätzliche Beschleunigung. Das gesamte AES-Spektrum verschiebt sich dadurch zu höheren Energien. Linienverschiebungen von 200 eV sind keine Seltenheit. Gelingt es, einen stabilen Ladungszustand dieser Art auf der Probenoberfläche zu erzeugen, so ist eine AES-Analyse aufgrund der typischen Linienform der Elemente möglich. Im allgemeinen jedoch ist dieser Zustand zeitlich instabil. Mit wachsender Ladung auf der Probenoberfläche driften die Linien des Spektrums allmählich zu höheren Energien hin, wodurch eine Peak-Verbreitung beobachtet wird. Wächst die Oberflächenladung unter Bildung von Potentialen an, die ein Eindringen der Primärelektronen in das Material verhindern, so werden die Oberflächenatome nicht mehr ionisiert und das Auger Signal verschwindet. So hohe Ladungskonzentrationen bleiben im allgemeinen nicht stabil. Die Probe entlädt sich periodisch. Die Instabilität überträgt sich auf das gemessene Spektrum. Dieses wird dadurch so stark verändert, daß ein Elementnachweis nicht mehr möglich ist.

Lang andauerndes Ionenätzen nichtleitender Oberflächen in der Analysenstellung vor einem Spektrometer kann zur Beschichtung der im Blickfeld der Probe befindlichen Innenteile des Spektrometers mit nichtleitenden Schichten führen [90]. Die an diesen Schichten sich bildenden Aufladungen führen ebenfalls zur Deformation der Auger Spektren. Durch Ionenätzen von Gold in dieser Position wird der Effekt beseitigt.

Bei der Raster-Elektronenmikroskopie und der Röntgenmikroanalyse hilft man sich bei nichtleitenden Proben dadurch, daß man die zu untersuchende Oberfläche mit einer leitenden Schicht überzieht (Aufdampfen oder Aufsputtern von Gold oder Kohle). Dies ist bei der AES natürlich nicht möglich, da man in diesem Fall infolge der geringen Informationstiefe nur das Signal der Aufdampfschicht erhalten würde. Zur Überwindung der Aufladungsprobleme bei der AES-Analyse nichtleitender Werkstoffe wurden u. a. folgende Verfahren vorgeschlagen [91–95, 825, 943].

a) Die Oberfläche wird, bis auf die zu analysierende Stelle, mit einer leitenden

Schicht abgedeckt. Dies kann in der Weise geschehen, daß man die zu analysierenden Stellen etwa mit Pulverkörnern, einem Draht oder dergleichen bedeckt und die Oberfläche mit Gold bedampft. Anschließend wird die Abdeckung entfernt und die Probe analysiert. Bei schlechten Leitern muß jedoch der von einer leitenden Deckschicht freie Bereich sehr klein sein (unter 1 μm). Es ist fast unmöglich, so kleine Löcher in einer leitenden Deckschicht gezielt — an der interessierenden Probenstelle — anzubringen.

b) Bei einer Abwandlung dieses Verfahrens wird die gesamte Probe mit einer leitenden Schicht bedeckt. Anschließend wird mit dem Ionenstrahl die zu analysierende Stelle freigelegt. Der Ionenstrahl hat einen kleinsten Durchmesser von ca. 200 μm. Bei schlecht leitenden Proben entstehen im Ätzzentrum Aufladungen. Nachteilig bei diesem Verfahren ist auch, daß sehr dünne Deckschichten durch die Aufdampfschicht zugeschüttet werden.

c) Der Sekundärelektronen- und der Rückstreukoeffizient ist von dem Einfallwinkel α des Primärstrahls abhängig. Mit wachsendem α steigt der Rückstreukoeffizient an. Durch kontinuierliches Ändern von α kann in einigen Fällen, meist bei streifendem Einfall, ein Gleichgewicht zwischen zugeführter und rückgestreuter Ladung erzielt werden. Diese Methode ist bei rauhen Objekten nicht praktizierbar. Sie führt zudem zur Verminderung der Ortsauflösung. Bei den Auger-Sonden ist eine individuelle Probenkippung nicht immer vorgesehen.

d) Durch Verminderung der Primärenergie und der Primärintensität kann ein stationärer Ladungszustand auf der Probenoberfläche erzielt werden. Ein Beispiel zu dieser Methoden wird im folgenden Absatz diskutiert.

e) Die durch den Elektronenstrahl zugeführte negative Ladung wird durch Zufuhr positiver Ladung mittels eines Ionenstrahls neutralisiert. Für die Ladungsneutralisation werden Ionen geringer Energie (einige 10 eV) benötigt. Die Ionenintensitäten müssen den Elektronenintensitäten entsprechen. Erfolgreiche AES Analysen mit diesem Verfahren sind bisher nicht bekannt geworden. Das Verfahren wurde aber mit Erfolg bei der Sekundärelektronenabbildung von nichtleitenden Oberflächen im Raster-Elektronenmikroskop eingesetzt.

Als Beispiel für die AES-Analyse nichtleitender Werkstoffe soll an dieser Stelle die Bestimmung der chemischen Zusammensetzung der Korngrenzenphase des heißgepreßten Siliziumnitrids (Si_3N_4) diskutiert werden [96–101]. Siliziumnitrid gilt als aussichtsreicher Turbinenwerkstoff für Einsatztemperaturen bis 1400 °C. Die mechanischen Eigenschaften von Si_3N_4 werden bei höheren Temperaturen durch eine ca. 5 nm dicke aus Sinterhilfen (MgO, Y_2O_3, Al_2O_3) entstandene Korngrenzenphase bestimmt. Die Verbesserung der Hochtemperatureigenschaften von Si_3N_4 muß durch Beeinflussung des chemischen Aufbaus dieser Korngrenzenphase erfolgen. Mit Hilfe der AES kann der Aufbau der Korngrenzenphase ermittelt werden. Infolge der schlechten elektrischen Leitfähigkeit ist die AES Analyse der Korngrenzenphase jedoch erheblich behindert. Die im folgenden beschriebenen Ergebnisse wurden an einer Bruchfläche (der Riß verläuft im Si_3N_4 überwiegend durch die Korngrenzenphase) einer mit 10 Gew.-% MgO dotierten Si_3N_4-Probe unter Einsatz der digitalen Datenaufnahme bei Spannungen von ca. 2 kV und Strömen von ca. 0,01 μA erhalten. Bei einer rechnergesteuerten Spektrenaufnahme, bei der der zu analysierende Energiebereich viele Male durchlaufen und aufaddiert wird, werden kleine auf das Spektrum rückwirkende Ladungsinstabilitäten herausgemittelt. Abbildung 27

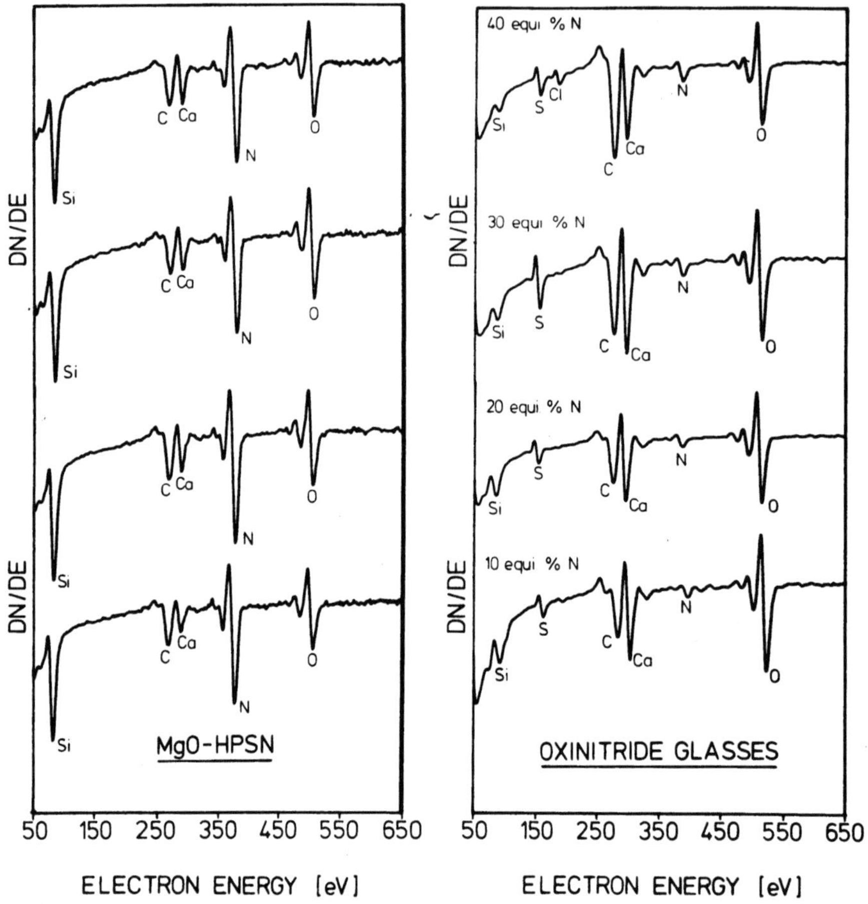

Abb. 27. AES-Übersichtsspektren aus verschiedenen Stellen einer Si_3N_4-Bruchfläche (links) im Vergleich zu AES-Übersichtsspektren verschiedener Oxinitridgläser (rechts)

zeigt eine Reihe von Übersichtsspektren der Korngrenzenphase und von ebenfalls nichtleitenden Standardsubstanzen. In der Korngrenzenphase werden neben Magnesium, Silizium, Stickstoff und Sauerstoff die Elemente Schwefel, Calcium und in manchen Fällen Fluor nachgewiesen [101].

Die Aufnahme einer AES-Tiefenprofilanalyse der Korngrenzenphase ist rechnergesteuert kaum möglich. Während des Abtragens der leitenden Kohlenstoffkontaminationsschicht und der teilweise leitenden Korngrenzenphase ist kein stabiler Analysenzustand zu erzielen. Bei der Tiefenprofilanalyse der Korngrenzenphase kann jedoch folgendes Verfahren angewandt werden: Es wird abwechselnd mittels Ionen geätzt und ein AES-Übersichtsspektrum aufgenommen. Nach jedem Ionenätzen sollte vor der Aufnahme eines Übersichtsspektrums die Einstellung eines stabilen Ladungszustands abgewartet werden. Die Intensitäten in den zwischen zwei Ätzzyklen erhaltenen Spektren werden auf 100% normiert und in Abhängigkeit von der Ätzzeit aufgetragen.

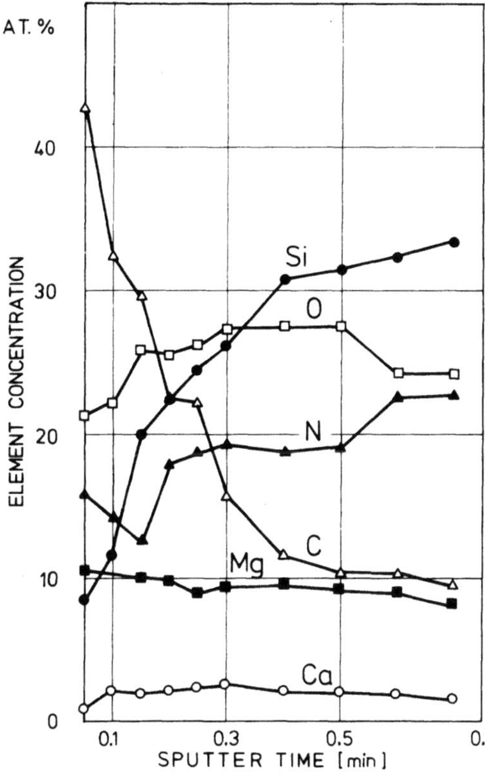

Abb. 28. AES-Tiefenprofil an einer Si_3N_4-Bruchfläche. Analysierter Bereich ca. $150 \times 200\ \mu m^2$

Abbildung 28 zeigt ein auf diesem Wege erhaltenes AES-Tiefenprofil der Korngrenzenphase von Si_3N_4. Analysiert wurde ein Bereich von ca. 100 μm × 150 μm. Der erhaltene Verlauf der Auger Elektronenintensitäten entspricht nicht voll den Erwartungen. Die Intensitäten der Elemente Silizium und Stickstoff steigen zwar erwartungsgemäß an, die Komponenten der Korngrenzenphase Magnesium, Calcium und Sauerstoff fallen aber nicht, wie man das nach Durchlaufen der Korngrenzenphase erwarten sollte zu hinreichend kleinen Konzentrationen ab. Das unzureichende Ergebnis der AES-Tiefenprofilanalyse erklärt sich durch folgende Überlegungen:

a) Der analysierte Probenausschnitt ist rauh (Bruchfläche). Da der Ionenstrahl seitlich (und nicht koachsial mit dem Elektronenstrahl) unter einem Winkel von 56° zur Oberflächennormalen einfällt, werden von der Ionenquelle abgewandte Flächen nicht, zugewandte dagegen verstärkt geätzt.

b) Bei der Analyse eines großen Probenausschnitts tragen zum AES-Signal neben der Korngrenzenphase auch noch andere im Si_3N_4 vorhandene Gefügeteile bei [101].

Die Meßbedingungen können durch eine AES Analyse an einem einzelnen Korn wesentlich verbessert werden. Eine Strahlfokussierung ist bei kleinen Spannungen erschwert und mit einer erhöhten Aufladung der analysierten Probenstelle verbunden. Dies kann nur durch eine weitere Reduzierung der Primärintensität kompensiert werden. Um bei den kleinen Primärintensitäten noch messen zu können, empfiehlt es sich, mit Hilfe der Impulszählung das direkte Spektrum

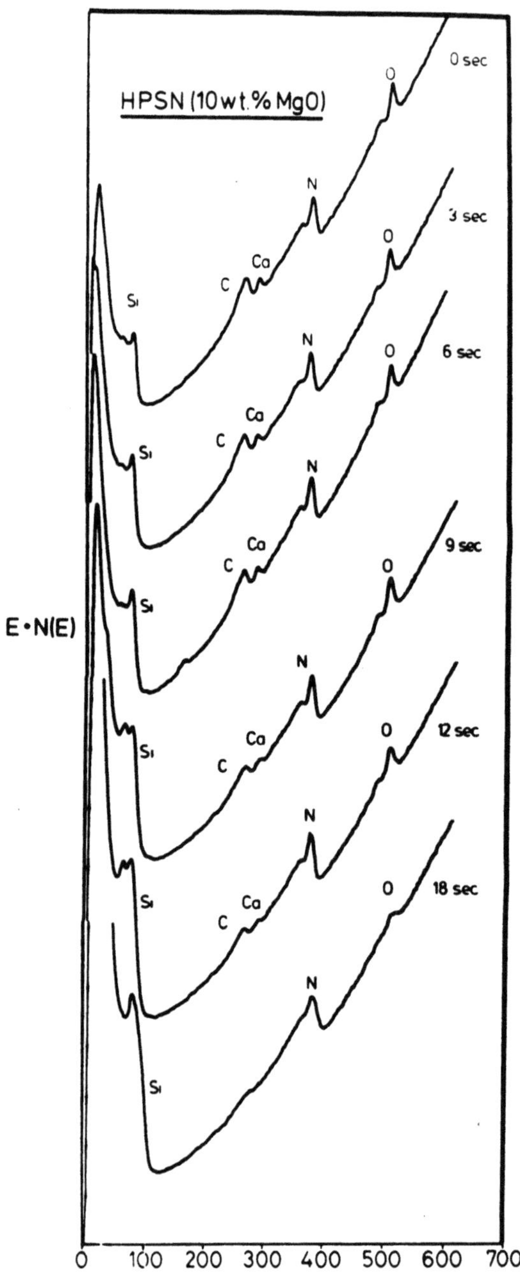

Abb. 29. AES-Tiefenprofil an einem Einzelkorn der Si_3N_4-Bruchfläche. Es werden nach Ionensputterintervallen jeweils AES-Übersichtsspektren in der N(E) · E-Darstellung aufgenommen

aufzunehmen. Abbildung 29 zeigt eine Folge solcher Spektren nach verschiedenen Sputterzeiten. Mit wachsender Ionenätzzeit nehmen die für die Korngrenzenphase charakteristischen Signale Ca und O ab und die für die Si_3N_4-Matrix typischen Signale Si und N zu. Nach einer Ionenätzzeit von ca. 18 sec verbleibt im Spektrum nur noch Silizium und Stickstoff des Si_3N_4.

Die chemische Zusammensetzung der Korngrenzenphase des heißgepreßten Si_3N_4 kann so in Verbindung mit anderen Mikrobereichs- und oberflächenanalytischen Methoden ermittelt werden. Es zeigt sich, daß die Korngrenzenphase in einem mit MgO als Sinterhilfe verpreßten Si_3N_4 eine Oxinitridphase mit Verunreinigungen an Calcium, Magnesium und Fluor ist [101].

3.8 AES an Kunststoffen

Viele Kunststoffe sind schlechte elektrische Leiter. Bei einer AES-Analyse von Kunststoffen wird man daher durch Aufladungseffekte behindert sein. Darüber hinaus verursachen fokussierte Elektronenstrahlen in Kunststoffen Strahlenschäden (vgl. Abschnitt 4.8) die in Form von Blasenbildung, Einbrennen von Löchern usw. sichtbar werden. Eine AES-Analyse der Kunststoffoberfläche ist daher ohne Vorbehandlung nicht möglich. Bei einigen Kunststoffen ist durch Anwendung folgender Methode dennoch eine AES-Analyse durchführbar [102]. Die zu analysierende Oberfläche wird mit Gold (oder einem anderen Metall) bedampft. In der Auger Sonde wird die Aufdampfschicht durch Ionenätzen wieder entfernt. Unter der Einwirkung des Ionenstrahls wird der Kohlenstoff im Kunststoff vermutlich „karbonisiert", wodurch die Oberfläche elektrisch leitend wird. (Die verbesserte elektrische Leitfähigkeit des Kunststoffs könnte auch auf eine Stoßimplantation (vgl. Abschnitt 4.6.5) der Goldatome in den Kunststoff zurückzuführen sein). Abbildung 30 zeigt das Spektrum eines Harzes (Ciba Geigy Araldit LY 556-HT 976), das nach diesem Verfahren erhalten wurde. Durch die Vorbehandlung verschwinden die Auf-

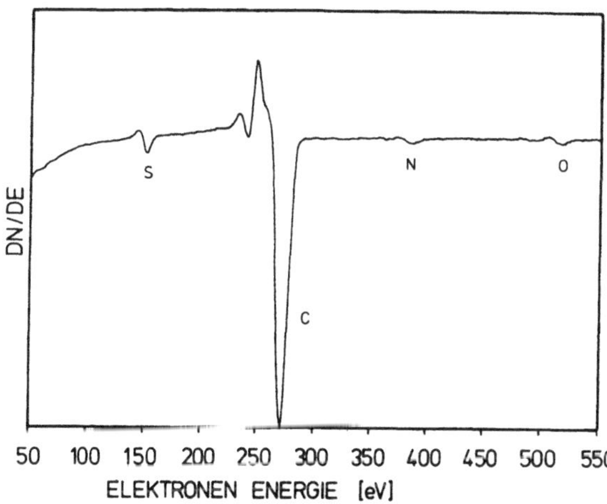

Abb. 30. AES-Übersichtsspektrum der Oberfläche des Harzes LY556-HT976

Tabelle 3.2 Bestimmung der Atomkonzentration im Harz mittels der Methode der Empfindlichkeitsfaktoren

	AES	XPS	Einwaage	
			mit H	ohne H
H	—	—	47,71	—
C	71,46	83,4	37,37	71,5
O	24,27	13,9	12,69	24,3
N	2,85	1,7	1,49	2,8
S	1,42	1,1	0,74	1,4

ladungen völlig. Es ist auch eine quantitative Peakauswertung möglich. Die in Tabelle 3.2 erhaltene überraschend hohe Genauigkeit der quantitativen AES-Analyse dürfte zufällig sein.

3.9 Analyse im Interface

Die Auger Elektronenspektroskopie ist sowohl ein Oberflächen- als auch ein Mikrobereichsanalysenverfahren. Sie ist daher besonders zur Untersuchung des chemischen Aufbaus von Übergängen zwischen zwei Materialien verschiedener chemischer Zusammensetzung geeignet. Damit werden Haftungsprobleme etwa in Faserverbundwerkstoffen oder in Keramik-Metall-Verbindungen einer chemischen Analyse zugänglich. Die AES-Analyse im Interface soll am Beispiel von Entwicklungsarbeiten an einem Verbundwerkstoff aus SiC-Fasern und einer Titanlegierung als Matrix geschildert werden [103–106].

Ziel bei der Entwicklung von SiC-faserverstärkten Titanlegierungen ist es, einen Werkstoff mit gegenüber Titanlegierungen erhöhter spezifischer Festigkeit, höherem

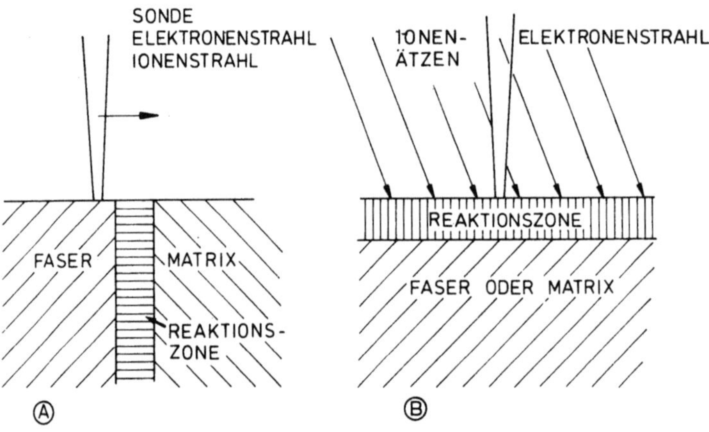

Abb. 31. Zwei Methoden zur AES-Analyse in einer Grenzfläche zwischen zwei verschiedenen Materialien: A. Mittels eines Linescans und B. mittels der Tiefenprofilanalyse

E-Modul und für Einsatztemperaturen bis ca. 400 °C zu erhalten. In Faserverbundwerkstoffen werden die Kräfte von der Matrix über Scherspannungen auf die Faser übertragen. Bei der Entwicklung solcher Verbundwerkstoffe kommt daher der Scherfestigkeit der Reaktionszone zwischen Faser und Matrix eine besondere Bedeutung zu. Die chemische Analyse der Reaktionszone zwischen Faser und Matrix erlaubt Rückschlüsse auf die Verfahrensparameter bei der Herstellung der Verbundwerkstoffe.

Die AES-Analyse im Interface kann nach zwei verschiedenen Methoden erfolgen, je nachdem, ob man sich bevorzugt die Eigenschaft der AES als Mikrobereichsoder als Oberflächenanalysenverfahren zunutze macht (Abb. 31). Bei dem Verfahren gemäß Abb. 31a wird ein fein fokussierter Elektronenstrahl punktweise über die Reaktionszone geführt und das Auger Signal in Abhängigkeit vom Abstand

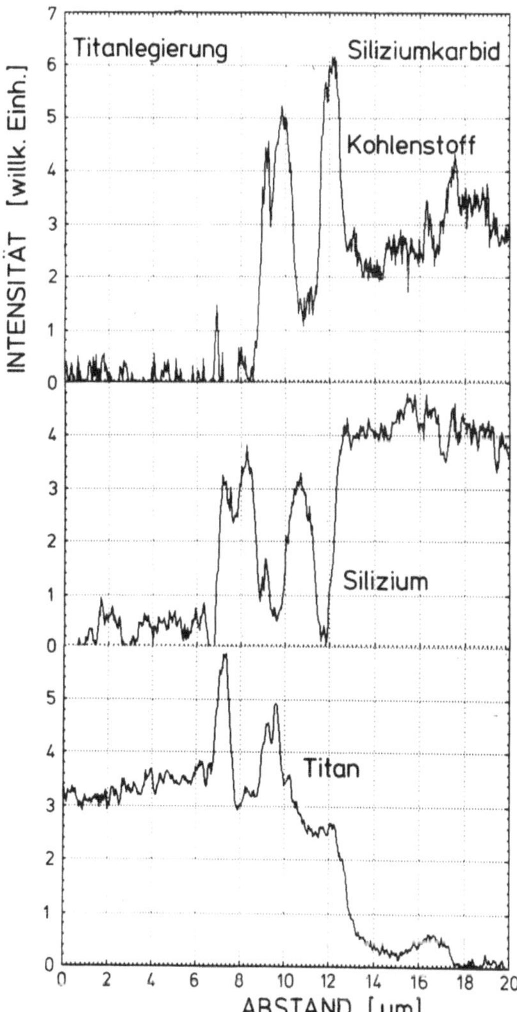

Abb. 32. AES-Linescan über eine Reaktionszone zwischen einer SiC-Faser und der Ti6l4V-Legierung

zu dem Interface gemessen. Als Ergebnis erhält man die Elementkonzentration als
Funktion der Längenkoordinate (line scan). Abbildung 32 zeigt das Ergebnis einer
solchen Messung an einem SiC-Titan-Verbund. Beobachtet wird eine Entmischung
von SiC zu Bereichen, die abwechselnd mit Silizium und mit Kohlenstoff angereichert sind. (Mittels Punktanalysen innerhalb dieser Bereiche kann die Bildung
von Titankarbiden und Siliziden nachgewiesen werden (vgl. Abb. 34)). Die Analyse
im Interface nach diesem Verfahren bietet den Vorteil einer Eichung der Abszisse in

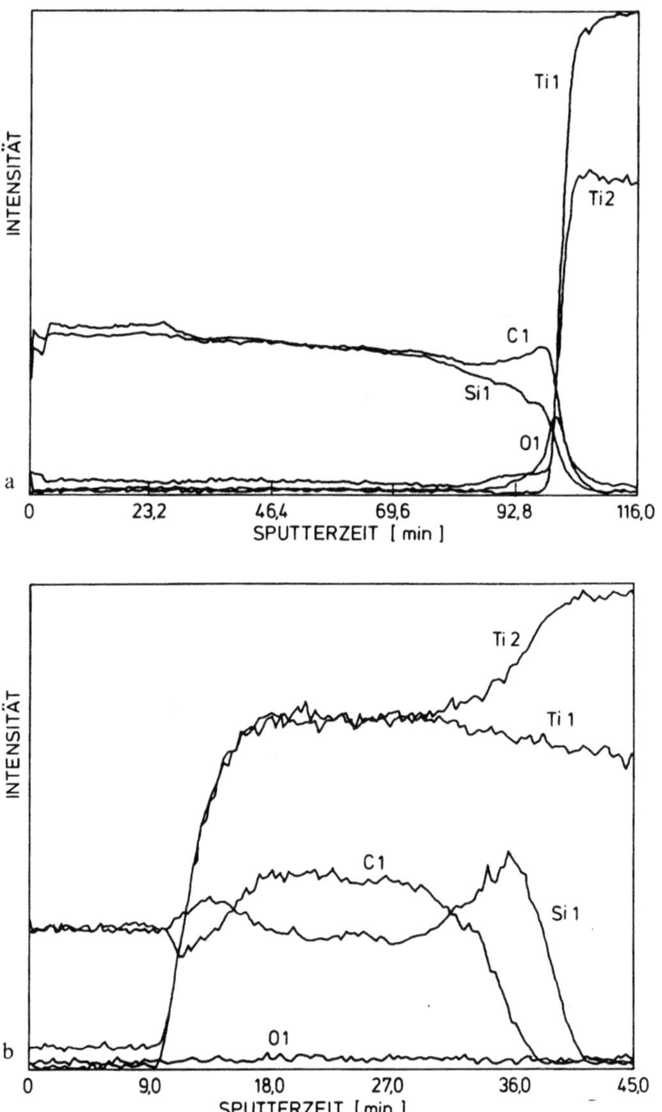

Abb. 33a und b. AES-Tiefenprofilanalyse einer auf Titan aufgesputterten SiC-Schicht. **a)** ohne
Wärmebehandlung, **b)** nach einer Wärmebehandlung von 950 °C/1 h

Längeneinheiten. Zu den Nachteilen ist der Einfluß des Strahldurchmessers auf die Ortsauflösung und der Einfluß der Oberflächenrauhigkeit auf die Auger Elektronenintensität zu zählen.

In Abb. 31b macht man sich bei der Analyse im Interface den oberflächenspezifischen Charakter der AES zunutze. Es wird von der Reaktionszone ein AES-Tiefenprofil angefertigt. Als Beispiel hierzu sind in Abb. 33 zwei Tiefenprofile angegeben. SiC wurde auf eine Titanoberfläche durch Sputtern aufgebracht. Abbildung 33a zeigt ein Tiefenprofil vor, Abb. 33b, nach einer Wärmebehandlung von 950 °C/1 h. Das Tiefenprofil vor der Wärmebehandlung zeigt eine etwa stöchiometrisch aufgebrachte SiC-Schicht auf Titan. Lediglich im Interface SiC-Titan findet man einen Überschuß an Kohlenstoff und eine Sauerstoffkontamination. Durch die Wärmebehandlung wird das Tiefenprofil völlig verändert. Mit wachsender Sputterzeit wird im Tiefenprofil einer wärmebehandelten Probe erst die unveränderte SiC-Schicht durchschritten. In der Reaktionszone durchläuft Titan ein Plateau. Silizium hat zum SiC hin ein Maximum und Kohlenstoff ein Minimum. Im darauffolgenden Plateau hat Kohlenstoff eine höhere Intensität als im SiC. Zum Titan hin durchläuft Silizium erneut ein Maximum.

Das AES-Tiefenprofil erlaubt die Analyse der Reaktionszone mit einer wesentlich höheren Orts(Tiefen)-auflösung. Nachteilig ist das Fehlen einer Eichung der Sputterzeitachse in Längeneinheiten. Der Einsatz der AES-Tiefenprofilanalyse ist zudem auf dünne Reaktionszonen (maximal einige Mikrometer) begrenzt.

Abbildung 32 zeigt einen Line scan über ein Interface eines bei 950 °C während 8 h hergestellten Ti—SiC Verbunds. Die lange Glühzeit von 8 h wurde gewählt, um eine stark verbreiterte Reaktionszone von 6–8 µm zu erhalten. In der Nachbarschaft zur SiC-Faser wird in dieser Reaktionszone ein Minimum der Si-Intensität beobachtet. Eine Punktanalyse an dieser Stelle liefert das Spektrum des TiC der Abb. 34. Der Nachweis der Phasen im Interface kann sowohl durch eine quantitative Auswertung der Intensitäten, als auch durch Vergleich des Meßspektrums mit den Spektren von Standardsubstanzen der Abb. 34 erfolgen.

Bei der Herstellung von technisch verwertbaren Verbundwerkstoffen sind lange Glühzeiten kostenungünstig und breite Reaktionszonen führen zur Schädigung der Faseroberfläche und Versprödung der Metallmatrix. Bei SiC faserverstärkten Titanlegierungen strebt man daher Reaktionszonen unter 1 µm an. Um AES-Analysen an solchen Reaktionszonen durchzuführen, werden diese durch Anfertigung eines Schrägschliffes verbreitert. Das Prinzip zeigt Abb. 35a. Der Verbundwerkstoff wird unter einem spitzen Winkel von wenigen Grad zur Faserachse geschnitten. Dadurch wird eine erheblich verbreiterte Reaktionszone erhalten. Abb. 35b zeigt eine rasterelektronenmikroskopische Aufnahme einer auf diesem Wege erhaltenen Reaktionszone im SiC—Ti-Verbund. Die etwa 1 bis 2 µm breite Reaktionszone wird in einem ca. 100 bis 200 µm breiten Bereich aufgeweitet. Dieses Präparationsverfahren erlaubt die Anwendung beider in Abb. 31 dargestellten Untersuchungsmethoden.

Abbildung 36 zeigt einen Line Scan über eine so verbreiterte Reaktionszone eines bei 950 °C/1 h hergestellten SiC—Ti6Al4V-Verbunds. Die Messungen wurden durch Einsatz einer Auger Sonde mit Feldemissionskathode erhalten [1056], die eine erhebliche Verbesserung der lateralen Auflösung gegenüber Sonden mit LaB_6-Kathode ermöglichen. Der durch diese Messungen erhaltene Aufbau der Reaktionszone ist schematisch in Abb. 37 dargestellt. Geht man von der Titanmatrix aus in Richtung SiC-Faser, so findet man zunächst das Titansilizid Ti_5Si_3 (Bereich B in Abb. 36). In der „Ti_5Si_3"-Matrix identifiziert man zunächst vereinzelt, dann mit wachsender Dichte TiC-Teilchen (Bereich C). In unmittelbarer Nachbarschaft zur SiC-Faser liegt eine reine, Si-freie TiC-Schicht (Bereich D). Die Phasen in der Reaktionszone können durch quantitative Auswertung der Intensitäten von Punkt-analysen mit Standardspektren identifiziert werden [1056, 1057].

Der mittels AES erhaltene Aufbau der Reaktionszone erlaubt eine Deutung des Ablaufs der chemischen Reaktion während der Herstellung des Verbunds. Zu Beginn der Reaktion wird SiC bei Einwirkung des Titans unter Bildung der Phasen

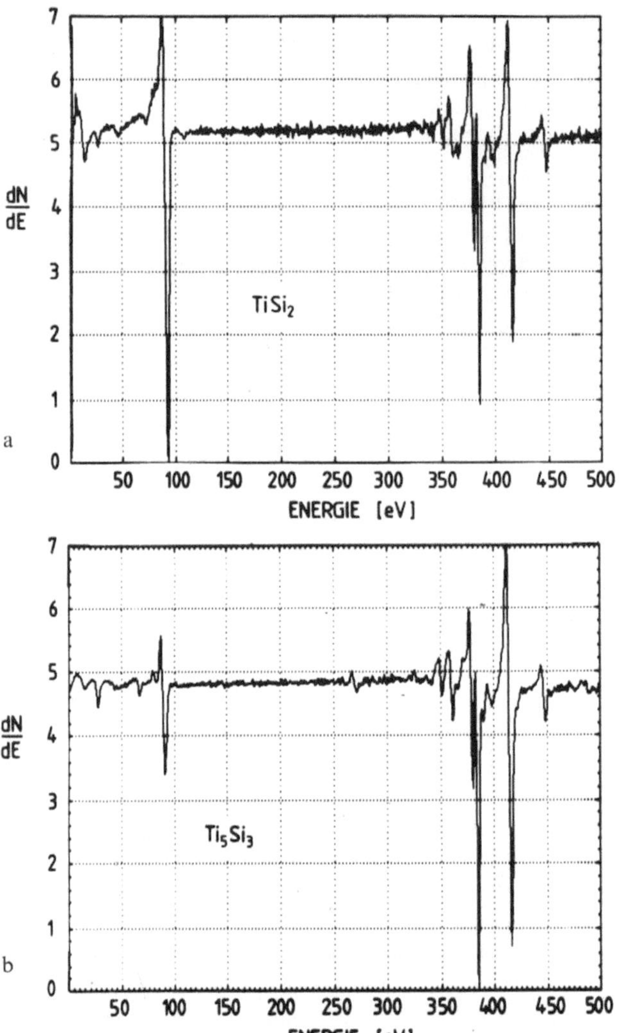

TiC und Ti_5Si_3 zersetzt. Die Reaktionsprodukte behindern den Zugang des Titans zur SiC-Faser. Aufgrund der höheren negativen Bildungsenthalpie des TiC wird dann bevorzugt TiC gebildet, während Si zur Titanmatrix diffundiert. Dies begünstigt die Bildung der TiC-Schicht in der Nachbarschaft zur SiC-Faser. Die TiC-Schicht wirkt als Diffusionsbarriere für Titan und reduziert die festigkeitsmindernde Schädigung der Faseroberfläche.

Die AES-Messungen liefern so Hinweise für die Optimierung der Herstellung von SiC-faserverstärkten Titanlegierungen: Die Herstellung der Verbundwerkstoffe sollte unter Bedingungen erfolgen, bei den die TiC-Schicht in einem möglichst frühen

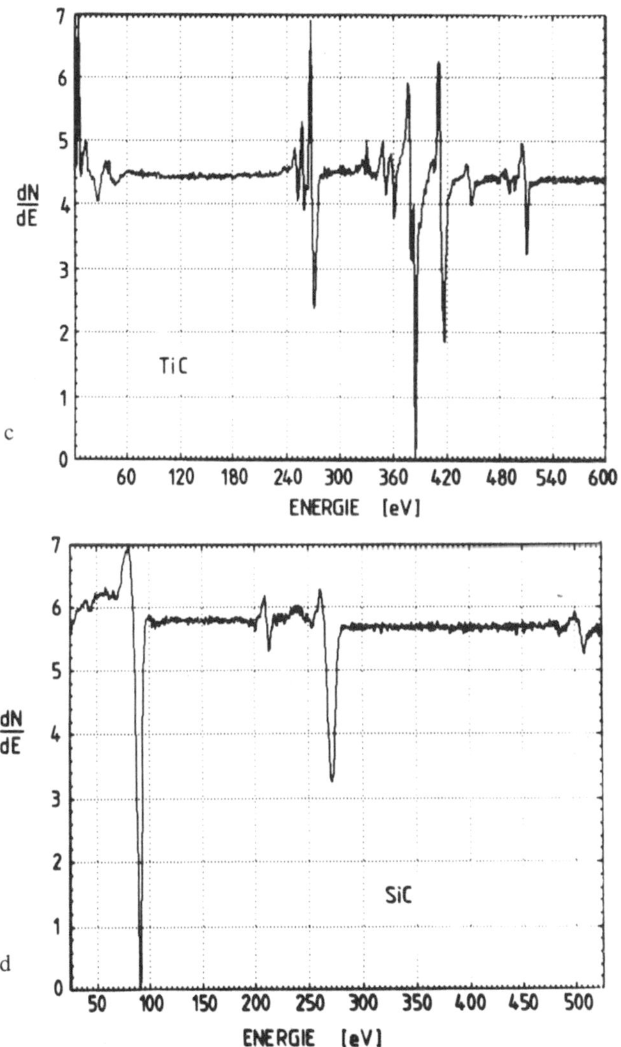

Abb. 34a–d. AES-Übersichtsspektren von $TiSi_2$, Ti_5Si_3, TiC und SiC zur Identifizierung der Phasen in der Reaktionszone von SiC-faserverstärkten Verbundwerkstoffen

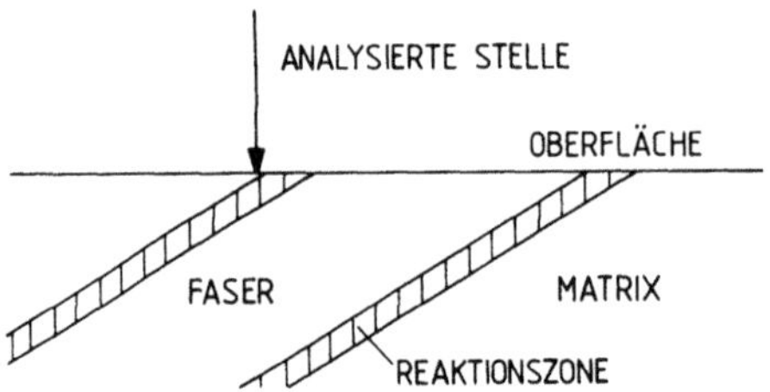

Abb. 35a. Präparation von Schrägschliffen an Faserverbundwerkstoffen (schematisch). Durch Anschliff des Verbundwerkstoffs unter einem spitzen Winkel zur Faserachse wird die Reaktionszone für die AES-Analyse verbreitert

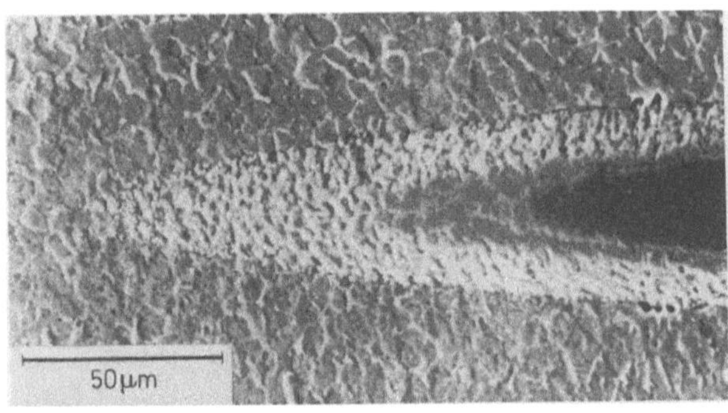

Abb. 35b. Rasterelektronenmikroskopische Aufnahme der Reaktionszone. Die Schliff-Fläche liegt unter einem spitzen Winkel zur Faserachse

Stadium gebildet wird. Das dies möglich ist, zeigt das AES-Tiefenprofil der Abb. 38. Es wurde an der Reaktionszone eines Verbundwerkstoffs erhalten, der bei 950 °C/5 min hergestellt wurde. Die nur ca. 0,1 µm breite Reaktionszone wurde nach dem oben angegebenen Schrägschliffverfahren präpariert und gemäß Abb. 35a analysiert. Das AES-Tiefenprofil der Abb. 38 zeigt, daß bereits nach einer Glühzeit von 5 min in der Nachbarschaft der SiC-Faser eine TiC-Schicht gebildet wird.

3.10 Übersicht Anwendungen

In diesem Abschnitt wird eine Übersicht der in der Literatur diskutierten Anwendungsgebiete der AES gegeben. Die Literaturzitate sind nicht vollständig. (Eine vollständige Zusammenstellung der Publikationen über die Auger Elektronenspektroskopie bis 1970 findet man in [46].) Übersichtsartikel zum Einsatz der AES zur Untersuchung technischer Problemstellungen findet man in [107–112, 879, 880, 964–967].

3.10.1 Oxidation

In Tabelle 3.3 sind einige Beispiele für die Untersuchung von Oxidationsproblemen mittels AES zusammengestellt. Eine Übersicht über das Oxidationsverhalten von dünnen Schichten findet man in [172].

Der Ablauf der Oxidation von Werkstoffen kann durch eine „in situ" Beobachtung (vgl. Abschnitt 4.9) des Auger Signals bei gleichzeitigem Einlaß des oxidierenden Gases ermittelt werden. Als Beispiel sei auf [173–176] hingewiesen.

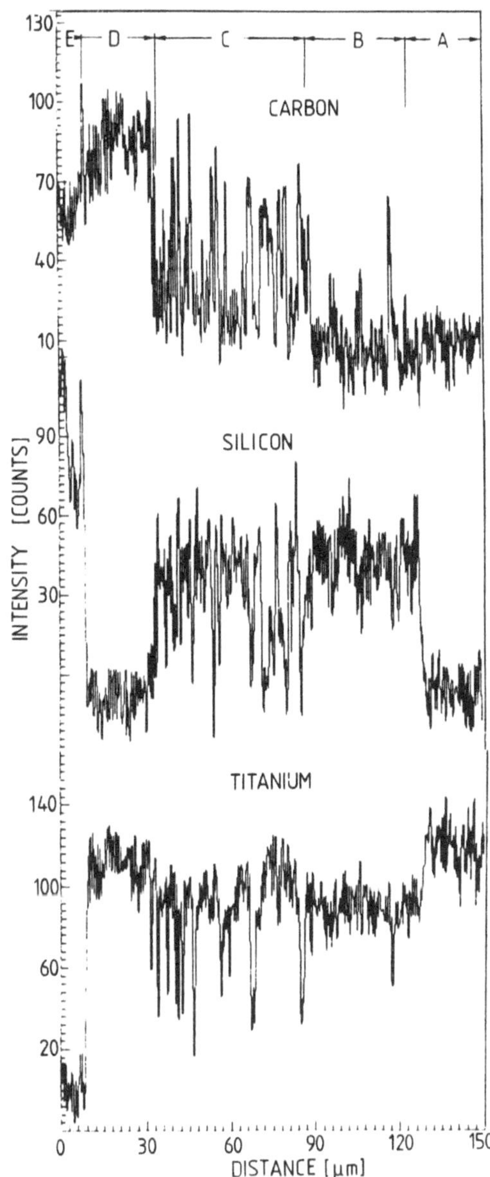

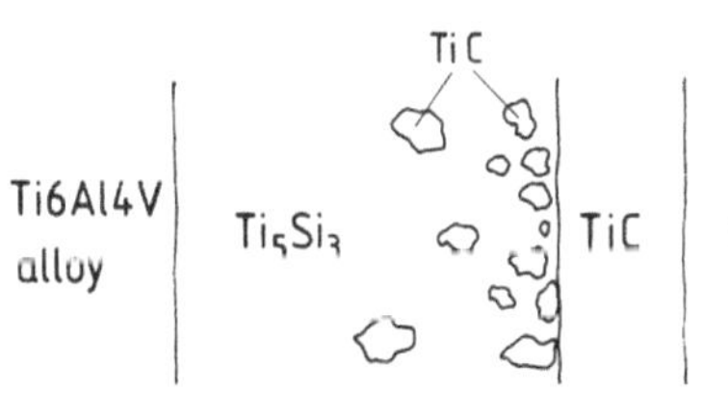

Abb. 36. AES Linescan über eine in einem Schrägschliff verbreiterte Reaktionszone. Der SiC—Ti-Verbundwerkstoff wurde bei 950 °C/1 h hergestellt. Von rechts nach links A — Titanmatrix, B — „Ti₅Si₃-Matrix" mit einzelnen TiC-Teilchen, C — TiC und Ti₅Si₃-Phasen dicht nebeneinander, D — TiC-Schicht, E — SiC-Faser

Abb. 37. Aufbau der Reaktionszone in einer SiC-faserverstärkten Ti6Al4V-Legierung bei Herstellung bei 950 °C/1 h (schematisch)

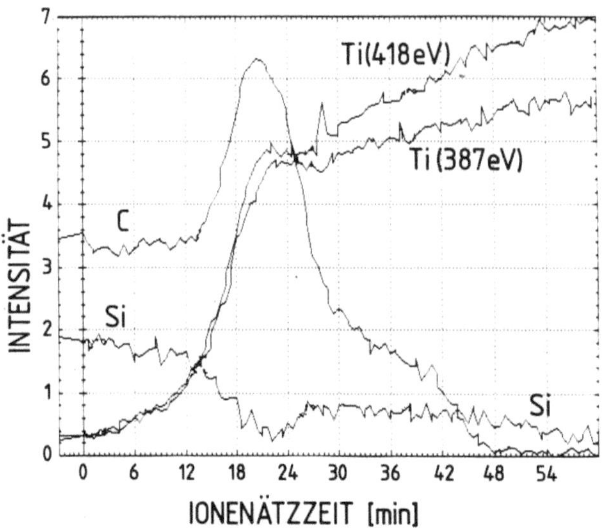

Abb. 38. AES-Tiefenprofil einer Reaktionszone in einem SiC—Ti6Al4V-Verbund hergestellt bei 950 °C/ 5 min

3.10.2 Oberflächensegregation

Übersichtsartikel zur Oberflächensegregation und deren Untersuchung mit Hilfe von AES findet man in [177–179, 526, 828], theoretische Untersuchungen zu diesem Thema in [180–191]. In Tabelle 3.4 sind einige experimentelle Untersuchungen zur Oberflächensegregation zusammengestellt.

3.10.3 Korngrenzensegregation

Zusammenfassende Darstellungen zur AES-Untersuchung von Problemen der Korngrenzensegregation findet man in [216–223, 961]. Die Publikationen [224–226, 962, 963, 1053] beziehen sich auf Stähle. In Tabelle 3.5 sind einige Einzeluntersuchungen an verschiedenen Systemen zusammengestellt.

3.10.4 Katalyse

Übersichtsartikel über den Einsatz der AES und anderer oberflächenanalytischer Verfahren zur Untersuchung von Problemen der Katalyse findet man in [245–247, 813]. Zur Kinetik der Wechselwirkung eines Katalysators mit der Gasatmosphäre siehe [248], zur katalytischen Wirkung einzelner Elemente [249], zur Oberflächenzusammensetzung von Katalysatoren [250–252, 1027] und zur Zersetzung von Gasen am Katalysator [253].

3.10.5 Grenzschichten, Reaktionsprofile, Adhesion

Die Untersuchung von Grenzschichten und Reaktionsprofilen kann nach den beiden im Abschnitt 3.9 beschriebenen Verfahren erfolgen. Das in Abb. 31a dargestellte

Tabelle 3.3 AES-Untersuchungen zur Oxidation

Material	Literatur*)
Mg	113, 114
Al	115, 116
Si	115, 117, (111) 119, (110) 119
Ti	115, (0001) 120
Cr	121–123, 115
MN	124
Fe	113, 121, 125–127, (001) 128, 129
FeBTi	902
Stähle	130–136, 896, 879, 968, 1002, 1003
Fe—Cr	(110) (100) 137
$Fe_{67}Co_{18}B_{14}Si_1$	1007
Co	899
Ni	121, 138, 139, (100) 140, 141, (111) 142, (110) 143
NiCrAl	897, 898
$NiSi_2$	1023
Ni—Pd	144
Ni—SiC	145
Ni-1 % Th	146
Cu	(111) 147, (100) 148
CuNi (110)	1024
Cu—Mn	149
Cu—Al	(100) 150
Zn	900
GaAs	151, 152, (111) 153
GaP	154, (111) 153
Ge	155
Zr	156
Zircaloy-4	1005
Nb	157, (100) 158, 1006
Nb—Ta	159
Mo	121, 160, (100) 161
$Pd_{78}Au_4Si_{18}$	162
InP	163, 164
InSb	165
SnPb60-40	1004
Ba	1021, 1022
Sm	166
Gd	124, 166
Tb	124, 166
Ta	1006
Ta_2N	167
Ta8W2Hf	901
Re	168
Pt	(111) 169, 1008
TbIn	170
Th	(111) 171

*) die in Klammern gesetzten Zahlen, z. B. (111) geben die Kristall-
  orientierung an

Tabelle 3.4 AES-Untersuchungen zur Oberflächensegregation

System	Literatur*)	System	Literatur
Al-Si	998		
Fe(100)-C,N,S	192	Si(111)-Pd	203
Stahl-B	193	Si(111)-Au	204
Stahl-S	194	Cu-In,Sn	205
Zircaloy	195	Cu-Al	206
Hastelloy C276	196	Cu-Ni	207, 208
Nb-O	197	Cu-Ni-S	214
Ag-An	198	Au-Cu	209
LaNi$_5$-O	199	Pd(100)-S	210
Pt-Sn	200	Cu(111), (100)-Sn	211
Pt-Cu	999		
Ni-C,S	194, 201	Au(111)-Ni	212, 213
Al-Mg	88	Fe-P	215
Ti(0001)-S	225, 202	Cu-Sn	526
TiFe-Ti	919		
Ga-Sn	903		

*) Die in Klammern gesetzten Zahlen geben die Kristallorientierung an

Tabelle 3.5 AES-Untersuchungen zur Korngrenzensegregation

System	Literatur
Stähle	227–233, 1010
Ni-Legierungen	233–239, 891, 1009
Al-Legierungen	240, 889, 890
Ti-Legierungen	241
Cr-Legierungen	242
Cu-Legierungen	243, 244, 888
Ni-Legierungen	244
Wolfram	1011

Verfahren zur Untersuchung von Reaktionsprofilen wurde in der Vergangenheit jedoch selten benutzt (vgl. z. B. [254–257, 805, 881, 887], da lateral hochauflösende Auger Sonden erst seit einigen Jahren auf dem Markt erhältlich sind. Die AES-Tiefenprofilanalyse wird dagegen schon seit langem zur Untersuchung von Grenzschichten und Reaktionsprofilen eingesetzt. Tabelle 3.6 zeigt Beispiele für die Untersuchung von Grenzschichten mittels der AES-Tiefenprofilanalyse. Aus den AES-Tiefenprofilanalysen können die Diffusionskoeffizienten ermittelt werden [284–287, 895, 1015]. Ein technisches Anwendungsgebiet der AES-Untersuchungen von Reaktionsprofilen ist die Haftung in Verbundwerkstoffen [288, 289, 256, 290–293, 1016].

Der Einfluß von adsorbierten Fremdatomen (C, N, S, P) auf die Haftung zwischen Eisenoberflächen wird in [751] untersucht. Eine Übersicht über die Anwendung oberflächenanalytischer Verfahren zur Untersuchung von Grenzschichtproblemen gibt [294–296, 223].

Tabelle 3.6 AES-Untersuchungen an Grenzschichten

Dünne Schichten

Al-Si	258	Cr-Au	264
Cr-Pt	259	Ag-Pt	265
Cu-Au	260	AlN-Si	266
Au-Pt	261	Ni-Graphit	267
Cu-Zn	262	Ni-Fe	268
Ir-Si	263	Ag-Si	269
Rh-Si	263	Au-Si	269
Si(111)-Cu	892	$Al_2O_3(111)$-Ti	270
Halbleiter, etc. Ti_xC-Si, SiO_2, Ti, $TiSi_2Al$			894
Si-SiO_2		271–274, 804, 806	
InP-Oxid		275, 803	
GaAs-Oxid		275, 803	
Si-Me_xSi_y		261	
Ta-Ta_xO_y		276	
Au-GaAs		277–280	
Cu_2S-CdS		281	
Pt-$SrTiO_3$ (100)		282	
GaAs,Si,Fe- $GeO_2,Bi_2O_3,SnO_2,Sb_2O_3$- Ga_2O_3,As_2O_3- Au,Ag,Cu		283	
Si:H-SnO_2		893	

An der Grenze zwischen zwei Materialien können Übergangsphasen gebildet werden, die im Tiefenprofil nur durch eine Analyse der Linienform der beteiligten Elemente nachgewiesen werden können. So wird zwischen einer Platindeckschicht und einer ZrO_2-Unterlage die Existenz einer Übergangsphase Pt–Zr nachgewiesen [297]. Bei der Interpretation der Linienform im AES-Tiefenprofil muß aber die Wirkung ioneninduzierter Effekte, die insbesondere auch zu einer Modifizierung der Bindungsform führen kann, beachtet werden (vgl. Abschnitt 4.6.5).

3.10.6 Oberflächenbehandlung, Passivierung, Korrosion

Mit Hilfe der AES kann die Wirkung verschiedener Oberflächenbehandlungen auf die Oberflächenzusammensetzung [298] und ihr Einfluß auf die Wirkung korrosiver Medien untersucht werden. Bei Stählen wurde u. a. der Einfluß einer Glühbehandlung im Vakuum [299], die Einwirkung von Lösungsmitteln [300] und die Wirkung von Verunreinigungen [301] untersucht. AES-Untersuchungen zum Einfluß korrosiver Medien auf die Oberflächenzusammensetzung von Gläsern findet man in [302].

3.10.7 Reibung

Mittels AES können die auf der Oberfläche verbleibenden Rückstände von Schmiermitteln und die des Reibungspartners untersucht werden [303–305]. Die Reibungserscheinungen wurden bereits in „in situ" Experimenten untersucht ([306–307], Abschnitt 4.9). Eine Übersicht über den Einfluß der Ionenimplantation auf das Verhalten von Werkstoffen im Reibungsversuch und AES-Untersuchungen zu diesem Thema findet man in [308].

3.10.8 Weitere Anwendungen

Weltraumforschung [309], Thermionische Emitter [310, 816, 817], Feldemission [311–312], Supraleitung [313], Ionenimplantation [314–319], Solarenergie [320–323, 1014], Hochtemperaturkorrosion [324], Schutzschichten [325, 1012, 1013, 1054], Kernfusion [326, 824], Photoemission [327], Elektrooptische Keramik [328], Infrarotdetektoren [329], Schottky Barrieren [330], Josephson-Diode [820], Metallische Gläser [830, 1007], Umweltforschung [878], Halbleiter [904–906, 918, 1001], Glühkathoden [1018], Drahtindustrie [1019], Waffentechnik [1020].

4 Methoden der Auger Elektronenspektroskopie

In diesem Abschnitt sollen die bisherigen allgemeinen und einführenden Ausführungen für ausgewählte Themen ergänzt und vertieft werden. Es werden vor allem die für die praktische Analyse von technischen Problemstellungen relevanten Fragen diskutiert. Nicht behandelt werden gerätetechnische Probleme, exakte mathematische Formulierungen des Auger Effekts und Experimente an Einkristallen. Zu diesen Fragen wird auf Speziallliteratur verwiesen.

Ergänzende Literatur zu einigen hier nicht näher behandelten Themen:

Winkelabhängigkeit der Auger Emission [62–84], Theoretische Beschreibung des Auger Effekts [331–333], Elektronenspektrometer und Elektronenspektroskopie [334–336], Gegenfeldspektrometer [337–339], Zylinder Spiegelanalysatoren [340 bis 341], Doublepass CMA [342], Sphärische Analysatoren [343–346] (siehe auch Kapitel 3), Rechnersteuerung bei der Spektroskopie [347–349], Spektrenbearbeitung bei der AES [360–369], Ioneninduzierte Auger Elektronenspektroskopie [350–359], Röntgenstrahleninduzierte Auger Elektronenspektroskopie (siehe Kapitel 3).

4.1 Struktur des Auger Spektrums

4.1.1 Zahl der Auger-Linien

Die Zahl der Linien im Auger-Spektrum eines Elements wird durch die Zahl der möglichen Übergänge bestimmt, die im Anschluß an eine Ionisation einer inneren Atomschale erfolgen können. Die Anzahl der möglichen Übergänge im Atom wird entscheidend durch die Art der Kopplung von Elektronendrehimpuls und Spin beeinflußt. In einem Atom kann je nach Ordnungszahl ein Zwischenzustand zwischen zwei extremen Fällen von Kopplung zwischen Bahndrehimpuls $\bar{l}_i$ und

Spin $\vec{s}_i$ der Elektronen vorliegen. Bei Elementen niederer Ordnungszahl werden die Bahndrehimpulse $\vec{l}_i$ der einzelnen Elektronen getrennt und die Spins $\vec{s}_i$ getrennt jeweils zum Gesamtdrehimpuls $\vec{L} = \Sigma\,\vec{l}_i$ und zum Gesamtspin $\vec{S} = \Sigma\,\vec{s}_i$ aufaddiert. Die Vektoren des Gesamtdrehimpulses $\vec{L}$ und Gesamtspins $\vec{S}$ werden zum Gesamtdrehimpuls $\vec{J} = \vec{L} + \vec{S}$ zusammengesetzt. $\vec{L}$ und $\vec{S}$ präzisieren um die Richtung von $\vec{J}$. Diese Kopplung der Elektronen-Bahndrehimpulse und Spins wird LS- oder Russell-Saunder'sche Kopplung genannt (vgl. z. B. [1, 2]).

Bei Elementen hoher Ordnungszahl liegt überwiegend die sogenannte jj-Kopplung vor. Bei dieser Kopplung wird für jedes Elektron im Atom durch Addition von Bahndrehimpuls $\vec{l}_i$ und Spin $\vec{s}_i$ ein Gesamtdrehimpuls $\vec{J}_i = \vec{l}_i + \vec{s}_i$ gebildet. Alle $\vec{J}_i$ werden zum Gesamtdrehimpuls $\vec{J} = \Sigma\,\vec{J}_i$ aufaddiert. Die einzelnen $\vec{J}_i$ präzisieren um $\vec{J}$.

Die Zahl der Übergänge im Atom und damit die Zahl der Auger-Linien im Spektrum wird nun durch den Grad der jj- bzw. LS-Kopplung bestimmt. Abbildung 39 zeigt die relative Energielage der Auger-Linien des KLL-Spektrums der Atome in Abhängigkeit von der Ordnungszahl Z. Bei Vorliegen einer reinen jj-Kopplung sind 6 Linien, bei einer reinen LS-Kopplung 5 Linien zu erwarten. Bei gemischter Kopplungsart für Elemente mittlerer Ordnungszahl können bis zu

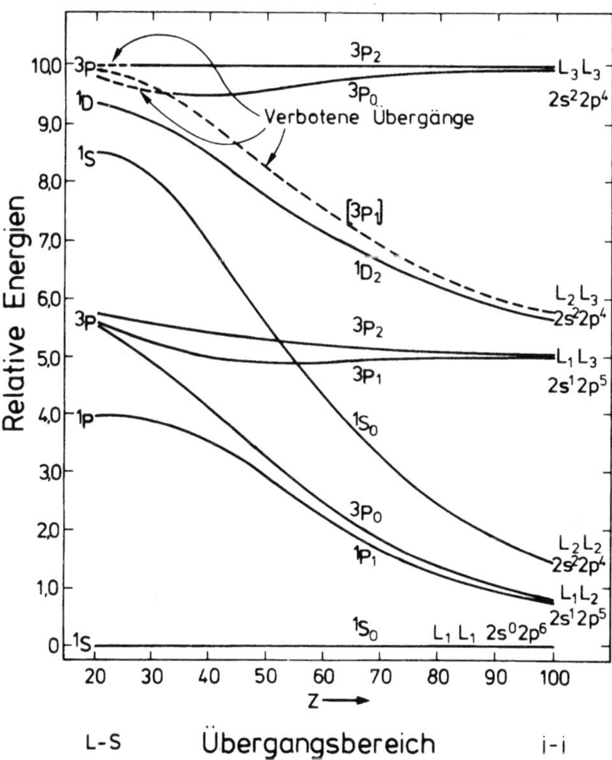

Abb. 39. Relative Energielage der KLL-Auger Linien in Abhängigkeit von der Ordnungszahl Z (nach [334]).

9 Linien im KLL-Spektrum auftreten. Es ist allerdings zu beachten, daß die Linien im AES-Spektrum bei nicht ausreichender Energieauflösung des Elektronenspektrometers nicht immer voneinander getrennt werden können.

Die Kennzeichnung der Übergänge nach dem Schema KLL entspricht einem Atomaufbau gemäß der jj-Kopplung schwerer Elemente. In dieser Schreibweise sind dem L-Niveau folgende Bahndrehimpulsquantenzahlen l, j zuzuordnen:

$$
\begin{array}{cccc}
 & L_1 & L_2 & L_3 \\
l & 0 & 1 & 1 \\
j & {}^1/_2 & {}^1/_2 & {}^3/_2 \\
\end{array}
$$

Um die in den Zwischenzuständen — bei hoher Energieauflösung — auftretenden zusätzlichen Linien zu identifizieren, wird die in Abb. 39 eingezeichnete Nomen-

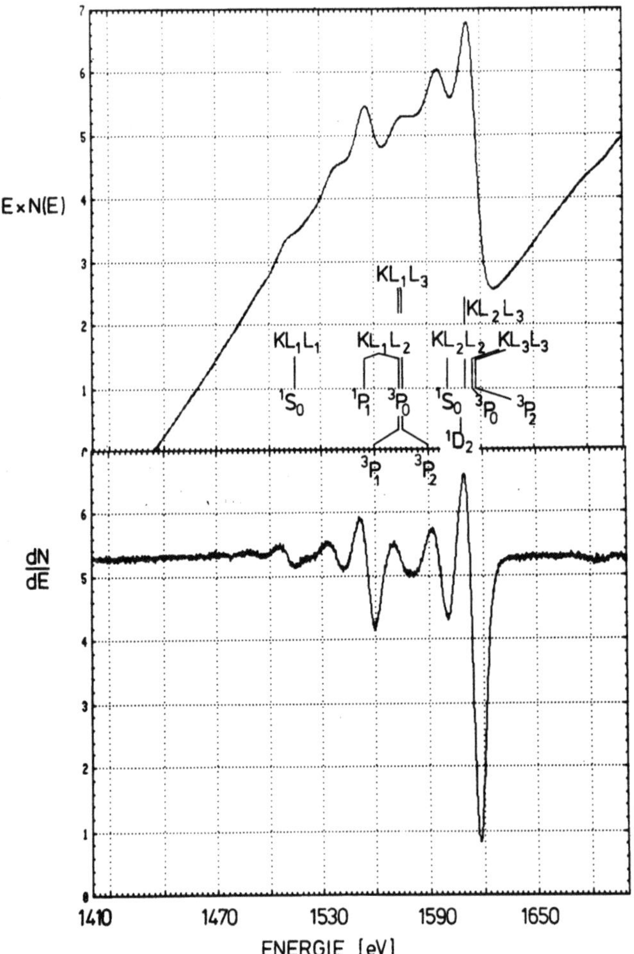

Abb. 40. Das KLL-Spektrum des Siliziums in der N(E) · E- (oben) und dN/dE-Darstellung (unten) mit eingezeichneten Übergängen und Bezeichnungen gemäß Abb. 39

klatur KL_1L_1 ($^1S_0$), KL_1L_2 (^1P) usw. benutzt. Die Linien KL_1L_2 ($^3P_0$), KL_1L_3 ($^3P_2$) und KL_3L_3 ($^3P_0$) werden Auger Satelliten genannt, da sie mit geringer Intensität in der Nachbarschaft intensiver Linien auftreten.

Abbildung 40 zeigt das KLL-Spektrum des Siliziums aufgenommen mit einem CMA in der N(E)*E- und dN/dE-Darstellung. Die Linien sind durch die Übergänge (gemäß [334]) gekennzeichnet.

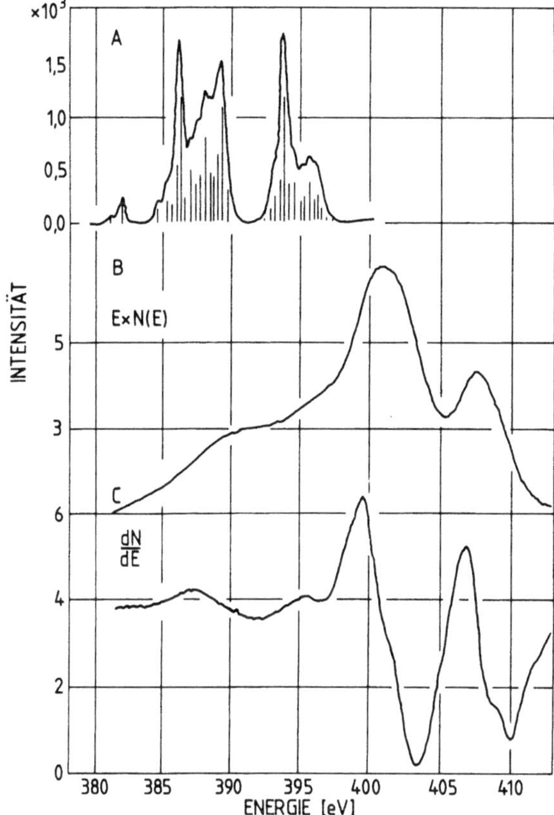

Abb. 41. $M_{4,5}N_{4,5}N_{4,5}$ Spektrum des Indiums aufgenommen im Gaszustand (oben) nach [387], und am Metall in der N(E) · E-Darstellung (mitte) und in der dN/dE-Darstellung (unten).

Die in der elektronenstrahlinduzierten AES bedeutsamen Auger Serien LMM und MNN sind noch komplexer aufgebaut, als die KLL-Serie (vgl. Abb. 41). Verursacht wird diese Komplexität durch die Aufspaltung des L- bzw. M-Niveaus und der im allgemeinen vorhandenen Vielfachionisation. Diese tritt auf, wenn bereits Auger Übergänge der L- bzw. M-Emission vorangegangen sind.

Die innerhalb eines Atoms stattfindenden Auger Übergänge werden intraatomare Übergänge genannt. Neben diesen werden mit verminderter Intensität auch Auger Übergänge zwischen verschiedenen Atomen (z. B. zwischen Titan- und Sauerstoffatomen in Titanoxiden) beobachtet [950, 951]. Diese Übergänge werden interatomare Übergänge genannt.

4.1.2 Energielage der Auger-Linien

Eine einfache Abschätzung der Energielage einer Auger-Linie kann aus den Bindungsenergien der am Auger-Prozeß beteiligten Elektronen erfolgen. Die Bindungsenergien sind aus der Röntgen- oder Röntgenphotoelektronen-Spektroskopie bekannt (vgl. z. B. [10]). Die Energie eines WXY-Auger-Elektrons ist dann durch

$$E(WXY) = E(W) - E(X) - E(Y) + \Delta E - \Phi_A \tag{4.1}$$

gegeben, wobei $E(W)$, $E(X)$ und $E(Y)$ die Bindungsenergien der Elektronen in den Schalen W, X und Y sind. Die Korrektur ΔE in der Größenordnung 10 eV hängt von einer Reihe von Einflußfaktoren ab, die im folgenden kurz diskutiert werden sollen.

Φ_A ist die Austrittsarbeit des Analysators. Die Austrittsarbeit der untersuchten Probenstelle Φ_p spielt dagegen keine Rolle, solange die Probe und der Analysator auf gleichem Potential liegen (vgl. Kapitel 3 dieses Buches und [334] Seite 252).

Nach der Emission eines Auger Elektrons verbleibt das Atom in einem doppelt ionisierten Zustand. Die Energie der zurückbleibenden Elektronenkonfiguration hängt von der Lage der Leerstellen im Atom und der Wechselwirkung der im Atomverband verbleibenden Elektronen ab. Damit hängt auch die Energie des emittierten Auger Elektrons von dem zurückbleibenden Atomzustand ab.

Bei Gasen besteht ΔE in (4.1) aus zwei Beiträgen: 1. Durch die Wechselwirkung der in den Schalen X und W entstandenen Löcher wird die Bindungsenergie des aus der Schale Y stammenden Auger-Elektrons erhöht. 2. Die doppelte Ionisation des Atomverbands führt zu einer Umordnung der verbleibenden Elektronen (Relaxation) in deren Folge die Ladung des Atomkerns abgeschirmt und der Radius der Elektronenbahnen verringert wird. Dieser Beitrag wird „intraatomare Relaxationsenergie" genannt.

Für den Auger-Effekt an Gasen wurden zur Bestimmung von ΔE empirische Verfahren entwickelt. Im einfachsten Fall setzt man für $E(Y) + \Delta E$ die Bindungsenergie des in der Schale Y einfach ionisierten Atoms der nächst höheren Ordnungszahl $(Z + 1)$. Nach [331] ist $E(W, X, Y)$ durch

$$E(WXY) = E(WZ) - \frac{1}{2}[E(YZ) + E(YZ + 1)] - \Phi_A$$
$$+ \frac{1}{2}[E(XZ) + E(XZ + 1)] \tag{4.2}$$

gegeben.

Halbempirische Verfahren zur Bestimmung der Energielage der Auger Linien findet man in [370–377, 955]. Theoretische Bestimmungen der Linienlage für die KLL-Serie findet man in [378–381], für die LMM-Serien in [382, 383] und für die MNN-Serien in [384, 385]. Eine zusammenfassende Übersicht befindet sich in [386]. Zur experimentellen Bestimmung der AES-Spektren an Gasen s. [953, 954].

Durch den Einbau des Atoms in einen Festkörper wird ΔE um den Beitrag der „extraatomaren Relaxationsenergie" geändert, der aus der Umordnung der Valenzelektronen der benachbarten Atome des Festkörpers bei Ionisation in den Schalen X und W resultiert. Die Änderung von ΔE hängt von der Art des Festkörpers (Metall, Oxid) und der Art des betrachteten Übergangs ab. Man unterscheidet Übergänge CCC (core-core-core), bei denen nur innere Schalen des Atoms beteiligt sind, und Übergänge CCV (core-core-valence) und CVV (core-valence-valence), bei denen die Ionisation in einer inneren Schale, aber eines der beiden übrigen oder beide Valenzniveaus beteiligt sind. Der Einbau in den Festkörper bewirkt bei Ionisation der inneren Schalen des Atoms eine Ladungsumordnung in den benachbarten Atomen, die wiederum rückwirkend eine — im Vergleich zum Atom im Gaszustand — geänderte Anordnung der Ladung im betrachteten Atom bewirken. Außer einer völlig geänderten Anordnung im Valenzband bewirkt der Einbau eines Atoms im Festkörper auch eine geänderte Anordnung der Elektronen in den inneren Schalen. Bei den Übergängen CCV und CVV sind daher erhebliche Änderungen der Linienlage, bei den Übergängen CCC eher geringer Änderungen zu erwarten.

Abbildung 41 zeigt das $M_{4.5}N_{4.5}N_{4.5}$ Spektrum vom Indium aufgenommen a) im Gaszustand [387] b) am Metall im direkten und c) differenzierten Spektrum. Die zu den einzelnen Übergängen gehörenden Energielagen sind in a) eingezeichnet. Ein Vergleich der Spektren zeigt, daß beim Einbau der Atome in das metallische Kristallgitter, abgesehen von den infolge geringerer Auflösung des CMA verringerten Spektrendetails, eine Änderung der Intensitäten, der Linienbreite und der Energielage der Linien beobachtet wird.

Bei einer Bestimmung der Energielage einer Auger Linie ist auf eine sorgfältige Kalibrierung der Energieachse des Spektrometers zu achten. Die Energieeichung des Zylinderspiegelanalysators erfolgt über eine Einstellung des elastischen Peaks mittels einer kalibrierten Spannung von z. B. 2 kV. Eine derartige Eichung ist aber in vielen Fällen nicht ausreichend, wie Ringversuche gezeigt haben [388]. Eine Überprüfung der Energieeichung des Spektrometers kann durch Bestimmung der Energielage von Standardspektren, z. B. von Gold oder Kupfer erfolgen. Eichverfahren für Elektronenspektrometer sind in [389–391, 989, 990] und in Kapitel 3 dieses Buchs beschrieben. Der Einfluß des Abstands der Probe vom CMA auf die Energielage einer Linie wird in [392] diskutiert.

4.1.3 Linienform

Die Linienform im Auger Spektrum wird durch die Besetzungsdichteverteilung der beteiligten Energieniveaus und eventuell durch eine Wechselwirkung der Auger Elektronen beim Durchgang durch das Material auf ihrem Weg zur Oberfläche beeinflußt. Bei einem Übergang CCC sind die beteiligten Energieniveaus schmal und scharf. In der Auger Spektroskopie von Gasen erhält man dann eine glockenförmige Verteilung geringer Halbwertsbreite. Im Festkörper ist die Linie im allgemeinen breiter und hat einen Ausläufer zu geringeren kinetischen Energien hin (vgl. Abb. 40).

Die Linienform im AES Spektrum wird durch die Gerätefunktion des Spektrometers beeinflußt. Die Gerätefunktion wird als die Linienform $T(E)$ eines (hypothetischen) einzelnen mittels des Spektrometers gemessenen Impulses (Deltafunktion als Eingangslinie) definiert. Die gemessene Linienform $S_g(E)$ ist das Ergebnis eines Faltungsproduktes

$$S_g(E) = E(E)^* \, T(E)$$

aus der „wahren" Linienform $S(E)$ und der Spektrometerfunktion $T(E)$.

Bei der Aufnahme des differenzierten Spektrums mit einem CMA wird eine elliptische Gerätefunktion

$$T(E) = \frac{2}{\pi}\left[1 - \left(\frac{E}{p}\right)^2 \right]^{1/2}$$

eingeführt (p = Modulationsamplitude), die eine Glättung des hochfrequenten Schrotrauschens bewirkt [813]. Einen Einfluß auf die Linienform hat auch die Breite des Energiefensters ΔE (vgl. Abschnitt 4.4.1). Die Linienform wird daher durch mehrere Faktoren $T_v(E)$ beeinflußt. Experimentell kann die Gerätefunktion des Spektrometers mittels des elastischen Peaks bestimmt werden [814, 850].

Die Linienform wird, ähnlich wie deren Energielage durch die chemische Bindung beeinflußt. Im Abschnitt 3 sind hierzu einige Beispiele gegeben.

Übersichtsartikel zur Deutung der Linienform und Linienlage findet man in [393–402, 850]. Tabelle 4.1 gibt eine (nicht vollständige) Zusammenstellung von Literaturzitaten zur Deutung der Linienform und Energielage verschiedener Elemente und deren Verbindungen.

Tabelle 4.1 Literatur zur Deutung der Linienform und Energielage verschiedener Elemente und deren Verbingungen*)

Z		
3	Li	Li—O [403]
4	Be	Be [404], Be—O [405–409], Be(0001)—O [836]
5	B	BN, B_2O_3, H_3BO_B [420, 411], B—O [837]
6	C	C [412–414, 809, 852], Co—Ni(110) [415, 416], SiC [417, 418],TiC, VC,Cr_3C_2 [419, 395], C—Rh, Ni [859], C—Li [1027]
7	N	[1032, 1933]
8	O	[420] O—W(100) [421], Ni—O [422], Si—O, Pd—O [423]
11	Na	NaF [424]
12	Mg	MgO [425, 426, 402], MgF_2 [424], Mg_2Si [1026]
13	Al	Al [427, 428], Al_2O_3 [425, 424], Al—Cu [429, 430], Al—N [1028, 1029]
14	Si	SiO_2, Si_3O_4 [431, 432, 1032, 1033], Si(111)—O,H_2O [432–434], Si—H [851] Si—H, N, O [393, 435, 436], Si—Pd [437–439] SiC [410], Si_3N_4 [441, 442, 806], Si—Cu [1030], Si—Fe [1031], Si—Cr,Mo,W,Ti [1034]
15	P	P—O—Cu [443], P—Ga [1037]
16	S	S [444], S—Ni [445], S—Ta, CdS, ZnS, PbS [446–448, 840]
18	Ar	Ar [449, 450]
21	Sc	Sc [394]
22	Ti	Ti [451, 452, 394], TiO, TiO_2 [453–459, 855], TiC [1035] Ti-Legierungen [460–462], $SrTiO_3$ [459, 809], Ti—H,O,S [854]
23	V	V—O, V_2O_3, VO_2 [394, 397], V_2O_5(010), V(100) [463], V—O [464], V—Cr [853], Ti—Si [1034]
24	Cr	Cr [452], Cr—O [464, 465, 401]

Tabelle 4.1 (Fortsetzung)

25	Mn	MnO, Mn_2O_7 [466]
26	Fe	Fe [452], Fe—Si [467], Fe—O [468, 469], Fe—Co [856]
27	Co	Co [470, 394, 471]
28	Ni	Ni [427, 452, 472, 810], Ni—O [473, 475], NiSi [438, 1036] NiC [476]
29	Cu	Cu [427, 452, 477], Cu(111) [478, 479], Cu_5FeS_4 [480], $CuAl_2$ [430], Cu—O [481], Cu—Ag [482], Cu—Ni [475, 857]
30	Zn	Zn [466, 452], ZnO [858]
35	Br	Br/Pt(111) [483]
36	Kr	Kr [484]
39	Y	Y [394]
40	Zr	Zr [394], ZrO_2 [410, 811]
41	Nb	Nb [485, 394]
42	Mo	MoO_3, MoO_2 [486, 487, 395], Mo—C, Mo—CO [468], Mo—Si [1034, 1038]
43	Tc	Tc [861] [1040]
46	Pd	Pd [488], Pd(111)/Cu(111) [478], Pd —Si [437, 438], Pd—Ag [89]
47	Ag	Ag—C [478, 808], Ag [489], Ag—Cu [482, 839], Ag—Pd [89], Ag—An [860],
48	Cd	$Cd_{1-x}Mn_xF_2$ [918] CdO [404, 807]
49	In	In—P [1039]
50	Sn	Sn [490]
57	La	La [394]
62	Sm	Sm—O [491]
68	Er	Er—O [491]
72	Hf	Hf [394]
73	Ta	Ta [492, 394, 395]
74	W	W—Si [1034]
75	Re	Re [394]
77	Ir	Ir—CO [496]
78	Pt	Pt [394], Pt—Ni [1041]
79	Au	Au [497, 394], Au—Si [498]
92	U	U [499, 838]

*) Die in runden Klammern gesetzten Zahlen geben die Kristallorientierung an

Am Beispiel von Siliziumoxinitriden konnte gezeigt werden, daß die AES-Linienform einer aus mehreren Elementen zusammengesetzten Substanz vollständig aus den Einzelkomponenten (Si—Si, Si—N, Si—O, Si—H) synthetisiert werden kann ([434], vgl. dazu auch [500]).

Zur Entfaltung von CVV-Linienprofilen vgl. [948], zur Ermittlung des inelastischen Beitrags zur Linienform [949].

4.2 Auger Elektronenintensität

4.2.1 Formalismus

Zur rechnerischen Bestimmung der Auger Elektronenintensität wird zunächst die durch den Elektronenstrahl erzeugte Dichte der Ionisation im Material einer in Betracht gezogenen Schalde j einer Atomsorte i berechnet (Abb. 42). Es erweist sich dabei als zweckmäßig, den Beitrag des Primärstrahls und denjenigen der Rückstreuelektronen getrennt zu bestimmen. Aus der Ionisierungsdichte wird bei Kenntnis der Wahrscheinlichkeit zur Emission eines Auger Elektrons die an einem Ort P(x, y, z) im Material erzeugte Zahl der Auger Elektronen erhalten. Unter Berück-

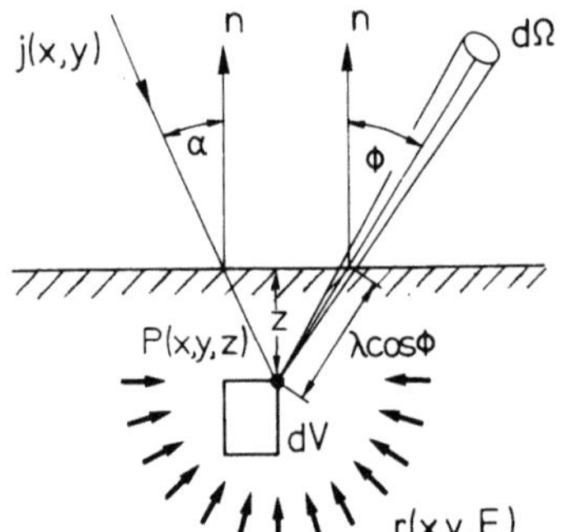

Abb. 42. Zur Berechnung der Auger Elektronenintensität

sichtigung der Absorption (inelastische Wechselwirkung der Elektronen mit dem Material) der Auger Elektronen auf ihrem Weg zur Oberfläche wird daraus die Zahl der von P aus in eine vorgegebene Richtung und einen vorgegebenen Raumwinkel emittierten Auger Elektronen bestimmt. Durch Summation über die Beiträge aller Punkte P wird die gesamte Auger Elektronenintensität errechnet.

Wir beginnen mit der Bestimmung der durch den Primärstrahl erzeugten Ionisierungsdichte. Es sei $j(x, y, z)$ die am Ort $P(x, y, z)$ im Probeninneren je Zeit und Flächeneinheit einfallende Zahl der Primärelektronen (Teilchenstromdichte). Zur Beschreibung der z-Abhängigkeit von $j(x, y, z)$ kann ein Lenard'sches (exponentielles) oder ein Everhart'sches [501] Absorptionsgesetz verwendet werden [502]. Die Abnahme von $j(x, y, z)$ mit z muß bei der folgenden Berechnung der Intensität aufgrund der geringen AES-Informationstiefe nur bei Spannungen unterhalb 1–3 kV (je nach Materialdichte) beachtet werden (dann gilt es auch die Energieabhängigkeit der Primärelektronen von z zu beachten). Da die Auger Elektronenmikrobereichsanalyse bevorzugt oberhalb dieser Spannungen arbeitet, wird im folgenden die z-Abhängigkeit der Primärintensität vernachlässigt: $j(x, y, z) = j(x, y)$.

In das Volumenelement $dV = df \cdot dz$ in der Umgebung des Punktes $P(x, y, z)$ gelangt dann je Zeiteinheit die Zahl der Primärelektronen $j(x, y)\, df$. Zur Beschreibung der Ionisation der Atome wird der Ionisierungsquerschnitt $\sigma_{ij}(E)$ eingeführt. $\sigma_{ij}(E)$ ist diejenige Fläche, die ein Atom i dem einfallenden Elektron mit der Energie E, darbietet. Wird die Fläche $\sigma_{ij}(E)$ durch das Elektron durchquert, so wird das Atom ionisiert. Ausgehend von dieser Definition wird die Wahrscheinlichkeit, für ein Elektron ein i-Atom zu ionisieren, berechnet. Dazu wird die Zahl der Flächen σ_{ij} aller i-Atome in dV durch das Flächenelement df dividiert. Die Zahl der in dV stattfindenden Ionisierungen beträgt daher

$$dn_{ij}^{P} = \frac{\sigma_{ij}(E)\, N_i\, dV}{df} \cdot j(x, y)\, df \tag{4.3}$$

N_i ist die Zahl der i-Atome pro Volumeneinheit.

Zur Berechnung des Beitrags der Rückstreuelektronen zur Ionisierungsdichte wird für den Fluß der Rückstreuelektronen eine ortsabhängige Funktion $r(x, y, z, E)$ angenommen. Im Gegensatz zum Primärstrahl, für den eine konstante Energie E_0 vorausgesetzt wird, hat r eine Energieverteilung. Die Zahl der (auf die Primärintensität

j_0 normierten) Rückstreuelektronen je Flächeneinheit am Ort P(x, y, z) mit der Energie im Intervall E, E + dE sei durch r(x, y, z, E) dE gegeben. Für die durch die Rückstreuelektronen erzeugte Zahl der Ionisierungen erhält man dann

$$dn_{ij}^r = N_i \, dV \, \sigma_{ij}(E) \, r(x, y, z, E) \, dE \; . \tag{4.4}$$

Die Ionisierungsdichte für die i-Atome in der Schale j am Ort P(x, y, z) ergibt sich aus den Beiträgen (4.3) und 4.4) zu

$$n_{ij}(x, y, z) = N_i \{ \sigma_{ij}(E_0) \, j(x, y) + \int dE \, \sigma_{ij}(E) \, r(x, y, z, E) \cdot j_0 \} \; . \tag{4.5}$$

Die Wahrscheinlichkeit für die Emission eines Auger Elektrons bei der Atomsorte i bei einer Ionisation des Niveaus j unter Beteiligung der Niveaus k und l (jkl — Auger Elektron der i-Atome) betrage W_{ijkl}. Bei isotroper Emission der Auger Elektronen wird dann aus einem Volumenelement dV in der Umgebung des Punktes P(x, y, z) in Richtung Φ in den Raumwinkel $d\Omega$ die Zahl der Auger Elektronen

$$n_{ij}(x, y, z) \, W_{ijkl} \, \frac{d\Omega}{4\pi} \, dV$$

emittiert. Infolge der inelastischen Streuung der Elektronen wird ein Teil dieser Elektronen auf ihrem Weg durch das Material zur Oberfläche absorbiert. Unter der Annahme eines exponentiellen Absorptionsgesetzes verläßt die Oberfläche der Anteil

$$dI_{ijkl}(x, y, z, \Phi) = n_{ij}(x, y, z) \, W_{ijkl} \, \exp \left\{ - \frac{z}{\lambda_i \cos \Phi} \right\} \frac{d\Omega}{4\pi} \, dV \tag{4.6}$$

λ_i ist die inelastische freie Weglänge der Auger Elektronen im Material. Zur Bestimmung aller, die Materialoberfläche verlassenden Auger Elektronen, wird über die Beiträge aller Punkte P(x, y, z) integriert. Man erhält (bei $\alpha \neq 0$ muß j(x, y) und dV in das Koordinatensystem der Probe transformiert werden. Dies ist der Übersichtlichkeit wegen hier nicht berücksichtigt)

$$dI(\Phi)/d\Omega = \frac{N_i}{4\pi} \, W_{ijkl} \int_0^\infty dz \, \exp \left\{ - \frac{z}{\lambda_i \cos \Phi} \right\} \tag{4.7}$$

$$\times \int\int_{-\infty}^{+\infty} dx \, dy \left\{ \sigma_{ij}(E_0) \, j(x, y) + \int dE \, \sigma_{ij}(E) \, r(x, y, z, E) \cdot j_0 \right\}$$

Es wurde vorausgesetzt, daß N_i unabhängig vom Ort P, die Probenzusammensetzung im analysierten Bereich also homogen ist.

In dem Ausdruck für den durch den Primärstrahl erzeugten Anteil der Ionisierungsdichte kann $\sigma_{ij}(E_0)$ vor das Ortsintegral gezogen werden. Da bei Spannungen $U \gtrsim 1$ kV die Intensität des Primärstrahls und der Rückstreuelektronen innerhalb der Informationstiefe (ca. $3 \cdot \lambda_i$, vgl. Abschnitt 4.5) der AES unabhängig von der Tiefenkoordinate z ist, gilt

$$\int\int_{-\infty}^{+\infty} dx \, dy \, j(x, y) = j_0 \, , \tag{4.8}$$

wobei j_0 die Zahl der je Zeiteinheit einfallenden Primärelektronen ist ($j_0 e$ = Strahlstrom, e = Elementanladung). Für den Anteil der durch Rückstreuelektronen verursachten Ionisierungsdichte gilt (unter Vernachlässigung der z Abhängigkeit von r)

$$\int\int_{-\infty}^{+\infty} dx \, dy \, j_0 \int dE \, \sigma_{ij}(E) \, r(x, y, E) = j_0 \, \sigma_{ij}(E_0) \, \eta(\alpha) \tag{4.9a}$$

mit

$$\eta(\alpha) = \int\int_{-\infty}^{+\infty} dx \, dy \int dE \, \frac{\sigma_{ij}(E)}{\sigma_{ij}(E_0)} \, r(x, y, E) \, . \tag{4.9b}$$

Würde man in (4.9) die Energieabhängigkeit des Ionisierungsquerschnitts vernachlässigen, so wäre $\eta(\alpha)$ der Rückstreukoeffizient. Um die Abhängigkeit des Elektronenrückstreukoeffizienten von dem Einfallwinkel des Primärstrahls α zu verdeutlichen, wurde hier $\eta = \eta(\alpha)$ geschrieben. Werden räumliche Effekte vernachlässigt, so kann in (4.9) die Energie- und Ortsintegration vertauscht werden. Es folgt dann

$$\eta(\alpha) = \int dE \, \frac{\sigma_{ij}(E)}{\sigma_{ij}(E_0)} \, \eta(E)$$

$\eta(E)$ ist die auf die Primärintensität normierte Energieverteilung der Rückstreuelektronen. Mit (4.8) und (4.10) folgt

$$dI_{ijkl}(\Phi)/d\Omega = \frac{N_i}{4\pi} \, \sigma_{ij}(E_0) \, W_{ijkl} \, j_0 \, \lambda_i \cos \Phi \, R(\alpha) \tag{4.11}$$

Der Faktor

$$R(\alpha) = 1 + \eta(\alpha) \tag{4.12}$$

wird Rückstreufaktor genannt. Für N_i kann noch

$$N_i = C_i \, \frac{\varrho N_L}{A_i} \tag{4.13}$$

eingeführt werden, wobei c_i die Konzentration des Elements i im analysiertem Volumen, ϱ die Materialdichte, A_i das relative Atomgewicht der i-Atome und N_L = $6{,}023 \cdot 10^{23}$ mol^{-1} die Loschmidt'sche Zahl ist. Damit erhält man für die Auger-

Elektronenintensität, emittiert in die Richtung Φ in den Raumwinkel $\Delta\Omega$, den Wert

$$I_{ijkl} = \frac{\Delta\Omega}{4\pi} \frac{C_i p N_L}{A_i} j_0 \, W_{ijkl} \, \sigma_{ij}(E_0) \cos\Phi \, R(\alpha) \, \lambda_i(E, Z) \tag{4.14}$$

Die Ableitung von (4.14) wurde unter der Annahme durchgeführt, daß die Probe im analysierten Bereich chemisch homogen ist. Bei der Analyse dünner Schichten (vgl. Abschnitt 4.6) muß eine z-Abhängigkeit der Atomzahldichte N_i bzw. der Konzentration in Rechnung gestellt werden (vgl. Abschnitt 4.6). Entsprechendes gilt bei lateraler Verteilung von Phasen, deren Durchmesser kleiner als der Bereich der Signalemission ist (vgl. Abschnitt 4.5). In diesem Fall gilt es, eine radiale Abhängigkeit von N_i bzw. c_i zu beachten.

Gleichung (4.14) besagt u. a., daß die Auger Elektronenemission eine cosinusförmige Winkelverteilung hat. Man möge beachten, daß dies nur für amorphe Substanzen und unter den hier gemachten Annahmen eines exponentiellen Absorptionsgesetzes und der Unabhängigkeit der Ionisierungsdichte von der Tiefenkoordinate z gilt. Neben der inelastischen Streuung erleiden die Auger Elektronen auf ihrem Wege zur Oberfläche aber auch elastische Stöße [507, 504, 844]. Dabei wird die effektive Austrittstiefe gegenüber der mittleren inelastischen freien Weglänge verringert und die Winkelverteilung der Auger Elektronenemission verändert [941]. Die Winkelverteilung ist abhängig von der Energie der Auger Elektronen, da mit abnehmenden Energien eine Totalreflexion der Elektronen an der Oberfläche an Bedeutung gewinnt [505, 818].

Zur Messung der Winkelverteilung an polykristallinen Proben vgl. [80, 823, 993], an Einkristallen [62–79, 81–84]. Zum Einfluß der Oberflächenrauhigkeit auf die Winkelverteilung vgl. [960].

4.2.2 Physikalische Relationen

Die Auger Elektronenintensität (4.14) kann formal rechnerisch ermittelt werden, wenn für die Größen W_{ijkl}, $\sigma_{ij}(E)$, $R(\alpha)$ und $\lambda_i(E, Z)$ analytische Ausdrücke bekannt sind [506]. Die für diese Größen bekannten analytischen Relationen sind aber im allgemeinen zu ungenau, um gemäß (4.14) brauchbare Intensitäten zu erhalten. Um die Abhängigkeit der Auger Intensität von den Material- und Elektronenstrahlparametern zu verdeutlichen, werden in diesem Abschnitt die Größen W_{ijkl}, $\sigma_{ij}(E)$ und $R(\alpha)$ näher diskutiert. $\lambda_i(E, Z)$ wird in Abschnitt 4.3 beschrieben.

Ionisierungsquerschnitt σ_{ij}. Ein allgemeiner (aber in vielen Fällen ungenauer) Ausdruck für den Ionisierungsquerschnitt ist die Beziehung nach Worthington und Tomlin [507, 508]. Sie lautet

$$\sigma_{ij} E_{ij}^2 = \frac{6{,}15 \cdot 10^{-14} \, Z_j b_j}{U_{ij}} \ln\left[\frac{4 U_{nl}}{1{,}65 + 2{,}35 \exp\{1 - U_{ij}\}}\right] \mathrm{cm}^2 \, \mathrm{eV}^2 \tag{4.15}$$

Hierin ist Z_{ij} die Zahl der Elektronen in der Schale j, E_{ij} die Ionisierungsenergie, b_j eine Konstante der Größenordnung 1 und

$$U_{ij} = \frac{E}{E_{ij}}$$

das „Überspannungsverhältnis". Eine eingehende Diskussion des Ionisierungsquerschnitts findet man in [508].

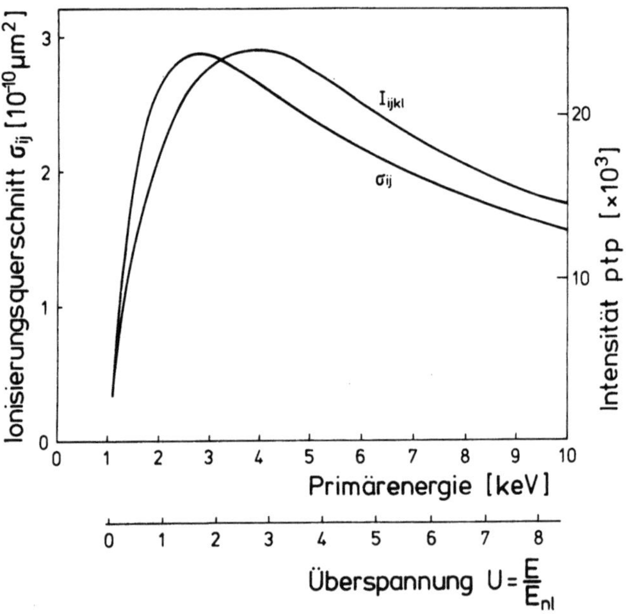

Abb. 43. Verlauf des Ionisierungsquerschnitts σ_{ij} (nach [507, 508]) und der Cu-LMM(920 eV)-Intensität in Abhängigkeit vom Überspannungsverhältnis $U = E/E_{nl}$. Meßbedingungen: 0,5 µA, 1,2 % Auflösung, $U_{Mod} = 6\,eV$, $t = 5\,min$, $\alpha = 30°$

Der Verlauf des Ionisierungsquerschnitts ist in Abb. 4.5 wiedergegeben. Beginnend mit einer Schwellenenergie $U_{nl} \approx 1(E \cong E_{nl})$ steigt σ_{ij} steil an, durchläuft bei $U_{ij} \approx 2$–3 ein Maximum und fällt langsam wieder ab. Wie Abb. 43 zeigt, durchläuft mit wachsender Beschleunigungsspannung auch die Auger Elektronenintensität ein Maximum. Das Maximum von I_{ijkl} ist aber gegenüber demjenigen von σ_{ij} zu höheren Spannungen hin verschoben.

Die Verschiebung des Maximums der Auger Intensität zu höheren Spannungen im Vergleich zum Verlauf des Ionisierungsquerschnitts erklärt sich aus dem Beitrag der Rückstreuelektronen zur Ionisierungsdichte in Oberflächennähe. An dünnen Schichten, bei denen kein Beitrag der Rückstreuelektronen zur Auger Elektronenintensität vorliegt, verläuft die Spannungsabhängigkeit der Intensität parallel zum Ionisierungsquerschnitt [509]. Der Einfluß der Elektronenrückstreuung auf den Verlauf der Intensität mit wachsender Spannung wird auch daran erkennbar, daß die Lage des

Maximums mit wachsendem Einfallwinkel α zu höheren E/E_{nl}-Werten verschoben wird [510, 511]. Bei der $N_{6,7}$ VV Gold-Linie wurden bei großem α (70°) zwei Maxima beobachtet. Das erste Maximum bei ca. 600 eV wird durch das Auftreten der $N_4N_{6,7}V$ und $N_5N_{7,7}$ V-Coster-Kronig Übergänge (siehe weiter unten) erklärt [521].

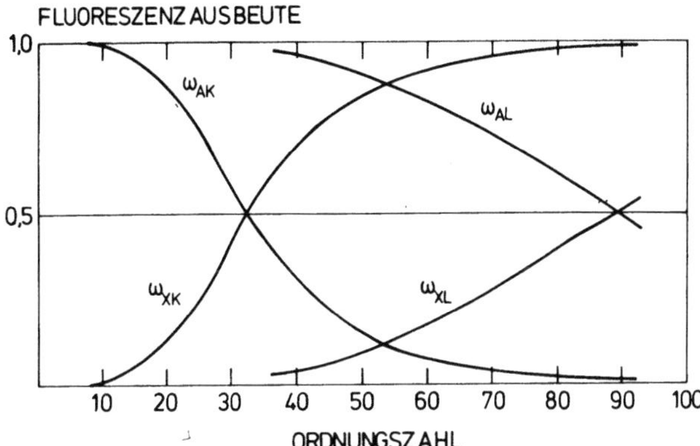

Abb. 44. Wahrscheinlichkeit zur Emission von Auger Elektronen ω_A und Röntgenstrahlen ω_x (Fluoreszenzausbeute) bei Ionisierung der K- und L-Schalen in Abhängigkeit von der Ordnungszahl Z

Wahrscheinlichkeit W_{ijkl}. Abbildung 44 zeigt den Verlauf der Fluoreszenausbeute ω bei Ionisation der K- bzw. der L-Schale (nach [334]) für die Emission eines Auger Elektrons und für die Emission eines Röntgenquants ω_x in Abhängigkeit von der Ordnungszahl Z. Die Wahrscheinlichkeit dafür, daß bei Ionisation einer inneren Schale des Atoms ein Auger Elektron emittiert wird, ist bei der AES in dem hier interessierenden Energiebereich (ca. 20 bis 2000 eV) praktisch gleich 1 und für die Emission eines Röntgenquants praktisch gleich 0. Die gesamte Auger Elektronenintensität verteilt sich mit unterschiedlicher Wahrscheinlichkeit W_{ijkl} auf die einzelnen Übergänge jkl. Es treten dabei Übergänge mit hoher und geringer Wahrscheinlichkeit auf. Dies erkennt man an den gemessenen Intensitäten. So verhalten sich die (am gasförmigen Zustand gemessenen) Intensitäten im KLL-Spektrum des Magnesiums nach [334] wie folgt

$$KL_1L_1(^1S_0):KL_1L_2(^1P_1):KL_1L_3(^3P_1):KL_2L_2(^1S_0):KL_2L_3(^1D_2) = 1:4.6:1.3:1.8:18.4\,.$$

Die Intensität der LMM und MNN Auger Linien wird durch den Coster-Kronig Effekt beeinflußt. Bei Ionisation einer L- oder M-Unterschale, z. B. der L_1 kann diese durch ein Elektron aus der gleichen Schale, z. B. aus L_2 aufgefüllt werden. Die freiwerdende Energiedifferenz $E(L_1)-E(L_2)$ wird auf ein Elektron einer höheren Schale, z. B. auf M_5 übertragen. Das M_5 Elektron verläßt das Atom, wenn deren Bindungsenergie kleiner, als die übertragene Energiedifferenz ist. Die Übergänge LLM, MMN, usw. werden Coster-Kronig-Übergänge genannt. Für bestimmte Ordnungszahlen können die Koster-Kronig-Übergänge mit hoher Übergangswahrscheinlichkeit auftreten. Nach [512] ist der Übergang $L_1L_3M_{4,5}$ bei Ordnungszahlen $Z \gtrsim 74$ mit einer Wahrscheinlichkeit von 50% zu erwarten. Die LMM-Übergänge dieser Elemente treten dann mit einer um diesen Wert reduzierten Intensität auf.

Eine zusammenfassende Darstellung der Übergangswahrscheinlichkeiten für Röntgen-, Augeremission und Coster-Kronig Übergänge findet man in [969].

Rückstreufaktor R(α). In den Rückstreufaktor (vgl. (4.12))

$$R(\alpha) = 1 + \int\limits_{E_{ij}}^{E_0} dE \; \frac{\sigma_{ij}(E)}{\sigma_{ij}(E_0)} \; \eta(E) \qquad\qquad (4.12\,a)$$

geht außer dem Ionisierungsquerschnitt die Energieverteilung der Rückstreuelektronen $\eta(E)$ ein. Der Verlauf von $\eta = \eta(E)$ hängt von der Ordnungszahl Z und vom Einfallwinkel α des Primärstrahls ab. Da die Elektronenstreuung im Material ein statistischer Prozeß ist, kann der Verlauf $\eta = \eta(E)$ durch statistische Verfahren, wie die Boltzmann-Theorie oder Monte Carlo Rechnungen beschrieben werden. Insbesondere die Monte Carlo Rechnung wurde in den letzten Jahren zur Berechnung des Rückstreufaktors eingesetzt [522–525]. In [926] wird eine empirische Formel für den Rückstreufaktor angegeben

$$R = 12,81 - \frac{0,9 \cdot E_{ij}}{E_0} \, \eta$$

mit

$$\eta = -0,0254 + 0,016 \cdot Z - 1,86 \cdot 10^{-4} \, Z^2 + 8,3 \cdot 10^{-7} \, Z^3$$

Über die Bedeutung des Rückstreufaktors für die AES-Intensität und quantiative Analyse vgl. [513–520, 972, 973, 983]. Zum Einfluß der Beschleunigungsspannung auf den Rückstreufaktor vgl. [821], des Elektroneneinfallwinkels [925].

4.3 Austrittstiefe, Informationstiefe

4.3.1 Informationstiefe

Zum Auger-Signal tragen diejenigen Stellen P(x, y, z) der Probe bei, von denen aus der Absorptionsweg zur Oberfläche nicht zu groß ist. Die Absorption der Auger-Elektronen im Material kann durch die Exponentialfunktion in Gl. (4.6) beschrieben werden. $1/\lambda_i$ ist der Absorptionskoeffizient. λ_i wird als „mittlere freie Weglänge" (inelastic mean free path = imfp) oder „Austrittstiefe" bezeichnet. λ_i ist diejenige Weglänge im Material vorgegebener Zusammensetzung, nach deren Durchlaufen ein Elektron der Energie E_{ijkl} im Mittel einen inelastischen Stoß erfährt. Nach Abgabe eines Energiebetrags ΔE hat ein solches Elektron nicht mehr die das emittierende Atom charakterisierende Energie E_{ijkl} und trägt daher nicht mehr zum Auger-Signal im Spektrum bei. (Auch das Auger-Elektron kann definierte Energiebeträge, etwa durch Anregung von Plasmonen an den Festkörper abgeben. Die zugehörigen Energieverlustlinien können im AES-Spektrum nachgewiesen werden [526–528]). Nach Durchlaufen des Weges λ_i ist die in P(x, y, z) entstandene Intensität auf

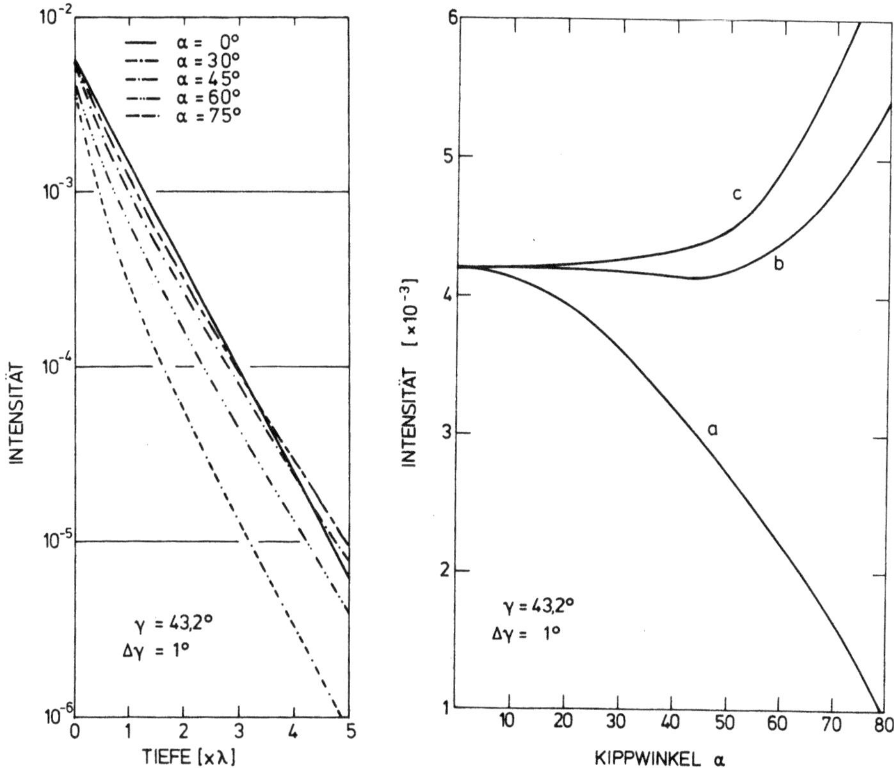

Abb. 45a und b. a) Anteil der Auger Intensität, die aus der Tiefe z (in Einheiten der freien Weglänge λ) in den CMA gelangt, gerechnet für verschiedene Kippwinkel α der Probe zur CMA-Achse (Elektronenstrahl auf der Achse des CMA). Die in der Tiefe z produzierte Auger Intensität wurde auf 1 normiert. Für den Öffnungswinkel $\Delta\gamma$ des CMA's wurde 1° angenommen; **b)** Verlauf der in den CMA gelangenden Auger Elektronenintensität in Abhängigkeit von der Probenkippung α (zur Oberflächennormalen). Kurve a zeigt den Verlauf der Intensität einer Punktquelle. Die AES Intensität nimmt aufgrund der cosinusförmigen Winkelverteilung der Auger-Elektronenintensität (Gl. (4.14)) mit wachsendem Kippwinkel α ab. Kurve b berücksichtigt eine Änderung der Intensität aufgrund der Verlängerung des Weges der Primärelektronen in Oberflächennähe um den Faktor $1/\cos\alpha$. Kurve c enthält zusätzlich eine Änderung des Elektronenrückstreukoeffizienten. Kurve c wurde für die α-Abhängigkeit des Rückstreukoeffizienten von Wolfram gerechnet

ca. $1/e \cong 0,37$, nach Durchlaufen von $2 \cdot \lambda_i$ auf ca. $1/e^2 \cong 0,14$ und nach $3 \cdot \lambda_i$ auf ca. $1/e^3 \cong 0,05$ der erzeugten Intensität abgesunken (Abb. 45). Da aus der Tiefe $3 \cdot \lambda_i$ nur noch einige wenige Prozent der dort erzeugten Auger Elektronenintensität von der Oberfläche emittiert werden, wird dieser Wert als Informationstiefe der Auger Elektronenspektroskopie bezeichnet.

4.3.2 Experimentelle Bestimmung der Austrittstiefe

Ein möglicher experimenteller Aufbau zur Bestimmung der Austrittstiefe λ_i der Auger Elektronen ist schematisch in Abb. 46 wiedergegeben. Dafür wird auf ein

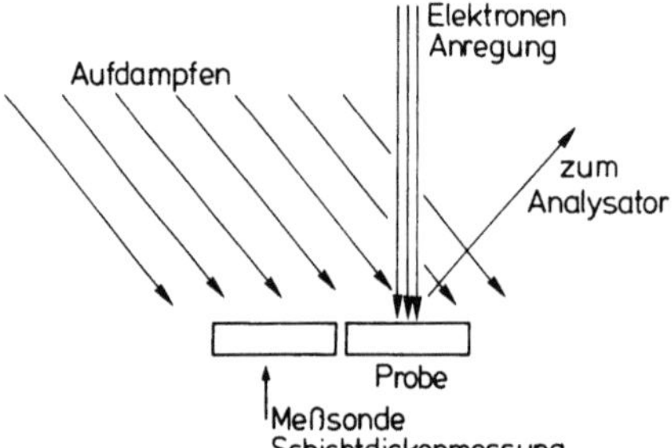

Abb. 46. Zur experimentellen Bestimmung der Austrittstiefe λ_i

Substrat, z. B. Kupfer, ein anderes Material, z. B. Aluminium aufgedampft und gleichzeitig die Auger-Elektronenintensität (oder Photoelektronenintensität) von Substrat und Deckschicht gemessen. Die Schichtdicke D wird während der Bedampfung mittels eines unabhängigen Verfahrens, etwa durch Änderung der Eigenfrequenz eines Schwingquarzes bestimmt. Für das Signal von Substrat I_S und Deckschicht I_D gilt dann [529, 530].

$$I_S(D) = I_S(0) \exp\left\{-\frac{D}{\lambda_{iS}}\right\} \tag{4.16a}$$

$$I_D(D) = I_D(0)\left[1 - \exp\left\{-\frac{D}{\lambda_{iD}}\right\}\right] \tag{4.16b}$$

λ_{iS} ist die freie Weglänge der Auger Elektronen des Substrats in der Deckschicht, λ_{iD} die freie Weglänge der Auger Elektronen der Deckschicht in der Deckschicht. Trägt man $I_s(D)/I_s(0)$ und $I_D(D)/I(0)$ in Abhängigkeit von D logarithmisch auf, so wird aus der Steigung der Kurven λ_i erhalten. Abbildung 47 zeigt ein Meßergebnis für Germanium aufgedampft auf Galiumarsenid [530].

Messungen der freien Weglänge nach diesem Verfahren findet man u. a. in Ge bei [531], in Ag bei [532], in Mo bei [533], in Pb, Sn und Ge bei [534], in Al bei [535, 536], in Au, Ag und Mg bei [537] in C bei [538], in NaCl und NaF bei [539]. Die Schichtdickenbestimmung kann auch mit Hilfe der Ellipsometrie [540] oder Rutherford Rückstreuung [845] erfolgen.

λ_i kann gemäß (4.14) ermittelt werden, wenn die übrigen physikalischen Größen berechnet und die Intensität gemessen wird. In [541] ist dieses Verfahren für Beryllium unter Benutzung eines 160 keV-Protonenstrahls als Primäranregung beschrieben. In [542] wird die Möglichkeit diskutiert, λ_i an dünnen Schichten in Transmission zu messen. Eine Zusammenstellung von λ_i-Messungen findet man in [543].

Abbildung 7 zeigt das Ergebnis von Messungen der Austrittstiefe, erhalten an verschiedenen Materialien [11]. Die Austrittstiefe λ_i hat bei Energien von 50–500 eV ein langgezogenes Minimum. λ_i ist außerordentlich klein und ist im Minimum von der Größenordnung eines Atomdurchmessers.

Das Minimum bei ca. 50 eV ist eine Folge der in diesem Energiebereich bevor-

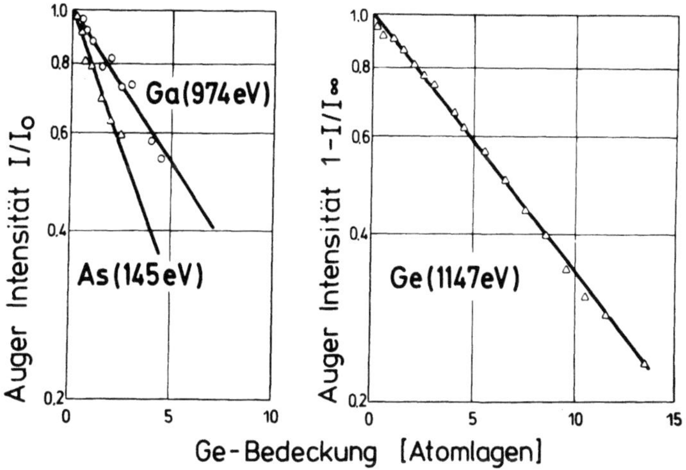

Abb. 47. Normierte Auger Elektronenintensität für die Linien As (145 eV), Ga (974 eV) und Ge (1147 eV) in Abhängigkeit von der Germaniumschichtdicke auf GaAs(110) nach [530]

zugten Wechselwirkung der Elektronen mit der Valenzbandelektronen und den Plasmonen. Unterhalb von ca. 50 eV wird eine Zunahme von λ_i mit abnehmendem E beobachtet. Rechnungen, die eine Wechselwirkung der Elektronen mit Phononen berücksichtigen, ergeben bei einigen eV ein Maximum von λ_i und eine erneute Abnahme zu kleineren Energien hin [505, 843].

Die Adsorption von Atomen verändert das Potential in der Nähe der Oberfläche. Da das Potential die inelastische Streuung der Auger Elektronen bestimmt, wird durch Aufbringen von dünnen Schichten die Auger Intensität des Substrats beeinflußt. Dies wurde durch folgendes Experiment gezeigt [818]: Auf Oberflächen verschiedener Materialien (Ni, Cu, Al, An) wird jeweils eine Monolage des gleichen Metalls (Pb oder Sn) aufgedampft. Die verwendeten Substrate emittieren Auger Elektronen bei etwa gleicher Energie (Ni(62 eV), Cu(63 eV), Al(67 eV), An(72 eV)). In einer Monoschicht des gleichen Adsorbats sollte daher der gleiche Anteil der Intensität des Substrats absorbiert werden, d. h. das Verhältnis der Intensitäten vor und nach Aufbringen einer Deckschicht sollte unabhängig von der Art des Substrats sein. Tatsächlich wurden jedoch erheblich unterschiedliche Intensitätsverhältnisse gemessen, was durch eine Modifizierung des Potentials in der Grenzfläche zwischen Substrat und Adsorbat erklärt wird. Dieses Ergebnis ist bedeutsam für die quantitative AES-Analyse dünner Schichten, da bei einer Bestimmung der Konzentrationen aus den Intensitäten die Modifizierung des Potentials im Interface berücksichtigt werden muß.

Bei einer detaillierteren Betrachtungsweise muß neben der inelastischen Streuung der Auger Elektronen auch die elastische Streuung berücksichtigt werden [544, 844]. Durch die elastische Streuung (unter Änderung der Bewegungsrichtung) wird bei kleinen Emissionswinkeln Φ (zur Oberflächennormalen) die effektive Austrittstiefe gegenüber der inelastischen freien Weglänge verringert. Bei großen Emissionswinkeln $\Phi > 60°$ wächst λ_{eff} gegenüber λ_{inel} an. Die experimentell ermittelte Austrittstiefe $\lambda_i = \lambda_{eff}$ hängt daher von der Versuchsgeometrie ab. Zur Berechnung

des durch Streuung der Elektronen erzeugten Untergrunds in der Umgebung einer
Auger Linie vgl. [503, 504], zur Berechnung des Beitrags der oberflächennahen
Bereiche zur Auger Elektronenintensität mittels Monte Carlo Rechnung vgl. [929,
941].

4.3.3 Rechnerische Bestimmung der Austrittstiefe

Die Wechselwirkung der Elektronen mit Materie wird durch einen Streuquerschnitt σ
beschrieben. Der (inelastische) Streuquerschnitt ist diejenige Fläche eines Atoms, die,
wenn sie von einem Elektron (Teilchen) durcheilt wird zur inelastischen Streuung
des Elektrons führt (vgl. Ionisierungsquerschnitt, Abschnitt 4.2). Der Streuquerschnitt ist mit der mittleren freien Weglänge durch die Beziehung verknüpft

$$\lambda_i(E, Z) = \frac{1}{N_i \sigma(E, Z)}$$

N_i ist die Anzahl der Streuzentren pro Volumeneinheit.

Um die Energieabgabe der Elektronen an das Material zu beschreiben, müssen in
dem betrachteten Energiebereich vor allem zwei Arten von Wechselwirkungen beachtet werden: Die Energieübertragung auf Valenzelektronen des Festkörpers und
die Anregung von kollektiven Schwingungen des Elektronengases (Plasmonen). Da
die Wechselwirkung nicht nur spezifisch für die Elektronenenergie, sondern vor
allem für die Art des Materials ist (in (4.16) wurde dies durch eine Abhängigkeit der
Austrittstiefe von der Ordnungszahl Z angedeutet), gelten die abgeleiteten Formeln
jeweils nur für bestimmte Materialien. In Ermangelung eines allgemeinen Ausdrucks
für die Austrittstiefe wurden empirische Formeln durch Anpassung an die bisherigen
Meßergebnisse ermittelt. Die von Seah und Dench [545] angegebene Formel soll hier
wiedergegeben werden

$$\lambda_i = AE^{-2} + BE^{1/2} \ (\text{Å})$$
$$A = 538 \ m$$
$$B = 0{,}13 \ m^{3,2}$$

wobei m die Dicke einer monoatomaren Schicht ist ($m^3 = 10^{24}$ nN, n-Zahl der
Atome pro Molekül, N-molekulare Dichte).

Zur Diskussion der empirischen Formeln der mittleren freien Weglänge vgl.
[546–550]. Mathematische Verfahren zur Bestimmung von λ_i findet man in [551–558].
In Monte Carlo Rechnungen konnte der Zusammenhang der Austrittstiefe mit den
Wechselwirkungsarten der Elektronen mit dem Festkörper, dem Absorptionsgesetz,
der Energie- und Winkelverteilung der Auger Elektronenemission aufgezeigt werden
[844].

4.4 Quantitative AES

4.4.1 Grundlagen

Durch (4.14) wird die *emittierte* Auger Elektronenintensität beschrieben. Die
mittels eines Elektronenspektrometers *gemessene* Auger Elektronenintensität erhält

man aus (4.14) durch Integration über den vom Spektrometer erfaßten Raumwinkelbereich unter Berücksichtigung der Verluste beim Durchgang der Elektronen durch das Spektrometer (Anwesenheit von Gittern im Strahlengang, Abweichung der Feldlinien vom Idealverlauf, usw.) und bei Beachtung der Empfindlichkeit des Elektronendetektors (vgl. [570]). Die Verluste im Spektrometer werden durch die „Transmission" T des Spektrometers beschrieben. T soll hier als das Verhältnis der Intensität der durch die Eintrittsblende in das Spektrometer einfallenden Elektronen der Energie E, E + ΔE zur Intensität der durch die Austrittsblende austretenden Elektronen definiert werden [334].

(In der Literatur wird die Transmission T auch als derjenige Anteil der von der Probe insgesamt emittierten Intensität definiert, der durch die Blende B des Spektrometers (Abb. 5) hindurchgeht. Bei dieser Definition wird der erfaßte Raumwinkel mitberücksichtigt. Für den CMA wird dann der Wert $T \cong 0{,}1$ angegeben, was besagt, daß 10% der von der Oberfläche emittierten Auger Intensität an der Austrittsblende B gemessen werden).

Aus (4.14) folgt für die an der Austrittsblende eines Spektrometers gemessene Intensität

$$I_{ijkl} = \frac{C_i \varrho N_L}{4\pi A_i} j_0 W_{ijkl} T \sigma_{ij}(E_0) \int_{\Delta\Omega} d\Omega \cos \Phi \; \lambda_i(E, Z) \; R(\alpha, E, Z) \qquad (4.19)$$

Bei einem CMA muß eine Integration über Ω gemäß (4.19) durchgeführt werden, da die Auger Elektronenintensität im Integrationsbereich variiert (vgl. Abb. 17 und Abb. 45). Bei Verwendung eines hemisphärischen Spektrometers mit kleinem $\Delta\Omega$ kann auf die Durchführung der Integration verzichtet werden:

$$I_{ijkl} = \frac{C_i \varrho N_L}{4\pi A_i} j_0 W_{ijkl} T \sigma_{ijkl}(E_0) \; \Delta\Omega \cos \Phi \; \lambda_i R_i \qquad (4.19\,a)$$

Für das an der Austrittsblende B gemessene Signal ist auch der vom Spektrometer erfaßte Energiebereich entscheidend. Auf den Punkt B des Spektrometers werden nicht nur Elektronen der Energie E, sondern alle Elektronen im Energiebereich $E - \Delta E/2$, $E + \Delta E/2$ fokussiert. ΔE wird Energiefenster des Spektrometers genannt. Das Verhältnis $\Delta E/E = R$ ist die energetische Auflösung. Da die Auflösung des CMA im gesamten Meßbereich konstant ist — $R = \Delta E/E =$ konst. — folgt, daß das Energiefenster ΔE von der Energie gemäß $\Delta E = R \cdot E$ abhängt. Um den Einfluß des Energiefensters ΔE auf das gemessene Signal S zu ermitteln, soll folgende, stark vereinfachende Betrachtungsweise benutzt werden (für eine eingehende Diskussion siehe [559]). Ist $I(E-E_x)$ die glockenförmige Verteilungskurve der Augerintensität im Spektrum um die Energielage E_x, so wird hinter der Blende B das Auger Signal

$$S_{ijkl} = t \cdot \int_{E_x - \frac{\varepsilon}{2}}^{E_x + \frac{\varepsilon}{2}} I_{ijkl}(E - E_x) \, dE \qquad (4.19\,b)$$

gemessen. ε sei die Breite der Linie, t die Meßzeit. Mit einem Gaußansatz für $I(E-E_x)$ folgt

$$S_{ijkl} = I_{ijkl} \cdot t \cdot f \qquad (4.19\,c)$$

mit

$$f = \begin{cases} \dfrac{\Delta E}{\varepsilon} & \text{für} \quad \Delta E \ll \varepsilon \\[2ex] 1 & \quad\quad \Delta E \gg \varepsilon \end{cases} \qquad (4.19\,d)$$

Das hinter der Blende B am CMA gemessene Signal S hängt von dem Verhältnis $\Delta E/\varepsilon$ ab. Wegen $\Delta E = R \cdot E$ werden im CMA beide Fälle $\Delta E \ll \varepsilon$ bei kleinen und $\Delta E \gg \varepsilon$ bei großen Energien realisiert [27].

Bei der Verwendung eines CMA's kann die gemessene Intensität durch numemerische Integration über den Raumwinkelbereich des CMA erhalten werden. Abbildung 45b zeigt das Ergebnis einer solchen Integration (vgl. dazu auch [560, 862]. Es wurde hier die in das Spektrometer eintretende Intensität in Abhängigkeit von dem Elektroneneinfallwinkel (zur Probennormalen) α berechnet. Man vergleiche das Ergebnis der Abb. 45b mit dem Verlauf der Auger Elektronenintensität im Linescan über eine Kugel, Abb. 19. (Bei dem Vergleich beider Abbildungen ist zu beachten, daß die Winkeländerung in Abb. 19 nicht linear ist).

Aus der gemessenen Intensität (4.19) kann nicht ohne weiteres die Konzentration C_i bestimmt werden. Dies hat u. a. folgende Ursachen

a) Die physikalischen Größen in (4.19) sind nicht immer mit ausreichender Genauigkeit bekannt (vgl. Abschnitt 4.2.2).
b) Die Intensität I_{ijkl} kann nicht genau genug gemessen werden (vgl. Abschnitt 4.4.2 und 4.4.4).
c) λ_i und R sind von der Probenzusammensetzung (also vom C_i) abhängig.

Wie auch bei anderen Verfahren der Mikrobereichsanalyse werden bei einer quantitativen AES-Analyse nicht gemäß (4.19) die absoluten Intensitäten, sondern nur die Intensitätsverhältnisse gemessen. Werden die Intensitäten S_{ijkl}^{P} einer Probe unbekannter Zusammensetzung und von Proben bekannter Zusammensetzung S_{ijkl}^{S} (Standards) unter gleichen Bedingungen (Geometrie, Primärenergie, Zeit, Strahlstrom) gemessen, so kürzen sich bei Bildung von Intensitätsverhältnissen einige der nicht genau bekannten Größen heraus. Da bei konstanter Analysengeometrie auch beim CMA von einer Integration über den Raumwinkel Ω abgesehen werden kann folgt für diese Intensitätsverhältnisse aus (4.19)

$$\frac{S_{ijkl}^{P}}{S_{ijkl}^{S}} = C_i \frac{\varrho^{P}}{\varrho^{S}} \frac{\lambda_i^{P}}{\lambda_i^{S}} \frac{R^{P}}{R^{S}} \qquad (4.20)$$

Bei einem Vergleich der Formel (4.20) mit dem ZAF-Korrekturverfahren der Röntgen-Mikroanalyse (ESMA) sind folgende Unterschiede bedeutsam:
a) Die Integration über die Tiefe z ist bei der AES im Gegensatz zur ESMA ohne weiteres möglich (bis auf sehr kleine Anregungsenergien), da innerhalb der Informationstiefe die Auger Elektronenproduktion unabhängig von der Tiefe ist

(homogener Konzentrationsverlauf $C_i(z)$ vorausgesetzt). Anstelle des Absorptions-korrekturfaktorfaktors erscheint in (4.19) allein das Verhältnis der Absorptions-konstanten λ_i^P/λ_i^S.

b) In (4.20) erscheint das Verhältnis der Dichten ϱ^P/ϱ^S. Bei der ZAF-Korrektur bleiben die Dichten in den Massenabsorptionskoeffizienten „versteckt".

c) Die Rolle der Ordnungszahlkorrektur bei der ESMA übernimmt bei der AES der Faktor R^P/R^S.

d) Die Fluoreszenzkorrektur der ESMA bleibt in (4.20) völlig unberücksichtigt. Da eine Fluoreszenz im Prinzip auch bei der AES auftreten kann, sollte (4.20) formal durch

$$\frac{S_{ijkl}^P}{S_{ijkl}^S} = C_i \; \frac{\varrho^P}{\varrho^S} \cdot \frac{\lambda_i^P}{\lambda_i^S} \cdot \frac{R^P}{R^S} \; \frac{F^P}{F^S} \tag{4.20a}$$

ersetzt werden. Der Faktor F^P/F^S beschreibt dann den Anteil der Auger Elektronen, die bei Ionisation der Atome durch die vom Elektronenstrahl erzeugten Röntgenstrahlen emittiert werden. Da in der Vergangenheit in der AES überwiegend mit kleinen Primärspannungen gearbeitet wurde, konnte $F^P/F^S \cong 1$ gesetzt werden.

Die durch den Primärstrahl induzierten Röntgenstrahlen erzeugen im Auger Elektronenspektrum auch Photoelektronenlinien [561]. Die Intensität dieser Linien steigt im Gegensatz zu den Auger Linien mit wachsender Spannung steil an. Der

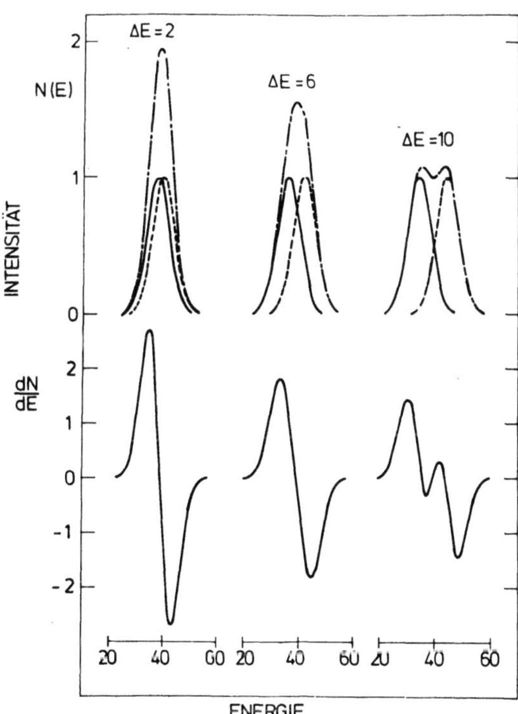

Abb. 48. Überlappung zweier Gauß-kurven gleichen Flächeninhalts bei verschiedenen Abständen der Lage des Maximums auf der Energieachse in der N(E)-Darstellung (oben) und in der dN/dE-Darstellung (unten). Während der Flächeninhalt der Summenkurve in der N(E)-Darstellung konstant bleibt, verringert sich der ptp-Abstand mit wachsendem Abstand ΔE beider Linien

Einfluß der Fluoreszenzanregung auf der Auger Elektronenintensität wird in [934, 935] diskutiert. Übersichtsartikel zur Bestimmung der Konzentrationen aus den gemessenen Intensitäten findet man in [562–568, 976–979, 982].

Bei der Bestimmung der Elementkonzentrationen an Au—Ag, [873] Cr—Fe-, Cr—Ni-, Cu—Au-Legierungen [924] durch Bezug auf die Intensitäten von Reinelementstandards konnte gezeigt werden, daß die Berücksichtigung der Korrekturfaktoren in (4.20) stets zu einer Verbesserung des Analysenergebnisses führte.

4.4.2 Intensität im differenzierten Spektrum

Für einen besseren Nachweis der Elemente wird in der Auger Elektronenspektroskopie überwiegend die erste Ableitung der Intensität nach der Energie in Abhängigkeit von der Energie aufgetragen. Die Intensitäten werden im differenzierten Spektrum durch Ausmessen des Abstands zwischen dem niederenergetischen Maximum und dem höherenergetischen Minimum ermittelt. An dieser Stelle soll geprüft werden, ob und wann diese Auswertung gerechtfertigt ist. Der Auger Peak wird dazu vereinfachend durch eine Gaußverteilung der Intensität dargestellt (Abb. 48)

$$N(E) = N_0 \exp\left\{-\frac{(E - E_x)^2}{\delta^2}\right\} \tag{4.21}$$

Die Gaußverteilung hat an der Stelle $E = E_x$ des Spektrums ein Maximum N_0 und eine Halbwertsbreite $H_{1,2} = 2\delta\sqrt{\ln 2}$. Für den Flächeninhalt der Gaußverteilung gilt

$$I_{ijkl} = \int_{-\infty}^{+\infty} N(E)\, dE = \frac{N_0}{\delta\sqrt{\pi}} \tag{4.21a}$$

Die Extremwerte der ersten Ableitung

$$\frac{dN(E)}{dE} = -N_0 \frac{2(E - E_x)}{\delta^2} \exp\left\{-\frac{(E - E_x)^2}{\delta^2}\right\} \tag{4.21b}$$

erhält man durch Nullsetzen der zweiten Ableitung $d^2N(E)/dE^2 = 0$. Man erhält die Nullstellen $E_{1,2} = E_x \pm \delta/\sqrt{2}$. Durch Einsetzen dieser Werte in (4.21b) folgt für den Abstand des niederenergetischen Maximums vom höherenergetischen Minimum ptp (peak to peak)

$$ptp = \frac{N_0}{\delta\sqrt{2}} \exp\left\{-\frac{1}{2}\right\} \tag{4.21c}$$

Es gilt daher

$$I_{ijkl} = K \cdot ptp \tag{4.22}$$

mit

$$K = \sqrt{\frac{2}{\pi}} \, \exp \{0,5\} \qquad (4.22\,a)$$

Bei einer Gaußverteilung der Intensität im Peak des Auger Spektrums ist der Abstand ptp im differenzierten Spektrum bis auf den Faktor K gleich der Intensität I_{ijkl} im N(E)-Spektrum.

Die Intensitätsverteilung der Auger-Linien im Spektrum ist aber im allgemeinen nicht symmetrisch (vgl. Abb. 6, 26, 31, 40, 41). Bei einer asymmetrischen Intensitätsverteilung, wie sie z. B. durch Überlappung zweier Linien des gleichen Elements mit unterschiedlichem Bindungszustand entsteht, wird man den Auger Peak als eine Summe von Gaußverteilungen darstellen können

$$N(E) = \sum_{v} N_v \, \exp \left\{ - \frac{(E - E)^2}{\delta_v^2} \right\} \qquad (4.23)$$

In Abb. 48b ist N(E) und dN/dE für den einfachen Fall eines Peaks bestehend aus 2 Gaußfunktionen dargestellt. Bereits für diesen Fall kann I_{ijkl} und ptp nicht mehr durch die einfache Relation (4.22) beschrieben werden. I_{ijkl} und ptp hängen vielmehr, wie dies aus Abb. 48 hervorgeht, zusätzlich von der Energielage der Einzellinien E_v und deren Halbwertsbreiten δ_v ab.

Die im differenzierten Spektrum gemessene Intensität ptp ist (für kleine Modulationsamplituden p, vgl. [570]) proportional der am Lock-in-Verstärker eingestellten Modulationsamplitude p und der Empfindlichkeit E

$$\text{ptp} \sim \text{p} \cdot \text{E}$$

Der Einfluß der Modulationsamplitude auf die Auger Elektronenintensität und die Peakform wird in [944, 945, 947], der Einfluß des Untergrunds in [970] diskutiert.

Obwohl im letzten Jahrzehnt das differenzierte Spektrum in der überwiegenden Zahl der Publikationen zur quantitativen Analyse herangezogen wurde, gewinnt mit der apparativen Verbesserung der Auger Sonden und dem Einsatz der elektronischen Datenverarbeitung das direkte Spektrum zunehmend an Bedeutung. Zur Bestimmung der Auger Elektronenintensität im direkten Spektrum wird der Flächeninhalt unter dem Auger Peak, in manchen Fällen die Peakhöhe über dem Untergrund [971], herangezogen. Die chemische Bindung hat auf den Flächeninhalt einen weitaus geringeren Einfluß, als auf den ptp-Abstand. Dennoch sind, infolge der Matrixeffekte, die auf den Flächeninhalt bezogenen Empfindlichkeitsfaktoren ebenfalls vom chemischen Bindungszustand abhängig [972].

Im N(E)-Spektrum ist der Untergrund (im Gegensatz zu den AES-Linien) eine sich mit der Energie nur langsam ändernde Größe, und hat daher keinen Einfluß auf den ptp-Abstand. Auch bei gaußförmiger Intensitätsverteilung in der Auger-Linie ist jedoch dann ein Einfluß des Untergrunds auf den ptp-Abstand zu erwarten, wenn sich der Untergrund innerhalb der Auger Peaks schnell mit der Energie ändert. Dies ist im Bereich der Skundärelektronenemission (0 bis ca. 50 eV) der Fall. Eine genaue Intensitätsbestimmung im dN/dE Spektrum ist in diesem Fall möglich, wenn ein analytischer Ausdruck für den Untergrundverlauf bekannt ist [569, 874].

4.4.3 Methode der Empfindlichkeitsfaktoren

Geht man davon aus, daß in einer Auger Analyse einer Probe unbekannter Zusammensetzung alle vorhandenen Elemente erfaßt werden, so kann zu (4.19) eine
weitere Bestimmungsgleichung

$$\sum_i \frac{I^P_{ijkl}}{I^S_{ijkl}} = 1 \tag{4.24}$$

hinzugefügt werden. Bei der Methode der Empfindlichkeitsfaktoren werden unter
konstanten Analysenbedingungen die Intensitäten aller Reinelemente (bei flüchtigen
Substanzen, wie Sauerstoff oder Stickstoff an Proben konstanter Stöchiometrie) ermittelt. Das Verhältnis der Intensität eines beliebigen Elements i zu einem bestimmten Element (z. B. Silber) wird als Empfindlichkeitsfaktor definiert [570].

$$E_i = \frac{I_i}{I_{Ag}} \tag{4.25}$$

Unter Verwendung von (4.24) erhält man dann für die Konzentration C_i des Elements i

$$C_i = \frac{I_i}{E_i d_i} \frac{1}{\sum_v \dfrac{I_v}{E_v d_v}} \tag{4.26}$$

Neben den Empfindlichkeitsfaktoren E_i wurden in (4.26) noch Normierungsfak-
toren d_i eingefügt, die eine Veränderung der Analysenbedingungen gegenüber denjenigen ermöglichen, bei denen die Empfindlichkeitsfaktoren ermittelt wurden. Die

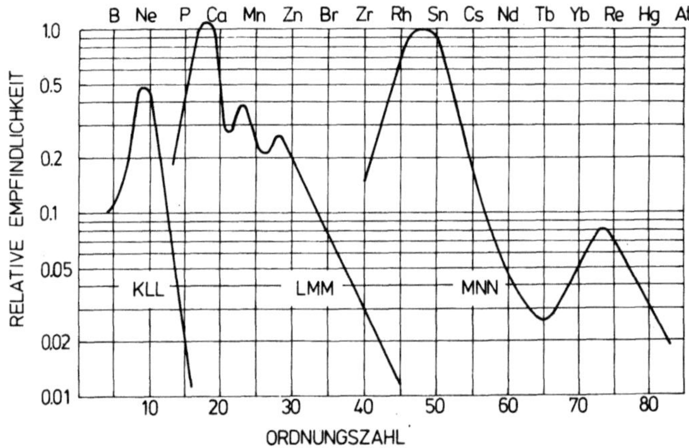

Abb. 49. Empfindlichkeitsfaktoren der Auger Elektronenintensitäten bei 5 keV Primärenergie
in Abhängigkeit von der Ordnungszahl Z nach [570]

Faktoren d_i erlauben eine Messung bei variabler Modulationsamplitude p_i, bei unterschiedlichen Empfindlichkeiten des Lock-in-Verstärkers L_i und bei verschiedenem Primärstrom j_i. Es gilt

$$d_i = p_i \cdot L_i \cdot j_i \qquad (4.27)$$

Die Empfindlichkeitsfaktoren wurden für alle Elemente und bei verschiedenen Beschleunigungsspannungen ermittelt [570]. Abb. 49 zeigt die Abhängigkeit des Empfindlichkeitsfaktors von der Ordnungszahl bei einer Primärenergie von 5 keV. Eine eingehende Diskussion der Methode der Empfindlichkeitsfaktoren für eine quantitative AES Analyse findet man in [570–573, 974, 975]. Die Genauigkeit der Analyse mittels Empfindlichkeitsfaktoren wurde u. a. am System Pd—Ni in [574], am System Au—Cu—O, an Au—Ni—O in [575], an Fe—Cr, Fe—Ni—Cr in [980], an Ni—Mg, Ni—Pd, Ag—Pd, Mo—Fe und Cr—Fe in [819] untersucht.

4.4.4 Experimentelle Ergebnisse

Die Brauchbarkeit einer Meßmethode zur quantitativen Analyse wird ermittelt, indem an einer Probe bekannter Zusammensetzung die Reproduzierbarkeit durch eine größere Zahl von Messungen und die Richtigkeit durch Vergleich mit der Sollzusammensetzung bestimmt wird. Dieses Verfahren zur Beurteilung der Güte einer quantitativen Analysenmethode ist nur durchführbar, wenn geeignete Standards zur Verfügung stehen. Das ist bei einer Mikrobereichsanalyse nicht selbstverständlich, da makroskopische Standards der analytischen Chemie mikroskopisch inhomogen sein können. Bei der Oberflächenanalyse kommt eine Vielzahl oberflächenspezifischer Effekte hinzu, die in dem Abschnitt 3.4 am Beispiel der Neusilberoberfläche angedeutet wurden. Die Überprüfung der Güte der quantitativen AES ist daher zu einem großen Teil des Problem der Herstellung eines geeigneten Standards. In der Literatur wurden verschiedene Möglichkeiten diskutiert.

a) *Brechen unter UHV.* Um auf der Oberfläche die Zusammensetzung des auf anderem Wege ermittelten Materialinneren (bulk) zu erhalten, wird die Probe unter UHV gebrochen und eine quantitative AES-Analyse der Bruchfläche durchgeführt, bevor Restgasadsorption die Oberflächenzusammensetzung beeinflußt. Das Verfahren ist überall dort einsetzbar, wo glatte Bruchflächen erhalten werden können. Spaltflächen sind nicht immer geeignet, weil bei einem Rißverlauf entlang kristallographischer Ebenen eine Legierungskomponente bevorzugt auf der Oberfläche auftreten kann [576]. An den Legierungen Ag—Pd und Ni—Pd wurden bei Brechen unter UHV lineare Beziehungen zwischen der Materialzusammensetzung und der Auger Elektronenintensität in der dN/dE-Darstellung erhalten [577]. Dies gilt auch bei den Legierungen Pt—Sn, Ag—Au, Au—Sn und Ag—Sn [578].

b) *Kratzen unter UHV.* Die zuverlässigste Methode zur Erzielung einer dem Materialinnern entsprechende Oberflächenzusammensetzung ist wohl das Aufkratzen der Oberfläche unter UHV. Dieses Verfahren wird zur Erzeugung eines Standards einer Legierung benutzt [576, 579, 884]. Ein Nachteil der Methode ist jedoch die dabei auftretende Oberflächenrauhigkeit.

c) *Aufdampfen unter UHV*. Reine Elemente werden unter UHV aus verschiedenen Quellen gleichzeitig aufgedampft und die Oberfläche mittels AES untersucht. Nach Abschluß der AES-Untersuchungen wird eine genaue Analyse der dünnen Aufdampfschichten mit einem unabhängigen Analysenverfahren durchgeführt. Am System Pd—Ni wurde das AES-Ergebnis mittels Röntgenbeugung kontrolliert [580], an Co—Sm mittels Röntgenfluoreszenz [581], an S—Ni mittels der Radio-isotopenmethode [582] am System Au—Cu mittels der Atomabsorptionsmethode [992] und bei N, C, O auf Ta mittels der ESMA [583]. In [584] wird für das System Ni—Cu vorgeschlagen, aus den Standard-Spektren (Ni und Cu) eine synthetische Reihe in Stufen von 1% von sich überlappenden Cu- und Ni-Intensitäten anzufertigen, die mit dem Meßergebnis verglichen werden. Entsprechende Untersuchungen am System W—Mo findet man in [952], am System Co—Ni in [981].

d) *Ionenätzen*. Nach einer Einlaufzeit werden beim Ionenätzen an einer homogenen Probe zeitunabhängige Auger Elektronenintensitäten gemessen. Bei einer binären Legierung $A_a B_b$ kann dann (bei Vernachlässigung von Matrixeffekten) das Verhältnis der Auger Elektronenintensitäten I_A/I_B durch die Gleichung [579, 585]

$$\frac{I_A}{I_B} = \frac{I}{\alpha_A} \frac{S_B \, a}{S_A \, b} \tag{4.28}$$

beschrieben werden. Hierin ist α_A der Empfindlichkeitsfaktor des Elements A, S_A und S_B sind jeweils die Sputterraten der Elemente A und B. Bei bekanntem a und b kann aus Gleichung (4.28) das Verhältnis der Sputterraten ermittelt werden [585]. Umgekehrt eignet sich Gleichung (4.28) zur Bestimmung von a/b, wenn α_A und S_B/S_A bekannt und I_A/I_B gemessen wird. Diese Betrachtung läßt die Abhängigkeit der Sputterrate von der chemischen Zusammensetzung der Probe unberücksichtigt.

e) *Ionenätzen mit anschließendem Glühen im UHV*. Dieses Verfahren kann dann eingesetzt werden, wenn die durch die Glühbehandlung bewirkte Oberflächensegregation thermodynamisch mit ausreichender Genauigkeit vorhergesagt werden kann [831].

Die Reproduzierbarkeit der Messungen wurde mit der Methode d. am System Cr—Pd und U—Nb zu $\pm 20\%$ ermittelt [585]. Am System $Al_x Ga_{1-x} As$ wurde eine Reproduzierbarkeit von $\pm 3\%$ erreicht [586]. An Eisenoxiden werden in [841] Genauigkeiten von ± 0.3 At.-% erzielt.

Quantitative Auswertungen von Auger elektronenspektroskopischen Ergebnissen findet man u. a. an Nimonic und Bleibronze bei [587], am System Ti—W bei [588], an Nb—Ge in [589], an Ni—Cu [590], Ti—Si in [591], an $SuInS_2$, $CuInSe_2$ und $CuIuFe_2$ in [592], an Au—Cu in [593], an Fe—Pd in [594], an Pd—O in [595], an Fe—Cr, Fe—Ni und Fe—Ni—Cr Legierungen in [877].

Fehler bei der Messung von ptp-Intensitäten werden u. a. auch durch eine mangelnde Justierung der Auger Spektrometer verursacht. So ergab ein Ringversuch [388] Schwankungen der Auger Intensitätsverhältnisse für die 920 eV/60 eV Kupferlinie um einen Faktor 38 und für die 2025 eV/70 eV Goldlinien um einen Faktor von 120!

Bei einer Eichung der Auger Elektronenintensitäten kann die quantitative AES

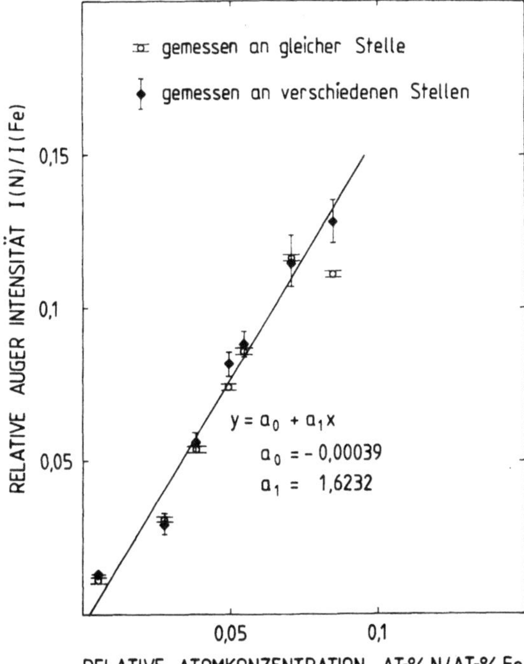

Abb. 50. Eichkurve zur Bestimmung der Stickstoffintensität in Stählen [988]. Meßbedingungen: Ionenenergie 1 keV, Elektronenenergie 3 keV, Strahlstrom 25 μA, Modulationsamplitude 6 eV, Energieauflösung 0,3 %, Zahl der Messungen je Meßpunkt 40

erfolgreich die Röntgenmikroanalyse ergänzen. Abb. 50 zeigt eine Eichgerade zur quantitativen Bestimmung kleiner Stickstoffgehalte in Stählen. Die Gerade wurde durch Messung der AES Intensitäten für Stickstoff und Eisen an Stählen mit bekanntem Stickstoffgehalt erhalten. Nach der in Abb. 50 erhaltenen Meßvorschrift muß an einem Stahl unbekannter Stickstoffkonzentration das Verhältnis des Stickstoffs zur Eisenintensität bestimmt werden. Daraus wird das Verhältnis der Atomkonzentration des Stickstoffs zur Atomkonzentration des Eisens mit einer absoluten Genauigkeit von ca. ± 0.05 (für At % N/At % Fe) erhalten [988].

4.5 Laterale Auflösung

4.5.1 Definitionen

Die laterale Auflösung eines Mikrobereichsanalysenverfahrens kann unterschiedlich definiert werden:
a) Die Definition für die „qualitative Auflösung" geht von der in der Mikroskopie angewandten Formulierung aus, wonach die Auflösung durch den kleinsten noch nachweisbaren Abstand zwischen zwei Punkten gegeben ist. Zwei chemisch gleich zusammengesetzte Probenpunkte werden in dieser Formulierung noch getrennt in einem Flächenverteilungsbild sichtbar, wenn — bei Annahme einer Gaußförmigen Verteilung der Signalemission des Objektpunkts — das Intensitätsminimum zwi-

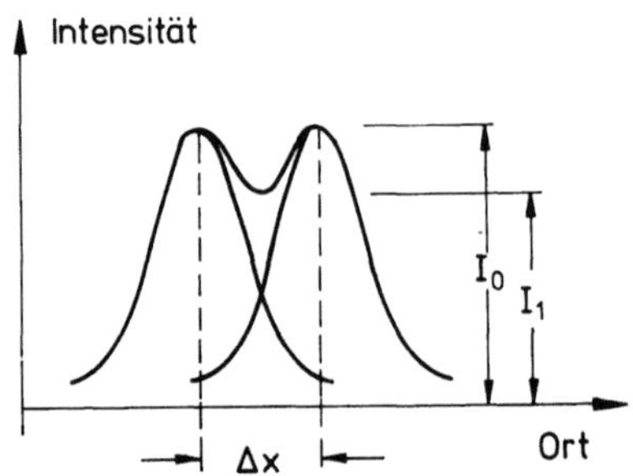

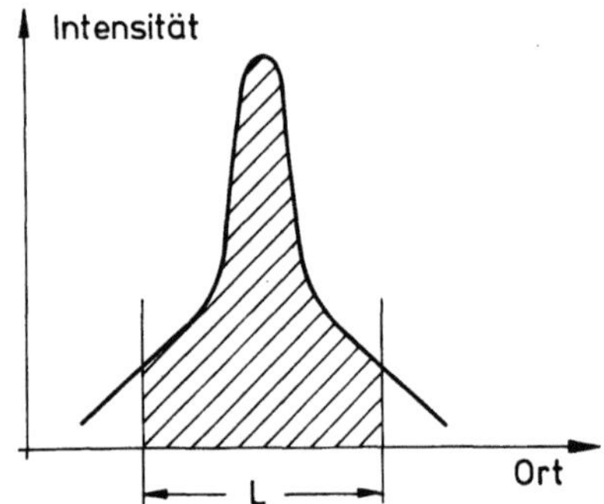

Abb. 51. Zur Definition der „qualitativen" (oben) und „quantitativen" örtlichen Auflösung (unten)

schen beiden Punkten nicht größer als bei z. B. 75 % der Maximalintensität liegt, Abb. 51 oben.

b) Die „quantitative laterale Auflösung" der Mikrobereichsanalyse fordert, daß ein Anteil q der gemessenen Intensität innerhalb des analysierten Probenvolumens entsteht [596]. Dies ist schematisch in Abb. 51 unten wiedergegeben.

Zur Berechnung der lateralen Auflösung muß bei beiden Definitionen die radiale Verteilung der Signalemission bekannt sein.

4.5.2 Radialverteilung der Signalemission

Die Formulierung (4.6) ermöglicht eine rechnerische Bestimmung der Radialverteilung der Signalemission der AES. Dazu wird in (4.6) eine der lateralen Koordinaten, z. B. y = 0 gesetzt und über die Tiefenkoordinate z integriert. Man erhält

$$I_{ijkl}(x) = \frac{\Delta\Omega}{4\pi} N_i W_{ijkl} \lambda_i \cos\Phi\{\sigma_{ij}(E_0)\, j(x) + j_0\, dE\sigma_{ij}(E)\, r(x,\, E)\} \quad (4.29)$$

Die radiale Verteilung der Signalemission der AES setzt sich additiv aus dem Beitrag der Primärelektronen und dem Beitrag der Rückstreuelektronen zusammen (Bei hohen Primärspannungen sollte auch der Beitrag der durch Röntgenstrahlen erzeugten Auger Elektronen berücksichtigt werden, vgl. z. B. [847]).

In Abb. 52 ist die Radialverteilung der L-Ionisierungsdichte, berechnet für Kupfer bei 30 keV, und einem Strahldurchmesser von $H_{1/2} = 0.2\,\mu m$ dargestellt.

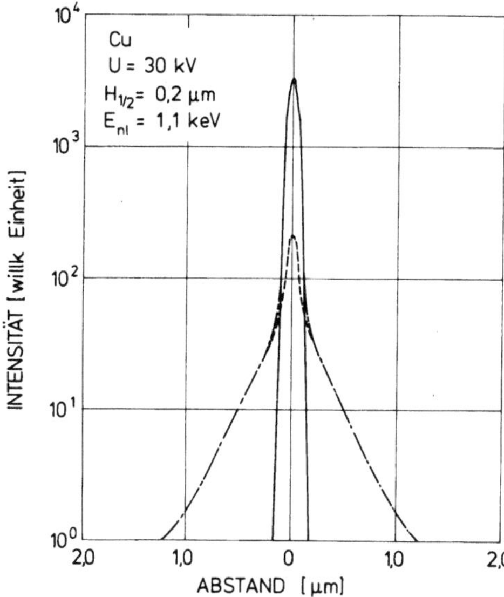

Abb. 52. Radialverteilung der Auger Elektronenemission gerechnet für Kupfer (E_{nl} = 1100 eV) bei 30 kV mit einem Elektronenstrahl der Halbwertsbreite von 0,2 μm. Die durchzogene Linie gibt den Beitrag der Primärelektronen, die unterbrochene Linie den Beitrag der Rückstreuelektronen wieder. Modellrechnungen gemäß [608, 609]

(Die Ionisierungsdichteverteilung ist bis auf einen Faktor mit der Verteilung der Auger Elektronenemission identisch, vgl. (4.29)). Der Anteil der durch den Primärstrahl erzeugten Ionisierungsdichte ist eingezeichnet. Die Halbwertsbreite der Ionisierungsdichteverteilung stimmt weitgehend mit der Halbwertsbreite des Primärstrahls $H_{1/2}$ = 0.2 μm überein. Bei größeren Abständen von der Strahlachse $x \gg {}^1\!/_2 H_{1/2}$ weitet sich die Ionisierungsdichteverteilung durch den Beitrag der Rückstreuelektronen stark aus. Der Beitrag der Rückstreuelektronen zur Auger Elektronenemission führt vor allem zu einer Erhöhung des AES Signals in größeren Abständen von der Strahlachse.

Der Verlauf der Radialverteilung der Signalemission kann experimentell an Kanten und Konzentrationsstufen ermittelt werden. Dazu läßt man den Elektronenstrahl senkrecht über eine Konzentrationsstufe rastern und bestimmt den Verlauf des Auger Signals in Abhängigkeit von der Auslenkung (vgl. Abschnitt 3.9.5). Voraussetzung ist ein kleiner Elektronenstrahlfokus hoher Intensität und eine sauber ausgebildete Konzentrationsstufe. An Wolframkanten wurde so mittels einer Feldemissionsquelle bei 4 kV eine (10 bis 90%)-Breite der Radialverteilung des Auger Signals von ca. 300 Å erhalten [597, 598]. Ähnliche Ergebnisse mit einer Feldemissionsquelle wurden auch bei hohen Primärenergien (60 kV) erzielt [599–602].

Der Anteil der Rückstreuelektronen hat bei der AES einen entscheidenden Einfluß auf die Radialverteilung der Signalemission [600, 601, 603]. Der Einfluß der Rückstreuelektronen auf den Radialverlauf der Signalemission kann mit Hilfe von Monte Carlo Rechnungen [604–607] und durch Modellrechnungen [608, 609] ermittelt werden.

4.5.3 Quantitative laterale Auflösung

Es wird ein zylindrisches Teilchen P mit dem Durchmesser L und der Höhe T, eingebettet in einer Matrix M, betrachtet. Bei einer quantitativen Analyse eines solchen

Teilchens wird man den Elektronenstrahl auf die Mitte des Teilchens fokussieren und das emittierte charakteristische Auger Signal messen. Das gemessene Signal entsteht in einem endlichen Volumen, bedingt durch die laterale Ausdehnung der Primärintensität, und die Diffusion der Elektronen im Material vgl. Abb. 51. Wenn das Anregungsvolumen für das Meßsignal unter den gegebenen Analysenbedingungen kleiner als die Teilchenabmessungen ist, so wird das Signal allein charakteristisch für die Teilchenzusammensetzung sein. Ist dagegen das Anregungsvolumen größer als die Teilchenabmessungen, so wird auch die umgebende Matrix zum gemessenen Signal beitragen. Um den Einfluß der Zusammensetzung der umgebenden Matrix auf die Mindestabmessungen des Teilchens (L, T) zu untersuchen, wird das gemessene Signal I_i^G, bestehend aus dem Beitrag von Teilchen und Matrix berechnet. Unter Einsatz der Formeln aus Abschnitt 4.2 und 4.4 folgt (die sich bei der im folgenden durchzuführenden Quotientenbildung herauskürzenden Faktoren wurden weggelassen)

$$I_i^G = N_i^P \int_0^{L/2} r\,dr \int_0^{2\pi} d\Psi \int_0^T dz\, F^P(r, \Psi, z, \Phi)$$

$$+ N_i^M \int_{L/2}^{\infty} r\,dr \int_0^{2\pi} d\Psi \int_T^{\infty} dz\, F^M(r, \Psi, z, \Phi) \tag{4.30}$$

$$F(r, \Psi, z, \Phi)$$

$$= \exp\left\{-\frac{z}{\lambda_i \cos\Phi}\right\} \left\{\sigma_{ij}(E_0)\, j(r, \Psi) + \int dE\, \sigma_{ij}(E)\, r(r, \Psi, z, E)\right\} \tag{4.31}$$

Für die Radialverteilung der Primärintensität $j(r, \varphi)$ und der Rückstreuelektronen können jeweils Gaußfunktionen gewählt werden [610]. Dann ist in (4.30) die Integration ausführbar und die Intensität I_i^G kann durch einen analytischen Ausdruck beschrieben werden. Dieser kann zur Bestimmung der quantitativen Ortsauflösung L herausgezogen werden.

Die quantitative laterale Auflösung L soll wie folgendermaßen definiert werden: Die an dem Teilchen mit dem Durchmesser L gemessene Intensität I_i^G soll bis auf einen Faktor q mit der Intensität einer Probe unendlicher Ausdehnung (L, T $\rightarrow \infty$) der Zusammensetzung des Teilchens übereinstimmen

$$I_i^G = q \cdot I_i^P \big|_{\substack{L\to\infty \\ T\to\infty}} \tag{4.32}$$

q ist ein Maß für die Analysengenauigkeit. Ist q = 0,95, so verlangt (4.32), daß 95% der gemessenen Intensität I_i^G innerhalb des Teilchens entstehen. Unter den genannten Voraussetzungen führt (4.32) zur Bestimmungsgleichung für L:

$$\frac{C_i^P}{C_i^M} \frac{\varrho^P}{\varrho^M} \frac{\lambda_i^P}{\lambda_i^M} = \frac{\exp\left\{-\dfrac{L^2}{4\delta^2}\right\} + \eta \exp\left\{-\dfrac{L^2}{4\Delta^2}\right\}}{\exp\left\{-\dfrac{L^2}{4\delta^2}\right\} + \eta \exp\left\{-\dfrac{L^2}{4\Delta^2}\right\} - (1 + \eta)(1 - q)} \tag{4.33}$$

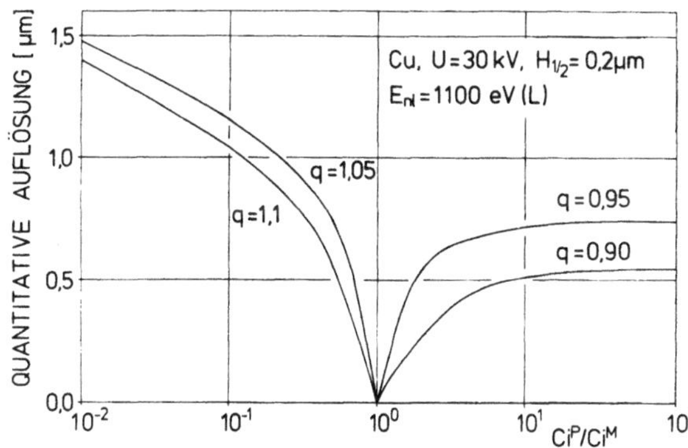

Abb. 53. Abhängigkeit der quantitativen lateralen Auflösung L von dem Konzentrationsverhältnis C_i^P/C_i^M gemäß Formel (4.33) gerechnet für die Analysenbedingungen der Abb. 51

Hierin ist η der Elektronenrückstreukoeffizient; $\delta = H_{1/2}^P/(2\sqrt{\ln 2})$ und $\Delta = H_{1/2}^R/(2\sqrt{\ln 2})$ sind jeweils mit den Halbwertsbreiten der Primäranregung $H_{1/2}^P$ und der Rückstreuelektronen $H_{1/2}^R$ verbunden.

In Abb. 53 ist der Verlauf der quantitativen lateralen Auflösung L in Abhängigkeit von dem Konzentrationsverhältnis C_i^P/C_i^M dargestellt. In (4.33) wurde dazu $\varrho^P = \varrho^M$ und $\lambda_i^P = \lambda_i^M$ gesetzt und die Analysenbedingungen der Abb. 52 gewählt. Dies entspricht z. B. der Einbettung eines Teilchens aus den Elementen Kupfer und Nickel in einer Matrix, die aus den gleichen Elementen besteht. Das Teilchen wird bei 30 kV (entsprechend $H_{1/2}^R \cong 0,5\ \mu m$) mit einem Elektronenstrahl der Halbwertsbreite $H_{1/2}^P = 0,2\ \mu m$ analysiert. Ist $C_i^P = C_i^M$, haben Teilchen und Matrix also den gleichen Gehalt des Elements i, so wird natürlich auch an sehr kleinen Teilchen die richtige Konzentration C_i gemessen ($L \to 0$). Mit wachsender Konzentration des Elements i in der Matrix, $C_i^P/C_i^M < 1$, müssen die Abmessungen des Teilchens zunehmend größer sein, um bei vorgegebener Meßgenauigkeit q noch ein die Zusammensetzung des Teilchens charakterisierendes Analysenergebnis zu erzielen. Ist etwa $C_i^P/C_i^M = 0,1$, so muß bei $q = 1,1$ das Teilchen bereits größer als 1 μm sein. Liegt dagegen im Teilchen eine höhere Konzentration des Elements i, als in der Matrix vor, $C_i^P/C_i^M > 1$, so bleibt nach einem Anstieg in der Nähe $C_i^P/C_i^M \approx 1$ der Mindestdurchmesser des Teilchens L mit wachsender C_i^P/C_i^M konstant und hängt nur noch von q ab.

4.6 Tiefenprofilanalyse

4.6.1 Grundgleichungen

In Gleichung (4.7) wird von einer mit der Tiefe z homogen zusammengesetzten Probe ausgegangen. Da die AES besonders zur Analyse dünner Schichten geeignet ist, wird man auch an der Bestimmung eines Konzentrationsprofils C(z) in einer dünnen Oberflächenschicht interessiert sein. Für diesen Fall erhält man aus (4.7) unter Ausführung der x, y-Integration gemäß (4.8) und (4.9)

$$I_i(\Phi) = \frac{\Delta\Omega}{4\pi}\ \frac{\varrho N_L}{A_i}\ j_0 W_{ijkl}\sigma_{ij}(E_0)\ R(\alpha)\ I_z \tag{4.34}$$

mit

$$I_z = \int\limits_0^\infty d_z \, C_i(z) \exp\left\{-\frac{z}{\lambda_i \cos \Phi}\right\} \qquad (4.35)$$

Um die Tiefenabhängigkeit der Konzentration $C_i(z)$ experimentell zu ermitteln, muß die Intensität in Abhängigkeit von einer der beiden in (4.35) enthaltenen Variablen φ und z gemessen werden.

Bei einer kontinuierlich veränderlichen Konzentration (z. B. einem Diffusionsprofil) $C_i(z)$ ändert sich auch λ_i mit der Tiefe $\lambda_i = \lambda_i(z)$. In diesem Fall muß eine Entfaltung des gemessenen Intensitätsprofils vorgenommen werden (vgl. z. B. [611]). Der einfachere und häufiger diskutierte Fall ist eine Konzentrationsstufe in der Tiefe $z = D$, d. h. das Vorliegen einer Deckschicht A der Dicke D auf einem Substrat B. Die experimentelle Ermittlung von D durch Änderung von Φ und z wird in den folgenden Abschnitten diskutiert. Bei kontinuierlich variabler Konzentration $C_i(z)$ wird häufig die Abhängigkeit $\lambda_i = \lambda_i(z)$ vernachlässigt, da in der praktischen Anwendung lediglich die relative Änderung, nicht aber der exakte Konzentrationsverlauf interessiert. Zur quantitativen Beschreibung eines AES-Tiefenprofils an dünnen Schichten mit in der Tiefe variabler Konzentration vgl. [612].

4.6.2 Tiefenprofilanalyse durch Änderung der effektiven Austrittstiefe

Zur Bestimmung der Schichtdicke D werden Intensitätsverhältnisse $I_A(\Phi)/I_A(0)$ und $I(\Phi)/I_B(0)$ in Abhängigkeit von Φ bestimmt. Es gilt

$$\frac{I_A(\Phi)}{I_A(0)} = 1 - \exp\left\{-\frac{D}{\lambda_{AA} \cos \Phi}\right\} \qquad (4.36)$$

$$\frac{I_B(\Phi)}{I_B(0)} = \exp\left\{-\frac{D}{\lambda_{BA} \cos \Phi}\right\}$$

Hierin ist λ_{AA} die freie Weglänge der A-Elektronen im Material A und λ_{BA} diejenige der B-Elektronen im Material A. Aus den Diagrammen $I_A(\Phi)/I_B(0)$ und $I_B(\Phi)/I_B(0)$ können die Werte D/λ_{AA} und D/λ_{BA} entnommen werden [611].

Die Analyse dünner Schichten nach dieser Methode ist auf geringe Dicken D begrenzt. Geht man davon aus, daß bei der AES noch Intensitätsverhältnisse von 1/100 gemessen werden können, so muß

$$\exp\left\{-\frac{D}{\lambda \cos \Phi}\right\} \gtrsim 0{,}01$$

sein. Daraus folgt für die noch meßbare Dicke der Aufdampfschicht

$$D/\cos \Phi \gtrsim 4{,}6 \cdot \lambda \, . \qquad (4.37)$$

Wird φ im Bereich $0 \gtrsim \Phi \gtrsim 60\ °C$ variiert, so gilt

$$D \gtrsim 2{,}3 \cdot \lambda\,, \tag{4.37a}$$

d. h. nur Schichtdicken D von der Dicke der Informationstiefe können durch Änderung von φ ermittelt werden.

Zur Bestimmung der Schichtdicke ohne Ionenätzen vgl. [613, 615].

4.6.3 Tiefenprofilanalyse durch Ionenätzung

Die Änderung der Tiefe z kann in (4.35) durch Abtragen der Schicht mittels Ionenätzung erfolgen. Wird je Zeiteinheit eine Schichtdicke $v = dz/dt$ abgetragen und ist

$$v = V_A \cdot \gamma \cdot j_P \tag{4.38}$$

(V_A Atomvolumen, γ Sputterrate in Atomen je einfallendes Ion, je Zeiteinheit) so gilt [611, 616]

$$z = \int_0^t v\,dt = j_P \int_0^t V_A(t)\,\gamma(t)\,dt\,. \tag{4.39}$$

Da mit der Konzentration $C_A(z)$ sich sowohl das Atomvolumen (Dichte), als auch die Sputerrate ändert, kann (4.39) für den allgemeinen Fall nicht gelöst werden. Liegt dagegen eine Deckschicht der Dicke D auf einem Substrat vor, und vernachlässigt man die Änderung der Sputterrate im Interface Deckschicht-Substrat, so folgt aus (4.39)

$$D = j_P\, V_A\, \gamma_A\, \Delta t\,. \tag{4.39a}$$

Bei Kenntnis der Primärionendichte j_P und der Sputterrate γ_A kann damit aus der Sputterzeit Δt die Schichtdicke ermittelt werden. Zum Einfluß der freien Weglänge auf die Bestimmung der Lage der Grenzfläche mittels Tiefenprofilanalyse vgl. [923]. Aus der Kenntnis der freien Weglänge für zwei verschiedene Auger Elektronenlinien kann durch Messung der Intensitäten des Substrats die Schichtdicke einer dünnen Kontaminationsschicht ermittelt werden [930].

Während des Ionenätzens kann eine Änderung der Linienform und Linienlage eintreten. Ursachen für solche Effekte können sein: Aufladung der Probenoberfläche (z. B. nach Abtragen einer leitenden Deckschicht), ionenstrahleninduzierte Änderung der Bindung und Änderung der Bindung im Interface. Im AES-Tiefenprofil erscheinen dann nicht reell existierende Konzentrationsänderungen [617, 618]. Durch Entfaltung der Linienform werden die korrekten Tiefenprofile erhalten [618–620, 946].

Erfolgt die Messung der Auger Elektronenintensitäten während des Ionensputterns (kontinuierliches Tiefenprofil), so trägt neben dem Elektronen- auch der Ionenstrahl zur Entstehung des charakteristischen Auger Signals bei (vgl. Ioneninduzierte Auger Elektronen-Spektroskopie [350–457]). Durch die Intensitätsmodulation des Elektronenstrahls und Messung des elektroneninduzierten Signals über einen lock-in-Verstärker können beide Auger Intensitäten voneinander getrennt werden [621].

Die chemische Zusammensetzung einer dünnen Schicht kann auch durch Messung entlang einer Linie über einen durch Ioneneinstrahlung erzeugten Kraterrand erhalten werden [622–624, 910]. Auch mechanisch erzeugte Krater können für diese Tiefenprofilanalyse herangezogen werden [1043].

4.6.4 Sputterrate

Die Sputterrate hängt von dem betrachteten Element, von der chemischen Bindung mit den übrigen in der Oberfläche enthaltenen Elementen, von der Kristallorientierung, von der Ionenart, der Ionenenergie und dem Einfallwinkel der Ionen ab. Die Vielzahl dieser Einflußparameter erschwert die Darstellung einer allgemeinen Formulierung der Sputterrate und deren Bestimmung für den Einsatz in der AES-Tiefen-

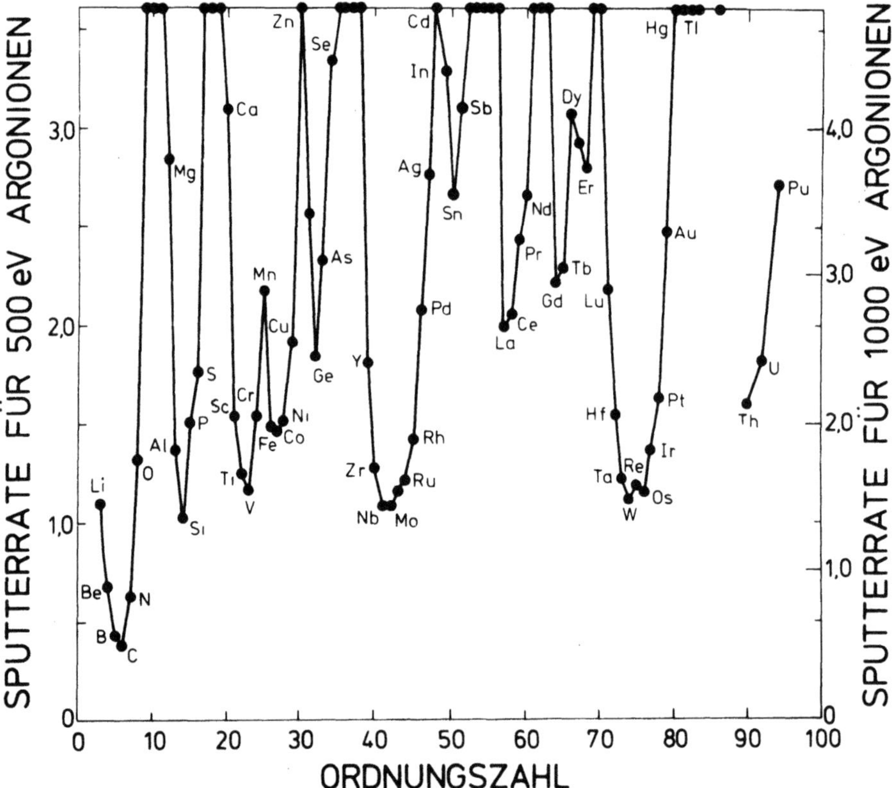

Abb. 54. Sputterrate für 0,5 und 1,0 keV Argonionen in Abhängigkeit von der Ordnungszahl. Nicht eingezeichnete Werte bei 0,5 keV: Na 3,70, K 6,17, Zn 5,07, Rb 9,20, Cd 7,20, Te 4,34, Cs 11,47, Ba 4,73, Sm 4,35, Eu 5,02, Yb 6,09, Tl 5,12, Pb 4,81, Bi 4,35. Die Werte für 1 keV sind um den Faktor 1,33 größer, nach [633]

profilanalyse. Zur physikalischen Deutung des Sputterprozesses, zu deren analytischer Beschreibung und zur experimentellen Bestimmung der Sputterrate sei auf die Literatur verwiesen [625–634, 908, 909].

Eine Abschätzung der Sputterrate bei der AES-Tiefenprofilanalyse ermöglicht Abb. 54 [633] in der Sputterraten für Ionenenergien von 0,5 und 1 keV für fast alle Elemente angegeben sind. Zum Einsatz des AES-Tiefenprofilanalyse zur Bestimmung der Sputterrate und Schichtdicke vgl. [635, 636].

4.6.5 Einfluß der Ionenätzung auf den Oberflächenzustand

Die Einstrahlung von Ionen auf die Oberfläche führt fast immer zu tiefgreifenden Änderungen des Oberflächenzustands. Abbildung 55 zeigt als Beispiel die Tiefe der Schädigungen in einem Wolfram Einkristall ((011)-Orientierung), hervorgerufen durch Argonionen in Abhängigkeit von der Argonionenenergie [637]. Die Tiefe der Schädigung nach Argonioneneinstrahlung wurde mittels eines Feldionenmikroskops und sukzessiver Feldverdampfung der Oberfläche erhalten. Bereits bei Verwendung von Argonionen der Energie von 1 keV ist die Tiefe der Schädigung des Gittergefüges größer als die Informationstiefe der Auger Elektronenspektroskopie.

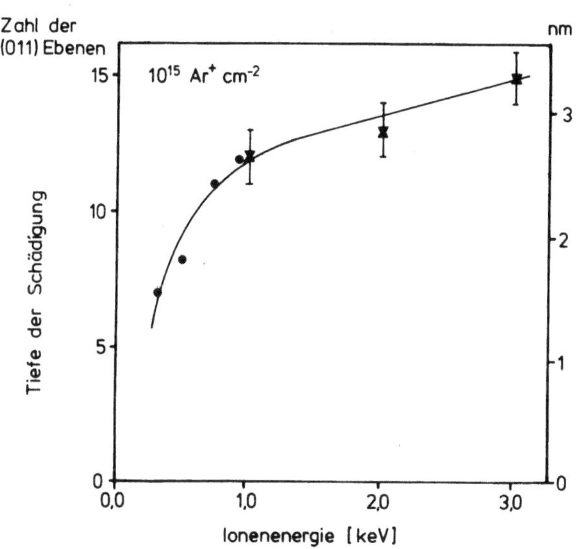

Abb. 55. Tiefe der Gitterdefekte in Wolfram Einkristallen der Orientierung (011) hervorgerufen durch Argonionen in Abhängigkeit von der Ionenenergie, nach [637]

In der Literatur wird u. a. über folgende durch Ionenstrahlen ausgelöste Effekte berichtet:

Änderung der Oberflächenzusammensetzung als Folge unterschiedlicher Sputterraten. Das Element mit der höheren Sputterrate wird von der Oberfläche bevorzugt abgetragen, in deren Folge seine Konzentration in der Oberfläche verringert wird. Zusammenfassende Darstellungen zu diesem Thema findet man in [638–642, 1049–1052].

Änderung des Bindungszustands. Eine Änderung des Bindungszustands bei Ionenbeschuß kann mittels XPS untersucht werden [643–645, 916]. Besonders bei organischen Verbindungen ist eine Zerstörung der Bindung durch den Ionenaufprall unvermeidlich [644].

Stoßimplantation. An der Oberfläche angereicherte Atome eines Elements A werden durch Stoß der Ionen in das Materialinnere getrieben. Bei einer Tiefenprofilanalyse können die A-Atome so durch den Ionenstrahl „vor sich hergetrieben" werden [646–648, 1047].

Oberflächenrauhigkeit und Kohnenbildung. Bereits an chemisch homogenen glatten Oberflächen, um so mehr aber an aus der Praxis kommenden Proben wächst mit steigender Sputterzeit die Oberflächenrauhigkeit an. Zur Entwicklung der Oberflächenrauhigkeit und der Kohnenbildung bei Ionenätzen siehe [649–655, 1046].

Thermische Effekte. Die durch den Ionenstrahl zugeführte Energie wird in der Probenoberfläche u. a. in Wärme umgewandelt, was zur lokalen Temperaturerhöhung führen kann [656].

Erhöhung der Oberflächendiffusion. Die Einstrahlung von Ionen erhöht die Oberflächendiffusion [657, 658].

Oberflächensegregation. Energieeinstrahlung, lokale Temperaturerhöhung, Erhöhung der Oberflächendiffusion bei Ionenbestrahlung beschleunigt die Oberflächensegregation [659–661].

Reaktion mit der Restgasatomosphäre. Die Reaktivität der Oberfläche wird durch Bestrahlung mit energetischen Ionen gesteigert, was in einer Erhöhung der Wechselwirkung der Restgasatmosphäre mit der Oberfläche sichtbar wird [662, 663]. Dies kann z. B. zur Steigerung der Oxidbildung auf Oberflächen [664] benutzt werden und bleibt nicht ohne Einfluß auf das Ergebnis der Tiefenprofilanalyse [665].

Die oben angeführten Effekte können einen erheblichen Einfluß auf das Ergebnis der Tiefenprofilanalyse haben. Beispiele hierzu findet man in der Literatur, etwa bei der Analyse der Oxidschichten auf Aluminium [666, 667]. Die Grenzen der AES-Tiefenprofilanalyse sind u. a. in [666, 667, 668, 669, 655, 907, 920, 921, 932], zusammengefaßt.

Bei geringen Ionenintensitäten ist eine Polymerisation der Kohlenwasserstoffe auf der analysierten Oberfläche zu erwarten [670]. Dieser Effekt ist z. B. am Rand eines fokussierten Ionenstrahls nachweisbar. Als Maßnahme zur Verhinderung dieses Effekts wird außer sauberem Vakuum, die Rasterung des Ionenstrahls empfohlen. Bei Ionenätzen von Silizium wurde mittels AES die Bildung von Siliziumkarbid beobachtet [671]. Entsprechende Beobachtungen wurden auch auf W, Ta und Ti-Flächen gemacht [672].

4.6.6 Bestimmung der Tiefenauflösung

Liegt eine Deckschicht der Dicke D auf einem Substrat vor, so wird bei einer Tiefenprofilanalyse der Konzentrationssprung zwischen Deckschicht und Unterlage in einem S-förmigen Verlauf verschmiert (Abb. 9). Da das Ätzen der Oberfläche mit Ionenstrahlen ein statistischer Prozeß ist, kann im Idealfall der S-förmige Verlauf durch eine Fehlerfunktion der Breite 2σ (σ Standardabweichung) beschrieben werden. Als Tiefenauflösung wird dann die Breite $\Delta z = 2 \cdot \sigma$ definiert, die am Tiefenprofil in den Höhen 16 und 84% der Maximalintensität gemessen wird (Abb. 9). Bei einem reellen Sputtervorgang tragen die meisten der in Abschnitt 4.6.5 zusammengestellten Effekte zu einer Verbreiterung Δz_v des Tiefenprofils im Interface bei, wobei die Gesamtverbreiterung durch [611, 811, 812]

$$\Delta z = \left| \sum_v \Delta z_v^2 \right|^{1/2} \tag{4.40}$$

berechnet wird.

Die bei einem reellen Sputtervorgang erhaltene Tiefenauflösung Δz hängt von der bereits durchlaufenen Dicke D der Deckschicht ab. Abbildung 56 zeigt den Verlauf der Tiefenauflösung Δz in Abhängigkeit von der Schichtdicke D für unter technischen Bedingungen aufgedampfte Aluminiumdeckschichten auf Kupfer, gemessen bei 1 und 5 keV Ionenenergie. Für verschiedene Materialkombinationen werden von verschiedenen Autoren unterschiedliche Abhängigkeiten $\Delta z = \Delta z(D)$ gefunden [611, 829, 912–915]. Zum Verständnis der Einflußfaktoren auf die Tiefenauflösung bei der Tiefenprofilanalyse und für Maßnahmen zur Verbesserung der Tiefenauflösung vgl. [673–681, 1042, 1044]. Der Einfluß der Intensitätsverteilung im Ionenstrahl auf die Tiefenauflösung wird in [682, 917, 1048] diskutiert.

Zur Verbesserung der Tiefenauflösung und Bestimmung des wahren Konzentrationsverlaufs mittels Entfaltung vgl. [683, 684, 911, 932, 933, 1045].

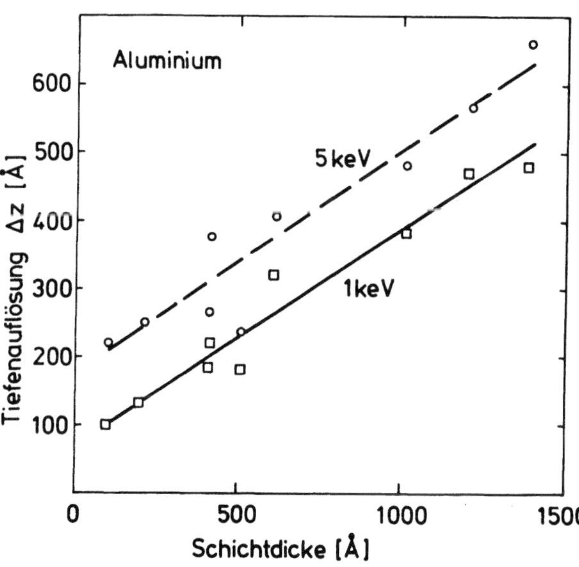

Abb. 56. Tiefenauflösung Δz in Abhängigkeit von der Schichtdicke D für Aluminiumaufdampfschichten auf Kupfer (aufgedampft unter technischen Bedingungen) gemessen bei 1 und 5 keV Ionenenergie

4.7 Signal/Rausch-Verhältnis und Nachweisgrenze

Unter dem Signal/Rausch-Verhältnis wird das Verhältnis der Intensität des Signals zur Intensität des Rauschens in dem, dem Signal benachbarten Untergrund des differenzierten Spektrums, verstanden. Das Signal/Rausch-Verhältnis wird unter

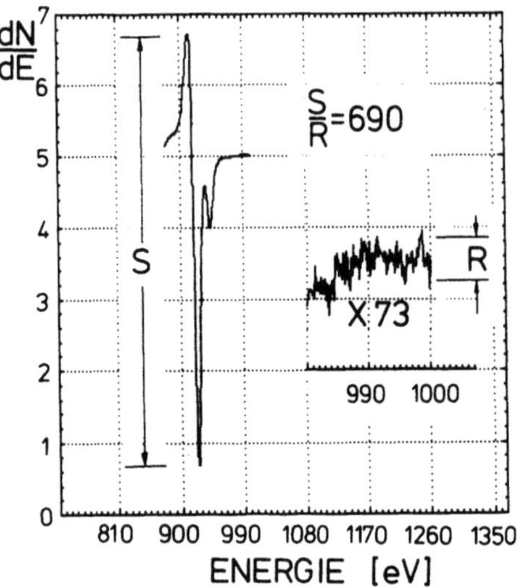

Abb. 57. Zur Ermittlung des Signal/Rausch-Verhältnisses an der Cu KLL(920 eV)-Linie. Primärenergie 3 keV, Strom 5 µA, U_{Mod} = 6 eV, Auflösung 1,2%, Zeit t = 5 min, α = 30°

Angabe der Meßbedingungen Spannung, Strahlstrom, Strahldurchmesser, Meßzeit, Einfallwinkel, Material, Linienart und Spektrometereinstellung (Auflösung, Modulationsamplitude, Verstärkung) — zur Charakterisierung der Auger Sonde verwendet. Abbildung 57 zeigt die Ermittlung des Signal/Rausch-Verhältnisses am Beispiel des Cu—LMM-Signals.

In Abb. 58 ist der Verlauf des S/R-Verhältnisses für Eisen in Abhängigkeit von der Primärenergie dargestellt. S/R steigt oberhalb der Anregungsenergie E_{ij} stark an und erreicht eine Sättigung bei ca. 3 keV. Der Anstieg zwischen E_{ij} und ca. 3 keV ist auf den entsprechenden Verlauf der Augerintensität, vgl. Abb. 43 zurückzuführen. In [991] wird an auf Silizium aufgedampften Silberclustern ein Abfall des S/R-Verhältnisses im Bereich zwischen 5 und 20 keV beobachtet. Im Energiebereich zwischen 20 und 60 keV ist S/R nach diesen Messungen konstant.

An dünnen Kohleschichten wurde für das S/R-Verhältnis ein insgesamt größerer Wert, als am kompakten Material gemessen [987]. Die Spannungsabhängigkeit des S/R-Verhältnisses entspricht derjenigen der Auger Elektronenintensität: S/R nimmt

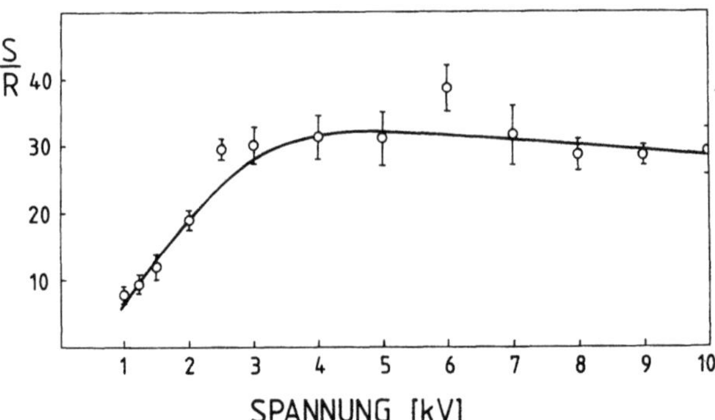

Abb. 58. Verlauf des S/R-Verhältnisses mit der Beschleunigungsspannung. Meßparameter: I_p = 4 · 10^{-8} A, Auflösung 1,2%, Energieintervall Fe: 698–708 eV, Untergrund 730–740 eV, Punktabstand 0,2 eV, Meßzeit je Energieintervall 150 sec.

bis ca. 3 keV zu, um dann wieder auf den bedeutend kleineren Untergrund (keine Rückstreuelektronen) abzunehmen.

Liegt ein Element, z. B. Kupfer nicht als Reinelement, sondern als Legierungskomponente geringer Konzentration vor, so gibt es eine kleinste Konzentration, die im Auger Spektrum gerade noch nachgewiesen werden kann. Ein Element gilt als nachgewiesen, wenn der Peak im Spektrum an der zu erwartenden Energielage dreimal so hoch ist, wie das benachbarte Rauschen.

Für das Rauschen im Auger Spektrum wird vor allem der „Schroteffekt" (Statistik der Elektronenemission) verantwortlich gemacht [685–691, 813]. Beim Schroteffekt ist die Rauschintensität durch die Wurzel der insgesamt gezählten Signale (Elektronen) S_0 gegeben

$$R = (2 \cdot S_0 \cdot e\, B)^{1/2} \tag{4.41}$$

(e = elektrische Elementanladung, B Bandbreite des Verstärkers, B ist gleich dem reziproken Wert der benutzten Zeitkonstante). Für die kleinste noch nachweisbare Konzentration muß demnach gelten

$$\frac{S}{R} = 3 \tag{4.42}$$

Für einen CMA berechnet sich S_0 gemäß

$$S_0 = \frac{j_0 t}{e}\, T\, \Delta\Omega\, \frac{1}{E_0} \int\limits_{E}^{E+\Delta E} \eta(E)\, dE \tag{4.43}$$

Hierin ist j_0 der Strahlstrom, t die Meßzeit, T die Transmission des Analysators, e die Elementarladung, $\Delta\Omega$ der erfaßte Raumwinkel und $\eta(E)$ der Rückstreukoeffizient bei der Energie E. Integriert wird über den gemessenen Energiebereich E, $E + \Delta E$, wobei ΔE das Energiefenster des Analysators ist.

Vernachlässigt man die Energieabhängigkeit von η und setzt

$$\int\limits_{E}^{E_0+\Delta E} \eta(E)\, dE = \bar\eta\, \Delta E,$$

so folgt

$$S_0 = \frac{j_0 t}{e}\, \Delta\Omega\, \frac{\Delta E}{E_0}\, \bar\eta T\,. \tag{4.44}$$

Unter Verwendung von (4.19c) und (4.42) folgt:

$$C_{i,\,min} = \beta_i\, \frac{1}{f}\, \sqrt{\frac{\Delta E}{j_0 \cdot t}}\,, \tag{4.45}$$

mit

$$\beta_i = \frac{12\,\pi A_i}{\varrho\,N_L\,w_{ijkl}\,\sigma_{ij}\,\lambda_i\,\cos\Phi\cdot R_i}\,\sqrt{\frac{2B\,\bar\eta}{E_0 T\,\Delta\Omega}}\,. \tag{4.45 a}$$

Um Elemente geringer Konzentration nachweisen zu können wird man möglichst hohe Ströme j_0 und lange Meßzeiten t benutzen. Bei vorgegebenen Element wird selbstverständlich zum Nachweis die stärkste Linie verwendet, nämlich die mit den größten W_{ijkl} und σ_{ij}. Bei großem $\Delta E \gg \varepsilon$ ist $C_{i,\,min} \sim \sqrt{\Delta E}$. Dies ist eine Folge der wachsenden Rauschintensität mit größer werdendem Energiefenster. Für $\Delta E \ll \varepsilon$ ist $C_{i,\,min} \sim 1/(\varepsilon\sqrt{\Delta E})$. Bei vorgegebener Intensität (Flächeninhalt, ptp-Abstand) einer Linie, wird diese um so eher nachweisbar je kleiner deren Breite ε ist.

Zur Verringerung der Nachweisgrenze können nicht beliebig große Ströme j_0 und Meßzeiten t eingesetzt werden. j_0 ist durch die Leistung des Strahlerzeugungssystems und durch eventuell auftretende Strahlenschäden begrenzt. Die Meßzeit kann wegen der sich ausbildenden Kontamination und der begrenzten Gerätestabilität (Flicker Effekt) nicht beliebig verlängert werden.

Da der Primärstrom bei einer vorgegebenen elektronenoptischen Anordnung von dem Strahldurchmesser abhängt (vgl. z. B. [53]), wird die Nachweisgrenze empfindlich von der geforderten Ortsauflösung beeinflußt.

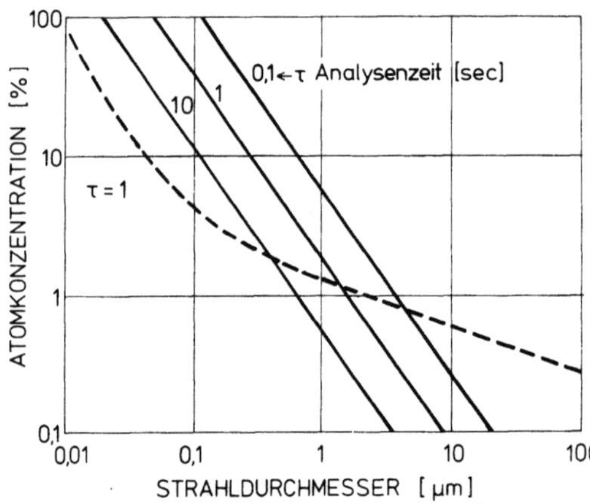

Abb. 59. Abhängigkeit der theoretischen Nachweisgrenze vom Strahldurchmesser für eine LaB$_6$- (durchgezogene Linie) und eine W(100)-Feldemissionskathode (unterbrochene Linien) bei verschiedenen Meßzeiten, nach [688]

Abbildung 59 zeigt die Abhängigkeit der theoretischen Nachweisgrenze von dem Strahldurchmesser für eine LaB$_6$-Kathode bei verschiedenen Meßzeiten und für eine W(100)-Feldemissionsquelle [688]. Die hier angegebenen Überlegungen vernachlässigen eventuell auftretende Schäden, die der Primärstrahl bei Zufuhr von Ladung und Energie im Material bewirkt. Die Gefahr einer Schädigung wächst mit abnehmendem Strahldurchmesser (bzw. zunehmender Flächendichte, vgl. Abschnitt 4.8). Bei gegebenem Strahldurchmesser wird bei Aufnahme des direkten Spektrums im „pulse counting" Verfahren eine kleinere Nachweisgrenze als im dN/dE-Spektrum erzielt [984]. Zur Bestimmung von C_{min} im direkten Spektrum vgl. [985, 986].

4.8 Elektronenstrahlinduzierte Effekte

Mit dem Elektronenstrahl wird dem Material Energie, Impuls und Ladung zugeführt. Bei schlechten Leitern führt die zugeführte Energie zur Temperaturerhöhung und in der Folge zu thermisch bedingten Effekten [692]. Eine Impulsübertragung auf die Atomkerne führt erst bei Energien weit oberhalb ca. 100 keV zur Verschiebung aus der Gitterlage heraus (im Gegensatz zur Wirkung von Ionenstrahlen, bei der die hohe Ionenmasse eine wesentlich höhere Impulsübertragung ermöglicht). Die Ladungszufuhr hat nur bei Nichtleitern Rückwirkungen auf das Analysenergebnis (vgl. Abschnitt 3.6).

Die Temperaturerhöhung bei Elektroneneinstrahlung kann, unter Berücksichtigung der Wärmeleitung, berechnet werden [693, 694].

Ist

$$q = \frac{H_a}{H_e} \tag{4.46}$$

ein die Elektronenstrahlfokussierung charakterisierender Parameter (H_a = Halbwertsbreite der als Gaußfunktion angenäherten Tiefenverteilung der Energieabgabe, H_e-Halbwertsbreite des Elektronenstrahls) und

$$\tau = 16 \ln 2 \, \frac{\lambda}{\varrho c} \, \frac{t}{H_a^2} \tag{4.47}$$

ein die Einwirkungszeit des Elektronenstrahls beschreibender Parameter (λ spezifische Wärmeleitung, ϱ Materialdichte, c spezifische Wärme, t Einwirkungszeit in Sekunden), so erhält man für die Temperaturerhöhung T auf der Achse des Elektronenstrahls im Maximum der Energieabgabe

$$T(q, \tau) = \frac{U j_0}{\lambda H_a} E \cdot G(\tau, q) \,,$$

mit U als Beschleunigungsspannung, j_0 als Strahlstrom, $E \cong 0{,}1$ und

$$G(\tau, q) = \begin{cases} \dfrac{1}{\sqrt{\dfrac{1}{q^2} - 1}} \left\{ \arcsin(1 - 2q^2) - \arcsin \dfrac{1 - 2q^2 - \tau q^2}{1 + \tau q^2} \right\} & \text{für} \quad q < 1 \\[2em] 2\left(1 - \dfrac{1}{\sqrt{1 + \tau}}\right) & \text{für} \quad q = 1 \\[2em] \dfrac{1}{\sqrt{1 - \dfrac{1}{q^2}}} \ln \left\{ \dfrac{(1 + \tau q^2)(2q^2 - 1 + 2q\sqrt{q^2 - 1})}{2q^2 - 1 + \tau q^2 + 2q\sqrt{(q^2 - 1)(1 + \tau)}} \right\} & \text{für} \quad q > 1 \end{cases} \tag{4.49}$$

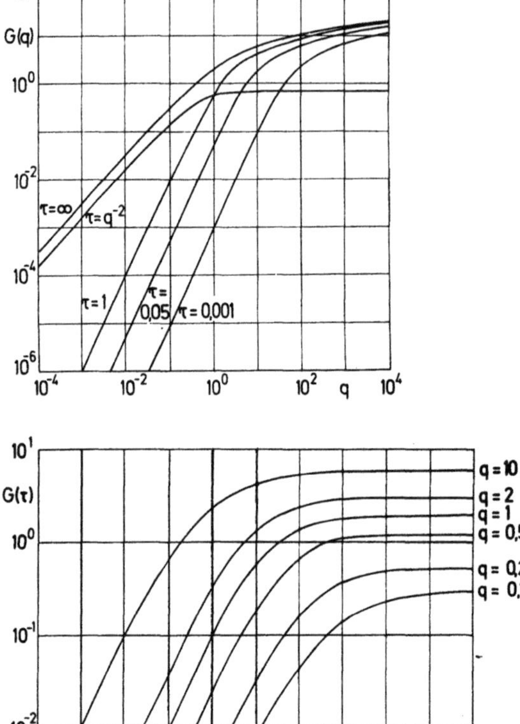

Abb. 60a und b. Normierte Temperaturerhöhung G(τ, a) im Material bei Elektronenbestrahlung im Maximum der Energieabsorption in Abhängigkeit von der normierten Fokussierung q **a)** und der normierten Zeit τ **b)**, nach [693]

Abbildung 60 zeigt den Verlauf der normierten Temperatur G(τ, q) in Abhängigkeit von τ und q. Berechnet man mit diesem Formalismus die Temperaturerhöhung für einen Elektronenstrahl von 10 kV, 0,1 µA und 0,2 µm Strahldurchmesser, so erhält man für Gold ca. 4 grad und für Tafelglas ca. 700 grad ([695] vgl. auch [922]). Signifikante Temperaturerhöhungen sind daher bei der AES Analyse vor allem bei Nichtleitern zu erwarten.

Mittels AES wurde eine Reihe von Effekten beobachtet, die durch die Einwirkung des fokussierten Elektronenstrahls auf das Material erklärt werden können. Der Elektronenstrahl hat einen Einfluß auf das Adsorptions- und Desorptionsverhalten an der Oberfläche [943, 994] auf die Reaktion der Oberfläche mit der Restgasatmosphäre und auf die Zersetzungserscheinungen der adsorbierten Moleküle [696–703]. Besonders an schlechten Leitern, wie z. B. bei Gläsern wird durch den Elektronenstrahl eine Zerstörung der Bindung induziert. Bei SiO_2, Silikaten und anderen Metalloxiden wird eine Reduktion des Oxids zu Metall beobachtet. Anstelle der oxidischen LMM-Linie bildet sich beim Silizium die metallische Linie aus [704–708], Abb. 61. Der dabei frei werdende Sauerstoff wird teilweise desorbiert [709]. Auch eine durch den Elektronenstrahl induzierte Desorption von

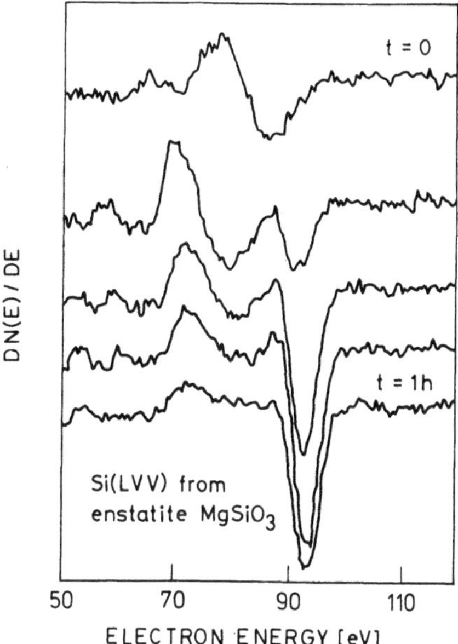

Abb. 61. Bildung des metallischen LMM-Si-(92 eV)-Peaks im Enstatit ($MgSiO_3$) bei Einwirkung eines Elektronenstrahls nach verschiedenen Bestrahlungszeiten, nach [707]

Chlor und Phosphor wurde beobachtet [822]. Die durch Elektronen angeregte Desorption erhöht in diesen Fällen die Sputterrate bei der AES-Tiefenprofilanalyse [710]. Zu den weiteren, durch den Elektronenstrahl induzierten Effekten gehört, die Zersetzung von Substanzen [711, 712, 827], Oberflächendiffusion [713–718] und bei Nichtleitern insbesondere Gläsern eine durch Raumladungsbildung induzierte Volumendiffusion [719–721, 942]. Diese Effekte können zu einer erheblichen Verfälschung des AES-Analysenergebnisses führen [722, 723].

4.9 „in situ"-Untersuchungen

4.9.1 Wechselwirkung Gas-Oberfläche

Die Moleküle des Restgases in der Vakuumkammer können bei einer Wechselwirkung mit der zu analysierenden Oberfläche an dieser haften bleiben. Auf einer (z. B. durch Ionenätzung) gereinigten Oberfläche wird auch bei guten Vakuumbedingungen allmählich das Auger Sauerstoffsignal ansteigen.

In Abb. 62 ist der Verlauf des O—KLL-Signals auf einer W(100) Oberfläche in Abhängigkeit von der Einwirkungszeit, bei einem Sauerstoffpartialdruck von $5 \cdot 10^{-9}$ Torr dargestellt [724]. In den ersten zwei Minuten der Einwirkung der Sauerstoffatmosphäre bleibt jedes auf die Oberfläche stoßende Sauerstoffmolekül dort haften (Haftkoeffizient s = 1). Nachdem ein Bedeckungsgrad von θ = 0,5 (halbe Monolage) erreicht wurde, vermindert sich der Haftkoeffizient sprunghaft auf s = 0,39. Mit wachsendem θ verringert sich s unstetig: Bei θ = 0,75 auf s = 0,24, usw. Der Aufbau der Deckschicht verlangsamt sich so mit wachsendem Bedeckungsgrad θ. Nach ca. 8 min ist der Aufbau einer Monolage und nach

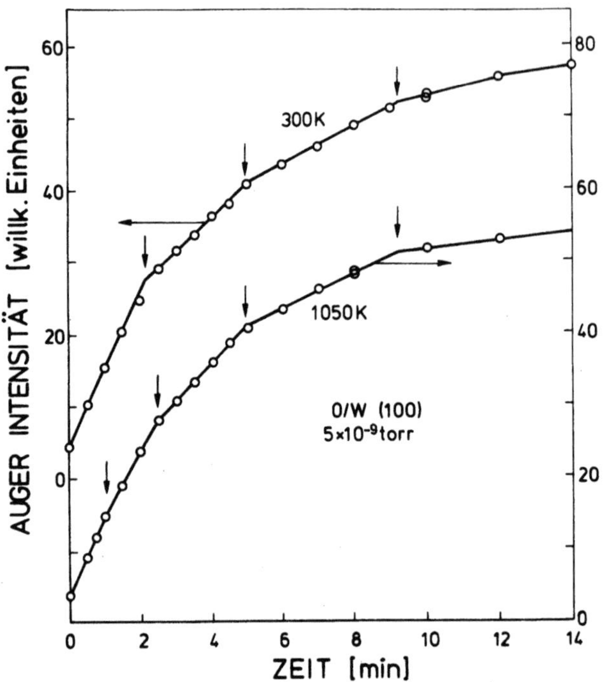

Abb. 62. Verlauf des O KLL-Signals gemessen an einer W(100) Oberfläche in Abhängigkeit von der Einwirkungszeit bei einem Sauerstoffpartialdruck von $5 \cdot 10^{-9}$ Torr bei 300 K und 1050 K, nach [724]

ca. 15 min ($\theta = 1,3$) der Aufbau der gesamten Deckschicht abgeschlossen. (Ähnlich wie die Kondensation der Restgase auf einer reinen Metalloberfläche verläuft auch der Aufdampfprozeß von Metalldämpfen in Monolagen [725]. Zur Simulation dieses Vorgangs mit der Monte Carlo Methode vgl. [940]).

Die Zahl der Gasmoleküle, die bei vorgegebenem Druck p, Temperatur T und Gasart (Molekulargewicht M) je Zeiteinheit auf die Oberfläche einfallen, kann mittels der kinetischen Gastheorie abgeschätzt werden. Diese Zahl beträgt bei T = 300 °K, M = 28 in Monolagen ($\cong 3 \cdot 10^{14}$ cm^{-2}) je Sekunde [18]

$$n = 10^6 \, P$$

wobei der Druck P in Torr zu rechnen ist. Bei einer reinen Metalloberfläche (Haftkoeffizient 1) wird danach bei einem Druck von $1 \cdot 10^{-10}$ Torr eine Monolage nach ca. 2,8 Stunden adsorbiert.

4.9.2 „in situ" Versuche

Um die unerwünschte Adsorption von Gasen auf Oberflächen zu vermeiden, müssen diese unter möglichst gutem Vakuum erzeugt oder gereinigt werden. Saubere

Tabelle 4.2. „in situ" Untersuchungen von anwendungsorientierten Problemstellungen

Versuchsart	System*)	Methode	Stichworte	Literatur
Galvanische Zelle	FeO	AES, ESCA	Reaktionskinetik Oberflächensegregation Oxidationszustand Phasendiagramm	[732–734, 997]
Einwirkung reaktiver Gase	Al + HCl	AES	Adsorption, Temperatureinfluß	(735]
	Fe(001) + H_2O	AES, LEED	Haftkoeffizient, Reaktionsrate, Temperatureinfluß	[736]
	Si(111) + H_2S	AES, ELS	Reaktionskinetik	[737]
	Mo(110) + H_2S	AES, LEED	Keimbildung, Reaktionskinetik	[738]
	Br_2, J_2, CBr_4	AES, LEED	Haftkoeffizient, Temperaturabhängigkeit,	[739–743]
Einwirkung von Flüssigkeiten	Pt(111) + 0.1n H_2SO_4	AES, LEED	Elektrochemische Zelle. H-Adsorption, Desorption, Oxidbildung, Reduktion	[744]
	Fe + (0.1n KOH + 0.1n H_3BO_3)	AES	Elektrochemische Zelle, Passivschichtbildung, Adsorption	[745]
Oxidation	Stähle	XPS	Temperatureinfluß, Cr- und Mn-Anreicherung, Valenzzustand	[746–747]
Schmelze	Al—Cu Al—Sn	AES	Oberflächenkontamination, Zusammensetzung, Al-Anreicherung	[748, 936]
	Hg	XPS	Valenzbandstruktur	[749]
Hohe Gasdrücke	Hg	XPS	Valenzbandstruktur	[749]
		AES, XPS, APS	Design Betrachtungen	[750, 937]
Adhesion	Fe + S, C, N, O, H, P	AES	Abhängigkeit vom Bedeckungsgrad	[751]
Reibung	Ag, Al, Cu Stahl	AES	Gasadsorption, Desorption	[306, 307]
	Si, SiC	AES, XPS	Temperatureinfluß	[752]
Katalyse	Pt	AES, XPS, ELS, LEED	Gasdruck- und Temperatureinfluß, Aufdampfen von Fremdsubstanzen	[883]

*) Die in runden Klammern gesetzten Zahlen geben die Kristallorientierung an

Oberflächen können unter UHV-Bedingungen durch Kratzen oder Brechen erzeugt werden. Die Reinigung der Oberfläche kann durch Ionenätzen, Glühen, durch Beschluß mit Elektronen oder Laserlicht [728–730] erfolgen. Eine umfassende Übersicht über die Präparation atomar sauberer Oberflächen gibt [726, 727]. Alle Techniken der Oberflächenreinigung beeinflussen aber den Oberflächenzustand (vgl. Abschnitt 4.5.5 und [731]). Das Erzeugen sauberer Oberflächen und deren definierte Behandlung unter UHV-Bedingungen für die Oberflächenanalyse wird „in situ" Untersuchung genannt. Im Sinne dieser Definition ist bereits die Tiefenprofilanalyse, aber auch der oben diskutierte Versuch zur Bestimmung der Oberflächenadsorption von Sauerstoff auf Wolfram ein „in situ" Versuch.

Bei der anwendungsorientierten AES gewinnen die „in situ" Untersuchungen zunehmend an Bedeutung. So ist eine AES von subatomaren Schichten auf Korngrenzen (vgl. Abschnitt 3.9.4) an in Luft erzeugten Bruchflächen kaum möglich, da die Luftkontamination die zu analysierenden Schichten überdeckt. In Tabelle 4.2 sind einige anwendungsorientierte „in situ" Versuche zusammengestellt. In der Tabelle nicht aufgenommen wurden Versuche, bei denen das Aufdampfen dünner Schichten, Adsorption von Gasen oder einfache Brucherzeugung Untersuchungsgegenstand sind. Untersuchungen der in Tabelle 4.2 angegebenen Art erfordern im allgemeinen einen über die käuflichen Analysenkammer hinausgehenden apparativen Aufwand. In der Literatur beschriebene Komponenten für den Aufbau einer „in situ-Apparatur sind in Tabelle 4.3 zusammengestellt.

Eine für die Anwendung in der Werkstoff-Forschung entwickelte „in situ" Apparatur ist in Abb. 63 dargestellt. Die Apparatur besteht aus zwei UHV-

Tabelle 4.3 Komponenten zum Aufbau einer „in situ" Apparatur

Probenschleuse und Probentransfersysteme
— Austausch von Standards zwischen räumlich getrennten UHV-Systemen [753–756]
— Probentransportsysteme [757–762]
— Probenschleuse [757]
— Probenübergabe [763]
— Probenhalter mit Heizung [760]
Probenmanipulatoren [764–769, 939]
— Hochgeschwindigkeitsdurchführungen [770]
Probenkühlung [771–775]
Probenheizung [772]
— Öfen [776]
— elektronische Regelung [777–780]
— Temperaturmessung [781, 782]
— Induktionsheizung [783]
— Elektronenstrahlheizung [784, 785]
— Laserheizung [786]
— Abschrecken unter UHV [787]
Erzeugung von Bruchflächen [788–792]
— mit Ermüdung [792, 793]
— bei hohen Temperaturen [792, 938]
— Kratzen unter UHV [996]
Reibung [794, 306, 307]
Stroboskopische Beleuchtung [795]
Aufdampfen, Schichtdickenmessung [796–798]

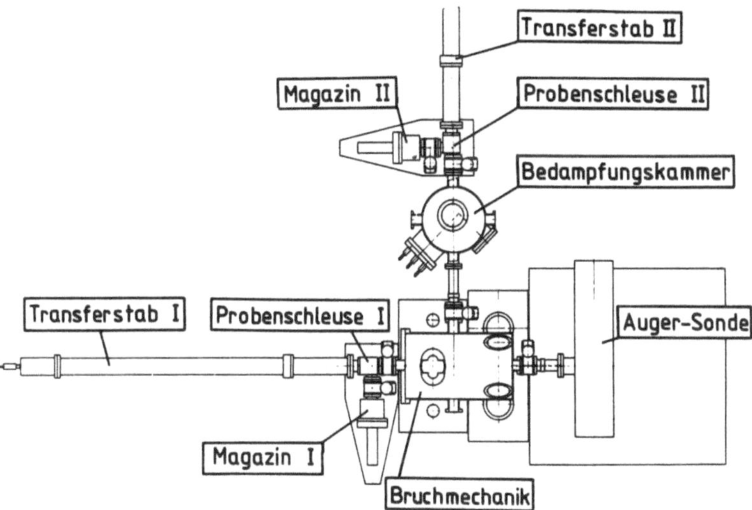

Abb. 63. Aufbau einer Apparatur für oberflächenanalystische „in situ" Experimente

Kammern, die in Abb. 63 als „Bruchmechanik-" und „Bedampfungskammer" bezeichnet sind. In die Kammern können über zwei rechtwinklig zueinander angebrachte Transfer- und Schleusen-Systeme Proben eingeschleust werden. In der „Bruchmechanik-Kammer" werden vermittels des Transfersystems I die Proben unter UHV-Bedingungen in die Einspannung einer servohydraulischen Zugprüfanlage montiert. An den Proben können so definierte Zug-, Druck-, Ermüdungs- und Kriechexperimente unter definierten Umgebungsbedingungen (UHV, Gasatmosphäre) ausgeführt werden. Die Probeneinspannung ist so konstruiert, daß die Probe während der mechanischen Belastung thermisch isoliert ist. Damit können auch Belastungsexperimente unter definierter Temperatur (Probenheizung und Kühlung) vorgenommen werden. Die bei der mechanischen Prüfung entstandenen Probenhälften können mittels des Transfersystems I in die Auger-Sonde gebracht werden und die Bruchflächen mittels AES und XPS analysiert werden.

Die „Bedampfungskammer" ist über ein Ventil an die Bruchmechanik-Kammer angeschlossen. In der Bedampfungskammer können dünne Schichten aufgebracht und Oxidations- und Korrosionsexperimente durchgeführt werden. Die in der Bedampfungskammer behandelten Proben werden mit dem Transfersystem II dem Transfersystem I in der Bruchmechanik-Kammer übergeben. Das Transfersystem I transportiert diese Proben in die Auger Sonde.

4.9.3 Kombination verschiedener Analysenverfahren

Zur vollständigen Charakterisierung einer Werkstoffoberfläche reicht häufig ein einziges Analysenverfahren nicht aus. Ist für eine Charakterisierung des Werkstoffs neben einer hohen Ortsauflösung auch ein Nachweis der chemischen Bindung erforderlich, so wird man bestrebt sein, AES Ergebnisse durch XPS Messungen zu ergänzen. Wird zusätzlich eine hohe Nachweisempfindlichkeit verlangt, so sollten auch SIMS Messungen durchgeführt werden. Da die Messungen möglichst am gleichen Oberflächenzustand und an der gleichen Probenstelle erfolgen sollten, wird eine Kombination verschiedener Analysenverfahren in der gleichen UHV-Apparatur angestrebt. Apparaturen, in welchen AES mit LEED, XPS und SIMS kombiniert wird, sind bereits seit längerem auf dem Markt. Literatur zu diesem Thema findet man in [799–800]. Eine Kombination der Auger Elektronenspektroskopie mit der Mössbauer Emissionsspektroskopie wird in [801, 802] beschrieben.

Tabelle der Abkürzungen

A_i	relatives Atomgewicht der i-Atome
B	Bandbreite eines Verstärkers
C_i	Konzentration des Elements i
D	Schichtdicke
E	Energie
E_n, E_{ij}, $E(K)$	Energieniveaus des Atoms
E_0	Primärenergie
E_i	Empfindlichkeitsfaktor
e	Elementarladung
	Basis des natürlichen Logarithmus
f	Fläche
F	Fluoreszenzkorrekturfaktor
$G(\tau, q)$	normierte Temperaturerhöhung
$H_{1/2}$	Halbwertsbreite
h	Planck'sche Konstante
I	Auger Elektronenintensität
j	Bahndrehimpulsquantenzahl
$j(x, y, z)$	Teilchendichte
L_i	Empfindlichkeit des Lock-in Verstärkers
N	Zahl der Impulse
N_i	Zahl der i-Atome je Volumeneinheit
N_L	Loschmidt'sche Zahl
n	Hauptquantenzahl
$n(x, y, z)$	Ionisierungsdichte
p	Modulationsamplitude
P	Druck
ptp	(peak to peak) Abstand des niederenergetischen Maximums vom höherenergetischen Minimum im differenzierten Auger Elektronenspektrum
q	normierte Halbwertsbreite des Elektronenstrahls
R	Rauschintensität
$R = \Delta E/E$	Auflösung des Spektrometers
$R(\alpha)$	Rückstreufaktor
$r(x, y, z)$	Verteilung der Rückstreuelektronen
S	Signal
s	Spinquantenzahl

T	Transmission des Spektrometers
t	Meßzeit
U	Beschleunigungsspannung
$U_{nl} = E_{nl}/E_0$	Überspannungsverhältnis
V	Volumen
v	Abtraggeschwindigkeit
W_{ijkl}	Wahrscheinlichkeit zur Emission eines Auger Elektrons jkl der i-Atome
x, y, z	Ortskoordinaten
Z	Ordnungszahl
z	Tiefenkoordinate
α	Elektroneneinfallwinkel
β	Auger Elektronenabnahmewinkel
γ	Öffnungswinkel des CMA
γ_A	Sputterrate
$\Delta\gamma$	Öffnungswinkel des CMA
δ	$H_{1/2}/2 \sqrt{\text{in } 2}$
ε	Halbwertsbreite einer Augerlinie
η	Elektronenrückstreukoeffizient
$\eta(E)$	Energieverteilung der Rückstreuelektronen
λ_i	freie Weglänge der Elektronen
ν	Frequenz
τ	normierte Zeit
ϱ	Materialdichte
σ_{ij}	Ionisierungsquerschnitt der Schale j der i-Atome
ω_A	Fluoreszenzausbeute für Auger Elektronen
ω_X	Fluoreszenzausbeute für Röntgenstrahlen
Φ	Richtung der Auger Elektronenemission
Ω	Raumwinkel

5 Literatur

1. Finkelnburg, W.: „Einführung in die Atomphysik" Springer Verlag, Berlin 1964
2. Bergmann-Schaefer: Lehrbuch der Experimentellphysik, Bd IV/1 Aufbau der Materie Hrg. H. Bobrecht, Walter de Gruyten, Berlin, 1981
3. Auger, P.: Surf. Sci. *48*, 1 (1975)
4. Lander, J. J.: Phys. Rev. *91*, 1382 (1953)
5. Palmberg, P. W., Rhodin, T. N.: J. Appl. Phys. *39*, 2425 (1968)
6. Seiler, H.: Z. angew. Phys. *22*, 249 (1967)
7. Jahrreiss, H.: Thin Solid Films *12*, 187 (1972)
8. Bauer, H. E., Seiler, H.: Optik, *62*, 107 (1982)
9. Harris, L. A.: J. Appl. Phys. *39*, 1419 (1968)
10. Wagner, C. D., Riggs, W. M., Davis, L. E., Moulder, J. F., Muilenberg, G. E.: "Handbook of X-Ray Photoelectron Spectroscopy", Perkin Elmer Corp. PHI, 6509 Flying Cloud Drive, Eden Prairie, Minnesota 55344 USA
11. Calson, T. A.: "Photoelectron and Auger Electron Spectroscopy", Plenum Press, New York, 1974

12. Riggs, W. M., Parker, M. J.: "Surface Analysis by X-ray Photoelectron Spectroscopy", Kap 4 in "Methods of Surface Analysis" Hersg. A. N. Czanderna, Elsevier, Amsterdam, S. 103, 1975
13. Bauer, E.: Vacuum *22*, 539 (1972)
14. Krumhansl, J. A., Pao, Y.-H.: Physics Today H 11, 1979
15. Benninghoven, A.: Thin Solid Films *39*, 3 (1976)
16. Jahrreis, H.: Proc. 2nd. Int. Sum. School, Vac. Phys. 1974: Coll. Phen. Vac. Fonyód, Hungary, Sept.–Oct. 1974, 129
17. „Moderne Verfahren der Oberflächenanalyse" Dechema-Monographien Nr. 1537–1548, Bd 78 Verlag Chemie, Weinheim 1975
18. Ertl, G., Küppers, J.: Low Energy Electrons and Surface Chemistry, Verlag Chemie, Weinheim 1974
19. Carbonara, R. S., Cuthill (eds.), J. R.: ASTM — STP 596, 1975
20. Ganser, R. (ed.): Interactions on Metal Surfaces, Springer Verl., Berlin 1975
21. Ibach, H., (ed.): Electron Spectroscopy for Surface Analysis, Springer Verl., Berlin 1977
22. Dunitz, J. D., Goodenough, J. B., Hemerich, P., et al.: Structure and Bonding, Vol. 38, Springer Verl. Berlin 1979
23. Park, R. L.: Surf. Sci. *86*, 504 (1979)
24. Park, R. L.: in "Surface Physics of Materials", ed. J. M. Blakey, Vol. II, Kap 8, S. 377, Academic Press, New York, 1975
25. Larrabee, G. B., Shaffner, T. J.: Anal. Chem. *53*, 163 R. (1981)
26. Chang, C. C.: in "Characterization of Solid Surfaces", Kane, P. F., G. R. Larrabee (eds.) Kap 20, 509, Plenum, New York (1974)
27. Joshi, A., Davis, L. E., Palmberg, P. W.: in "Methods of Surface Analysis" ed.: A. W. Czanderna, Vol 1., Kap 5, S. 218 Elsevier, Amsterdam, 1975
28. Holloway, P. H., in "Adv. Electronics Electron Phys." Vol 54 eds.: Marton, L., Marton, C., S. 241, Academic, New York, 1980
29. Hofmann, S., in "Comprehensive Analytical Chemistry", ed Svehla, G., Vol 9, S. 89, Kap 2, Elsevier, Amsterdam, 1979
30. Finello, D., H. L. Marens, in "Electron and Positron Spectroscopies in Materials Science and Engineering", S. 121, Academic, New York, 1979
31. Stein, D. F., Joshi, A.: Am. Rev. Mater. Sci. *11*, 458 (1981)
32. Janssen, A. P., Venables, J. A.: Scanning Electron Microscopy 1979/II, S. 259
33. Kirschner, J., in "Electron Spectroscopy for Surface Analysis" Kap 3, S. 59 ed: H. Ibach, Springer, Berlin
34. Hall, P. M., Morabito, J. M.: Proc. 6th Eur. Con. Electron Microsc., Jerusalem 1976, S. 46
35. Riviere, J. C.: Contemp. Phys. *14*, 13 (1973)
36. Burggraf, D., Cariere, B., Goldszlaub, S.: Rev. Phys. Appl. *11*, 13 (1976)
37. Taylor, N. J., in "Techniques of Metals Research", Vol 7, ed: Bunshah, R. F., Kap 2, S. 117, New York, 1971/72
38. Fiermans, L., Vennik, J.: in "Adv. Electronics Electron Phys.", Vol 43, S. 139, Academic New York, 1977
39. Gallon, T. E., Matthew, J. A. D.: in "Rev. Phys. Technol." Vol III/1, S. 31, 1972
40. Morabito, J. M.: Thin Solid Films *19*, 21 (1973)
41. Sickafus, E. N.: J. Vac. Sci. Technol. *11*, 299 (1974)
42. Van Oostrom, A.: Surf. Sci. *89*, 615 (1979)
43. Amelio, G.: Promotionsarbeit, Georgia Institute of Technology, Physik, 1969
44. Dudek, H. J.: Beitr. elektronenmikroskop. Direktabb. Oberfl. *14*, 15 (1981)
45. Grant, J. T.: Appl. Surf. Sci. *13*, 35 (1982)
46. Haas, T. W.: Progress in Surface Science *1*, 155 (1971)
47. Harrison, W. A.: "Electronic Structure and Properties of Solids", The Physics of the Chemical Bond, W. H. Freeman Comp., San Francisco, 1980
48. Kittel, Ch.: „Einführung in die Festkörperphysik", Oldenbourg Verlag, München 1969
49. Schulze, G. E. R., Autorenkollektiv: „Elektronenstruktur und physikalische Eigenschaften metallischer Werkstoffe", VEB Deutscher Verlag für Grundstoffindustrie Leipzig, 1972

50. Bassani, F., Caglioti, G., Ziman, J.: "Theory of Condensed Matter", International Atomic Energy Agency, Vienna, 1968
51. Royer, D. J.: Bonding Theory, McGraw-Hill 1968
52 Reimer. L., Pfefferkorn, G.: „Raster Elektronenmikroskopie", Springer Verlag, Berlin 1973
53. Holt, D. B., Muir, M. D., Grant, P. R., Boswarva, I. M.: "Quantitative Scanning Electron Microscopy" Academic Press, London, 1974
54. Goldstein, J. I., Yakowitz, H.: "Practical Scanning Electron Microscopy", Plenum Press, New York, 1975
55. Reimer, L.: „Elektronenmikroskopische Untersuchungs- und Präparationsmethoden", Springer Verlag, Berlin, 1967
56. Reed, S. J. B.: "Electron Microprobe Analysis", Cambridge University Press, Cambridge, 1975
57. Heinrich, K.-F., Newbury, D. E., Yakowitz, H.: "Use of Monte Carlo Calenlations in Electron Probe Microanalysis and Scanning Electron Microscopy", ASTM-STP *460* (1976)
58. Niedrig, H.- "Electron Backscattering from Thin Films", in Physical Electron Microscopy Series, Vol. I, eds: O. C. Wells, K. F. J. Heinrich, D. E. Newbury, van Nostrand Reinhold Comp., New York, 1980
59. Weissler, G. L., Carlson, R. W.: "Vacuum Physics and Technology", Methods of Experimental Physics, Vol. 14, Academic Press, 1979
60. Dudek, H. J., Borath, R., Igelmund, H.-J.: Beitr. elektronenmikroskop. Direktabb. Oberfl. *15*, 49 (1982)
61. Strausser, Y. E., Franklin, D., Courtney, P.: Thin Solid Films *84*, 145 (1981)
62. Davis, H. L., Kaplan, Th.: Solid State Comm. *19*, 597 (1976)
63. Woodruff, D. P.: Surf. Sci. *53*, 538 (1975)
64. Zehner, D. M., Noonan, J. R., Jenkins, L. H.: Solid State Comm. *18*, 483 (1976)
65. Noonan, J. R., Zehner, D. M., Jenkins, L. H.: J. Vac. Sci. Technol. *13*, 183 (1976)
66. Allié, G., Blanc, E., Dufayard, D.: Surf. Sci. *57*, 293 (1976)
67. McDonnell, L., Woodruff, D. P.: Vacuum *22*, 477 (1972)
68. Holland, B. W., McDonnell, L., Woodruff, D. P.: Solid State Comm. *11*, 991 (1972)
69. Matsudaira, T., Nishijima, M., Ouchi, M.: Surf. Sci. *61*, 651 (1976)
70. Zehner, D. F., Noonan, J. R., Jenkins, L. H.: Phys. Lett. *62A*, 267 (1977)
71. Aberdam, D., Baudoing, R., Blanc, E., Gaubert, C.: Surf. Sci. *71*, 279 (1978)
72. Noonan, J. R., Zehner, D. M., Jenkins, L. H.: Surf. Sci *69*, 731 (1977)
73. Matsudaira, T., Ouchi, M.: Surf. *74*, 684 (1978)
74. Koshikawa, T., T. von dem Hagen, Bauer, E.: Surf. Sci. *109*, 301 (1981)
75. Hilferink, H., Lang, E., Heinz, K.: Surf. Sci. *93*, 398 (1980)
76. Aberdam, D., Bandoing, R., Blanc, E., Gaubert, C.: Surf. Sci. *52*, 306 (1976)
77. Gadzuk, J. W.: Surf. Sci. *60*, 76 (1976)
78. McDonnell, L., Woodruff, D. P., Holland, B. W.: Surf. Sci. *51*, 249 (1975)
79. Place, J. D., Prutton, M.: Surf. Sci. *82*, 315 (1979)
80. Harris, L. A.: Surf. Sci. *15*, 77 (1969)
81. Baines, M., Howie, A.: Surf. Sci. *53*, 546 (1975)
82. Chang, C. C.: Appl. Phys. Lett *31*, 304 (1977)
83. Andersen, S. K., Howie, A.: Surf. Sci. *50*, 197 (1975)
84. Becker, G. E., Hagstrum, H. D.: J. Vac. Sci. Technol. *11*, 284 (1974)
85. Holloway, P. H.: J. Electron Spectroscopy Rel Phen. *7*, 215 (1975)
86. Wu, O. K. T., Butler, E. M.: J. Vac. Sci. Technol. *20*, 453 (1982)
87. Dudek, J. J., Grundhoff, K.-J., Borath, R.: Mikrochim. Acta Suppl. *9*, 265 (1981)
88. Rönnhult, T., Rilby, U., Olefjord, I.: Mat. Sci. Eng. *42*, 329 (1980)
89. Mathieu, H. J., Landolt, D.: Appl. Surf. Sci. *10*, 455 (1982)
90. Losch, W. H. P.: J. Vac. Sci. Technol. *13*, 737 (1976)
91. Nelson, A., Green, A. K.: J. Vac. Sci. Technol. *17*, 855 (1980)
92. Pfefferkorn, G.: Beitr. elektronenmikroskop. Direktabb. Oberfl. *12/1*, 361 (1979)
93. Crawford, C. K.: Scanning Electron Microscopy 1979/II, 31
94. Losch, H. P.: J. Vac. Sci. Technol. *13*, 737 (1976)

95. Goldstein, B., Carlson, D. E.: J. Am. Cer. Soc. *55*, 51 (1972)
96. Powell, B. D., Drew, P.: J. Mat. Sci. *9*, 1867 (1974)
97. Hofmann, S., Gauckler, L. J.: Powder Metallurgy Intern. *6*, 90 (1974)
98. Hofmann, S., Gauckler, L. J., Tillmann, L.: Mikrochim. Acta Suppl. *6*, 373 (1975)
99. Dudek, H. J., Borath, R., Braue, W., Ziegler, G.: Beitr. elektronenmikroskop. Direktabb. Oberfl. *14*, 33 (1981)
100. Braue, W., Dudek, H. J., Ziegler, G.: J. Non-Cryst. Sol. *56*, 185 (1983)
101. H. J. Dudek, Braue, W., Ziegler, G.: Mikrochim. Acta Suppl. *10*, 159 (1983)
102. Van Oostrom, SCADEC 2, 1982
103. Ziegler, G., Dudek, H. J.: Mikrochim Acta Suppl. *8*, 421 (1979)
104. Ziegler, G., Dudek, H. J., Bunk, W.: Int. Leichtmetalltag. Leoben/Wien 1981
105. Leucht, R., Dudek, H. J., Ziegler, G.: Tg Band des 10. DVM-Tages, 13–14. 10. 1981, Dortmund
106. Dudek, H. J., Ziegler, G.: DVS-Berichte *66* (1980)
107. Somorjai, G. A., Yates, J. T., Clinton, W.: Lawrence Berkeley Laboratory, Berkeley, Ca. LBL-6658 (1977)
108. Gjostein, N. A., Chavka, N. G.: J. Testing Evaluation JTEVA *1*, 183 (1973)
109. Duke, C. B.: CRC Critical. Rev. Solid State Sci. 541, 1974
110. Leroy, V.: Mat. Sci. Eng. *42*, 289 (1980)
111. Stein, D. F.: J. Vac. Sci. Technol *12*, 268 (1975)
112. Simmons, G. W.: J. Coll. Interf. Sci. *34*, 343 (1970)
113. Suleman, M., Pattinson, E. B.: Surf. Sci. *35*, 75 (1973)
114. Wagner, C. D., Biloen, P.: Surf. Sci. *35*, 82 (1973)
115. Komiya, S., Narusawa, T., Satake, T.: J. Vac. Sci. Technol. *12*, 361 (1975)
116. Ritchie, I. M.: Thin Solid Films *34*, 83 (1976)
117. Joyce, B. A.: Surf. Sci. *35*, 1 (1973)
118. Guichar, G. M., Sébenne, C. A., Garry, G. A. et al.: Surf. Sci. *58*, 374 (1976)
119. Tongaard, S., Morgen, P., Onsgaard, J.: Surf. Sci. *111*, 545 (1981)
120. Shih, H. D., Jona, F.: Appl. Phys. *12*, 311 (1977)
121. Conner, G. R.: J. Vac. Sci. Technol. *15*, 343 (1978)
122. Dolle, P., Alnot, M., Ehrhardt, J. J., Cassuto, A.: J. Electron Spectrosc. Rel Phen. *17*, 299 (1979)
123. Hope, G. A., Ritchie, I. M.: Thin Solid Films *34*, 111 (1976)
124. Braun, P., Färber, W.: Vakuum-Technik *23*, 7 (1973)
125. Seo, M., Sato, N.: Corr. Sci. *17*, 209 (1977)
126. Seo, M., Lumsden, J. B., Staehle, R. W.: Surf. Sci. *50*, 541 (1975)
127. Needham, P. B., Driscoll, T. J., Rao, N. G.: Appl. Phys. Lett *21*, 502 (1972)
128. Simmons, G. W., Dwyer, D. J.: Surf. Sci. *48*, 373 (1975)
129. Ueda, K., Shimizu, R.: Surf. Sci. *43*, 77 (1974)
130. Baer, D. R.: Appl. Surf. Sci. *7*, 69 (1981)
131. Marcus, P., Charbonnier, J. C.: J. Microsc. Spectrosc. Electron *6*, 329 (1981)
132. Olefjord, I., Fischmeister, H.: Corr. Sci. *15*, 697 (1975)
133. Allen, G. C., Brown, I. T., Wild, R. K.: J. Nucl. Mat. *68*, 179 (1977)
134. Wandelt, K., Ertl, G.: Surf. Sci. *55*, 403 (1976)
135. Conner, G. R.: ASTM-STP 699, 54 (1980)
136. Bear, D. R., Prater, J. T.: J. Vac. Sci. Technol. *20*, 1396 (1982)
137. Leygraf, E., Hultquist, G.: Surf. Sci. *61*, 69 (1976)
138. Benndorf, C., Egert, B., Nöbl, C., et al.: J. Vac. Sci. Technol. *17*, 115 (1980)
139. Benndorf, C., Nöbl, C., Seidel, H., Thieme, F.: Proc. ICSS 4, ECOSS 3, Cannes 353 (1980)
140. Holloway, P. H., Hudson, J. B.: J. Vac. Sci. Technol. *12*, 647 (1975)
141. Holloway, P. H., Hudson, J. B.: Surf. Sci. *43*, 141 (1974)
142. Holloway, P. H., Hudson, J. B.: Surf. Sci. *43*, 123 (1974)
143. Benndorf, C., Egert, B., Nöbl, C., et al.: Surf. Sci. *92*, 636 (1980)
144. Wandelt, K., Ertl, G.: Z. Naturforsch. *31a*, 205 (1976)
145. Stott, F. J., Ashby, D. H.: Corr. Sci. *18*, 183 (1978)
146. Berry, C., Majumdar, D., Chung, Y. W.: Surf. Sci. *94*, 293 (1980)

147. Habraken, F. H. P. M., Kieffer, E. Ph., Bootsma, G. A.: Surf. Sci. *83*, 45 (1979)
148. Benndorf, D., Egert, B., Keller, G., et. al.: J. Phys. Chem. Solids *40*, 877 (1979)
149. van Steene, G., Jardinier-Offergeld, M., Bonillon, F.: J. Microsc. Spectrosc. Electron. *3*, 533 (1978)
150. Landet, A., Jardinier-Offergeld, M., Bonillon, F.: J. Microsc. Spectrosc. Electros. *3*, 101 (1978)
151. Kazmerski, L. L., Ireland, P. J., Shu, S. S., Lee, Y. T.: J. Vac. Sci. Technol. *17*, 521 (1980)
152. Watanabe, K., Hashiba, M., Yamashina, T.: Jap. J. Appl. Phys. *17*, 335 (1978)
153. Jacobi, K., Ranke, W.: J. Electron Spectrosc. Rel. Phen. *8*, 225 (1976)
154. Okda, A., Ohnuki, Y., Inada, T.: Appl. Phys. Lett. *33*, 447 (1978)
155. Henrich, V. E., Fan, J. C. C.: J. Appl. Phys. *46*, 1206 (1975)
156. Krishnan, G. N., Wood, B. J., Cubicciotti, D.: J. Electrochem. Soc. *128*, 191 (1981)
157. Grundner, M., Halbritter, J.: J. Appl. Phys *51*, 397 (1980)
158. Farrell, H. H., Isaacs, H. S., Strongin, M.: Surf. Sci. *38*, 31 (1973)
159. Sasaki, K., Umezawa, T.: Thin Solid Films *74*, 83 (1980)
160. Kawai, T., Kunimori, K., Kondow, T., et al.: J. Chem. Soc. Faraday Trans. *70*, 137 (1974)
161. Bauer, E., Poppa, H.: Surf. Sci. *88*, 31 (1979)
162. Lo, C. C., Tompkins, H. G.: J. Appl. Phys. *47*, 3496 (1976)
163. Kazmerski, L. L., Ireland, P. J., Sheldon, P., et al.: J. Vac. Sci. Technol. *17*, 1061 (1980)
164. Wagner, R. J., Lau, S. S., Küllen, R. P., et al.: Nucl. Instr. Meth. *149*, 659 (1978)
165. Legare, P., Hilaire, L., Maise, G.: J. Microsc. Spectrosc. Electron *5*, 771 (1980)
166. Färber, W., Braun, P.: Surf. Sci. *41*, 195 (1974)
167. Adams, J. R., Kramer, D. K.: Surf. Sci. *56*, 482 (1976)
168. Weber, B., Bigeard, B., Mihe, J. P., Cassuto, A.: J. Vac. Sci. Technol. *12*, 338 (1975)
169. Bonzel, H. P., Ku, R.: Surf. Sci. *40*, 85 (1973)
170. Chou, N. J., Lahiri, S. K., Hammer, R.: J. Chem. Phys. *63*, 2758 (1975)
171. Bastasz, R., Colmenares, C. A., Smith, R. L., et al.: Surf. Sci. *67*, 45 (1977)
172. Poppa, H.: Thin Solid Films *37*, 43 (1976)
173. Bujor, M., Larson, L. A., Poppa, H.: J. Vac. Sci. Technol. *20*, 392 (1982)
174. Knotek, M. L., Houston, J. E.: J. Vac. Sci. Technol. *20*, 544 (1982)
175. Fowler, D. E., Blakely, J. M.: J. Vac. Sci. Technol. *20*, 930 (1982)
176. Gspann, J. P., Bonquet, S., Le Héricy, J., et al.: Proc. 8th Int. Vac. Con., Cannes 1980, 522, J. Less-Common Met. *56*, 243 (1977)
177. Miedema, A. R.: Z. Metallkunde *69*, 455 (1978)
178. Joshi, A.: Proc. Mat. Sci. Interface Segregation, Chicago 22–23 Okt. 1977 Phys. Electronics Ind. 6509 Flying Clond Drive, Eden Prairie, MN 55344
179. Joshi, A., Hartsough, L. D., Denison, D. R.: Thin Solid Films *64*, 409 (1979)
180. Brailsford, A. D.: Surf. Sci. *94*, 387 (1980)
181. Helms, D. R.: Surf. Sci. *69*, 689 (1977)
182. Balseiro, C. A., Morán-López, J. L.: Phys. Rev. B *21*, 349 (1980)
183. Lea, S., Seah, M. P.: Phil. Mag. *35*, 213 (1977)
184. Wynblatt, P., Ku, R. C.: Surf. Sci. *65*, 511 (1977)
185. Kerker, G., Morán-López, J. L., Bennemann, K. H.: Phys. Rev. B *15*, 638 (1977)
186. Jäger, I.: Surf. Sci. *78*, 93 (1978)
187. Hamilton, J. C.: Phys. Rev. Lett. *42*, 989 (1979)
188. Jäger, I.: Surf. Sci. *14*, 656 (1978)
189. Jablonski, U. S.: En. Res. Dev. Ad. Con W-7405-ENG-48, LBL-5709
190. Burton, J. J., Machlin, E. S.: Phys. Rev. Lett. *37*, 1433 (1976)
191. Zito, R.: Thin Solid Films *60*, 27 (1979)
192. Grabke, H. J., Paulitschke, W., Tauber, G., Viefhaus, H.: Surf. Sci. *63*, 377 (1977)
193. Stuten, R. H., Bastasz, R.: J. Vac. Sci. Technol. *16*, 940 (1979)
194. Harris, L. A.: J. Appl. Phys. *39*, 1428 (1968)
195. Dooley III, G. J.: J. Vac. Sci. Technol. *9*, 145 (1971)
196. Burton, J. J., Berkowitz, B. L., Kane, R. D.: Met. Trans. A *10*, 677 (1979)
197. Hofmann, S., Blank, G., Schultz, H.: Z. Metallkde *67*, 189 (1976)

198. Yabumoto, M., Watanabe, K., Yamashina, T.: Surf. Sci. *77*, 615 (1978)
199. von Waldkirch, Th., Zürcher, P.: Appl. Phys. Lett. *15*, 689 (1978)
200. Bouwman, R. Toneman, L. H., Holscher, A. A.: Surf. Sci. *35*, 8 (1973)
201. Shelton, J. C., Patil, H. R., Blakely, J. M.: Surf. Sci. *43*, 493 (1974)
202. Kahn, I. H.: Surf. Sci. *40*, 723 (1973)
203. Oura, K., Okada, S., Hanawa, T.: Appl. Phys. Lett *35*, 705 (1979)
204. Bishop, H. E., Riviere, H. C.: Brit. J. Appl. Phys. *2*, 1635 (1969)
205. Ferrante, J.: NASA Techn. No D-6982 (1973)
206. Ferrante, J.: D. H. Buckley, NASA TN D-6095
207. Benndorf, C., Grassmann, K. H., Thieme, F.: Surf. Sci. *61*, 646 (1976)
208. Lambin, Ph., Gaspard, J. P.: Solid State Comm. *28*, 123 (1978)
209. Losch, W., Kirschner, J.: J. Vac. Sci. Technol. *15*, 1541 (1978)
210. Szymerska, I., Lipski, M.: J. Catalysis *41*, 197 (1976)
211. Erlewein, J., Hofmann, S.: Surf. Sci. *68*, 71 (1977)
212. Burton, J. J., Helms, C. R., Polizzotti, R. S.: J. Vac. Sci. Technol. *13*, 204 (1976)
213. Burton, J. J., Helms, C. R., Polizzotti, R. S.: J. Chem. Phys. *65*, 1089 (1976)
214. Ichimura, S., Shikata, M., Shimizu, R.: Surf. Sci. *108*, L393 (1981)
215. Egert, B., Panzner, G.: Surf. Sci. *118*, 345 (1982)
216. Seah, M. P.: Surf. Sci. *53*, 168 (1975)
217. Seah, M. P.: Surf. Sci. *80*, 8 (1979)
218. Seah, M. P.: J. Phys. *F 10*, 1043 (1980)
219. Stein, D. F.: Ann. Rev. Mater. Sci. *7*, 123 (1977)
220. Lea, C., Seah, M. P., Hondros, E. D.: Mat., Sci. Eng. *42*, 233 (1980)
221. Hondros, E. D., Seah, M. P.: Met. Trans *A8*, 1363 (1977)
222. Stein, D. F., Johnson, W. C., White, C. L. in: „Grain Boundary Structure and Properties" eds: G. A. Chadwick, D. A. Smith, Academic Press, London 1976, Kap 9, S. 301
223. Seah, M. P.: J. Vac. Sci. Technol. *17*, 16 (1980)
224. Tauber, G., Grabke, H. J.: Ber. Komm. Europ. Gem. EUR 6224 (1978)
225. Dumoulin, Ph., Guttmann, M.: Mat. Sci. Eng. *42*, 249 (1980)
226. Mc Mahon, C. J., Marchut, L.: J. Vac. Sci. Technol. *15*, 450 (1978)
227. Edwards, B. C., Bishop, H. E., Riviere, J. C., Eyre, B. L.: Acta, Metallurgica *24*, 957 (1976)
228. Thomas, M. T., Baer, D. R., Jones, R. H., Bruemmer, S. M.: J. Vac. Sci. Technol. *17*, 25 (1980)
229. Choi, H. J., Schwarz, L. H.: Mat. Sci. Eng. *45*, 281 (1980)
230. Coldren, A. P., Joshi, A., Stein, D. F.: Met. Trans *A6*, 2304 (1975)
231. Marcus, H. L., Palmberg, P. W.: Trans. Metallurg. Soc. AIME *245*, 1664 (1969)
232. Mulford, R. A. Briant, C. L., Rowe, R. G.: Scanning Electr. Microsc. 1980/I, 487
233. Walsh, J. M., Gumz, K. P., Anderson, N. P.: ASTM — STP *643*, 72 (1978)
234. Walsh, J. M., Anderson, N. P., in: "Superalloys Metallurgy and Manufacture", Proc. 3th Int. Symp. 12–15. Sept. 1976, Seven Springs, Pen, 1976
235. Larere, A., Guttmann, M., Dumoulin, P., et al.: Acta Metall. *30*, 685 (1982)
236. White, C. L., Stein, D. F.: Metall. Trans. *A 9*, 13 (1978)
237. Guttmann, M., Dumoulin, Ph., Tan-Tai, N., et al.: Corrosion — NACE *37*, 416 (1981)
238. Kny, E., Stolz, W., Stickler, R., Goretzki, H.: J. Vac. Sci. Technol. *17*, 1208, (1980)
239. Walter, J. L., Bacon, F., Luborsky, F. E.: Mat. Sci. Eng. *24*, 239 (1976)
240. Chen, J. M., Sun, T. S., Viswanadham, R. K., et al.: Met. Trans *A 8*, 1935 (1977)
241. Peterson, K. A., Schwanebeck J. C., Gerberich, W. W.: Met. Trans *A 9*, 1169 (1978)
242. White, C. L., Clausing, R. E., Heathérley, L.: Met. Trans *A 10*, 683 (1979)
243. Joshi, A., Stein, D. F.: J. Inst. Met. *99*, 178 (1971)
244. Hunt, D. J., Peters, D. T., Wilson, J. W., Yeh, H. I.: Appl. Surf. Sci. *9*, 141 (1981)
245. Bonzel, H. P.: Surf. Sci. *68*, 236 (1977)
246. McCarroll, J. J.: Surf. Sci. *53*, 297 (1975)
247. Madix, R. J.: Vac. Sci. Technol. *13*, 253 (1976)
248. Schonten, F. E., Kaleveld, E. W., Bottsma, G. A.: Surf. Sci. *63*, 460 (1977)

249. Schrader, M. E.: Surf. Sci. *78*, L227 (1978)
250. Wood, B. J., Wise, H.: Surf. Sci. *52*, 151 (1975)
251. Baetzold, R. C.: J. Appl. Phys. *47*, 3799 (1976)
252. Bemsdorf, C., Goetz, R., Gressman, K.-H., et al.: Surf. Sci. *76*, 509 (1978)
253. Watanabe, K., Mohri, M., Hashiba, M., et al.: Chem. Lett. 1976, 1343
254. Zironi, E. P., Poppa, H.: J. Mat. Sci. *16*, 3115 (1981)
255. Ziegler, G., Dudek, H. J.: Mikrochim. Acta Suppl. *8*, 421 (1979)
256. Dudek, H. J., Ziegler, G.: DVS-Berichte *66*, 122 (1980)
257. Larson, L. A., Prutton, M., Poppa, H., Smialek, J.: J. Vac. Sci. Technol. *20*, 1403 (1982)
258. Card, H. C., Singer, K. E.: Thin Solid Films *28*, 265 (1975)
259. Danyluk, S., McGuire, G. E., Koliwad, F. M., et al.: Thin Solid Films *28*, 481 (1975)
260. Tompkins, H. G.: J. Electrochem. Soc. *122*, 983 (1975)
261. Roth, J. A., Crowell, C. R.: J. Vac. Sci. Technol. *15*, 1317 (1978)
262. Stout, D. A., Rife, R. J.: J. Vac. Sci. Technol. *20*, 1400 (1982)
263. Shapira, Y., Tove, P. A., Stolt, L., Norde, H.: Thin Solid Films *89*, 361 (1982)
264. Nelson, G. C., Holloway, P. H.: ASTM-STP *596*, 68 (1976)
265. Quinn, R. K., Knotek, M. L., Armstrong, N. R., et al.: J. Electrochem. Soc. *123*, 1794 (1976)
266. Hantzpergue, J. J., Panleau, Y., Remy, J. C., et al.: Thin Solid Films *75*, 167 (1981)
267. Sinharoy, S., Smith, M., Levenson, L. L.: J. Vac. Sci. Technol. *14*, 475 (1977)
268. Chuang, T. J., Wandelt, K.: IBM J. Res. Dev. *22*, 277 (1978)
269. Tokutaka, H., Nishimori, K., Nomura, S., et al.: Surf. Sci., *115*, 79 (1982)
270. Chamberlain, M. B.: J. Vac. Sci. Technol. *15*, 240 (1978)
271. Schwarz, S. A., Helms, C. R., Spicer, W. E., et al.: J. Vac. Sci. Technol. *15*, 227 (1978)
272. Wagner, F. J., C. W. Wilmsen, in "The Physics of SiO_2", ed. S. T. Pantelides, Pergamon, New York, 1978, 373
273. Jost, S. R., Johnson, W. C.: Appl. Phys. Lett. *36*, 446 (1980)
274. Helms, C. R., Johnson, N. M., Schwarz, S. A., et al.: J. Appl. Phys. *50*, 7007 (1979)
275. Wilmsen, C. W., Kee, R. W.: J. Vac. Sci. Technol. *14*, 953 (1977)
276. Howard, J. K., Garbarino, P. L.: IBM TR22.2150 (1977)
277. Hiraki, A., Kim, S., Kammura, W., et al · Surf. Sci. *86*, 706 (1979)
278. Chang, C. C., Muraka, S. R., Kumar, V., et al.: J. Appl. Phys. *46*, 4237 (1975)
279. Pandelivev, K. A., Wang, E. Y.: J. Appl. Phys. *53*, 4422 (1982)
280. Waldrop, J. R., Harris, J. S.: J. Appl. Phys. *46*, 5214 (1975)
281. Morimoto, J.: Jap. J. Appl. Phys. *19*, L296 (1980)
282. Bahl, M. K., Tsai, S. C., Chung, Y. W.: Phys. Rev. B 1344 (1980)
283. Pandelivev, K. A., Wang, E. Y.: J. Appl. Phys. *53*, 4422 (1982)
284. Hall, P. M., Morabito, J. M.: Surf. Sci. *54*, 79 (1976)
285. Gupta, D., Ho, P. S.: Thin Solid Films *72*, 399 (1980)
286. Hall, P. M., Morabito, J. M.: Surf. Sci. *59*, 624 (1976)
287. Röll, K., Reill, W.: Thin Solid Films *89*, 221 (1982)
288. McGuire, G. E., Jones, J. V., Dowell, H. J.: Thin Solid Films *45*, 59 (1977)
299. Solomon, J. S., D. Hanlin, in "Adhesion and Adsorption of Polymers", Part A (1980) ed: L.-H. Lee, Plenum, New York, S. 103
290. Buckley, D. H.: NASA TN D-7018 (1971)
291. Chowdhury, S. K. R., Hartley, N. E. W., Pollock, H. M., et al.: J. Phys. D. *13*, 1761 (1980)
292. Ohno, H., Ichikawa, T., Shiokawa, N.: J. Mat. Sci. *16*, 1381 (1981)
293. Snyder, J. R., Smith, M. A., Levenson, L. L.: J. Vac. Sci. Technol. *17*, 421 (1980)
294. Silcox, J., Holloway, P. H., Lawless, K. R., et al.: Mat. Sci. Eng. *53*, 149 (1982)
295. Fowkes, F M., Butler, B. L., Schissel, P., et al.: Mat. Sci. Eng. *53*, 125 (1982)
296. Balluffi, R. W., Duke, C. B., Kazmerki, L. L., et al.: Mat. Sci. Eng. *53*, 93 (1982)
297. Gaarenstroom, S. W.: J. Vac. Sci. Technol. *20*, 458 (1982)

298. Boschi, A., Ferro, C.: J. Vac. Sci. Technol. *16*, 1037 (1979)
299. Hultquist, G., Leygraf, C.: Mat. Sci. Eng. *42*, 199 (1980)
300. Seo, M., Matsumura, Y., Sato, N.: Trans. JIM *20*, 501 (1979)
301. Marcus, P., Qudar, J., Olefjord, I.: Mat. Sci. Eng. *42*, 191 (1980)
302. Clark, D. E., Yen-Bower, E. L.: Surf. Sci. *100*, 53 (1980)
303. Takahashi, N., Okada, K., Hotta, M.: C.R. Acad. Sc. Paris *B 280*, 73 (1975)
304. Takahashi, N., Okada, K.: Wear *33*, 153 (1975)
305. Hantsche, H., Habig, K.-H.: Z. Werkstofftechnik *13*, 361 (1982)
306. Buckley, D. H., Pepper, S. V.: NASA-Techn. Note D 6397 (1971)
307. Buckley, D. H., Pepper, S. V.: ASLE Trans. *15*, 252 (1972)
308. Hartley, N. E. W.: Thin Solid Films *64*, 177 (1979)
309. Riggs, W. M.: J. Vac. Sci. Technol. *14*, 1288 (1977)
310. Nakazawa, M., Futamoto, M., Hosoki, S., et al.: Jap. J. Appl. Phys. *19*, 1267 (1980)
311. Jüttner, B., Wolft, H., Altrichter, B.: phys. stat. sol. (a) *27*, 403 (1975)
312. Danielson, L. R.: J. Vac. Sci. Technol. *20*, 86 (1982)
313. Hahn, H., Halama, H. J.: J. Appl. Phys. *47*, 4629 (1976)
314. M rabito, J. M., Tsai, J. C.: Surf. Sci. *33*, 422 (1972)
315. Wang, K. L., Bacon, F., Reihl, R. F.: J. Vac. Sci. Technol. *16*, 1909 (1980)
316. Yu, P. W., Grant, J. T., Park, Y. S., Hass, T. W.: J. Appl. Phys. *48*, 67 (1977)
317. Park, Y. S., Grant, J. T., Haas, T. W.: J. Appl. Phys. *50*, 809 (1979)
318. Ishida, T., Sato, M., Fukui, K., et al.: Appl. Phys. Lett. *31*, 813 (1977)
319. Wang, K. L., Chiang, S. W., Bacon, F., et al.: Thin Solid Films *74*, 239 (1980)
320. Daniel, J. L., Thomas, M. T., Pedersen, L. R.: Scanning Electron Microscopy 1980/I, 469
321. Pandelisev, K. A., Wang, E. Y.: J. Appl. Phys. *53*, 720 (1982)
322. Thomas, J. H., Carlson, D. E.: J. Electrochem. Soc. *128*, 415 (1981)
323. Hansen, R. S.: Mat. Sci. Eng. *53*, 65 (1982)
324. Thien, V., Voss, W., Schmitz, F.: Z. Werkstofftechnik *13*, 338 (1982)
325. Arthur, J. R., Bunshah, R. F., Call, P. J.: Mat. Sci. Eng. *53*, 137 (1982)
326. Brousky, M. B., Cathcart, J. V., Hansen, R. S., et al.: Mat. Sci. Eng. *53*, 113 (1982)
327. Stocker, B. J.: Surf. Sci. *47*, 501 (1975)
328. Okada, A.: J. Appl. Phys. *49*, 4495 (1978)
329. Chan, W. S., Wan, J. T.: J. Vac. Sci. Technol. *14*, 718 (1977)
330. Kobayashi, K. L. I., Gerken, F., Barth, J., Kunz, C.: Solid. State. Comm. *39*, 851 (1981)
331. Chattarji, D.: "The Theory of Auger Transition" Academic Press, New York, 1976
332. Burhop, E. H. S.: "The Auger Effect", Cambridge Univ. Press, 1952
333. Crasemann, B.: "Atomic Inner-Shell, Processes, Vol. 1 Ionization and Transition Probabilities", Academic Press, New York, 1975
334. Sevier, K. D.: "Low Energy Electron Spectrometry" Wiley-Interscience, New York, 1972
335. Crasemann, B.: "Atomic Inner-Shell Processes, Vol. 2 Experimental Approaches and Applications" Academic Press, New York, 1975
336. Roy, D., Carette, J. D.: in "Electron Spectroscopy for Surface Analysis" ed: Ibach, H., Kap. 2, Springer Verlag, Berlin 1977
337. Taylor, N. J.: Rev. Sci. Instr. *40*, 792 (1969)
338. Sickafus, E. N.: Rev. Sci. Instr. *42*, 933 (1971)
339. Lanteri, H., Bindi, R., Rostaing, P.: J. Electron Spectrosc. Rel. Phen. *12*, 451 (1977)
340. Sar-el, H. Z.: Rev. Sci. Instr. *38*, 1210 (1967)
341. Eagen, C. F., Sickafus, E. N.: Rev. Sci. Instr. *48*, 1269 (1977)
342. Palmberg, P. W.: J. Vac. Sci. Technol. *12*, 379 (1975)
343. Chang, C. C., Quintana, G.: Thin Solid Films *31*, 265 (1976)
344. Bassett, P. J., Gallon, T. E., Prutton, M.: J. Phys. *E5*, 1008 (1972)
345. Polaschegg, H. D.: Appl. Phys. *4*, 63 (1974)
346. Poulin, A., Roy, D.: J. Phys. *E11*, 35 (1978)
347. Chou, N. J., Hammer, R., Bednowitz, A.: Rev. Sci. Instr. *47*, 559 (1976)

348. Carrington, R. A. G.: „Computers for Spectroscopists", Adam Hilger, London, 1974
349. Frank, L., Vavina, P.: Computer Phys. Comm. 26, 113 (1982)
350. Legg, K. O., Metz, W. A., Thomas, E. W.: Nucl. Instr. Meth. 170, 561 (1980)
351. Thomas, E. W., Legg, K. O., Metz, W. A.: Nucl. Instr. Meth. 168, 379 (1980)
352. Kempf, J., Kaus, G.: Appl. Phys. 13, 261 (1977)
353. Woods, C. W., Kauffman, R. L., Jamison, K. A., et al.: Phys. Rev. A13, 1358 (1976)
354. Grant, J. T., Hooker, M. P.: J. Vac. Sci. Technol. 12, 481 (1975)
355. Vrakking, J. J., Kroes, A.: Surf. Sci. 84, 153 (1979)
356. Viaris de Lesegno, P., Hennequin, H.-F.: Surf. Sci. 103, 257 (1981)
357. Benazeth, N., Benazeth, C.: Analusis 9, 245 (1981)
358. Schmidt, W., Müller, P., Brückner, V., et al.: Phys. Rev. A24, 2420 (1981)
359. Baragiola, R. A.: Rad. Eff. 61, 47 (1982)
360. Prutton, K. S. Yu., Larson, L. A., Pate, B. B., Poppa, H.: J. Electron Spectrosc. Rel. Phen. 27, 179 (1982)
361. Wall, W. E., Stevenson, J. R.: Nucl. Instr. Meth. 152, 141 (1978)
362. Onsgaard, J. H., Morgen, P., Creaser, R. P.: J. Vac. Sci. Technol. 15, 44 (1978)
363. Gurker, N.: J. Electron Spectrosc. Rel. Phen. 14, 1 (1978)
364. Matthew, J. A. D., Underhill, P. R.: J. Electron Spectrosc. Rel. Phen. 14, 371 (1978)
365. Carley, A. F., Joyner, R. W.: J. Electron Spectrosc. Rel. Phen. 16, 1 (1979)
366. Ho, P. S., Lewis, J. E.: Surf. Sci. 55, 335 (1976)
367. Houston, J. E.: Rev. Sci. Instr. 45, 897 (1974)
378. Houston, J. E.: Surf. Sci. 38, 283 (1973)
369. Mularie, W. M., Peria, W. T.: Surf. Sci. 26, 125 (1971)
370. Bernett, M. K., Murday, J. S., Turner, N. H.: J. Electron Spectrosc. Rel. Phen. 12, 375 (1977)
371. Matthew, J. A. D.: J. Phys. B10, 783 (1977)
372. Larkins, F. P.: J. Phys. B9, 47 (1976)
373. Crotty, J. M., Larkins, F. P.: J. Phys. B9, 881 (1976)
374. Larkins, F. P.: J. Phys. C10, 2453 (1977)
375. Ohno, M., Wendin, G.: J. Phys. C15, 1787 (1982)
376. Lang, N. D., Williams, A. R.: Phys. Rev. B20, 1369 (1979)
377. Hoogewijs, R., Fiermans, L., Vennik, J.: Surf. Sci. 69, 273 (1977)
378. Asaad, W. N., Burhop, E. H. S.: Proc. Phys. Soc. 71, 369 (1958)
379. Asaad, W. N.: Proc. Roy. Soc. London 249, 555 (1959)
380. Asaad, W. N.: Nuclear Phys. 66, 494 (1965)
381. Chen, M. H., Crasemann, B., Mack, H.: Phys. Rev. A21, 442 (1980)
382. McGuire, E. J.: Phys. Rev. A14, 1402 (1976)
383. Chen, M. H., Crasemann, B., Aoyagi, M., et al.: Phys. Rev. A20, 385 (1979)
384. Chen, M. H., Crasemann, B., Mack, H.: Phys. Rev. A21, 449 (1980)
385. Chung, M. F., Jenkins, L. H.: Surf. Sci. 22, 479 (1970)
386. Larkins, F. P.: Appl. Surf. Sci. 13, 4 (1982)
387. Aksela, S., Väyrynen, J., Aksela, H., et al.: J. Phys. B13, 3745 (1980)
388. Powell, C. J., Erikson, N. E., Madey, T. E.: J. Electron Spectrosc. Rel. Phen. 25, 87 (1982)
389. Powell, C. J., Erickson, N. E., Jach, T.: J. Vac. Sci. Technol. 20, 625 (1982)
390. Richter, K., Peplinski, B.: J. Electron Spectrosc. Rel. Phen. 13, 69 (1978)
391. Brant, P. Feltham, R. D.: Appl. Spectroscopy 34, 93 (1980)
392. Sickafus, E. N., Holloway, D. M.: Surf. Sci. 51, 131 (1975)
393. Madden, H. H.: J. Vac. Sci. Technol. 18, 677 (1981)
394. Haas, T. W., Grant, J. T., Dooley, G. J.: Phys. Rev. B1, 1449 (1970)
395. Haas, T. W., Grant, J. T., Dooley, G. J.: J. Appl. Phys. 43, 1853 (1972)
396. Gallon, T. E., Nuttall, J. D.: Surf. Sci. 53, 698 (1975)
397. Szalkowski, F. J., Somorjai, G. A.: J. Chem. Phys. 56, 6097 (1972)
398. Jennison, D. R.: J. Vac. Sci. Technol. 17, 172 (1980)
399. Dunlap, B. I., Hutson, F. L., Ramaker, D. E.: J. Vac. Sci. Technol. 18, 556 (1981)

400. Jennison, D. R.: J. Vac. Sci. Technol. *20*, 548 (1982)
401. Weißmann, R., Koschatzky, R., Schnellhammer, W., et al.: Appl. Phys. *13*, 43 (1977)
402. Salmerón, M., Baró, A. M., Rojó, J. M.: Surf. Sci. *53*, 689 (1975)
403. Madden, H. H., Houston, J. E.: J. Vac. Sci. Technol. *14*, 412 (1977)
404. Rodbro, M., Bruch, R., Bisgaard, P.: J. Phys. *B10*, L275 (1977)
405. Maguire, H. G., Augustus, P. D.: Phil. Mag. *30*, 95 (1974)
406. Suleman, M., Pattinson, E. B.: J. Phys. *D13*, 693 (1980)
407. Suleman, M. Pattinson, E. B.: J. Phys. *F3* 497 (1973)
408. Fortner, R. J., Musket, R. G.: Surf. Sci. *28*, 339 (1971)
409. Zehner, D. M., Barbulesco, N., Jenkins, L. H.: Surf. Sci. *34*, 385 (1973)
410. Bacon, F.: Scanning Electron Microsc. 1980/I, 495
411. Joyner, D. J., Hercules, D. M.: J. Chem. Phys. *72*, 1095 (1980)
412. Gavriljuk, Y. L., Lifshits, V. G.: Sol. Stat. Com. *36*, 155 (1980)
413. Moravec, T. J., Orent, T. W.: J. Vac. Sci. Technol. *18*, 226 (1981)
414. Maguire, H. G., Cillié, G. G.: J. Phys. *C9*, L135 (1976)
415. Hooker, M. P., Grant, J. T.: Surf. Sci. *55*, 741 (1976)
416. Grant, J. T., Hooker, M. P.: J. Electron Spectrosc. Rel. Phen. *9*, 93 (1976)
417. Grant, J. T., Haas, T. W.: Phys. Lett. *33A*, 386 (1970)
418. Bezuidenhout, F., Lourens, J. A. J., Bering, G. L. P., et al.: Proc. 4th Intern. Con. Sol. Surf. Vol. 2 Sept. 22.–26. 1980, Cannes, France, 1353
419. Smith, M. A., Levenson, L. L.: Phys. Rev. *B16*, 1365 (1977)
420. Carriere, B., Deville, J. P.: Surf. Sci. *58*, 618 (1976)
421. Chesters, M. A., Hopkins, B. J., Taylor, P. A.: J. Phys. *C9*, L329 (1975)
422. Grant, J. T., Hooker, M. P.: Solid State Comm. *19*, 111 (1976)
423. Légaré, P., Maire, G., Carriere, B., Deville, J. P.: Surf. Sci. *68*, 348 (1977)
424. Citrin, P. H., Rowe, J. E., Christman, S. B.: Phys. Rev. *B14*, 2642 (1976)
425. Braun, P., Betz, G., Färber, W.: Mikrochim. Acta, Suppl. *5*, 365 (1974)
426. Bermudez, V. M., Ritz, V. H.: Surf. Sci. *82*, L601 (1979)
427. Powell, C. J., Mandl, A.: Phys. Rev. *B6*, 4418 (1972)
428. Gartland, P. O.: Surf. Sci. *62*, 183 (1977)
429. Hiraki, A., Kim, S., Kammura, W., et al.: Appl. Phys. Lett *34*, 194 (1979)
430. Frommer, M. H.: Surf. Sci. *64*, 251 (1977)
431. Holloway, P. H.: Surf. Sci. *54*, 506 (1976)
432. Munoz, M. C., Martinez, V., Tagle, J. A., et al.: Phys. Rev. Lett *44*, 814 (1980)
433. Morgen, P., Ousgaard, J.: Surf. Sci. *99*, 87 (1980)
434. Madden, H. H., Nelson, G. C.: Appl. Surf. Sci. *11/12*, 408 (1982)
435. Hezel, R., Lieske, N.: J. Appl. Phys. *51*. 2566 (1980)
436. Hezel, R., Lieske, N.: J. Appl. Phys. *53*, 1671 (1982)
437. Okada, S., Oura, K., Hanawa, T., Satoh, K.: Surf. Sci. *97*, 88 (1980)
438. Atzrodt, V., Wirth, Th., Lange, H.: phys. stat. sol. (a) *62*, 531 (1980)
439. Bader, S. D., Richter, L., Brodsky, M. B., et al.: Solid State Comm. *37*, 729 (1981)
440. Lee, W.-Y.: J. Appl. Phys. *51*, 3365 (1980)
441. Taylor, J. A.: Appl. Surf. Sci. *7*, 168 (1981)
442. Hezel, R., Lieske, N.: J. Appl. Phys. *53*, 1671 (1982)
443. Ferrer, S., Baró, Rojo, J. M.: Surf. Sci. *72*, 433 (1978)
444. Losch, W.: J. Vac. Sci. Technol. *16*, 865 (1979)
445. Balsene, L. R.: in „Structure and Bonding" Vol. 39, Eds: Dunitz, J. D., Goodenough, J. G., Hemmerich, P., et al., Springer, Berlin 1980, 83
446. Miura, T.: Jap. J. Appl. Phys. *20*, 1225 (1981)
447. Miura, T.: Jap. J. Appl. Phys. *20*, 1235 (1981)
448. Miura, T.: Jap. J. Appl. Phys. *20*, 1987 (1981)
449. Nuttall, J. D., Gallon, T. E.: J. Phys. *C9*, 4063 (1976)
450. Zehner, D. M., Madden, H. H.: J. Vac. Sci. Technol. *16*, 562 (1979)
451. Bishop, H. F., Riviére, J. C.: Surf. Sci. *24*, 1 (1971)
452. Allen, G. C., Tucker, P. M., Wild, R. K.: Sul. Sci. *68*, 469 (1977)
453. Grant, J. T., Haas, T. W., Houston, J. E.: J. Val. Sci. Technol. *11*, 227 (1974)
454. Solomon, J. S., Baun, W. L.: Surf. Sci. *51*, 228 (1975)

455. Thomas, S.: Surf. Sci. *55*, 754 (1976)
456. Mathieu, H. J., Mathieu, J. B., McClure, D. E., et al.: J. Vac. Sci. Technol. *14*, 1023 (1977)
457. Armstrong, N. R., Quinn, R. K.: Surf. Sci. *67*, 451 (1977)
458. Gardon, G., Joud, J. C.: J. Less-Common Met. *69*, 277 (1980)
459. Shih, H. D., Jona, F.: Appl. Phys. *12*, 311 (1977)
460. Solomon, J. S., Roche, A. A., Baun, W. L.: Mat. Lab. Air Force, Wright Patterson AFB, Ohio AFWAL-TR-80-4105 (1980)
461. Roche, A. A., Solomon, J. S., Baun, W. L.: Mat. Lab. Air Force, Wright Patterson AFB, Ohio AFWAL-TR-80-4126 (1980)
462. Roche, A. A.: Mat. Lab. Air Force, Wright Patterson AFB, Ohio, AFWAL-TR-80-4004 (1980)
463. Fiermans, L., Vennik, J.: Surf. Sci. *35*, 42 (1973)
464. Coad, J. P., Riviére, J. C.: Phys. Lett. *35 A* 185 (1971)
465. Jardin, C., Duc, B. M., Gauthier, J. P., et al.: J. Microsc. Spectrosc. Electron *4*, 55 (1979)
466. Ferrer, S., Baro, A. M., Rojo, J. M.: Surf. Sci. *64*, 668 (1977)
467. Viljoen, P. E., Roux, J. P., Boonstra, G. E.: J. Vac. Sci. Technol. *15*, 626 (1978)
468. Jardin, C., Duc, B. M., Gauthier, J. P., et al.: J. Electron Spectrosc. Rel. Phen *19*, 213 (1980)
469. Müssig, H.-J., Arabczyk, W.: Kristall und Technik *15*, 1091 (1980)
470. Maglietta, M., Rovida, G.: Surf. Sci. *71*, 495 (1978)
471. Zehner, D. M., Noonan, J. R., Madden, H. H.: J. Vac. Sci. Technol. *20*, 859 (1982)
472. Coad, J. P., Riviére, J. C.: Surf. Sci. *25*, 609 (1971)
473. Windawi, H., Katzer, J. R.: J. Vac. Sci. Technol. *16*, 497 (1979)
474. Benndorf, C., Egert, B., Keller, G., et al.: Surf. Sci. *80*, 287 (1979)
475. Ferrer, S., Rojo, J. M.: Solid State Comm. *24*, 339 (1977)
476. Kleefeld, J., Levenson, L. L.: Thin Solid Films *64*, 389 (1979)
477. Madden, H. H., Zehner, D. M., Noonan, J. R.: Phys. Rev. *B 17*, 3074 (1978)
478. Chao, S. S., Knabbe, E.-A., Vook, R. W.: Surf. Sci. *100*, 581 (1980)
479. Fujinaga, Y.: Surf. Sci. *84*, 1 (1979)
480. Losch, W., Monhemius, A. J.: Surf. Sci. *60*, 196 (1976)
481. Jenkins, L. H., Chung, M. F.: Surf. Sci. *26*, 151 (1971)
482. Vook, R. W., Namba, Y.: Appl. Surf. Sci. *11/12*, 400 (1982)
483. Matthew, J. A. D., Netzer, F. P.: J. Phys *C 12*, L 399 (1979)
484. Kramer, H. M., Suzanne, J.: Surf. Sci. *54*, 659 (1976)
485. Pantel, R., Bujor, M., Bardolle, J.: Surf. Sci. *62*, 589 (1977)
486. Lin, T. T., Lichtman, D.: J. Vac. Sci. Technol. *15*, 28 (1978)
487. Lin, T. T., Lichtman, D.: J. Vac. Sci. Technol. *15*, 1689 (1978)
488. Shen, L. Y. L., Chen, H. S., Dynes, R. C., et al.: J. Phys. Chem. Solids *39*, 33 (1978)
489. Bassett, P. J., Gallon, T. E., Matthew, J. A. D., et al.: Surf. Sci. *35*, 63 (1973)
490. Barlow, S. M., Bayat-Mokhtari, P., Gallon, T. E.: J. Phys. *C 12*, 5577 (1979)
491. Netzer, F. P., Bertel, E., Matthew, J. A. D.: J. Phys. *C 14*, 1891 (1981)
492. Lin, T. T., Lichtmann, D.: J. Appl. Phys. *50*, 1298 (1979)
493. Rawlings, K. J. Hopkins, B. J., Foulias, S. D.: J. Electron Spectrosc. Rel. Phen. *18*, 213 (1980)
494. Rawlings, K. J., Hopkins, B. J., Foulias, S. D.: Solid State Comm. *31*, 393 (1979)
495. Avery, N. R.: Surf. Sci. *61*, 391 (1976)
496. Netzer, F. P.: Appl. Surf. Sci. *7*, 289 (1981)
497. Matthew, J. A. D., Netzer, F. P., Bertel, E.: J. Electron Spectrosc. Rel. Phen. *20*, 1 (1980)
498. Oura, K., Hanawa, T.: Surf. Sci. *82*, 202 (1979)
499. Ellis, W. P.: Surf. Sci. *61*, 37 (1976)
500. Van Oostrom, A., Augustus, L., Habraken, F. H. P. M., et al.: J. Vac. Sci. Technol. *20*, 953 (1982)
501. Everhart, T. E.: J. Appl. Phys. *31*, 1483 (1960)
502. Niedrig, H.: Scanning *1*, 17 (1978)

503. Tougaard, S., Sigmund, P.: Phys. Rev. B. *25*, 4452 (1982)
504. Matin, A. D.: J. Phys. D, *8*, 2074 (1975)
505. Fitting, H.-J.: Experimentelle Technik der Physik *28*, 321 (1980)
506. Bishop, H. E., Reviére, J. C.: J. Appl. Phys. *40*, 1740 (1969)
507. Worthington, C. R., Tomlin, S. G.: Proc. Phys. Soc. London *A69*, 401 (1956)
508. Powell, C. J.: Rev. Mod. Phys. *48*, 33 (1976)
509. Jacobi, K., Hölzl, J.: Surf. Sci. *26*, 54 (1971)
510. Neave, J. H., Foxon, C. T., Joyce, B. A.: Surf. Sci. *29*, 411 (1972)
511. Vrakking, J. J., Meyer, F.: Surf. Sci. *35*, 34 (1973)
512. Kinsey, B. B.: Can. J. Res. *26*, 404 (1948)
513. Goto, K., Ishikawa, K., Koshikawa, T., Shimizu, R.: Surf. Sci. *47*, 477 (1975)
514. Smith, D. M., Gallon, T. E.: J. Phys. *D7*, 151 (1974)
515. Vrakking, J. J., Meyer, F.: Surf. Sci. *47*, 50 (1975)
516. Vrakking, J. J., Meyer, F.: Surf. Sci. *35*, 34 (1973)
517. Goto, K., Ishikawa, K., Koshikawa, T., Shimizu, R.: Appl. Phys. Lett *24*, 358 (1974)
518. Gallon, T. E.: J. Phys. *D5*, 822 (1972)
519. Queirolo, G.: Thin Solid Tilms *56*, L21 (1979)
520. Berndt, H., Streubel, P., Meisel, A.: Kristall und Technik *15*, 1433 (1980)
521. Holloway, P. H.: Solid State Comm. *19*, 729 (1976)
522. Ichimura, S., Shimizu, R.: Surf. Sci. *112*, 386 (1981)
523. Ichimura, S., Shimzu, R., Ikuta, T.: Surf. Sci. *115*, 259 (1982)
524. Ichimura, S., Aratama, M., Shimizu, R.: J. Appl. Phys. *51*, 2853 (1980)
525. Ichimura, S., Aratama, M., Shimizu, R.: J. Vac. Sci. Technol. *18*, 34 (1981)
526. Erlewein, J.: Promotionsarbeit Universität Stuttgart 1977 und Surf. Sci. *68*, 71 (1977)
527. Shih, H. D., Legg, K. O., Jona, F.: Surf. Sci. *54*, 355 (1976)
528. Allié, G., Blanc, E., Dufayard, D.: Surf. Sci. *47*, 635 (1975)
529. Gaebler, W., Jacobi, K., Ranke, W.: Surf. Sci. *75*, 355 (1978)
530. Gant, H., Mönch, W.: Surf. Sci. *105*, 217 (1981)
531. Szajman, J., Jenkin, J. G., Liesegang, F., et al.: J. Eletron Spectrosc. Rel. Phen. *14*, 41 (1978)
532. Jackson, D. C., Gallon, T. E., Chambers, A.: Surf. Sci. *36*, 381 (1973)
533. Tarng, M. L., Wehner, G. K.: J. Appl. Phys. *44*, 1534 (1973)
534. Cadman, P., Gossedge, G. M.: J. Electron Spectrosc. Rel. Phen. *18*, 161 (1980)
535. Tracy, J. C.: J. Vac. Sci. Technol. *11*, 280 (1974)
536. Kanter, H.: Phys. Rev. *B 1*, 2357 (1970)
537. Norman, D., Woodruff, D. P.: Surf. Sci. *75*, 179 (1978)
538. Steinhardt, R. G., Hudis, J., Perlman, M. L.: Phys. Rev. *B 5*, 1016 (1972)
539. Battye, F. L., Leckey, R. C. G., Liesegang, J., et al.: Thin Solid Films *36*, 231 (1976)
540. Peisner, J., Aszódi, G., Nemeth-Sallay, M., et al.: Thin Solid Films *36*, 251 (1976)
541. Needham, P. B., Driscoll, T. J., Powell, C. J., et al.: Appl. Phys. Lett. *30*, 357 (1977)
542. Stein, R. J.: Surf. Sci. *60*, 436 (1976)
543. Lindan, I., Spicer, W. E.: J. Electron Spectrosc. Rel. Phen. *3*, 409 (1974)
544. Baschenko, O. A., Nefedov, V. I.: J. Electron Spectrosc. Rel. Phen. *27*, 109 (1982)
545. Seah, M. P., Dench, W. A.: Surf. Interface Anal. *1*, 2 (1972)
546. Szajman, J., Liesegang, J., Jenkin, J. G., et al.: J. Electron Spectrosc. Rel. Phen. *23*, 97 (1981)
547. Szajman, J., Leckey, R. C. G.: J. Electron Spectrosc. Rel. Phen. *23*, 83 (1981)
548. Szajman, J., Jenkin, J. G., Leckey, R. C. G., et al.: J. Electron Spectrosc. Rel. Phen. *19*, 393 (1980)
549. Uwaski, H., Nakamura, S.: Surf. Sci. *65*, 345 (1977)
550. Ballard, R. E.: J. Electron Spectrosc. Rel. Phen. *25*, 75 (1982)
551. Quinn, J. J.: Phys. Rev. *126*, 1453 (1962)
552. Shelton, J. C.: Cornell Materials Science Center Rept. Nr. 2167 (1974), Surf. Sci., *44*, 305 (1974)
553. Powell, C. J.: Surf. Sci. *44*, 29 (1974)
554. Penn, D. R.: Phys. Rev. *B 13*, 5248 (1976)

555. Penn, D. R.: J. Vac. Sci. Technol. *13*, 221 (1976)
556. Akkerman, G., Chernov, Ya.: phys. stat. sol. (b) *89*, 329 (1978)
557. Cailler, M., Ganachaud, J. P., Bourdin, J. P.: Thin Solid Films *75*, 181 (1981)
558. Bechstedt, F., Hübner, K.: phys. stat. sol. (a) *67*, 517 (1981)
559. Eagen, C. F., Sickafus, E. N.: Rev. Sci. Instr. *48*, 1269 (1977)
560. Shelton, J. C.: J. Electron Spectrosc. Rel. Phen. *3*, 417 (1974)
561. Chang, C. C.: J. Electron Spectroscopy Rel. Phen. *13*, 255 (1978)
562. Powell, C. J.: ASTM-STP *643*, 5 (1978)
563. Seah, M. P.: Analusis, *9*, 171 (1981)
564. Le Hericy, J., Langeron, J. P.: Analusis *9*, 188 (1981)
565. Langeron, J. P.: J. Microsc. Spectrosc. Electron *4*, 431 (1979)
566. Meyer, F., Vrakking, J. J.: Surf. Sci. *33*, 271 (1972)
567. Holloway, P. H.: Scanning Electron Microscopy 1 361 (1978)
568. Streubel, P., Apelt, R.: Kristall und Technik *13*, 729 (1978)
569. Andersson, T. G.: Thin Solid Films *83*, L 147 (1981)
570. Davis, L. E., MacDonald, N. C., Palmberg, P. W., Riach, G. E., Weber, R. E.: Handbook of Auger Electron Spectroscopy, Phys. Electronics Ind., Inc. 6509 Flaying Cloud Drive, Eden Prairie, Min 55343
571. Palmberg, P. W.: J. Vac. Sci. Technol. *13*, 214 (1976)
572. Hall, P. M., Marabito, J. M., Conley, D. K.: Surf. Sci. *62*, 1 (1977)
573. Hall, P. M., Morabito, J. M.: Surf. Sci. *83*, 391 (1979)
574. Schwarz, G. P.: Surf. Sci. *72*, 444 (1978)
575. Hall, P. M., Morabito, J. M.: Surf. Sci. *67*, 373 (1977)
576. Braun, P., Färber, W.: Surf. Sci. *47*, 57 (1975)
577. Mathieu, H. J., Landolt, D.: Surf. Sci. *53*, 228 (1975)
578. Bouwman, R., Toneman, L. H., Holscher, A. A.: Vakuum *23*, 163 (1970)
579. Holloway, P. H.: Surf. Sci. *66*, 479 (1977)
580. Stoddart, C. T. H., Moss, R. L., Pope, D.: Surf. Sci. *53*, 241 (1975)
581. Anton, R.: Thin Solid Films *81*, 53 (1981)
582. Perdereau, M.: Surf. Sci. *24*, 239 (1971)
583. Morabito, J. M.: Anal. Chem. *46*, 189 (1974)
584. Knijers, F. J., Ponec, V.: Surf. Sci. *68*, 294 (1977)
585. West, L. A.: J. Vac. Sci. Technol. *13*, 198 (1976)
586. Arthur, J. R., LePore, J. J.: J. Vac. Sci. Technol. *14*, 979 (1977)
587. Davis, L. E., Gerlach, R. I. · ASTM-STP 643, S. 182 (1978)
588. Hartsough, L. D., Koch, A., Moulder, J., et al.: J. Vac. Sci. Technol. *17*, 392 (1980)
589. Buitrago, R. H.: J. Appl. Phys. *51*, 545 (1980)
590. Quinto, D. T., Sundaram, V. S., Robertson, W. D.: Surf. Sci. *28*, 504 (1971)
591. Narusawa, T., Satake, T., Komiya, S.: J. Vac. Sci. Technol. *13*, 514 (1976)
592. Kazmerski, L. L., Sprague, D. L., Cooper, R. B.: J. Vac. Sci. Technol. *15*, 249 (1978)
593. Stoltz, D. L., Hanlin, R. L.: Microstructural Science, Vol. 4 eds E. W. Filer, et al.: Amer. Elsevier Publ., S. 73, 1976
594. Lee, W.-Y., Lee, M. H., Eldridge, J. M.: J. Vac. Sci. Technol. *15*, 1549 (1978)
595. Weber, B., Fusy, J., Cassuto, A.: J. Chim. Phys. *11–12*, 1551 (1974)
596. Dudek, H. J.: Proc. 9th Int. Con. Electron Microsc. Toronto, 1978, Vol. I, S. 542
597. Todd, G., Poppa, H.: J. Vac. Sci. Technol. *15*, 672 (1978)
598. Todd, G., Poppa, H., Veneklasen, L. H.: Thin Solid Films *57*, 213 (1979)
599. Vanbles, J. A., Janssen, A. P., Harland, C. J., et al.: Phil. Mag. *34*, 495 (1976)
600. Janssen, A. P., Venables, J. A.: Surf. Sci. *77*, 351 (1978)
601. El Gomati, M. M., Janssen, A. P., Prutton, M., et al.: Surf. Sci. *85*, 309 (1979)
602. Janssen, A. P., Harland, C. J., Venables, J. A.: Surf. Sci. *62*, 277 (1977)
603. Kirschner, J.: Appl. Phys. *14*, 351 (1977)
604. El Gomati, M. M., Prutton, M.: Surf. Sci. *72*, 485 (1978)
605. El Gomati, M. M., Prutton, M.: EMAG '79, Sept. 1979, Sussex, UK
606. Shimizu, R., Everhart, T. E., McDonald, N. C., et al.: Appl. Phys. Lett *33*, 549 (1978)

607. Shimizu, R., Aratama, M., Ichimura, S., et al.: Appl. Phys. Lett. *31*, 692 (1977)
608. Dudek, H. J.: Mat. Sci. Eng. *42*, 39 (1980)
609. Dudek, H. J.: Proc. 4th Int. Con. Solid Surf. Cannes, France Sept. 22.–26. 1980, S. 1365
610. Hasselbach, F., Rieke, U.: Proc. 10th Intern. Con. Electron Microsc., Hamburg, August 17–24, 1982
611. Hofmann, S.: Analusis *9*, 181 (1981)
612. Mitchell, D. F.: Appl. Surf. Sci. *9*, 131 (1981)
613. Chang, C. C., Boulin, D. M.: Surf. Sci. *69*, 385 (1977)
614. Oku, M., Suzuki, S., Abiko, K., et al.: J. Electron. Spectrosc. Rel. Phen *23*, 147 (1981)
615. Hirokawa, K., Suzuki, S., Abiko, K., et al.: J. Electron. Spectrosc. Rel. Phen *24*, 243 (1981)
616. Hofmann, S.: Appl. Phys. *9*, 59 (1976)
617. Solomon, J. S.: Appl. Spectroscopy *30*, 46 (1976)
618. Grant, J. T., Wolfe, R. G., Hooker, M. P.: J. Vac. Sci. Technol. *14*, 232 (1977)
619. Grant, J. T., Hooker, M. P., Springer, R. W., Haas, T. W.: Surf. Sci. *60*, 1 (1976)
620. Hammer, G. E.: Surf. Sci. *8*, 425 (1981)
621. Ward, I. D., Blattner, R. J.: Surf. Interface Anal. *3*, 184 (1981)
622. Taylor, N. J., Johannessen, J. S., Spicer, W. E.: Appl. Phys. Lett. *29*, 497 (1976)
623. Hoffman, D. W., Tsong, I. S. T., Power, G. L.: J. Vac. Sci. Technol. *17*, 613 (1980)
624. Tsong, I. S. T., Power, G. L., Hoffman, D. W., et al.: Nucl. Instr. Meth. *168*, 399 (1980)
625. Wehner, G. K.: Methods of Surface Analysis, Vol. 1 Kap. 1, S. 5, ed: A. W. Czanderna, Elsevier Sci. Publ. Amsterdam 1975
626. Behrisch, R. (ed): Topics in Applied Physics, Vol. 47, Springer, Berlin, 1981
627. Thomson, M. W.: Physics Letters C: Physics Reports *69*, 335, (1981), North-Holland, Amsterdam
628. Williams, P.: Surf. Sci. *90*, 588 (1979)
629. Bohdansky, J., Roth, J., Bay, H. L.: J. Appl. Phys. *51*, 2861 (1980)
630. Sigmund, P.: J. Vac. Sci. Technol. *17*, 396 (1980)
631. Tortorelli, P. F., Altstetter, C. J.: Radiation Effects *51*, 241 (1981)
632. Schwarz, S. A., Helms, C. R.: Surf. Sci. *102*, 578 (1981)
633. Seah, M. P.: Thin Solid Films *81*, 279 (1981)
634. Fitch, R. K., Mahamoud, E. A.: Thin Solid Films *87*, 379 (1982)
635. Kirschner, J., Etzkorn, H. W.: Appl. Surf. Sci. *3*, 251 (1979)
636. Yasko, R. N., Tried, L. J.: Rev. Sci. Instr. *43*, 335 (1972)
637. Webber, R. D., Walls, J. M.: Radiation Effects *45*, 111 (1979)
638. Betz, G.: Surf. Sci. *92*, 283 (1980)
639. Garriso, B. J.: Surf. Sci. *114*, 23 (1982)
640. Coburn, J. W.: Thin Solid Films *64*, 371 (1979)
641. Opitz, M., Betz, G., Braun, P.: Acta Phys. Acad. Sci. Hung. *49*, 119 (1980)
642. Taglauer, E.: Appl. Surf. Sci. *13*, 80 (1982)
643. Coyle, G. J., Tsang, T., Adler, I., Yin, L.: Surf. Sci. *112*, 197 (1981)
644. Holm, R., Storp, S.: Physica Scripta *16*, 442 (1977)
645. Yin, Lo. I., Tsang, T., Coyle, G. J., et al.: Phys. Rev. B *26*, 1093 (1982)
646. Sigmund, P.: J. Appl. Phys. *50*, 7261 (1979)
647. Kang, S. T., Shimizu, R., Okutani, T.: Jap. J. Appl. Phys. *18*, 1987 (1979)
648. Sigmund, P., Gras-Martl, A.: Nucl. Instr. Meth. *168*, 389 (1980)
649. Whitton, J. L., Carter, G., Nobes, M. J., et al.: Fysisk Lab. II., H. C. Ørsted Inst. Kobenhavens Universitet, Mon. No 77-08, Rad. Effects *32*, 129 (1977)
650. Whitton, J. L., Hofer, W. O., Littmark, U., et al.: Appl. Phys. Lett *36*, 531 (1980)
651. Smith, R., Walls, J. M.: Phil. Mag. *A42*, 235 (1980)
652. Smith, R., Makh, S. S., Walls, J. M.: Proc. 4th Int. Con. Solid Surf., ECOSS III Sept. 1980, Cannes, France
653. Auciello, O.: Radiation Effects *60*, 1 (1982)
654. Auciello, O.: J. Vac. Sci. Technol. *19*, 841 (1981)

655. Carter, G., Gras-Marti, A., Nobes, M. J.: Radiation Effects *62*, 119 (1982)
656. Hirsch, E. H., Varga, I. K.: Thin Solid Films *69*, 99 (1980)
657.. Nakajima, M., Kusao, K., Hirao, T., et al.: Jap. J. Appl. Phys. *18*, 1869 (1979)
658. Cavaillé, J. Y., Drechsler, M.: Surf. Sci. *75*, 342 (1978)
659. Hofmann, S.: Mat. Sci. Eng. *42*, 55 (1980)
660. Rehn, L. E., Danyluk, S., Wiedersich, H.: Phys. Rev. Lett *43*, 1764 (1979)
661. Swartzfager, D. G., Ziemecki, S. B., Kelley, M. J.: J. Vac. Sci. Technol. *19*, 185 (1981)
662. Gerlach-Meyer, U.: Surf. Sci. *103*, 524 (1980)
663. Gerlach-Meyer, U., Coburn, J. W., Kay, E.: Surf. Sci. *103*, 177 (1981)
664. Harper, J. M. E., Heilblum, M., Speidell, J. L., et al.: J. Appl. Phys. *52*, 4118 (1981)
665. Mathieu, H. J., Landolt, D.: J. Microsc. Spectrosc. Electron. *3*, 113 (1978)
666. Smith, T.: Surf. Sci. *55*, 601 (1976)
667. Sun, T. S., McNamara, D. K., Ahearn, J. S., et al.: Appl. Surf. Sci. *5*, 406 (1980)
668. Holloway, P. H., Bhattacharya, R. S.: Mat. Sci. Eng. *53*, 81 (1982)
669. Lichtman, D.: Mat. Sci. Eng. *53*, 73 (1982)
670. Hirsch, E. H.: J. Appl. Phys. *10*, 2069 (1977)
671. Kny, E.: J. Vac. Sci. Technol. *17*, 658 (1980)
672. Ingrey, S., Johnson, M. B., Streater, R. W., et al.: J. Vac. Sci. Technol. *20*, 968 (1982)
673. Walls, J. M., Sykes, D. E., Hall, D. D.: Proc. 8th Vac. Con. Vol. I, S. 287, Cannes 1980
674. Mathieu, H. J., McClure, D. E., Landolt, D.: Thin Solid Films *38*, 281 (1976)
675. Etzkorn, H. W., Kirschner, J.: Nucl. Instr. Meth. *168*, 395 (1980)
676. Etzkorn, H. W., Littmark, U., Kirschner, J.: Proc. "Symposium on Sputtering", Vienna 1980
677. Sykes, D. E., Hall, D. D., Thurstans, R. E., Walls, J. W.: Appl. Surf. Sci. *5*, 103 (1980)
678. Lea, C., Seah, M. P.: Thin Solid Films *75*, 67 (1981)
679. Seah, M. P., Lea, C.: Thin Solid Films *81*, 257 (1981)
680. Erelwein, J., Hofmann, S.: Thin Solid Films *69*, L39 (1980)
681. Gandon, J., Joud, J. C., Desré, P.: J. Microsc. Spectrosc. Electron *3*, 131 (1978)
682. Malherbe, J. B., Sanz, J. M., Hofmann, S.: Surf. Interface Anal. *3*, 235 (1981)
683. Ho, P. S., Lewis, J. E.: Surf. Sci. *55*, 335 (1976)
684. Hofmann, S., Sanz, J. M.: Proc. ECOSS III Cannes 1980
685. Tracy, J. C.: in "Electron Emission Spectroscopy" Hersg. Keyser, W., et al.: Dortrecht 1973, S. 295
686. Werner, H. W.: Mat. Sci. Eng. *42*, 1 (1980)
687. Van Oostrom, A.: Surf. Sci. *89*, 615 (1979)
688. Welhie, D. G., Gerlach, R. L.: J. Vac. Sci. Technol. *20*, 1064 (1982)
689. Hovland, C. T., MacDonald, N. C., Gerlach, R. L.: Scanning Electron Microscopy 1979/1, 213
690. Shaffner, T. J.: Scanning Electron Microscopy 1980/1, 479
691. Vicario, E.: in "Microanalysis and Scanning Electron Microscopy", Hrg.: F. Marice, L. Meny, R. Texier, Summer School St.-Martin-d'Héres 38401, France, Sept. 11.–16. 1978, S. 73
692. Dudek, H. J.: Z. Angew. Phys. *31*, 243 (1971)
693. Dudek, H. J.: Z. Angew. Phys. *31*, 331 (1971)
694. Röll, K.: Appl. Surf. Sci. *5*, 388 (1980)
695. Dudek, H. J.: Optik *30*, 453 (1970)
696. Joyce, B. A., Neave, H. H.: Surf. Sci. *34*, 401 (1973)
697. Housley, M., King, D. A.: Surf. Sci. *62*, 81 (1977)
698. Frederick, P. S., Hruska, S. J.: Surf. Sci. *62*, 707 (1977)
699. Kirby, R. E., Lichtman, D.: Surf. Sci. *41*, 447 (1974)
700. Norman, D., Skinner, D. K.: J. Phys. *D 10*, L151 (1977)
701. Margoniuski, Y.: J. Appl. Phys. *47* 3868 (1976)
702. Le Gressus, C., Pellerin, F., Blanchard, D., et al.: Proc. 7th Intern. Vac. Con., Vienna 1977, 2323
703. Baker, B. G., Sexton, B. A.: Surf. Sci. *52*, 353 (1975)

704. Salmeron, M., Baró, A. M.: Surf. Sci. *29*, 300 (1972)
705. Ichimura, S., Shimizu, R.: J. Appl. Phys. *50*, 6020 (1979)
706. Thomas, S.: J. Appl. Phys. *45*, 161 (1974)
707. Dudek, H. J., Borath, R., Braue, W., Ziegler, G.: Beitr. elektronenmikroskop. Direkt-abb. Oberfl. *14*, 33 (1981)
708. Hezel, R.: Rad. Effects *65*, 101 (1982)
709. Holmstrom, R. P., Lagowski, J., Gatos, H. C.: Surf. Sci. *75*, L781 (1978)
710. Ahn, J., Perleberg, C. R., Wilcox, D. L., et al.: J. Appl. Phys. *46*, 4581 (1975)
711. Okada, A., Oka, T.: J. Appl. Phys. *50*, 6934 (1979)
712. Garbassi, F., Pozzi, L.: J. Electron Spectrosc. Rel. Phen. *16*, 199 (1979)
713. Butz, R., Wagner, H.: Surf. Sci. *87*, 69 (1979)
714. Butz, R., Wagner, H.: Surf. Sci. *87*, 85 (1979)
715. Röll, K., Losch, W., Achete, C.: J. Appl. Phys. *50*, 4422 (1979)
716. Janssen, A. P.: Surf. Sci. *52*, 230 (1975)
717. Bouquet, S., Bergner, J., Le Henricy, J., et al.: J. Electron Spectrosc. Rel. Phen. *26*, 247 (1982)
718. Livshits, A., Polak, M.: Surf. Sci. *119*, 314 (1982)
719. Vassamillet, L. F., Caldwell, V. E.: J. Appl. Phys. *40*, 1637 (1969)
720. Weisweiler, W., Neff, R.: Mikrochim Acta, Suppl. *8*, 475 (1979)
721. Dudek, H. J.: Glastechnische Berichte *41*, 10 (1968)
722. Ohuchi, F., Ogino, M., Holloway, P. H.: Surf. Interf. Anal. *2*, 85 (1980)
723. Burstein, G. T.: Mat. Sci. Eng. *42*, 207 (1980)
724. Bauer, E., Poppa, H., Viswanath, Y.: Surf. Sci. *58*, 517 (1976)
725. Armstrong, R. A.: Surf. Sci. *50*, 615 (1975)
726. Musket, R. G., McLean, W., Colmenares, C. A., et al.: Appl. Surf. Sci. *10*, 143 (1982)
727. Farnsworth, H. E.: J. Vac. Sci. Technol. *20*, 271 (1982)
728. Zehner, D. M., White, C. W., Ownby, G. W.: Surf. Sci. *92*, L67 (1980)
729. Zehner, D. M., White, C. W., Ownby, G. W.: Appl. Phys. Lett. *36*, 56 (1980)
730. McKinley, A., Parke, A. W., Hughes, G. J., et al.: J. Phys. *D 13*, L193 (1980)
731. Bryson, C. E., Scharpen, L. H., Zajicek, P. L.: in "Surfaces Contamination" Vol. 2, S. 687. ed: K. L. Midal, Plenum Press, 1979
732. Grabke, H. J., Viefhaus, H.: Ber. Bunsen-Ges. Phys. Chem. *84*, 152 (1980)
733. Stout, D. A., Gavelli, G., Lumsden, J. B., Staehle, R. W.: ASTM-STP *699*, 42 (1980)
734. Stot, D. A., Gavelli, G., Lumsden, J. B., Staehle, R. W.: Surf. Sci. *69*, 741 (1977)
735. Lassiter, W. S.: Surf. Sci. *47*, 669 (1975)
736. Dwyer, D. J., Simmons, G. W., Wei, R. P.: Surf. Sci. *64*, 617 (1977)
737. Fujiwara, K., Ogata, H.: Surf. Sci. *72*, 157 (1978)
738. Wilson, J. M.: Surf. Sci. *53*, 330 (1975)
739. Dowben, P. A., Jones, R. G.: Surf. Sci. *84*, 449 (1979)
740. Jones, R. G., Peny, D. L.: Surf. Sci. *88*, 331 (1979)
741. Dowben, P. A., Jones, R. G.: Surf. Sci. *88*, 348 (1979)
742. Jones, R. G.: Surf. Sci. *88*, 367 (1979)
743. Dowben, P. A., Jones, R. G.: Surf. Sci. *89*, 114 (1979)
744. O'Grady, W. E., Woo, M. Y. C., Hagans, P. L., Yeager, E.: J. Vac. Sci. Technol. *14*, 365 (1977)
745. Revie, R. W., Baker, B. G., Bockris, J. O'M.: J. Electrochem. Soc. *122*, 1460 (1975)
746. Olefjord, I.: Metal. Sci. *9*, 263 (1975)
747. Olefjord, I.: Scand. J. Metallurgy *3*, 129 (1974)
748. Laty, P., Joud, J. C., Desré, P.: Surf. Sci. *104*, 105 (1981)
749. Joyner, R. W., Roberts, M. W.: Surf. Sci. *87*, 501 (1979)
750. Powell, C. J.: J. Vac. Sci. Technol. *15*, 549 (1978)
751. Hartweck, W., Grabke, H. J.: Surf. Sci. *89*, 174 (1979)
752. Miyoshi, K., Buckley, D. H.: Appl. Surf. Sci., *10*, 357 (1982)
753. Hobson, J. P.: J. Vac. Sci. Technol. *15*, 1609 (1978)
754. Hobson, J. P., Kornelsen, E. V.: J. Vac. Sci. Technol. *16*, 701 (1979)

755. Hobson, J. P., Kornelsen, E. V.: ASTM-STP *699*, 148 (1980)
756. Polizzotti, R. S., Schwarz, J. A.: J. Vac. Sci. Technol. *17*, 655 (1980)
757. Wagner, A., Hall, T. M., Seidman, S. N.: Vakuum *28*, 543 (1978)
758. Crider, C. A., Cisneros, G., Mark, P.: J. Vac. Sci. Technol. *13*, 1202 (1976)
759. Clausing, R. E., Heatherly, L., Emerson, L. C.: J. Vac. Sci. Technol. *16*, 708 (1979)
760. Tauber, G., Viefhaus, H.: Rev. Sci. Instr. *47*, 772 (1976)
761. Polaschegg, H. D., Schirk, E.: Vakuum Technik *24*, 136 (1975)
762. Clausing, R. E., Emerson, L. C., Heatherly, L., et al.: J. Vac. Sci. Technol. *17*, 709 (1980)
763. Mulder, B. J.: J. Phys. *E 12*, 22 (1979)
764. Royer, W. A.: Rev. Sci. Instr. *51*, 386 (1980)
765. Russo, C. J., Kaplow, R.: J. Vac. Sci. Technol. *13*, 487 (1976)
766. Larscheid, J., Kirschner, J.: Rev. Sci. Instr. *49*, 1486 (1978)
767. Eilander, J., Feigen, H. H. W., Luitjens, S. B., Suurmeijr, E. P. Th. M.: J. Phys. *E 9*, 814 (1976)
768. Auciello, O., Lulich, C., Alonso, E. V., Boragiola, R. A.: Nucl. Instr. Meth. *147*, 349 (1977)
769. Miller, C. W., Fagan, J. R., Karweik, D. H., Kuwana, T.: Appl. Surf. Sci. *9*, 214 (1981)
770. Engel, T.: Rev. Sci. Instr. *52*, 301 (1981)
771. Fowler, G. L., Panitz, J. A.: Rev. Sci. Instr. *51*, 1730 (1980)
772. Förster, H., Meyn, V., Schuldt, M.: Rev. Sci. Instr. *49*, 74 (1978)
773. Chrzastowski, A., Jankowski, H.: Acta Phys. Pol. *A 49*, 689 (1976)
774. Auciello, O., Alonso, E. V., Boragiola, R. A.: Vaccum *8*, 349 (1976)
775. Goto, K., Koshikawa, T., Ishikawa, K., Shimizu, R.: J. Vac. Sci. Technol. *15*, 1695 (1978)
776. West, K. W.: J. Vac. Sci. Technol. *17*, 1382 (1980)
777. Winkler, H. K., Neumann, W., Beckey, H. D.: Int. J. Mass. Spectr. Ion Phys. *21*, 57 (1976)
778. Domann, F. E., Becker, R.: J. Vac. Sci. Technol. *12*, 1429 (1975)
779. Lewandowski, M., Randzio, S.: J. Phys. *E 10*, 905 (1977)
780. Tu, Yung-Ti, Blakely, J. M.: Rev. Sci. Instr. *12*, 1554 (1976)
781. Ma, C. K., Ohtsuka, M., Bedford, R. E.: Rev. Sci. Instr. *51*, 52 (1980)
782. Langier, M.: Thin Solid Films *67*, 163 (1980)
783. Winters, H. F., Schlaegel, J., Horne, D.: J. Vac. Sci. Technol. *15*, 1605 (1978)
784. Hoflund, G. B., Gilbert, R. E.: J. Vac. Sci. Technol. *18*, 45 (1981)
785. Chapman, R., Blair, D. L.: Rev. Sci. Instr. *48*, 939 (1977)
786. Whittaker, A. G., Kintner, P. L., Nelson, L. S., Richardson, N.: Rev. Sci. Instr. *48*, 632 (1977)
787. Westmacott, K. H., Peck, R. L.: J. Phys. *E 9*, 521 (1976)
788. Sato, K., Suzuki, K., Matsumoto, R., Nagashima, S.: Trans. Jap. Inst. Met. *18*, 61 (1977)
789. Moorhead, R. D.: Rev. Sci. Instr. *47*, 455 (1976)
790. Olefjord, I.: J. Electr. Spektrosc. Rel. Phen. *5*, 401 (1974)
791. Smith, J. F., Southworth, H. N.: J. Phys. *E 14*, 815 (1981)
792. Kobayashi, H., Omata, H.: Rev. Sci. Instr. *51*, 632 (1980)
793. Swami, T. K. G., Chung, Y. W.: Rev. Sci. Instr. *51*, 842 (1980)
794. Heurtel, A., Courtel, R., Mangis, D.: J. Phys. *E 9*, 752 (1976)
795. Voss, D. E., Cohon, S. A.: J. Vac. Sci. Technol. *17*, 303 (1980)
796. Erlings, J. G., Weerheijm, H.: J. Vac. Sci. Technol. *17*, 851 (1980)
797. Verhoeven, J. A. Th., van Doveren, H.: Mikrochim Acta 1979/I, 331
798. Levenson, L. L., Davis, L. E., Bryson III, C. E., et al.: J. Vac. Sci. Technol. *9*, 608 (1972)
799. Frisch, M. A., Reuter, W., Wittmaack, K.: Rev. Sci. Instr. *51*, 695 (1980)
800. Sitter, C., Davies, J. A., Jackman, T. E., Norton, P. R.: Rev. Sci. Instr. *53*, 797 (1982)
801. Anderson, C. R., Richards, B. G., Hoffman, R. W.: J. Vac. Sci. Technol. *16*, 466 (1979)
802. Anderson, C. R., Richards, B. G., Hoffman, R. W.: Thin Solid Films *58*, 235 (1979)
803. Wilmsen, C. W., Kee, R. W.: J. Vac. Sci. Technol. *15*, 1513 (1978)
804. Johannessen, J. S., Spicer, W. E., Strausser, Y. E.: J. Appl. Phys. *47*, 3028 (1976)

805. Moulder, J. F., Johnson, D. G. J., Johnson, W. C.: Thin Solid Films *64*, 427 (1979)
806. Lieske, N., Hezel, R.: Thin Solid Films *85*, 7 (1981)
807. Braicovich, L., Powell, R. A.: Solid State Comm. *33*, 377 (1980)
808. Keleman, S. R., Wachs, I. E.: Surf. Sci. *97*, L370 (1980)
809. Haas, T. W., Grant, J. T.: Appl. Phys. Lett *16*, 172 (1970)
810. Windawi, H. M., Katzer, J. R.: Chem. Phys. Lett *44*, 332 (1976)
811. Seah, M. P., Sanz, J. M., Hofmann, S.: Thin Solid Films *81*, 239 (1981)
812. Röll, K., Hammer, Ch.: Thin Solid Films *57*, 209 (1979)
813. Anderson, R. B., Dawson, P. T. (Herausgeb.): "Experimental Methods in Catalytic Research", Vol. III. Characterisation of Surface and Adsorbed Species, Academic Press, New York, 1976
814. Mularie, W. M., Peria, W. T.: Surf. Sci. *26*, 125 (1971)
815. Raether, H.: "Solid State Excitations by Electrons", in Springer Tracts in Modern Physics, Vol. 38, Springer Verlag, Berlin, 1965
816. Forman, R.: J. Appl. Phys. *47*, 5272 (1976)
817. Forman, R.: IEEE Transact. Electron Dev. *ED-24*, 56 (1977)
818. Rhead, G. E., Argile, C., Barthe's, M.-G.: Surf. Interface Anal. *3*, 165 (1981)
819. Mathieu, H. J., Landolt, D.: Surf. Interf. Anal. *3*, 153 (1981)
820. Lacquaniti, V., Battistoni, C., Paparazzo, E., et al.: Thin Solid Films *94*, 331 (1982)
821. Smith, D. M., Gallon, T. E.: J. Phys. D. *7*, 151 (1974)
822. Pignatel, G., Queirolo, G.: Rad. Eff. *64*, 109 (1982)
823. Poole, R. T., Leckey, R. C. G., Jenkin, J. G., Liesegang, J.: J. Electron Spectrosc. Rel. Phen. *1*, 371 (1972/73)
824. Keller, L., Wagner, C. N. J., Schwirzke, F., Taylor, R. J.: J. Nucl. Mat. *107*, 104 (1982)
825. Clark, A. H., Michalka, T. L., Maley, J.: J. Vac. Sci. Technol. *20*, 254 (1982)
826. Pfefferkorn, G.: Mikroskopie (Wien) *34*, 80 (1978)
827. Polak, M.: Thin Solid Films *90*, 345 (1982)
828. Grabke, H. J.: Mat. Sci. Eng. *42*, 91 (1980)
829. Fine, J., Navinsek, B., Davavya, F., et al.: J. Vac. Sci. Technol. *20*, 449 (1982)
830. Bevolo, A. J., Severin, C. S., Chen, C. W.: J. Vac. Sci. Technol. *20*, 852 (1982)
831. Sedlacek, J., Hilaire, L., Légaré, P., Maire, G.: Surf. Sci. *115*, 541 (1982)
832. Sickafus, E. N.: Phys. Rev. *B 16*, 1436 (1977)
833. Sickafus, E. N.: Phys. Rev. *B 16*, 1448 (1977)
834. Sickafus, E. N., Kukla, C.: Phys. Rev. 4056 (1979)
835. Everhart, T. E., Taeki, N., Shimizu, R., Koshikawa, T.: J. Appl. Phys. *47*, 2941 (1976)
836. Fowler, D. E., Blakely, J. M.: J. Vac. Sci. Technol. *20*, 930 (1982)
837. Rogers, J. W., Knotek, M. L.: Appl. Surf. Sci. *13*, 352, (1982), J. Vac. Sci. Technol., *20*, 414 (1982)
838. Bastasz, R., Felter, T. E.: Phys. Rev. *B26*, 3529 (1982)
829. Vook, R. W., Namba, Y.: Appl. Surf. Sci. *11/12*, 400 (1982)
840. Lichtman, D., Craig, J. H., Sailer, V., Drinkwine, M.: Appl. Surf. Sci. *7*, 325 (1981)
841. Mitchell, D. F., Sproule, G. I., Graham, M. J.: J. Vac. Sci. Technol. *18*, 690 (1981)
842. Lea, C.: TrAC, Trends in Analytical Chemistry *2*, 118 (1983)
843. Fitting, H.-J., Boyde, J.: phys. stat. sol (a) *75*, 137 (1983)
844. Ferrón, J., Goldberg, E. C., Bernardez, L. S., et al.: Surf. Sci. *123*, 239 (1982)
845. Fowler, D. E., Gyulai, J., Palmstrom, C.: J. Vac. Sci. Technol. *A1*, 1021 (1983)
846. Prutton, M., Larson, L. A., Poppa, H.: J. Appl. Phys. *54*, 374 (1983)
847. Cazaux, J.: Surf. Sci. *125*, 335 (1983)
848. Browning, R.: J. Vac. Sci. Technol. A2, 1453 (1983)
849. Forman, R., Lesny, G. G.: Appl. Surf. Sci. *14*, 157 (1982–83)
850. Madden, H. H.: Surf. Sci. *126*, 80 (1983)
851. Madden, H. H.: J. Vac. Sci. Technol. *A1*, 1201 (1983)
852. Craig, S., Harding, G. L., Payling, R.: Surf. Sci. *124*, 591 (1983)
853. Lo I Yin, Tung Tsang, Coyle, G. J., et al.: J. Vac. Sci. Technol. *A1*, 1000 (1983)

854. Pellerin, F., Langeron, J. P.: Surf. Sci. *126*, 444 (1983)
855. Nishigaki, S.: Surf. Sci. *125*, 762 (1983)
956. Bevolo, A. J.: J. Vac. Sci. Technol. *A1*, 1004 (1983)
857. Palmer, W., Röll, K.: Surf. Interf. Anal. *5*, 105 (1983)
858. Hammer, G. E., Shemenski, R. M.: J. Vac. Sci. Technol. *A1*, 1026 (1983)
859. Houston, J. E., Peebles, D. E., Goodman, D. W.: J. Vac. Sci. Technol *A1*, 995 (1983)
860. Sinda, R.: Surf. Sci. *123*, L 667 (1982)
861. Chen, T.-P., Wolf, E. L., Giorgi, A. L.: Surf. Sci. *122*, L 613 (1982)
862. Gerlach, R. L., Cargill, R. C.: Surf. Sci. *126*, 565 (1983)
863. Powell, C. J., Robins, J. L., Swan, J. B.: Phys. Rev. *110*, 657 (1958)
864. Scheibner, E. J., Tharp, L. N.: Surf. Sci. *8*, 247 (1967)
865. Palmberg, P. W.: J. Appl. Phys. *38*, 3137 (1967)
866. Palmberg, P. W., Bohn, G. K., Tracy, J. C.: Appl. Phys. Lett. *15*, 254 (1969)
867. Revière, J. C.: The Analyst *108*, 649 (1983)
868. Crawford, C. K.: Scanning Electron Microscopy 1979/II, 31
869. Crawford, C. K.: Scanning Electron Microscopy 1980/IV, 11
870. Holm, R., Storp, S.: „Methoden zur Untersuchung von Oberflächen" in Ullmanns Encyklopedie der technischen Chemie Bd. 5, Verlag Chemie, Weinheim, 1980, S. 519
871. Hofmann, S.: „Methoden der Oberflächenanalyse" in Analytiker-Taschenbuch Bd. I, Hrsg. H. Kienitz, R. Bock, W. Fresenius, Springer Verlag Berlin, 1980, S. 289
872. Holm, R., Reinfandt, B.: Scanning *1*, 42 (1978)
873. Holloway, P. H., Hofmeister, S. K.: Surf. Interf. Anal. *4*, 181 (1982)
874. Lobohm, F.: Surf. Interf. Anal. *4*, 194 (1982)
875. Sickafus, E. N.: Surf. Sci. *100*, 529 (1980)
876. Prutton, M.: Scanning Electron Microscopy 1982/I, 83
877. Matthews, W. L. N., Paterson, P. J. K., Wagenfeld, H. K.: Appl. Surf. Sci. *15*, 281 (1983)
878. Linton, R. W., Harvey, D. T., Babaniss, G. E.: Environmental Applications of Surface Analysis Techniques: PAS, XPS, AES, SIMS, Dept. Chem. Univ. North Carolina, 27514
879. Holm, R.: Scanning Electron Microscopy 1982/), 1043
880. Allen, G. C., Wild, R. K.: Can. J. Spectrosc. *28*, 35 (1983)
881. Baumgartl, S., Wrnecke, W., Holm, R.: Surf. Interf. Anal. *3*, 188 (1981)
882. Larson, L. A., Browning, R., Poppa, H.: J. Vac. Sci. Technol. *A1*, 1029 (1983)
883. Cabrera, A. L., Spencer, N. D., Kozak, E., et al.: Rev. Sci. Instr. *53*, 1888 (1982)
884. Lazarus, M. S., Sham, T. K.: J. Electron Spectr. *31*, 91 (1983)
885. Erhart, H., Grabke, H. J., Möller, R.: Arch. Eisenhüttenwes. *54*, 285 (1983)
886. Egert, B., Panzner, G.: Surf. Sci. *118*, 345 (1982)
887. Lee, H. J., Morris, J. W.: Met. Trans. *A 14*, 913 (1983)
888. Chuang, T. H., Gust, W., Heldt, L. A., et al.: Scripta Metallurgica *16*, 1437 (1982)
889. Joshi, A., Shastry, C. R., Levy, M.: Met. Transact. *A 12*, 1081 (1981)
890. Shastry, C. R., Levy, Joshi, A.: Corr. Sci. *21*, 673 (1981)
891. White, C. L., Schneibel, J. H., Padgett, R. A.: Mett. Transact. *A 14*, 595 (1983)
892. Rossi, G., Kendelewicz, T., Lindau, I., Spicer, W. E.: J. Vac. Sci. Technol. *A1*, 987 (1983)
893. Thomas, J. H. III, Catalano, A.: Appl. Phys. Lett. *43*, 101 (1983)
894. Eizenberg, M., Murarka, S. P., Heimann, P. A.: J. Appl. Phys. *54*, 3195 (1983)
895. Bukaluk, A.: Surf. Interf. Anal. *5*, 20 (1983)
896. Küpper, J., Egert, B., Grabke, H. J.: Werkstoffe und Korrosion *33*, 669 (1982) und *34*, 84 (1983)
897. Larson, L. A., Prutton, M., Poppa, H.: J. Vac. Sci. Technol. *20*, 1403 (1982)
898. Larson, L. A., Browning, R., Poppa, H.: J. Vac. Sci. Technol. *A1*, 1029 (1983)
899. Kaiser, U., Ganschow, O., Wang, N. L., et al.: J. Vac. Sci. Technol. *A1*, 1033 (1983)
900. Hammer, G. E., Shemenski, R. M.: J. Vac. Sci. Technol. *A 1*, 1026 (1983)
901. David, D. J., Snidc, J. A., Muddeman, W. E.: Appl. Surf. Sci. *13*, 329 (1982)
902. Seo, M., Sato, N.: Electrochim. Acta *28*, 723 (1983)
903. Hardy, S., Fine, J.: J. Vac. Sci. Technol. *A1*, 1040 (1983)

904. McGuire, G. E., Church, L. B., Jones, D. L., et al.: J. Vac. Sci. Technol. *A1*, 732 (1983)
905. Morgan, A. E., Quakenbush, T. R., Lim, S. C. P.: Thin Solid Tilms *103*, 355 (1983)
906. Thomas, S., Joshi, A.: 28th National SAMPE Symp. 1983, 752
907. Hofmann, S.: Disturbing Effects in Sputter Profiling, in: Proc. 3th Int. Conf. SIMS, Budapest 1981, eds: A. Benninghoven, et al., Springer Verlag, Berlin 1982, 186
908. Pivin, J.-C.: J. Mat. Sci. *18*, 1267 (1983)
909. Harrison, D. E.: Radiation Effects *70*, 1 (1983)
910. Zalar, A., Hofmann, S.: Surf. Interf. Anal. *2*, 183 (1980)
911. Palcio, C., Martinez-Duart, J. M.: Thin Solid Films *105*, 25 (1983)
912. Werner, H. W.: Surf. Interf. Anal. *4*, 1 (1982)
913. Seah, M. P., Hunt, C. P.: Surf. Interf. Anal. *5*, 33 (1983)
914. Davarya, F., Roush, M. L., Fine, J., et al.: J. Vac. Sci. Technol. *A1*, 467 (1983)
915. Hofmann, S.: Surf. Interf. Anal. *2*, 148 (1980)
916. Hofmann, S., Sanz, J. M., Fresenius, W.: Z. Anal. Chem. *314*, 215 (1983)
917. Duncan, S., Smith, R., Sykes, D. E., Wells, J. M.: Surf. Interf. Anal. *5*, 71 (1983)
918. Warmiński, T., Maier, M., Ortowski, B. A.: phys. stat. sol. (b) *115*, K7 (1983)
919. Sicking, G., Jungblut, B.: Surf. Sci. *127*, 255 (1983)
920. Wehner, G. K.: J. Vac. Sci. Technol. *A1*, 487 (1983)
921. Kowalski, Z. W.: J. Mat. Sci. *18*, 2531 (1983)
922. Hofmann, S., Zalar, A.: Thin Solid Films *56*, 337 (1979)
923. Kirschner, J., Etzkorn, H. W.: Appl. Surf. Sci. *14*, 221 (1982–83)
924. Mroczkowski, S., Lichtman, D.: Surf. Sci. *127*, 119 (1983)
925. Joblonski, A.: Surf. Sci. *124*, 39 (1983)
926. Reuter, W.: Proc. 6th Int. Conf. X-Ray Optics Microanalysis (G. Shinoda, et al. eds) 1972, S. 121, University of Tokyo Press, Tokyo
927. Briggs, D., Seah, M. P.: "Practical Surface Analysis by Auger and X-Ray Photo-electron Spectroscopy" Hohn Wiley, Chichester, 1983
928. Grabke, H. J.: „Oberflächenanalytik in der Metallkunde", Deutsche Gesellschaft für Metallkunde, 6370 Oberursel, 1983
929. Cailler, M., Ganachand, J. P., Roptin, D.: Quantitative Auger Electron Spectroscopy in: Advances in Electronics and Electron Physics, Vol. 61, 161–298, Academic Press, New York 1983
930. Smith, J. F., Southworth, H. N.: Surf. Sci. *122*, L 619 (1982)
931. Hunt, C. P., Seah, M. P.: Surf. Interf. Anal. *5*, 199 (1983)
932. Holoway, P. H., Bhattacharya, R. S.: Surf. Interf. Anal. *3*, 118 (1981)
933. Lea, C.: Metal Science *17*, 357 (1983)
934. Cazaux, J., Mouton, S.: Surf. Interf. Anal. *6*, 62 (1984)
935. Cazaux, J., Gramari, D., Monton, S., et al.: J. de Physique Suppl. 2 Vol., *45*, 337 (1984)
936. Goumiri, L., Joud, J. C.: Acta metal *30*, 1397 (1982)
937. Cabreara, A. L., Spencer, N. D., Kozak, E., et al.: Rev. Sci. Instr. *53*, 1888 (1982)
938. Was, G. S., Tischner, H. H., Martin, J. R.: J. Vac. Sci. Technol. *A1*, 1477 (1983)
939. Crider, C. A.: Rev. Sci. Instr. *52*, 1156 (1981)
940. Londry, F., Slavin, A. J.: J. Vac. Sci. Technol. *A1*, 44 (1983)
941. Ferrón, J., Goldberg, E. C., DeBernardez, L. S., et al.: Surf. Sci. *123*, 239 (1982)
942. Ohuchi, F., Ogino, M., Holloway, P. H., et al.: Surf. Interf. Anal. *2*, 85 (1980)
943. Pignatel, G. U., Queirolo, G.: Radiation Effects *79*, 291 (1983)
944. Anthony, M. T., Seah, M. P.: J. Electron Spectrosc. Rel. Phen. *32*, 73 (1983)
945. Seah, M. P., Anthony, M. T.: J. Electron Spectrosc. Rel. Phen. *32*, 87 (1983)
946. Palacio, C., Martinez-Duart, J. M.: Thin Solid Films *105*, 25 (1983)
947. Seah, M. P., Anthony, M. T., Deuch, W. A.: J. Phys. *E 16*, 848 (1983)
948. Szabo, P., Russell, G. J.: J. Electron Spectrosc. Rel. Phen. *33*, 115 (1984)
949. Burrell, M. C., Armstrong, N. R.: Appl. Surf. Sci. *17*, 53 (1983)
950. Rao, C. N. R., Sarma, D. D.: Phys. Rev. *B25*, 2927 (1982)
951. Lo, Y., Tsang, T., Coyle, G. J., et al.: J. Vac. Sci. Technol. *A1* 1000 (1983)
952. Dawson, P. T., Burke, N. A.: J. Electron Spectrosc. Tel. Phen *31*, 355 (1983)

953. Rye, R. R., Houston, J. E.: Accounts of Chem. Res. *17*, 41 (1984)
954. Schmidt, E., Schröder, H., Sonntag, B., et al.: J. Phys. *B 17*, 707 (1984)
955. Martensson, N., Hedeganrd, P., Hohansson, B.: Physica Scipta *29*, 154 (1984)
956. Rogers, J. W., Knotek, M. L.: Appl. Surf. Sci. *13*, 352 (1982)
957. Montano, P. A., Vaishnava, P. O., Boling, E.: Surf. Sci. *130*, 191 (1983)
958. Pellerin, F., Langeron, J. P.: Surf. Sci. *126*, 444 (1983)
959. Burke, M. A., Schreuers, J. J.: Surf. Interf. Anal. *5*, 155 (1983)
960. DeBernardez, L. S., Ferrón, J., Goldberg, E. C., Buitrago, R. H.: Surf. Sci. *139*, 541 (1984)
961. Seah, M. P.: J. Microsc. Spectrosc. Electron. *8*, 177 (1983)
962. Mosser, A., Srivastava, S. C., Carriére, B.: Surf. Sci. *133*, L 441 (1983)
963. Broughton, W. R., Paterson, P. J. K., Pollock, W. J.: Appl. Surf. Sci. *15*, 120 (1983)
964. Hondros, E. D., Seah, M. P.: in "Physical Metallurgy", Hersg.: Cahn, R. W., P. Haasen, Kapt. 13, S. 856, Elsevier Amsterdam, 1983
965. Riviére, J. C.: Auger Techniques in Analytical Chemistry, UK Atomic Energy Harwell, AERE-R 10748, 1982
966. Ingrey, S. I. J.: Can. J. Spectrosc. *28*, 73 (1983)
967. Seah, M. P.: Proc. IX IVC-V ICSS, Madrid 63 (1983)
968. Holm, R., Horn, E.-M., Storp, S.: VDI-Z *124*, 917 (1982)
969. Bambynek, W., Crasemann, B., Fink, R. W., et al.: Rev. Mod. Phys. *44*, 716 (1972)
970. Labohm, F.: Surf. Interf. Anal. *4*, 194 (1982)
971. Langeron, J. P., Minel, L., Vignes, J. L., et al.: Surf. Sci. *138*, 610 (1984)
972. Griffis, D. P., Linton, R. W.: Surf. Interf. Anal. *6*, 15 (1984)
973. Streubel, P., Berndt, Al.: Surf. Interf. Anal. *6*, 48 (1984)
974. Mroczkowski, S., Lichtman, D.: Surf. Sci. *131*, 159 (1983)
975. Mroczkowski, S., Lichtman, D.: Surf. Sci. *127*, 119 (1983)
976. Sekine, T., Hirato, K., Mogami, A.: Surf. Sci. *126*, 565 (1983)
977. Minni, E.: Appl. Surf. Sci. *15*, 270 (1983)
978. Jablonski, A.: Surf. Interf. Anal. *4*, 135 (1982)
979. Shimizu, R.: Jap. J. Appl. Phys. *22*, 1631 (1983)
980. Matthews, W. L. N., Paterson, P. J. K., Wagenfeld, H. K.: Appl. Surf. Sci. *15*, 281 (1983)
981. Tanaka, A., Takemori, M., Homma, T.: J. Electron Spectrosc. Rel. Phen *32*, 277 (1983)
982. Tokutaka, H., Nishimori, K., Takoshima, K., Ichinokawa, T.: Surf. Sci. *133*, 547 (1983)
983. Ferrón, J., DeBernardez, L. S., Goldberg, E. C., Buitrago, R. H.: Surf. Sci. *129*, 336 (1983)
984. Criegern, R. v., Hillmer, Th., Weitzel, Fresenius, I.: Z. Anal. Chem. *314*, 293 (1983)
985. Cazaux, J.: Surf. Sci. *140*, 85 (1984)
986. Cazaux, J.: Ultramicroscopy *12*, 83 (1983)
987. Gramari, D., Cazaux, J.: Surf. Sci. *136*, 296 (1984)
988. Dudek, H. J.: EGKS-Bericht Nr. 4 des VDEh-Arbeitskreises Mikroanalyse, 1984
989. Anthony, M. T., Seah, M. P.: Surf. Interf. Anal. *6*, 95 (1984)
990. Oelhafen, P., Freeauf, J. L.: J. Vac. Sci. Technol. *A1*, 96 (1983)
991. Tholomier, M., Morin, P., Vicario, E., et al.: J. Physique, Suppl. 2, *45*, 309 (1984)
992. Li, R.-S., Koshikawa, T., Goto, K.: Surf. Sci. *129*, 192 (1983)
993. Bishop, H. E., Chornik, B.. LeGressus, C., et al.: Surf. Interf. Anal. *6*, 116 (1984)
994. Fontaine, J. M., Lee-Deacon, O., Durand, J. P., et al.: Surf. Sci. *122*, 40 (1982)
995. Werner, H. W., Garten, R. P. H.: Rep. Prog. Phys. *47*, 221 (1984)
996. Kinsky, T. G., Psioda, J. A.: J. Vac. Sci. Technol. *A1*, 1566 (1983)
997. Homa, A. S., Yeager, E., Cahan, B. D.: J. Electronal. Chem. *150*, 181 (1983)
998. Aberdam, D., Corotte, C., Dufayard, D.: Surf. Sci. *133*, 114 (1983)
999. Van Langeveld, A. D., Ponec, V.: Appl. Surf. Sci. *16*, 405 (1983)
1000. Egelhoff, W. F.: Phys. Rev. Lett. *50*, 587 (1983)
1001. Ramsey, J. N.: J. Vac. Sci. Technol. *A1*, 721 (1983)
1002. Allen, G. C., Wild, R. K., Weiss, M.: Philosophical Mag. *A48*, 373 (1983)
1003. Mosser, A., Srivastava, S. C., Carriere, B.: Surf. Sci. *133*, L441 (1983)

1004. De Kluizenaar, E. E.: J. Vac. Sci. Technol. *A1*, 1480 (1983)
1005. Aitchison, I., Davidson, R. D.: J. Vac. Sci. Technol. *A2*, 775 (1984)
1006. Sanz, J. M., Hofmann, S.: J. Less-Comm. Met. *92*, 317 (1983)
1007. Karve, P. O., Kulkarni, S. K., Nigavekar, A. S.: Solid State Comm. *49*, 719 (1984)
1008. Jupille, J.: Surf. Sci. *123*, L674 (1982)
1009. White, C. L., Schneibel, J. H., Padgett, R. A.: Met. Trans. *A14*, 595 (1983)
1010. Horn, H., Weis, M.: J. Physique, Suppl. 2, *45*, 357 (1984)
1011. Loi, T. H., Lhuire, E., Mornivoli, J. P., et al.: J. Physique Suppl. 2, *45*, 367 (1984)
1012. Sundgren, J.-E., Hibbs, M. K., Helmersson, U., et al.: J. Vac. Sci. Technol. *A1*, 301 (1983)
1013. Wang, L. M., Wang, F. Z., Zhang, J. H., et al.: Thin Solid Films *105*, 319 (1983)
1014. Thomas, J. H., D'Aiello, R. V., Robinsion, P. H.: J. Electrochem. Soc. *131*, 196 (1984)
1015. Bukaluk, A.: Surf. Interf. Anal. *5*, 20 (1983)
1016. Bierlein, J. C.: J. Vac. Sci. Technol. *A2*, 1102 (1984)
1017. Brinen, J. S., Graham, S. W., Hammond, J. S., et al.: Surf. Interf. Anal. *6*, 68 (1984)
1018. Brion, D., Tonnerre, J. C., Shrott, A. M.: Appl. Surf. Sci. *16*, 55 (1983)
1019. Stont, D. A.: Appl. Surf. Sci. *15*, 166 (1983)
1020. Lin, S.-S.: Appl. Surf. Sci. *15*, 149 (1983)
1021. Haas, G. A., Marrian, C. R. K., Shih, A.: Appl. Surf. Sci. *16*, 125 (1983)
1022. Haas, G. A., Shih, A., Marrian, C. R. K.: Appl. Surf. Sci. *16*, 139 (1983)
1023. Valeri, S., Del Pennino, U., Sassaroli, P.: Surf. Sci. *134*, L537 (1983)
1024. Benndorf, C., Klatte, G., Thieme, F.: Surf. Sci. *135*, 1 (1983)
1025. Hanke, G., Müller, K.: J. Vac. Sci. Technol. *A2*, 964 (1984)
1026. Bevolo, A. J., Shanks, H. R.: J. Vac. Sci. Technol. *A1*, 574 (1983)
1027. Christie, A. B.: Appl. Surf. Sci. *10*, 571 (1982)
1028. Kovacich, J. A., Kasperkiewicsz, J., Lichtman, D.: J. Appl. Phys. *55*, 2935 (1984)
1029. Tapping, R. L., Aitchison, I., Goad, D. G. W.: Can. J. Spectrosc. *28*, 87 (1983)
1030. Grank, T. C., Falconer, J. L.: Appl. Surf. Sci. *14*, 359 (1983)
1031. Egert, B., Panzner, G.: Phys. Rev. *B29*, 1091 (1984)
1032. Yoriume, Y.: Thin Solid Films *115*, 135 (1984)
1033. Nishijima, M., Kobayashi, H., Edamoto, K., et al.: Surf. Sci. *137*, 473 (1984)
1034. Atzrodt, V., Lange, H.: phys. stat. sol. (a) *82*, 373 (1984)
1035. Gutsev, G. L., Shulga, Yu. M., Borodko, Yu. G.: phys. stat. sol. (b) *121*, 595 (1984)
1036. Valeri, S., del Pennino, U., Sassavoli, P., et al.: Phys. Rev. *B 28*, 4277 (1983)
1037. Oku, M., Suzuki, S., Abiko, K., et al.: J. Electr. Spectrosc. Rel. Phen. *32*, 313 (1983)
1038. Atzrodt, V., Titel, W., Wirth, Th., et al.: phys. stat. sol. (a) *75*, K15 (1983)
1039. Massies, J.: J. Appl. Phys. *95*, 3136 (1984)
1040. Larkins, F. P.: Surf. Sci. *128*, L 187 (1983)
1041. Bertolini, J. C., Massardier, J., Delichere, P., et al.: Surf. Sci. *119*, 95 (1982)
1042. Oechsner, H., Schoof, H.: Thin Solid Films *90*, 337 (1982)
1043. Walls, J. M., Brown, I. K., Hall, D. D.: Appl. Surf. Sci. *15*, 93 (1983)
1044. Seah, M. P., Mathieu, H. J., Hunt, C. P.: Surf. Sci. *139*, 549 (1984)
1045. Bas, E. B., Pan, X. P., Ruegg, K. J., et al.: Surf. Sci. *138*, 172 (1984)
1046. Bibić, N., Popović, N., Spasić, V.: Nucl. Instr. Meth. *B2*, 645 (1984)
1047. Taubenblatt, M. A., Helms, C. R.: J. Appl. Phys. *54*, 2667 (1983)
1048. Mathieu, H. J., Landolt, D.: Surf. Interf. Anal. *5*, 77 (1983)
1047. Ferron, J., DeBernardez, L. S., Goldberg, E. E., et al.: Appl. Surf. Sci. *17*, 241 (1983)
1050. Hofmann, S., Sanz, J. M.: Surf. Interf. Anal. *6*, 78 (1984)
1051. Morgan, A. E., Ellwanger, R. C.: J. Vac. Sci. Technol. *A1*, 471 (1983)
1052. Fine, J., Andreadis, T. D.: J. Vac. Sci. Technol. *A1*, 507 (1983)
1053. Grabke, H. J., Erhart, H., Möller, R.: Microchim. Acta Suppl. *10*, 119 (1983)
1054. Laimer, S., Braun, P., Störi, H., et al.: Microchim. Acta Suppl. *10*, 177 (1983)
1055. Dudek, H. J.: Berichtsband zum 11. DVM-Tag Mühlheim/Ruhr, 1984, S. 149
1056. Dudek, H. J., Larson, L., Browning, R.: Surf. Interf. Anal. *6*, 272 (1984)
1057. Dudek, H. J., Leucht, R., Ziegler, G.: Proc. Vth Intern. Con. Titanium, Munich 1984, Vol 3, S. 1773

Röntgen-Photoelektronen-Spektrometrie

Maria F. Ebel

Inhaltsverzeichnis

1 Historische Entwicklung

Heinrich Hertz [1] beschrieb 1887 erstmals Versuche mit Funkensendern, die eine Beeinflussung der Funkenstrecke des Detektorkreises durch den gezündeten Funken des Senderkreises erbrachte, wobei als Ursache die UV-Strahlung der Senderfunkenstrecke auf die Elektrode der Detektorfunkenstrecke erkannt wurde. Eine Textstelle lautet folgendermaßen:

„In einer Reihe von Versuchen, welche ich über die Resonanzerscheinungen zwischen sehr schnellen electrischen Schwingungen angestellt und kürzlich veröffentlicht habe, wurden durch dieselbe Entladung eines Inductoriums, also genau gleichzeitig, zwei electrische Funken erregt. Der eine derselben, der Funke A, war der Entladungsfunke des Inductoriums und diente zur Erregung einer primären Schwingung. Der zweite, der Funke B, gehörte der inducierten secundären Schwingung an. Der letztere war ziemlich lichtschwach, seine maximale Länge war in den Versuchen genau zu messen. Als ich nun gelegentlich zur Erleichterung der Beobachtung ein verdunkelndes Gehäuse um den Funken B anbrachte, bemerkte ich, daß innerhalb des Gehäuses die maximale Funkenlänge sehr merklich kleiner war, als sie vorher gewesen. Bei successiver Entfernung der einzelnen Theile des Gehäuses fand sich, daß nur derjenige Theil desselben die benachtheiligende Wirkung ausübte, welcher die dem Funken A zugekehrte Seite des Funkens B deckte. Die dort befindliche Wand aber zeigte die Wirkung nicht allein, wenn sie sich in unmittelbarer Nähe des Funkens B befand, sondern ebenso, wenn sie in größerer Entfernung von B zwischen die Funken A und B eingeschoben wurde. Die Erscheinung war bemerkenswerth genug, um ein näheres Eingehen auf dieselbe herauszufordern."

Dieses Versuchsergebnis war der Anstoß zu systematischen Untersuchungen durch Hallwachs [2] (1888), Stoletow [3] (1888), Elster und Geitel [4] (1889) und Lenard [5] (1889). Zusätzliche Impulse erfuhren die wissenschaftlichen Arbeiten durch die 1895 von Röntgen [6] entdeckten X-Strahlen und die 1897 von Thomson [7] entdeckten Elektronen.

Lenard setzte die Elektroden zur Vermeidung unerwünschter Nebeneffekte in ein evakuiertes Gefäß und konnte durch Messungen mit und ohne Magnetfeld den Beweis für die Emission von Elektronen aus der Festkörperoberfläche erbringen. Lenard beschrieb auch erstmals die Austrittsarbeit in der Form einer verzögernden, nur in kleinen Entfernungen von der belichteten Oberfläche wirksamen Kraft elektrischer Art. Das Ergebnis seiner Versuche läßt sich folgendermaßen zusammenfassen:
1) Die Geschwindigkeit (Energie) der Elektronen ist von der Intensität der auffallenden Strahlung unabhängig.
2) Die Zahl der Elektronen ist proportional zur Lichtintensität.
3) Die Geschwindigkeit der Elektronen hängt von der Lichtwellenlänge ab, wobei oberhalb einer Grenzwellenlänge λ_0 der lichtelektrische Effekt verschwindet.
4) Innerhalb der erzielbaren Meßgenauigkeit ist der lichtelektrische Effekt trägheitslos.

Mithilfe des Wellenbildes ist eine Erklärung der experimentellen Befunde unmöglich, da eine Zunahme der Intensität eine erhöhte Elektronengeschwindigkeit erwarten ließe. Unter Verwendung der von Planck [8] im Jahre 1900 beschriebenen

Energiequanten gibt Einstein [9] 1905 in seiner Arbeit „Über einen die Erzeugung und Verwandlung des Lichtes betreffenden heuristischen Gesichtspunkt" die Erklärung für den äußeren lichtelektrischen Effekt in der uns heute bekannten Form und erhielt dafür im Jahre 1921 den Nobelpreis für Physik.

In § 8 der Arbeit wird die Energie der Quanten mit $\frac{R}{N} \cdot \beta \cdot v$ angegeben. R ist die absolute Gaskonstante, N die Anzahl der „wirklichen Moleküle" in einem Grammäquivalent, β eine Konstante in der Planck'schen Formel, die sich mit $\frac{\beta \cdot v}{T}$ in der heute üblichen Darstellung $\frac{h \cdot v}{k \cdot T}$ zu $\beta = \frac{h}{k}$ ergibt. Ersetzt man noch $\frac{R}{N}$ durch $\frac{R}{L} = k$, so ist $\frac{R}{N} \cdot \beta \cdot v = h \cdot v$, die Quantenenergie.

Die Textstelle lautet:

„Nach der Auffassung, daß das erregende Licht aus Energiequanten von der Energie $\frac{R}{N} \cdot \beta \cdot v$ bestehe, läßt sich die Erzeugung von Kathodenstrahlen durch Licht folgendermaßen auffassen. In die oberflächliche Schicht des Körpers dringen Energiequanten ein, und deren Energie verwandelt sich wenigstens zum Teil in kinetische Energie von Elektronen. Die einfachste Vorstellung ist die, daß ein Lichtquant seine ganze Energie an ein einziges Elektron abgibt; wir wollen annehmen, daß dies vorkomme. Es soll jedoch nicht ausgeschlossen sein, daß Elektronen die Energie von Lichtquanten nur teilweise aufnehmen. Ein im Innern des Körpers mit kinetischer Energie versehenes Elektron wird, wenn es die Oberfläche erreicht hat, einen Teil seiner kinetischen Energie eingebüßt haben. Außerdem wird anzunehmen sein, daß jedes Elektron beim Verlassen des Körpers eine (für den Körper charakteristische) Arbeit P zu leisten hat, wenn es den Körper verläßt. Mit der größten Normalgeschwindigkeit werden die unmittelbar an der Oberfläche normal zu dieser erregten Elektronen den Körper verlassen. Die kinetische Energie solcher Elektronen ist

$$\frac{R}{N} \cdot \beta \cdot v - P$$

Ist der Körper zum positiven Potential π geladen und von Leitern vom Potential Null umgeben und ist π eben imstande, einen Elektrizitätsverlust des Körpers zu verhindern, so muß sein:

$$\pi \cdot \varepsilon = \frac{R}{N} \cdot \beta \cdot v - P$$

wobei ε die elektrische Masse des Elektrons bedeutet, oder

$$\pi \cdot E = R \cdot \beta \cdot v - P',$$

wobei E die Ladung eines Grammäquivalentes eines einwertigen Ions und P' das Potential dieser Menge negativer Elektrizität in bezug auf den Körper bedeutet.

Setzt man $E = 9,6 \cdot 10^3$, so ist $\pi \cdot 10^{-8}$ das Potential in Volts, welches der Körper bei Bestrahlung im Vakuum annimmt.

Um zunächst zu sehen, ob die abgeleitete Beziehung der Größenordnung nach mit der Erfahrung übereinstimmt, setzten wir $P' = 0$, $v = 1,03 \cdot 10^{15}$ (entsprechend der Grenze des Sonnenspektrums nach dem Ultraviolett hin) und $\beta = 4,866 \cdot 10^{-11}$. Wir erhalten $\pi \cdot 10^7 = 4,3$ Volt, welches Resultat der Größenordnung nach mit den Resultaten von Hrn. Lenard übereinstimmt.

Ist die abgeleitete Formel richtig, so muß π, als Funktion der Frequenz des erregenden Lichtes in kartesischen Koordinaten dargestellt, eine Gerade sein, deren Neigung von der Natur der untersuchten Substanz unabhängig ist."

Die Gültigkeit dieser Gleichung erhielt 1916 durch Millikan [10] ihre entscheidende experimentelle Bestätigung. Dieser führte an Alkalimetallen Gegenspannungsmessungen in Abhängigkeit von der Lichtwellenlänge aus. Damit ist es möglich, die Maximalenergie $e \cdot V$ der die Probe verlassenden Photoelektronen zu bestimmen. V ist die unter Berücksichtigung des Kontaktpotentials zwischen Kathode und Anode mögliche Gegenspannung, sodaß gerade noch Elektronen von der Kathode zur Anode gelangen können. Mit

$$e \cdot V = h \cdot v - W$$

ist diese Beziehung identisch mit

$$\pi \cdot \varepsilon = \frac{R}{N} \cdot \beta \cdot v - P$$

und in der Darstellung $V(v)$ gemäß Abb. 1 wird die Geradenneigung unabhängig von der untersuchten Substanz gleich der Planck'schen Konstante h gebrochen durch die Elementarladung e.

Zu betonen bleibt hier die Äquivalenz von P und W. Es wurden mit ultraviolettem Licht, also noch nicht mit höherenergetischer Röntgenstrahlung, Untersuchungen zum Photoeffekt an Elektronen mit einer Bindungsenergie von nahezu Null ausgeführt. Unter diesem Gesichtspunkt sind die folgenden Ausführungen über den Anfang der Röntgenphotoelektronenspektrometrie besser zu verstehen.

Die ersten Versuche zur Röntgenphotoelektronenspektrometrie (X-ray photoelectron spectrometry ... XPS) führte 1907 Innes [11] mit einer Röntgenröhre mit Platinanode, Helmholtz-Spulen zur Energiedispersion und Photoplatten als Detektor unter einem Vakuum von $<3 \cdot 10^{-3}$ Torr aus. Der photoelektrische Effekt wird dabei noch als ein durch die Röntgenstrahlung induzierter Atomzerfall beschrieben. Das bedeutet, daß das von der vergleichsweise niederenergetischen UV-Strahlung her bekannte Gedankengut noch keinen Eingang in XPS gefunden hatte. Erklärend ist dazu anzumerken, daß Rutherford [12] 1911 sein Atommodell vorstellte, das in erster Linie auf den Streuversuchen mit α-Strahlen von Geiger und Marsden [13] aus dem Jahre 1909 aufbaute. Die Anwendung des Quantenprinzips auf die Bewegung der Atomelektronen erfolgte 1913 durch Bohr [14] und Moseleys [15] Arbeiten über die hochfrequenten Spektren (charakteristische Röntgenstrahlung), erschienen 1913 und 1914.

Um 1913 arbeiteten Robinson und Moseley in Manchester unter der Leitung von

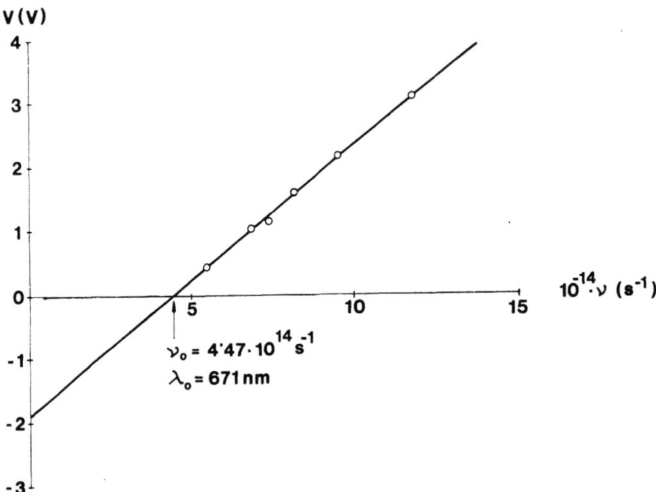

Abb. 1. Lineare Darstellung der Gegenspannung V, die gerade zur Unterdrückung des Photostroms zwischen der Photokathode und der Anode führt, über der Frequenz ν des monochromatischen Lichtes, mit welchem die Photokathode beleuchtet worden war (Einstein-Gerade). Der Abszissenabschnitt gibt die Frequenz ν_0 bzw. die Grenzwellenlänge λ_0 der Versuche von Lenard.
V ist auch identisch mit dem fallweise in der Literatur zu findenden Begriff des Haltepotentials, mit welchem die bezüglich des Kontaktpotentials korrigierte gemessene Spannung ebenfalls bezeichnet wird. Die in der Abbildung gezeigte Darstellung gibt die von Millikan an Natrium beobachteten Werte wieder

Rutherford. Während Moseley seine Untersuchungen zu den charakteristischen Röntgenspektren der Atome ausführte, war Robinson mit der Messung von β-Spektren mithilfe eines fokussierenden magnetischen Spektrometers befaßt. Zusammen mit Rawlinson entstand so ein Gerät für XPS. Die ersten Arbeiten, in welchen charakteristische Röntgenstrahlquanten zum photoelektrischen Effekt gezielt herangezogen wurden, erschienen 1914. Es waren dies: „Spectrum of the β-rays Excited by γ-rays" [16] und „The Magnetic Spectrum of the β-rays Excited in Metals by Soft X-rays" [17].

Interessant ist dabei die Aussage „. . . it is consequently of great importance to determine how the energy of the β-rays is connected with frequency of the X-ray which excites it. According to Planck's theory the energy of the escaping β-ray should be given by E = h · ν, . . ." Es war also der genaue Entstehungsmechanismus der charakteristischen Röntgenstrahlung noch unbekannt, und auch die Einstein-Gleichung findet keine Erwähnung.

Erst ab 1918 wurden von Kang-Fuh Hu [18] und 1921 von Simons [19] Arbeiten angeboten, die in zunehmendem Maße dem heutigen Verständnis des photoelektrischen Effekts mit Röntgenstrahlen näherkommen. M. de Broglie [20] beschreibt 1921 erstmals die Tatsache, daß der Abstand der Photoelektronenlinien mit der Energie der charakteristischen Röntgenspektren der Probe übereinstimmt. Diese Erkenntnis folge aus Experimenten und aus Analogiebetrachtungen zwischen der Röntgenemissionsspektrometrie und der Röntgenphotoelektronenspektrometrie. Die Einstein-Gleichung erhält damit die für die weiteren Betrachtungen verwendete Form

$$E_k = h \cdot \nu - E_B - W$$

wobei in dem der Kalibrierung eines XP-Spektrometers gewidmeten Abschnitt die Bedeutung der einzelnen Größen präzisiert wird.

Die Entwicklung von XPS in der Zeit bis 1940 wurde von Robinson wesentlich mitbestimmt. Das Ziel der Arbeiten war neben der Bestimmung der Bindungsenergien und dem Vergleich mit den Röntgenemissionsspektren die Präzisionsbestimmung von e/m und h.

Im Jahre 1923 veröffentlichte Robinson [21] in einer umfassenden Arbeit mit dem Titel „The Secondary Corpuscular Rays Produced by Homogeneous X-Rays" XPS-Messungen, die mit einem magnetischen Spektrometer in Cambridge gemessen worden waren. Interessant ist darin in dem der Auswertung der experimentellen Ergebnisse gewidmeten Abschnitt die relativistische Behandlung der Aufgabenstellung. Die gegebene Begründung lautet „The relativity correction, which is negligible for low velocities, amounts to 0,8 per cent of the total energy for a cathode ray with rH = 300 Gauss · cm, so has to be taken into account." Errechnet man mit dem relativistischen Korrekturterm die Elektronenenergie, so beträgt die von Robinson angegebene Elektronenenergie 8 keV und die zur Beschreibung der Elektronenenergie verwendete Kenngröße rH beträgt *im internationalen Maßsystem* r · B_0 = 3 · 10^{-4} Tm. In diesem Zusammenhang ist auch für die historische Entwicklung wesentlich, mit welcher Meßgenauigkeit die Daten angegeben werden. Sie beträgt in den Tabellen 0,1 bei einem mittleren r · H von 250. Das bedeutet natürlich nicht, daß benachbarte Linien im Abstand von 0,1/250 aufgelöst erschienen. Mit dem verwendeten Radius von r = 5 cm dürfte für Δr = 0,25 mm eine Linienunterscheidung möglich sein. Aus E $\propto$ (B_0 · r)^2 folgt ΔE $\propto$ 2 · (B_0 · r) · Δ(B_0 · r) oder ΔE/E = 2 · Δr/r, sodaß für das Auflösungsvermögen vermutlich als Größenordnung 10^{-2} anzunehmen ist. Ein derartiges Auflösungsvermögen beispielsweise auf ein für die Kalibrierung mit modernen Geräten gerne verwendetes Spektrum, nämlich das Au4f-Dublett übertragen (Dublettabstand 4 eV, kinetische Energie z. B. 1160 eV, ΔE/E = 0,34 · 10^{-2}), läßt erwarten, daß dieses nicht mehr als Dublett zu erkennen wäre. K. Siegbahn [25] hat eine Photometerkurve eines Goldspektrums von Robinson gezeigt, die tatsächlich keine Auflösung erkennen läßt.

Die absolute Meßgenauigkeit von 0,1/250 ist sicher zu hoch gegriffen, da die Linienposition auf etwa 1/1000 mm genau bestimmt werden müßte. Es beschreibt Robinson zusammen mit Young [22] erst im Jahre 1930 erstmals die mit XPS beobachtete Linienverschiebung als Folge der chemischen Bindung (chemical shift). Dieser Effekt ist die wesentliche Voraussetzung für die Anwendung von XPS auf stöchiometrische Verbindungen. Er war im Rahmen von Untersuchungen der Röntgenabsorptionskanten 1920 erstmals beobachtet worden, und es erschien naheliegend, auch mit der Röntgenphotoelektronenspektrometrie diesen Befund experimentell zu verfizieren. Allerdings brachte nach Robinson und Young die Meßgenauigkeit im Jahre 1926 noch Probleme: „For these reasons, although the experiments of 1926 were sufficiently good to show the displacements in question, it was not possible to obtain photographies which could be measured with sufficient accuracy to warrant publication." Am Beispiel von Chrom im metallischen Zustand und als Hydroxid wird daher erst 1930 die von Lindh 1925 röntgenabsorptiometrisch beobachtete Verschiebung bis auf einen Faktor 1/2 auch mit XPS gefunden. Damit ist die absolute Meßgenauigkeit mit 0,1/50 um einen Faktor 5 geringer als oben angegeben. Wieder auf moderne Spektrometer übertragen, könnte so eine kinetische Energie von 1 keV auf 2 eV genau angegeben werden.

Aus historischer Sicht sind die Arbeiten von Steinhardt [23] aus dem Jahre 1950 mit dem das Sujet hervorragend beschreibenden Titel „X-ray Photoelectron Spectrometer for Chemical Analysis" und das 1967 von K. Siegbahn und Mitarbeitern verfaßte Buch [24] „ESCA, Atomic, Molecular and Solid State Structure Studied by Means of Electron Spectroscopy" als Meilensteine in der Entwicklung zum heutigen Stand der Röntgenphotoelektronenspektrometrie zu nennen.

Zunächst zu der Arbeit von Steinhardt und Serfass. Die Analyse stöchiometrischer Verbindungen war nach den prinzipiellen Untersuchungen von Robinson und Young gesichert. Ein Fortschritt im Bereich dieser Aufgabenstellung und damit eine weitreichende Verwendung von XPS in der Strukturchemie ist nur, wie die Abschätzungen der Meßgenauigkeit zeigen sollten, über eine wesentliche Verbesserung der Meßgenauigkeit zu erreichen. Sieht man von der in der chemischen Verschiebung enthaltenen Information ab, so gibt, wenn anstelle von Reinelementen etwa metallische Legierungen untersucht werden, die „Amplitude" der überlagerten charakteristischen Elementspektren Aufschluß über das Mengenverhältnis der Partnerelemente. In der Einleitung der Arbeit von Steinhardt und Serfass wird bemerkt: „If a beam of X-radiation is allowed to strike a solid target, two types of radiation will be emitted by the target: fluorescent X-rays and photoelectrons. Both types of radiation exhibit spectra that are characteristic of the material of which the target is composed. Although fluorescent X-rays have been used for chemical analysis, X-ray photoelectrons have not. This communication describes an instrument designed for the utilization of X-ray photoelectron spectra for chemical analysis."

Das Gerät arbeitet mit einer Mo-Röntgenröhre, einem Radius r = 7,8 cm des magnetischen Spektrometers, einem Auflösungsvermögen von 0,014 und — als wesentlichem Unterschied gegenüber den älteren Geräten — anstelle der Detektion mit Photoplatten mit einem Geiger-Müller-Zähler mit extrem dünnem Fenster. Elektronen mit einer Energie von mehr als 6 keV konnten damit registriert werden. Die klassische Simultanmessung mit Photoplatten bei konstantem Magnetfeld über einen bestimmten Radienbereich wurde durch eine sequentielle Messung mit dem Detektor an einer definierten Stelle des Ablenkradius durch Variation des Magnetfeldes ersetzt. Mit diesem Konzept konnten relative Änderungen von Linienintensitäten über ein Legierungssystem erstmals ohne Schwierigkeiten vermessen werden. Als Beispiele sind die binären Systeme Ag—Au und Cu—Zn angeführt.

K. Siegbahn erhielt für die von ihm und seiner Gruppe mit unbeschreiblichem Einsatz vorangetriebene Forschungsaktivität 1981 den Nobelpreis. Um eine Vorstellung von dem Beitrag von Prof. Dr. Kai Siegbahn zu dem heute etablierten Oberflächenverfahren ESCA (electron spectroscopy for chemical analysis — eine andere Bezeichnung für XPS) zu erhalten, empfiehlt es sich, den Vortrag [25] anläßlich der Verleihung des Nobelpreises zu lesen.

Den Fortschritt dokumentieren zwei typische Gerätedaten: die absolute Genauigkeit von besser als 0,1 eV bei kinetischen Energiewerten der Photoelektronen von etwa 1,5 keV und das Auflösungsvermögen, welches bei Monochromatorgeräten im Bereich von einigen Zehntel eV liegt, also $\Delta E/E = 10^{-4}$. Die um nahezu zwei Größenordnungen verbesserten Kenndaten wurden durch die Verwendung doppelt fokussierender Spektrometer, Magnesium bzw. Aluminium als Röntgenanodenmaterial, hochstabile elektronische Präzisionsversorgungseinheiten, elektronenoptische Einrichtungen zur Signalerhöhung und channeltrons bzw. multichannelplates als Elektronendetektoren ermöglicht.

Mit den modernen Geräten ist die chemical-shift-Information nunmehr gut ausschöpfbar. Nordling, Hagström und Siegbahn [26] beschreiben 1964 den von Steinhardt vorgestellten analytischen Verfahrensweg für die neue Generation hochauflösender Röntgenphotoelektronenspektrometer anhand der Beispiele SiC, Na_2CO_3 und Na_2SO_4.

Umfassende Behandlungen der geschichtlichen Entwicklung wurden von Jenkin et al. [30] und Görlich [31] gegeben.

Den Ausklang zu dieser nahezu ein Jahrhundert überstreichenden Betrachtung der historischen Entwicklung bilden die heute verwendeten Konzepte zur quantitativen Analyse mit theoretischer Untermauerung unter Verwendung fundamentaler Parameter. Hier sind die Arbeiten von Scofield [27] (Photoabsorptionskoeffizienten), Reilman, Msezane und Manson [28] (Asymmetrieparameter) und Penn [29] (inelastische mittlere freie Weglänge) aus dem Jahre 1976 zu nennen.

Während die Oberflächenverfahren AES und SIMS sowohl analytische Information als auch bildgebende Untersuchungen ermöglichen, ist dies bei XPS derzeit noch nicht der Fall. Zur Lösung dieser Aufgabe kann die Doppelfokussierung des Kugelkondensators herangezogen werden [32]. Die Experimente haben die theoretischen Vorarbeiten bestätigt und lassen ein laterales Auflösungsvermögen in der Größenordnung von Zehntel Millimeter erwarten.

Cazaux [33] beschreibt in einem Übersichtsartikel auch noch andere Möglichkeiten der Bildgewinnung mittels Photoelektronen und darüberhinaus die prinzipiellen Probleme, die in einen Kompromiß zwischen Auflösungsvermögen und Signal-Rausch-Verhältnis, also der erforderlichen Meßzeit münden.

2 Charakteristika

2.1 Probe

Aus der Sicht der Analytik ist es zunächst wesentlich, zu wissen, in welcher Form die einer XPS-Analyse zuzuführenden Proben vorliegen müssen. Im historischen Überblick war bei der Arbeit von Innes [11] ein Vakuumwert von $< 3 \cdot 10^{-3}$ Torr genannt worden. Ein derartiges Vakuum würde es bei modernen, mit einer Vielzahl von Schutzeinrichtungen versehenen Geräten nicht einmal ermöglichen, die Röntgenröhrenspannung zuzuschalten. Drei Gründe sprechen für erheblich bessere Vakua, und zwar
○ Überschläge in der Röntgenröhre,

○ Überschläge in den als Detektoren verwendeten Channeltrons bzw. Multichannelplates, und

○ Oxidation, Kontamination und Adsorption an der Probenoberfläche als Folge
   des hohen Restgasdrucks.

Besonders das letztgenannte Argument zwingt zu Vakuumwerten von 10^{-7} mbar
(1,33 mbar = 133 Pa = 1 Torr = 1 mm Hg) und besser. Wesentlich für die
gravierende Bedeutung derartiger Oberflächenreaktionen ist die in diesem Kapitel
noch ausführlich erörterte Informationstiefe der Röntgenphotoelektronenspektrometrie.

Mit diesen Ausführungen ist der Probenkreis im allgemeinen Fall auf Festkörper niedrigen Dampfdrucks eingeschränkt. Allgemein bedeutet dabei, daß es mit
speziell ausgerüsteten Geräten durchaus möglich ist, an flüssigen und gasförmigen
Proben XPS-Untersuchungen auszuführen, doch stellen derartige Apparaturen zumindest derzeit die Ausnahme dar.

Nach eigenen Erfahrungen führen bereits Proben mit einem Dampfdruck von
$p = 1 \cdot 10^{-6}$ mbar bei Raumtemperatur zu einem Abdampfen der Probe im
Spektrometer und als Folge davon zu einer Kontamination desselben. Es bleibt
natürlich zu ergänzen, daß derartige Proben aufgrund der sich kontinuierlich
erneuernden Oberfläche in geringerem Maße zu kontaminationsbedingten Fehler-
quellen bei der Quantifizierung der Versuchsergebnisse Anlaß geben. Unerläßlich
ist aber nach der Untersuchung einer derartigen Probenserie ein Ausheizen des
UHV-Systems.

Je nach Gerätetyp „sieht" das Spektrometer von der Probe eine unterschiedlich
große Oberfläche. Als grobe Schätzung sind Länge und Breite von etwa zehn mal
zwei Millimeter anzunehmen. Das mit XPS gefundene Versuchsergebnis ist somit
ein über diese Fläche von 20 mm^2 gemessener Mittelwert. So wie bei allen
anderen Analysenverfahren, die über eine größere Fläche mitteln (z. B. Röntgenfluoreszenzanalyse), lautet die Standardannahme, daß von jedem Flächenelement df,
das zur Summeninformation beiträgt, identische Informationen geliefert werden.
Die Größe der Teilinformation wird proportional zu df angenommen, unabhängig
davon, an welcher Stelle der angenommenen 20 mm^2 der analysierten Probenoberfläche das Flächenelement df lokalisiert ist.

Ein weiteres Probencharakteristikum ist deren elektrisches Leitvermögen. Verfahren, die im Primärstrahl mit geladenen Teilchen — Elektronen oder Ionen —
arbeiten, führen bei der Untersuchung elektrisch nichtleitender Proben zu aufladungsbedingten Komplikationen. Die durch den Primärstrahl an die Probenoberfläche gebrachte elektrische Ladung kann nicht abgeführt werden, die Probenstelle lädt sich stark auf, was zu einer Ablenkung und Defokussierung des Primärstrahls führt. Die übliche Abhilfe durch Bedampfen mit einem elektrisch leitenden
Material — z. B. in der Rasterelektronenmikroskopie — ist bei reinen Oberflächenverfahren wie AES und SIMS nicht gangbar, da als Folge die gesuchte
Oberflächeninformation unter der Schicht verlorengeht.

In XPS wird bei elektrisch nichtleitenden Proben ebenfalls eine elektrische
Aufladung und als Folge derselben eine Spektrenverschiebung beobachtet. Die Aufladung, ausgedrückt durch den Potentialunterschied gegenüber dem auf Erdpotential
befindlichen Spektrometer, beträgt allerdings nur einige Volt und kann zumeist
auf einfache Weise quantifiziert werden und damit in der Folge die Spektren-

verschiebung präzise korrigiert werden. Details zur experimentellen Durchführung der Aufladungskorrektur werden im Zusammenhang mit der Spektrometerkalibrierung erörtert. Elektrisch nichtleitende Proben können also im Gegensatz zu anderen Oberflächenuntersuchungsverfahren einer quantitativen Analyse zugeführt werden.

Die Vorbehandlung der Probenoberfläche ist ein weiteres Detail bei der Definition der für XPS verwendbaren Proben. Zunächst bleibt hier festzustellen, daß XPS ein sogenanntes „zerstörungsfrei" arbeitendes Untersuchungsverfahren repräsentiert. Die Information wird also ohne eine Zerstörung der Oberfläche — ohne Abtrag — gewonnen und ist dementsprechend immer wieder abrufbar. Durch eine Verschmutzung der Oberfläche, wie etwa Fingerprints, geht sie ebenso verloren wie durch Abschleifen, Polieren, Ätzen oder Abwaschen. Besonders bei den beiden letztgenannten Vorbehandlungen sind in den gemessenen Spektren sehr häufig nur noch die Spektren der Ätz- oder Reinigungsmittel zu finden.

Wenn also von einer Probenoberfläche eine Oberflächenaussage mittels XPS gefunden werden soll, so darf die Probe, ohne dabei die zu untersuchende Oberfläche zu berühren, nur auf die für das vorhandene Gerät geeignete Größe gebracht werden. Alle anderen Vorbehandlungen führen zum Verlust der gesuchten Information. Die hier gebrachte Aussage bezieht sich beispielsweise auf Arbeiten im Bereich der Korrosion, der Katalyse, der Oxidation sowie anderer Oberflächenreaktionen. Anders sind die Verhältnisse gelagert, wenn die gesuchte Information mit jener des gesamten Probenvolumens übereinstimmt.

Wenn etwa die Linienlage einer metallischen Reinelementprobe möglichst genau vermessen werden soll, muß die statistische Signifikanz auf den maximal möglichen Wert gebracht werden, und zwar durch Schleifen und anschließendes Ätzen mit Argonionen im Gerät. So können sämtliche das gesuchte XP-Signal schwächende Oberflächenverunreinigungen beseitigt werden. Die vom Schleifen verursachte Oberflächenrauhigkeit hat keinen Einfluß auf die Signalhöhe. Ein von der Oberflächenrauhigkeit herrührender Einfluß wird erst bei XPS mit variabler Versuchsgeometrie im Bereich einer Beobachtung der Probe unter flachem Winkel zur Probenoberfläche bemerkbar.

Soll eine Mehrstoffprobe als Standard in der Oberflächenanalytik dienen, so ist beim Ätzen mit Argonionen zu untersuchen, ob nicht eines der Elemente bevorzugt abgetragen wird und so das später erhaltene Versuchsergebnis eine von dieser Prozedur verursachte Verfälschung erfährt. Aus dieser Erfahrung ist für metallische Proben zwar ein mechanischer Abtrag, wie etwa Schleifen, Polieren oder Abschaben zu befürworten, das Ätzen mit Argonionen eher abzulehnen.

Häufig liegen Chemieproben als Pulver vor. Wenn keine Angaben über den Dampfdruck vorliegen, gibt ein kurzes Einbringen in das UHV-System über den erzielbaren Wert für das Endvakuum Aufschluß darüber. Pulverproben können entweder als Preßlinge oder nach Aufbringen auf ein beidseitig klebendes Selbstklebeband (Scotchtape) im Spektrometer der Messung zugeführt werden. Hier ist keine mechanische Oberflächenbehandlung möglich, für das Ätzen mit Argonionen gilt das bereits für metallische Proben erwähnte Auftreten eines selektiven Abtrags, und letztendlich werden dabei chemische Bindungen zerstört. Dies wirkt sich gerade bei Untersuchungen zur chemischen Verschiebung katastrophal aus. Eine brauchbare Alternative stellt fallweise das Ausheizen dar. Im Falle von Hydroxiden kann allerdings

bereits das Einbringen ins Vakuum zu einer Veränderung der Zusammensetzung
führen.

2.2 Spektrometer

Ein Röntgenphotoelektronenspektrometer besteht aus
○ der Röntgenstrahlenquelle,
○ der Probenkammer,
○ dem energiedispergierenden System (dem eigentlichen Spektrometer) und
○ dem Detektor mit angeschlossener Elektronik.

Da die Geräte für den jeweiligen Anwender vorgegeben sind, mögen nur einige für
die analytische Anwendung wesentliche Eigenschaften näher erörtert werden.

Aus der Vielzahl der möglichen Anodenmaterialien werden als Standard Magnesium und Aluminium verwendet. Die charakteristische Quantenenergie beträgt

$$\text{Mg K}\alpha: \qquad h \cdot v = 1253,6 \text{ eV*}$$

$$\text{Al K}\alpha: \qquad h \cdot v = 1486,6 \text{ eV*}$$

Beide Strahlungen zeichnen sich durch eine 0,7 bzw. 0,85 eV betragende Halbwertsbreite aus und garantieren damit auch ohne die Verwendung eines Monochromators
eine für die meisten Anwendungen völlig ausreichende Spektrenauflösung. Mit einem
zusätzlichen Monochromator reduziert sich die Linienbreite der anregenden Strahlungen auf einige Zehntel eV, wobei gleichzeitig die Signalstärke beträchtlich ab-
sinkt.

Zwei wesentlich unterschiedliche Röntgenröhrenkonstruktionen sind hier noch von
Bedeutung. Befindet sich die Kathode auf Erdpotential und die Anode auf der positiven Röntgenröhrenhochspannung, so ermöglicht dies, ohne hier auf Details einzugehen, eine gute Fokussierung der Elektronen auf die Anode. Bei dieser, nach ihrem
Erfinder als Henke-Röhre bezeichneten Anordnung befindet sich das Röntgenröhrenfenster — üblicherweise eine Al-Folie — auf Erdpotential, weshalb die von der Anode
zurückgestreuten Elektronen nicht zum Fenster gelangen können. Wird die Kathode
auf die negative Röntgenröhrenhochspannung gelegt und die Anode auf Erdpotential, dann befinden sich Anode und Röntgenröhrenfenster auf demselben Potential,
und nunmehr können die von der Anode zurückgestreuten Elektronen zum Röntgenröhrenfenster gelangen. Im letzteren Fall können bei einer Röhre mit Mg-Anode
die zurückgestreuten Elektronen im Al-Fenster noch in geringem Maße Al—Kα-
Strahlung generieren. Die Folge sind schwache und zunächst unerklärbare Linien in
den gemessenen Röntgenphotoelektronenspektren, die erst unter Berücksichtigung
der Koexistenz eines von der Mg—Kα-Strahlung und eines von der schwachen und

---

* Im internationalen Maßsystem ist die Einheit der Energie 1 Joule. Die in XPS benützte Einheit
  Elektronvolt (eV) führt zu handlichen Zahlenwerten (1 eV = 1,60206 $\cdot$ 10^{-19} J). Hoch-
  energetische Satelliten K$\alpha_{3,4}$, deren Intensität etwa 10 % des K$\alpha_{1,2}$-Dubletts beträgt, liegen
  für Mg bzw. Al bei 1262, 6 eV bzw. 1496.8 eV.

unerwünschten Al—Kα-Strahlung herrührenden Röntgenphotoelektronenspektrums interpretierbar werden. Andere Geisterspektren sind noch möglich, wenn die Al- bzw. Mg-Beschichtung der Anode im Laufe der Verwendung der Röhre so dünn geworden ist, daß vom Substrat — zumeist Kupfer — charakteristische L-Strahlung zusätzlich auftritt. Eine stark oxidierte Anode gibt schließlich noch Anlaß zu einem von der O—K-Strahlung angeregten Röntgenphotoelektronenspektrums. Die hier gebrachten Hinweise sind leicht überprüfbar, wenn als Probe Gold in das Gerät eingebracht wird und zur Bindungsenergie des Au4f-Dubletts (84 und 88 eV) die eventuellen Photoelektronenlinien für Anregung mit Al—Kα, Cu—L ($h\nu$ = 930 eV) und O—K ($h\nu$ = 525 eV) aufgesucht werden. Sind sie nicht vorhanden, dann ist eine reine Mg—Kα-Anregung gewährleistet. Für Al—Kα sind naturgemäß nur Cu—L- und O—K-Anregung als zusätzliche Mechanismen anzunehmen.

Eine derartige prophylaktische Versuchsreihe kann bei der Interpretation eines Röntgenphotoelektronenspektrums zur qualitativen Analyse einer Probe eine nicht zu unterschätzende Hilfestellung bieten.

Zur Dispersion muß ein System geschaffen werden, das aus dem gesamten Elektronenspektrum einen Bereich dE um einen gewünschten Energiewert E, also $E \pm \dfrac{dE}{2}$ abzusondern gestattet. Als Energiebandpaß kann ein sphärischer (Kugelkondensator) oder zylindrischer (Zylinderkondensator) Analysator dienen. Bei letzterem ist eine häufig verwendete Variante der cylindrical mirror analyzer (CMA), der für ein gutes Auflösungsvermögen in Tandemanordnung zwei CMA's vereinigt. Wesentliche Merkmale dieser Energiebandpässe sind, daß heute nur noch elektrostatische Systeme verwendet werden und die Bandbreite dE proportional zur Energie der Elektronen, also proportional zur kinetischen Energie E_k ist. Anders ausgedrückt, lautet die Aussage dE_k/E_k = const. Überstreicht ein zu untersuchendes Spektrum energiemäßig eine Größenordnung, so werden die niederenergetischen Teile schärfer und die höherenergetischen verwaschener abgebildet. Als grobe Abschätzung seien Werte für dE_k von 0,1 bis 1 eV zwischen E_k — 100 und 1000 eV genannt.

Ein konstantes Auflösungsvermögen ist von einer Kombination folgender Art zu erwarten. Der Bandpaß wird z. B. auf eine Paßenergie von 100 eV gesetzt und die von der Probe kommenden Elektronen durchlaufen eine definierte Potentialdifferenz, bevor sie in den Bandpaß gelangen. Durchlaufen also Elektronen mit E_k = 1 keV ein Gegenfeld (Verzögerungsfeld, retarding field) von 900 V, so gelangen sie mit 100 eV in den Bandpaß, und der Spektrenteil von E_k = 1 keV kann mit der geringeren Bandbreite dE_k entsprechend E_k = 100 eV vermessen werden. Von diesen Überlegungen ausgehend, haben sich zwei Arten der Spektrendispersion etabliert. Es sind dies:

FAT (fixed analyzer transmission), entsprechend der Kombination eines variablen Verzögerungsfeldes mit einem fest eingestellten Bandpaß (fixed analyzer), und

FRR (fixed retarding ratio), wo sowohl die Verzögerung als auch die Paßenergie verändert werden. Teilt sich die Energie E_k auf den im Verzögerungsfeld verlorenen Anteil E_V und den im Bandpaß gemessenen E_P auf, so ist E_V/E_P konstant. Einen Sonderfall bildet E_V/E_P = 0, d. h. es wird ohne Verzögerungsfeld gearbeitet. Übliche Werte des Verzögerungsverhältnisses (fixed retarding ratio) sind $E_V/E_P \cong 10$.

Zur Veranschaulichung des völlig unterschiedlichen Aussehens der im FAT- und FRR-Modus gemessenen Spektren mögen die Abbildungen 2 und 3 beitragen. Es

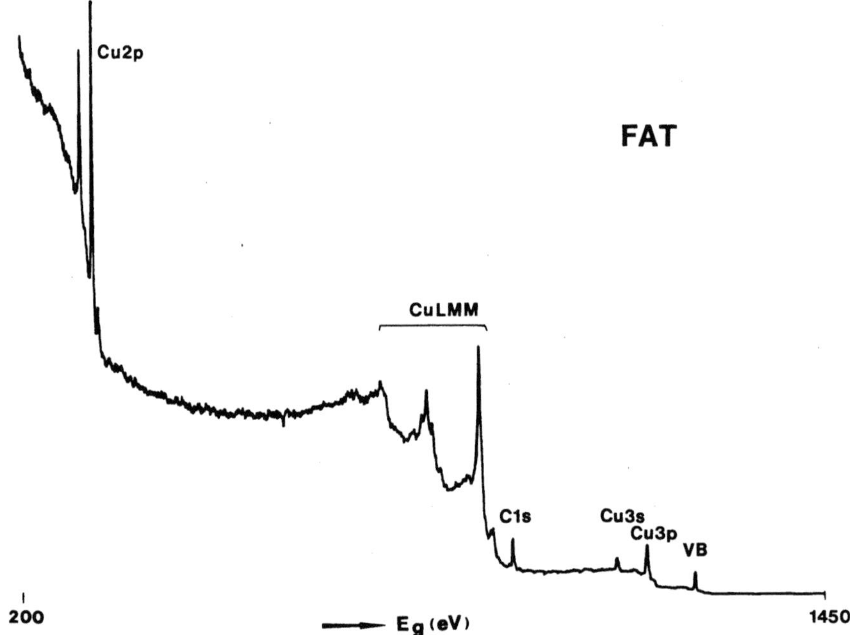

Abb. 2. Im FAT-Modus gemessenes Weitbereichsspektrum einer Cu-Reinelementprobe Mg—Kα

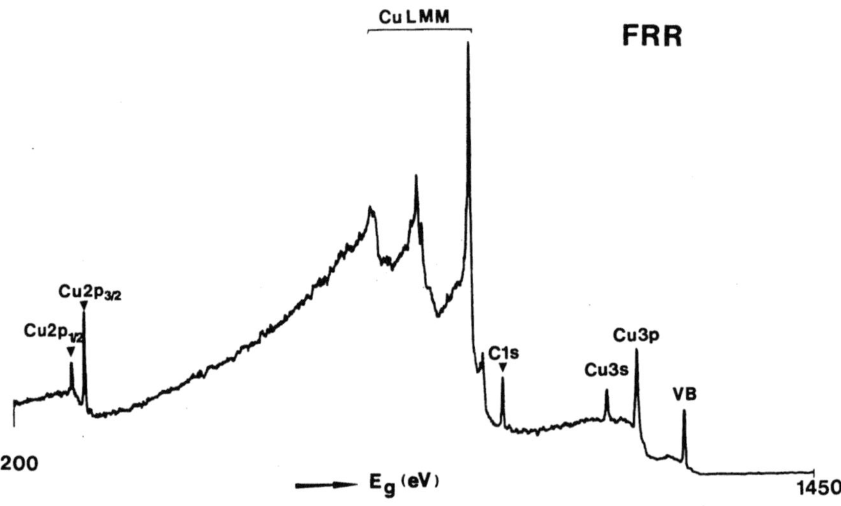

Abb. 3. Im FRR-Modus gemessenes Weitbereichsspektrum einer Cu-Reinelementprobe Mg—Kα

handelt sich um das mit Mg—Kα-Strahlung im Energiebereich von 200 bis 1450 eV gemessene Spektrum einer Kupferprobe. Die Kennung der einzelnen Linien ist eingetragen. Während im FAT-Modus der niederenergetische Teil angehoben ist, liegen die Verhältnisse im FRR-Modus umgekehrt. Damit kann, abhängig von der jeweiligen Aufgabenstellung, eine Anhebung der Spektrenhöhe bewerkstelligt werden. Abschließend sei noch erwähnt, daß das Verhältnis von Linie zu Untergrund unabhängig vom Modus ist und die Spektrenauflösung im FRR-Modus bei $E_V/E_P = 10$ völlig mit jener des FAT-Modus zu vergleichen ist.

2.3 Registrierung

Die vom Elektronendetektor zur Zählelektronik gelangenden Signale werden entweder gezählt, abgespeichert und die jeweilige Paßenergie in Schritten variiert, oder aber bei kontinuierlicher Variation der Paßenergie über eine Integriereinheit in eine Zählrate n umgesetzt. Ein Vorteil der zweitgenannten Möglichkeit besteht in der einfacheren Elektronik und der Aufzeichnung mit einem x-t-Schreiber. Allerdings ist eine mögliche Fehlerquelle insoferne impliziert, als für die Integration eine RC-Kombination mit einer Zeitkonstante $\tau = RC$ die Messung mit einer von τ abhängigen Trägheit behaftet.

Der statistische Fehler Δn der Zählrate ist proportional zu $\sqrt{n}$ und damit die relative Schwankung $\Delta n/n$ proportional zu $1/\sqrt{n}$. Als Folge werden bei niedrigen Zählraten sehr starke relative Schwankungen der Zählrate in Form eines stark fluktuierenden Schreiberausschlages beobachtet. Eine Erhöhung der Kapazität C des Integrierkreises bewirkt eine Erhöhung der Zeitkonstante und damit eine stärkere Bedämpfung des Ausschlages. Die aufgezeichneten Spektren erscheinen glatter. Einer beliebigen Erhöhung der zumeist in Sekunden (Zeitkonstante) ausgedrückten Bedämpfung stehen allerdings die folgenden Überlegungen entgegen. Dem in Abb. 4 gezeigten, aus R und C bestehenden Integrierkreis möge ein periodisch sich ändernder Strom $i = i_0 \cdot (1 + \cos \omega t) + K$ zugeführt werden. Als partikuläre Lösung der inhomogenen Differentialgleichung $i = u/R + C \cdot du/dt$ wird eine sich mit der Zeit t gemäß $u = A + u_0 \cdot \cos (\omega t - \varphi)$ ändernde Funktion gefunden. Der Phasenwinkel φ beschreibt die Verschiebung der registrierten Spannung u gegenüber dem zugeführten Strom. Dieser wird zu $\varphi = \arctan \omega RC$ gefunden. Um das für einen periodischen Vorgang erhaltene Ergebnis auf XPS-Untersuchungen zu übertragen, werden die Größen Meßintervall und Meßdauer benötigt. Damit errechnet sich die Meßgeschwindigkeit v (in eV/s) als Quotient aus dem Meßintervall (in eV) und der zur Er-

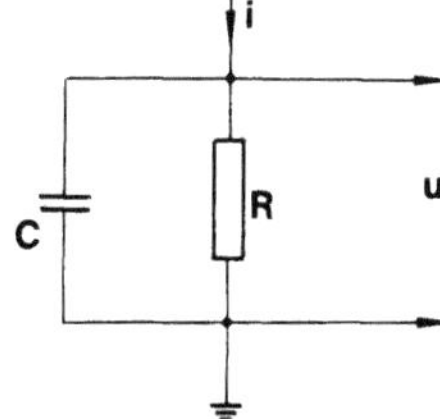

Abb. 4. Integrierkreis

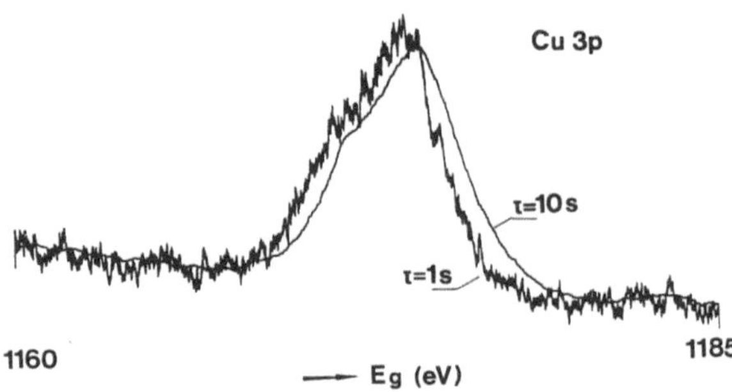

Abb. 5. Mit τ = 1 s und τ = 10 s gemessenes Cu3p-Spektrum

fassung dieses Meßintervalls erforderlichen Meßdauer (in s). Die Linienverschiebung ΔE_g als Folge der „trägen" Registrierung errechnet sich dann zu $\Delta E_g = v \cdot \tau$ mit $\tau = R \cdot C$.

In Abb. 5 sind zwei gemessene Verläufe für die mit Mg—Kα-Strahlung gemessene Cu3p-Linie einer Reinkupferprobe dargestellt. Das Meßintervall erstreckt sich von E_g = 1160 eV bis 1185 eV, ist also gleich 25 eV, und die zugehörige Meßdauer beträgt 300 s. Mit den in der Abbildung eingetragenen Werten der Zeitkonstante von τ = 1 s und 10 s errechnet sich die Linienverschiebung in der Registrierrichtung — also in Richtung zunehmender E_g-Werte — zu 0,08 eV und 0,83 eV. Einer durch diesen Effekt verursachten Linienverschiebung ist sowohl bei der Bestimmung von E_g als auch bei der Kalibrierung Rechnung zu tragen, wenn die vom Gerät her prinzipiell mögliche Genauigkeit von besser als 0.1 eV ausgeschöpft werden soll.

2.4 Informationstiefe

Als eine der wesentlichen Kenngrößen eines analytischen Verfahrens ist die Informationstiefe t zu bezeichnen. Sie ergibt zusammen mit der beobachteten Fläche F das zur zerstörungsfreien Analyse beitragende Probenvolumen V. Als typische Werte sind für die Röntgenfluoreszenzanalyse t $\approx$ 0,1 mm und für die Elektronenstrahlmikrosonde t $\approx$ 1 µm bekannt. In der Augerelektronenspektrometrie kann mit t $\approx$ 1 nm gerechnet werden.

Eine erste Abschätzung lehrt, daß die Informationstiefe, die entweder von der Eindringtiefe der Primärstrahlung oder aber von der Austrittstiefe der Sekundärstrahlung abhängt, im Falle von XPS mit jener von AES vergleichbar sein muß. Von der Primärstrahlung, in XPS charakteristische Röntgenstrahlung, wäre ein zumindest von der Größenordnung her vergleichbarer Wert zur Röntgenfluoreszenzanalyse im Bereich von 0,01 mm anzunehmen. Die Sekundärstrahlung (Röntgenphotoelektronen) hingegen reduziert diesen Wert auf etwa 1 nm. Der Energiebereich der Röntgenphotoelektronen kann in erster Näherung mit jenem der Augerelektronen verglichen werden. Man könnte nun annehmen, daß derartige Angaben, zufolge der Schwierigkeit, Schichtdicken im Bereich von 1 nm zu vermessen, eher als reine Schätzungen zu betrachten sind.

Mithilfe der Ellipsometrie können besonders Schichten auf Si (SiO_2 und Si_3N_4) im Dickenbereich von 1 bis 10 nm mit einer Genauigkeit von besser als $\pm 10\%$ vermessen werden. Damit ist die Schichtdicke d bekannt. Andererseits ermöglicht es die Röntgenphotoelektronenspektrometrie, zwischen Si im Si-Reinelementwafer und in der darüber befindlichen SiO_2-Schicht aufgrund der chemischen Verschiebung zu unterscheiden. Mit zunehmender Oxidschichtdicke nimmt das Si2p-Substratsignal immer mehr ab, während das Si2p-Schichtsignal im Vergleich dazu wächst. Für den Zusammenhang zwischen der Signalhöhe vom Subtrat n_S und der Dicke d der darüberliegenden Oxidschicht gilt der klassische Exponentialausdruck

$$n_S = S \cdot e^{-const \cdot d/cos\ \varepsilon}$$

und analog für das Schichtsignal n_L

$$n_L = L \cdot (1 - e^{-const \cdot d/cos\ \varepsilon})$$

mit dem Winkel ε zwischen dem Lot auf die Probenoberfläche und der Beobachtungsrichtung und den unbekannten Konstanten S, L und const. Bildet man den Quotienten $r = n_L/n_S$, so reduziert sich die Zahl der unbekannten Größen auf $R = L/S$ und const. Wurden mehr als zwei Schichten vermessen, so können R und const aus einer Ausgleichsrechnung ermittelt werden. Für SiO_2 auf Si und $Mg-K\alpha$-Strahlung erhält man $R = 0,6$ und const $= 0,3 \cdot 10^9$ m^{-1}. Wird const in der üblichen Form const $= 1/\lambda$ angegeben, so ist λ die mittlere inelastische freie Weglänge der Si2p-Photoelektronen in der SiO_2-Schicht. Diese beträgt dann 3,3 nm. Treffen 100 Photoelektronen auf eine Schicht der Dicke λ, so werden nach der Schicht noch $100/e = 37$ Photoelektronen registriert, während die restlichen durch inelastische Stöße Energie verloren haben und dadurch bedingt an irgendeiner niederenergetischen Stelle des gemessenen Spektrums, also als ein Beitrag zum Untergrund, in Erscheinung treten. Als Informationstiefe t könnte man z. B. jenen Tiefenbereich definieren, aus dem 90 % der Information stammen. Dies wäre im Falle von SiO_2 $t = 7,6$ nm.

Die inelastische freie Weglänge hängt vom Element und von der Energie der Elektronen ab, rangiert jedoch in dem für XPS typischen Element- und Energiebereich innerhalb 0,5 nm $< \lambda <$ 5 nm, womit die Informationstiefe gemäß der gegebenen Definition von 1 bis 10 nm reicht und so mit jener der Augerelektronenspektrometrie verglichen werden kann.

Je geringer die Informationstiefe ist, desto mehr tragen ausschließlich die oberflächennahen Bereiche zur gemessenen Information bei, weshalb AES und XPS klassische Vertreter von Oberflächenverfahren sind.

2.5 Oberflächenschicht

Ein sich daraus ergebendes Problem möge Abb. 6 beleuchten. Wie bereits erwähnt, ist bei den in der Alltagsroutine vorgegebenen Proben grundsätzlich mit oberflächlichen Bedeckungen mit Kohlenwasserstoffen (Pumpenöl), Oxiden und adsorbiertem Wasserdampf zu rechnen. Als Folge tritt eine Schwächung des eigentlich interessierenden Spektrums auf. Abb. 6 gibt die gemessenen Spektren einer Reinkupferprobe, die nach sorgfältiger Reinigung (kein O1s- bzw. C1s-Signal) etwa 10 min an Luft gebracht worden war und sodann wieder vermessen wurde. Das obere Spektrum

zeigt die nunmehr vorhandenen C1s- und O1s-Signale als typische Merkmale der
genannten oberflächlichen Bedeckung, das mittlere Spektrum wurde nach einer kurzen Reinigung mittels Argonionenbeschuß erhalten, wobei das C1s-Signal noch mit
nahezu unveränderter Signalstärke auftritt. Die Begründung dafür ist das Vakuum
von etwa $1 \cdot 10^{-7}$ mbar. Eine Messung der Geschwindigkeit des Aufwachsens der
Kohlenwasserstoffkontamination bei einem Druck von 10^{-8} mbar zeigt, daß nach
etwa 10 Minuten keine wesentliche Zunahme des C1s-Signals, also der Kontamina-

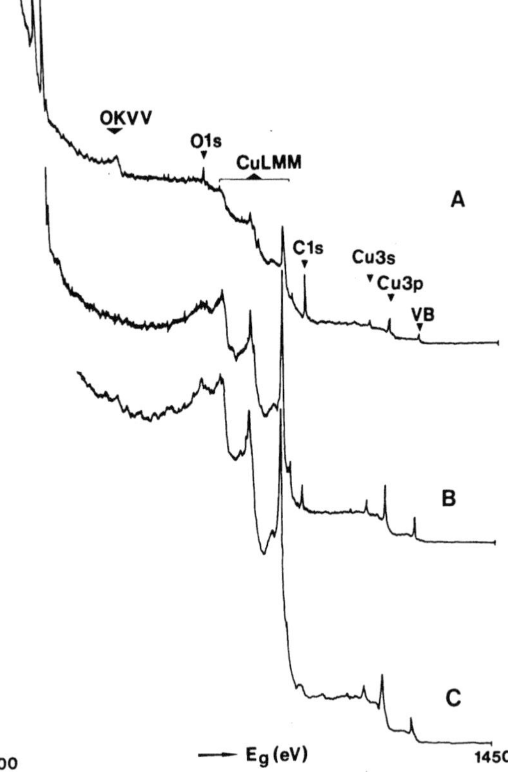

Abb. 6a–c. Bei konstant gehaltenen Geräteparametern gemessene Weit-
bereichsspektren einer Reinkupfer-
probe. **A)** oxidiert und kontaminiert; **B)** kontaminiert (nach Ar-
gonionenätzen und Betriebsvakuum
von $2 \cdot 10^{-7}$ mbar); **C)** gering-
fügig kontaminiert (nach Argon-
ionenätzen und Betriebsvakuum
von $2 \cdot 10^{-9}$ mbar)

tionsschichtdicke mehr zu beobachten ist. Die Schichtdicke erreicht einen Grenzwert
von etwa ein bis zwei Monolagen und wächst nicht beliebig weiter. Das untere
Registrierdiagramm in Abb. 6 wurde schließlich nach Argonionenreinigung und bei
einem Arbeitsvakuum von $2 \cdot 10^{-9}$ mbar erhalten. Typisch für diese Versuchsreihe
ist die ganz außerordentliche Zunahme des Substratsignals nach Reinigung der Oberfläche, doch gelten hier die bereits im Rahmen der Probenvorbehandlung aufgezeigten Einschränkungen.

2.6 Beispiel zur Informationstiefe

Eine Veranschaulichung der als Folge unterschiedlicher Informationstiefen erzielbaren Aussagen möge das folgende Beispiel einer systematischen Untersuchung der Oberfläche ionenselektiver Elektroden geben [34].

Ionenselektive Elektroden können sowohl für qualitative als auch für quantitative Analysen herangezogen werden; beispielsweise eignen sich Elektroden aus einem Gemisch von Ag_2S und AgJ für einen indirekten Zyanidnachweis [35, 36]. Von der Theorie her wäre anzunehmen, daß die Funktion einer derartigen Elektrode durch einen Korrosionsprozeß an der Elektrodenoberfläche erklärbar ist [37]. Es handelt sich, will man dieses Modell hinsichtlich seiner Richtigkeit untersuchen, um eine klassische Problemstellung aus dem Bereich der Oberflächenverfahren. Die im Rahmen der hier ausgeführten Untersuchungen verwendeten Verfahren waren die Röntgenfluoreszenzanalyse mit J—Kα-, Ag—Kα-, J—Lα-, Ag—Lα- und S—Kα-Strahlung, wobei die Informationstiefe für die Kα-Strahlungen von Ag und J etwa 100 μm beträgt und für die Lα-Strahlungen von Ag und J und die S—Kα-Strahlung ca. 1 μm ist. Als weitere Verfahren wurden die Elektronenmikrosonde (scanning electron microscopy . . . SEM) mit t = 1 μm und XPS herangezogen.

Bringt man derartige Elektroden in definierte Lösungen — z. B. eine 10^{-3} M KCN-Lösung mit pH 10 — ein, so ist von den Versuchsergebnissen in Abhängigkeit von der Zeitdauer der Behandlung (des Ätzvorganges) der gewünschte Aufschluß zu erwarten. Die Versuchsergebnisse sind die gefundenen Konzentrationswerte der Elemente Ag, J und S in Abhängigkeit von der Ätzdauer und dem jeweils verwendeten Verfahren als Parameter. Abbildung 7 zeigt dieses Ergebnis.

Zunächst findet man für die unbehandelten Proben (Ätzdauer Null) innerhalb der statistischen Signifikanz der Verfahren identische Zusammensetzungen. Nach den einzelnen Ätzschritten geben die Methoden mit der geringeren Informationstiefe eine eindeutige Evidenz für eine Konzentrationsänderung in Richtung einer Zunahme von

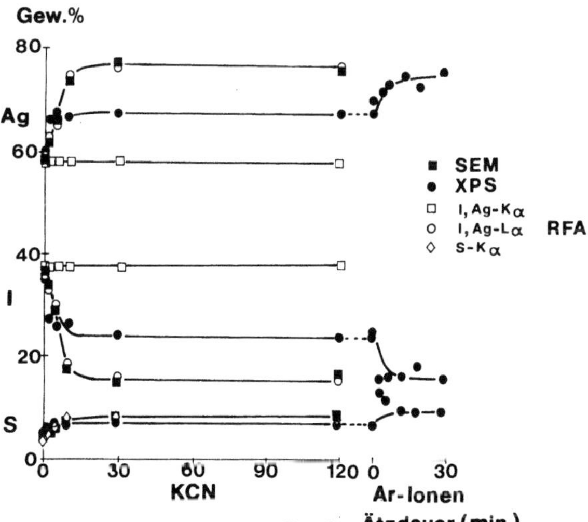

Abb. 7. Mit verschiedenen Analysenverfahren (RFA, SEM, XPS) gemessene Konzentrationswerte in Abhängigkeit von der Ätzdauer

Ag und S und einer Abnahme von J. Werden die Proben im Röntgenphotoelektronenspektrometer durch Argonionenbeschuß von ihrer Oberflächenschicht befreit, so
geht das XPS-Ergebnis in jenes von SEM und langwelliger charakteristischer Röntgenstrahlung über.

Bevor nun eine Interpretation der Versuchsergebnisse möglich ist, sei nochmals
an die bereits aufgezeigten Bedenken hinsichtlich des Argonionenabtrags erinnert.
Zur Klärung, inwieweit ein selektiver Abtrag zu falschen Erklärungen Anlaß geben
könnte, wurden unbehandelte Elektroden in mehreren Schritten einer oberflächlichen
Abtragung mit Argonionen ausgesetzt. Das analytische Ergebnis zeigte keine
Änderung der Zusammensetzung an, womit die Annahme gerechtfertigt erscheint,
daß in diesem konkreten Fall kein selektiver Abtrag auftritt.

Das Ergebnis der Versuche kann nun in folgender Weise beschrieben werden.
1) Die Oberfläche verarmt an J, das heißt AgJ wird aus dem oberflächennahen
   Bereich herausgelöst.
2) Die Größe der herausgelösten AgJ-Körner im µm-Bereich läßt für die Analytik
   mit Ag—Kα- und J—Kα-Strahlung keine ausgeprägte Konzentrationsänderung
   erwarten.
3) Mit den vergleichbaren Informationstiefen von SEM und Ag—Lα-, J—Lα- und
   S—Kα-Röntgenfluoreszenzanalyse sind die identischen J-Konzentrationsabnah-
   men bzw. Ag- und S-Konzentrationszunahmen verständlich.
4) Allerdings geben diese Verfahren wieder keine Information über die Zusammensetzung an der äußersten Oberfläche. XPS bestätigt, daß sich dort eine J-reichere
   Schicht mit einer Dicke — diese folgt aus der Abtragrate beim Argonionenbeschuß
   — von 30 bis 50 nm befindet. Diese J-haltige Schicht wird aus der Lösung zurück-
   adsorbiert.
5) Da sich nach längerer Ätzdauer ein Konzentrationsgleichgewicht einstellt, ist
   schließlich belegt, daß sich die Oberfläche durch „korrosiven" Abtrag laufend
   erneuert.

Sämtliche unter 1) bis 5) gebrachten Resultate bestätigen die für die Funktion
dieses Elektrodentyps entwickelten Modellvorstellungen.

2.7 Elementempfindlichkeit

Wertet man die Messungen entsprechend der in Abb. 8 gezeigten Vorgangsweise
aus — Integral zwischen Linie und Untergrund — so wird damit von einer der
charakteristischen Linien eines bestimmten Elements eine Kenngröße erhalten, die
in den bisherigen Ausführungen mit Linienintensität, Signalstärke, Signalhöhe, charakteristischer Zählrate etc. bezeichnet wurde. War bisher primär von der Linienposition die Rede, so muß für die qualitative und die quantitative Analyse auch die
charakteristische Zählrate in den Kreis der Betrachtungen einbezogen werden.

Um eine Vorstellung in Bezug auf die für die Analytik sinnvoll auswählbaren
Linien eines Elements zu erhalten, werden in der Abb. 9 berechnete Elementempfind-
lichkeitskurven [38] gezeigt. Daraus ist zu ersehen, daß z. B. für $Z = 29$ (Cu) das
$2p_{3/2}$-Niveau die stärkste Linie liefert.

Für die Erfaßbarkeit eines Elements, die natürlich wesentlich vom Element selbst

abhängt, kann eine Nachweisgrenze von durchschnittlich einem Atomprozent angenommen werden. Der prinzipiell erfaßbare Elementbereich schließt nur die beiden
ersten Elemente des Periodensystems aus.

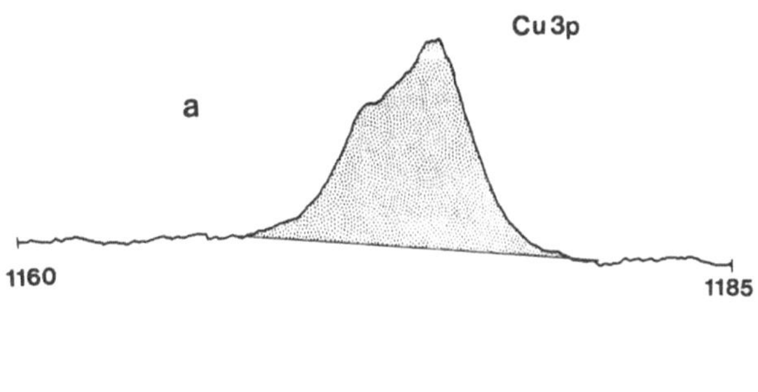

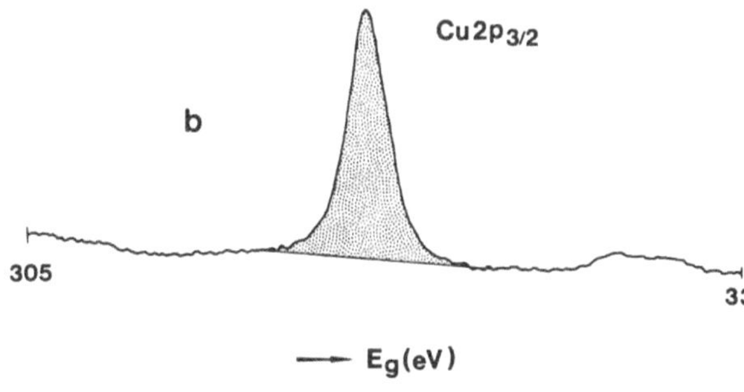

Abb. 8. Bestimmung der integrierten Intensität am Bei-Beispiel des unaufgelösten Cu3p-Dubletts und der Cu2p$_{3/2}$-Linie

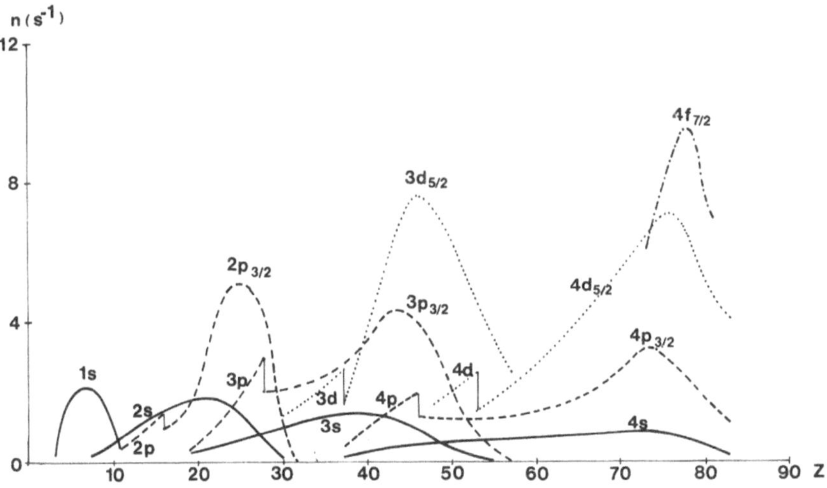

Abb. 9. Berechnete Reinelementsignalstärken für FAT-Modus, Mg–Kα-Anregung und eine Kontaminationsschicht mit einer reduzierten Dicke von d/λ = 0,5

3 Qualitative Analyse

Eine qualitative Analyse erfordert zunächst die Messung eines Übersichtsspektrums von $E_g = 200$ bis $E_g = 1250$ (Mg—Kα) bzw. $E_g = 1500$ eV (Al—Kα). Wie bereits aus den Übersichtsspektren von Kupfer (Abschnitt: Charakteristika) zu ersehen ist, werden neben den Photoelektronenlinien auch von der Röntgenstrahlung angeregte Augerelektronenlinien gefunden.

Eine einwandfreie Differenzierung zwischen den Photo- und den Augerelektronenlinien gestattet der jeweilige Entstehungsvorgang. Die gemessene Energie E_g der Augerelektronenlinien ist von der Art der Anregung — Mg—Kα oder Al—Kα — unabhängig. Das heißt, daß die Augerelektronenlinien bei einer Variation des Anodenmaterials der Röntgenröhre in gemessenen Spektren an derselben Stelle zu finden sind. Anders die Photoelektronenlinien, deren gemessene Energie E_g beim Übergang von Mg—Kα zu Al—Kα entsprechend der Einstein-Beziehung um $1486,6 - 1253,6 = 233,0$ eV zunimmt. Als Konstantwert ist nunmehr die Bindungsenergie E_B anzusetzen.

Ist eine Umschaltung von einem Anodenmaterial zum anderen, ohne dabei das Arbeitsvakuum brechen zu müssen, nicht realisierbar, so ist ein weiteres Kennzeichen von Augerelektronenlinien ihre zumeist im Vergleich zu den Photoelektronenlinien größere Linienbreite. Dieses Merkmal kann allerdings nicht als allgemeingültig angenommen werden.

Somit verbleibt für eine vollständige qualitative Analyse nur die Darstellung der Linien mit E_B und E_g als Kenngrößen. Zu beachten sind natürlich bei Geräten ohne Monochromator die von den K$\alpha_{3,4}$-Satelliten herrührenden Linien im Abstand von ca. 10 eV von den Hauptlinien in Richtung höherer E_g-Werte, deren Intensität näherungsweise 10% jener der zugehörigen Hauptlinien beträgt.

In den praxisnahen Fällen werden immer Kohlenstoff und Sauerstoff gefunden, sodaß die entsprechenden Auger- und Photoelektronenlinien als identifiziert gelten können. Zur Identifikation der verbleibenden Linien kann man sich der beiden in den Abbildungen 10 und 11 gebrachten Diagramme bedienen, die die Bindungsenergiewerte $E_B(Z)$ für die Röntgenphotoelektronenlinien und die kinetischen Energien der stärksten Augerelektronenlinien $E_k(Z)$ enthalten. Aus der Strichstärke der jeweiligen Kurven ist die relative Intensität abschätzbar. Diese kann zusätzlich aus dem im Abschnitt Charakteristika dargestellten Reinelementverlauf sämtlicher Linien über das gesamte Periodensystem überprüft werden. Es sei darauf hingewiesen, daß unabhängig von der Anregung und der Kontaminationsschichtdicke qualitativ durchaus vergleichbare Ergebnisse gefunden werden. Existiert die jeweils stärkste Elementlinie der Photoelektronenspektren nicht, so ist es müßig, nach den schwächeren Linien desselben zu suchen.

Berücksichtigt man noch die Möglichkeit von Geisterlinien, wie sie im Zusammenhang mit den Ausführungen zu den verschiedenen Typen von Röntgenröhren dargelegt werden, so stellt die qualitative Analyse in erster Linie eine Methode des systematischen Probierens dar.

Die in den beiden Abbildungen verwendeten Daten wurden aus den Tabellenwerken von Wagner und Mitarbeitern [39] entnommen.

Die qualitative Analyse ist in vielen Anwendungsfällen ein vorbereitender Schritt

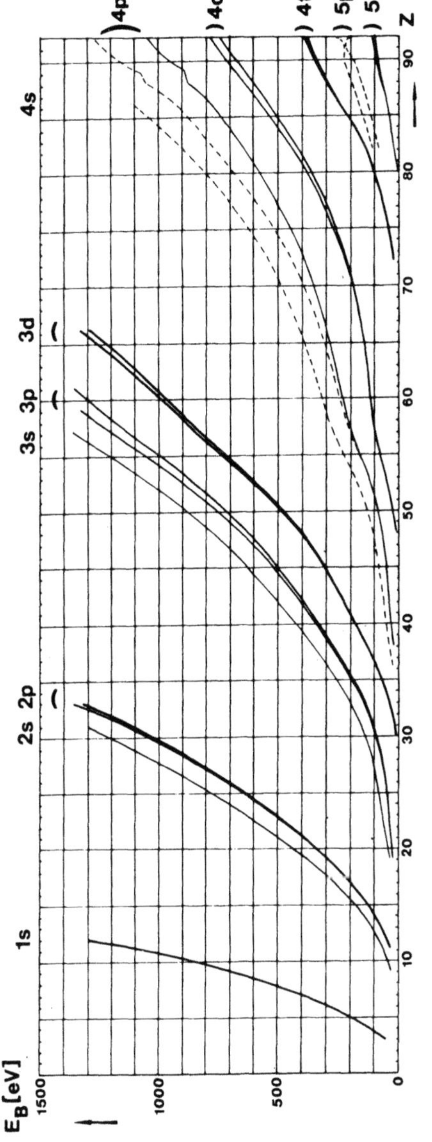

Abb. 10. Bindungsenergie E_B in Abhängigkeit von der Ordnungszahl Z zur Identifizierung der Röntgenphotoelektronenlinien

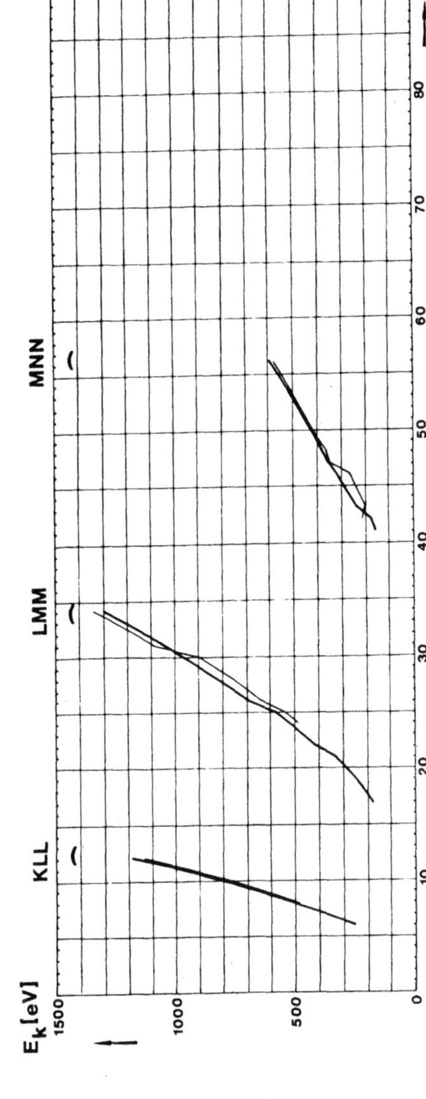

Abb. 11. Kinetische Energie E_k in Abhängigkeit von der Ordnungszahl Z zur Identifizierung der jeweils stärksten durch Röntgenstrahlung angeregten Augerelektronenlinie

zur quantitativen Analyse. Eine Quantifizierung ist sowohl aus der Linienlage als auch aus der Linienintensität möglich. Stöchiometrische Verbindungen können in zahlreichen Fällen aus der Linienlage, oder besser der chemischen Verschiebung der einzelnen Elementlinien identifiziert werden. Nähere Details zu dieser Art der Analytik enthält der Abschnitt „Quantitative Analyse stöchiometrischer Verbindungen". Anders sind die Verhältnisse im Falle nichtstöchiometrischer Verbindungen gelagert. Geht man nämlich vom Ergebnis der qualitativen Analyse aus, so müßten zunächst sämtliche nachgewiesenen Elemente in die rechnerische Auswertung einbezogen werden. Wie bereits erwähnt, sind sehr häufig C und O in Schichten an der Probenoberfläche enthalten und haben mit dem eigentlichen analytischen Problem nichts zu tun. Das folgende Beispiel möge illustrieren, daß aber auch andere Schichten vorliegen können. Werden z. B. Preßlinge aus CuS als ionenselektive Elektroden in eine $KMnO_4$-Lösung eingebracht, so entsteht an der äußersten Oberfläche eine Sulfatschicht [40]. Während die S2p-Signale von CuS und $CuSO_4$ klar differenzierbar sind, erfahren das $Cu2p_{3/2}$- und auch das Cu3p-Signal keine meßbare chemische Verschiebung, weshalb die Cu-Signale vom CuS-Substrat und der $CuSO_4$-Schicht einander überlagern, also nicht voneinander getrennt werden können. Von der chemischen Verschiebung her ermöglichen nur die beiden Schwefelsignale eine quantitative Analytik stöchiometrischer Verbindungen. Weiter ist gesichert, daß als Substrat nur CuS in Frage kommt und das Sulfat als Oberflächenschicht vorliegen muß. Hier gibt es allerdings die Möglichkeit, daß eine derartige Schicht entweder als homogene Schicht konstanter Dicke oder aber als Inselschicht vorliegt. Außerdem ist anzunehmen, daß darüber noch eine Kontaminationsschicht liegt. Die qualitative Analyse nennt zwar alle nachweisbaren Elemente, ohne darüber Auskunft zu geben, ob sie im Substrat oder in den darüber befindlichen Schichten enthalten sind und welche Topographie diese Schichten aufweisen.

Würde eine Analytik nichtstöchiometrischer Verbindungen auf das Beispiel der CuS-Elektrode mit $CuSO_4$-Schicht angewandt werden, so sind grundsätzlich nur falsche Ergebnisse zu erwarten, da die Frage unbeantwortet bliebe, ob nun das CuS-Substrat oder die $CuSO_4$-Schicht mit dem von beiden herrührenden Kupfersignal quantifiziert wird. Erst das Wissen um die Stöchiometrie erlaubt es, das Cu-Signal auf die beiden Verbindungen „aufzuteilen".

Dieses Beispiel wurde gewählt, um zu zeigen, daß eine quantitative Analyse mithilfe der Röntgenphotoelektronenspektrometrie auf einer Vielzahl von Informationen aufbauen muß, dann aber ausgezeichnete Aussagen über die untersuchte Festkörperoberfläche gestattet.

Von wesentlicher Bedeutung ist es, herauszufinden, wo die jeweiligen chemischen Elemente, ausgehend von der äußersten Oberfläche und in die Probentiefe fortschreitend, ihren Aufenthalt haben. Eine sehr gute und aussagekräftige Untersuchungsmethode für diese Fragestellung ist die Winkelvariation [41]. Die aus größerer Tiefe (z. B. 2 oder 3 nm) kommenden Signale werden in der darüberliegenden Schicht geschwächt. Ändert man nun den Beobachtungswinkel ε so, daß die erste Messung parallel zum Lot auf die Probenoberfläche ausgeführt wurde ($\varepsilon = 0$) und die zweite Messung unter einem flachen Winkel zur Probenoberfläche (z. B. $\varepsilon = 70°$), dann wird die Austrittslänge der Photoelektronen aus den tieferliegenden Probenteilen auf den $1/\cos 70°$-fachen Wert erhöht und das Signal entsprechend geschwächt. Für die an der äußersten Oberfläche befindlichen Elemente entfällt diese Art von

Signalschwächung. Damit können eindeutig die tiefliegenden Elemente von jenen an der Oberfläche unterschieden werden.

Ein Übersichtsspektrum einer ternären Ag—Au—Cu-Probe mit der vollständigen Indizierung wird in Abb. 24 gezeigt.

4 Kalibrierung der Energieskala

4.1 Allgemeines

In sämtlichen Tabellen, die für die verschiedenen Elemente die charakteristischen Photoelektronenlinien enthalten, ist als Energie der Photoelektronen die Bindungsenergie E_B in Verwendung. Die Bindungsenergie und die kinetische Energie E_k stehen über die Einstein-Beziehung

$$E_B = h\nu - W - E_k$$

in einem linearen Zusammenhang, wobei hier noch die neben der Quantenenergie $h\nu$ als Kenngröße enthaltene Austrittsarbeit W kurz diskutiert sei.

Man könnte annehmen, daß für die Austrittsarbeit der jeweilige Wert der untersuchten Probe zu verwenden sei. Das Energieschema in Abb. 12 zeigt aber, daß die Austrittsarbeit grundsätzlich identisch ist mit jener des Spektrometers. Hier erhebt sich die Frage, was unter Austrittsarbeit eines Spektrometers zu verstehen ist. Die Photoelektronen verlassen die Probenoberfläche und besitzen dort eine kinetische Energie E_k', die sich aus der Einstein-Beziehung unter Verwendung der Austrittsarbeit W_{Probe} errechnet. Zwischen der Probe und dem Eintrittsspalt des Spektrometers besteht eine Potentialdifferenz in der Größenordnung von einigen Zehntel Volt

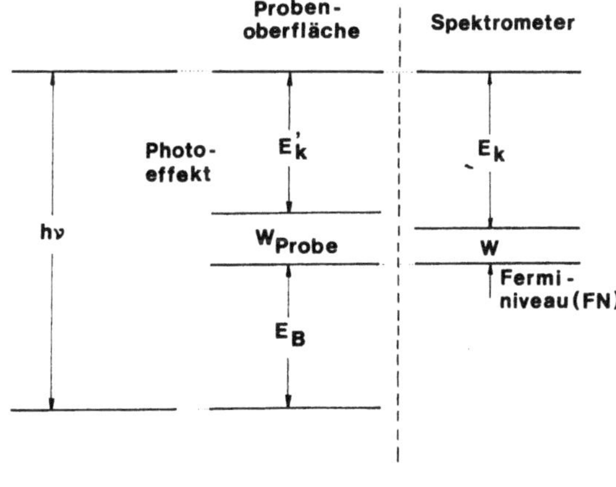

Abb. 12. Energieschema. Quanten der Energie $h\nu$ erzeugen in der Probe durch den photoelektrischen Effekt Photoelektronen, die beim Verlassen der Probenoberfläche eine Energie E_k' besitzen. Nach dem Durchlaufen der Potentialdifferenz entsprechend der Differenz der Austrittsarbeiten (W_{Probe} — W) beträgt die kinetische Energie der Photoelektronen im Spektrometer E_k

$$V = \frac{W_{Probe} - W}{e}$$, die von der unterschiedlichen Austrittsarbeit der Probe und des

Spektrometereintrittsspalts herrührt. Nachdem die Probe — und es wird angenommen, daß es sich um eine elektrisch leitende Probensubstanz handelt — mit dem Spektrometereintrittsspalt über den Probenträger und das Spektrometergehäuse in elektrisch leitender Verbindung steht, sind die Ferminiveaus FN der Probe und des Spektrometereintrittsspalts identisch. Das bedeutet, daß in der für die kinetische Energie E_k der Photoelektronen innerhalb des Spektrometers gültigen Beziehung, unabhängig von der Probe, nur noch die Austrittsarbeit W des Spektrometers, die — wie bereits erwähnt — mit jener des Spektrometereintrittsspalts identisch ist, Verwendung findet.

Für die Kalibrierung des Spektrometers ergeben sich zwei Motivationen. Diese sind eine möglichst genaue Kenntnis der Bindungsenergie mit dem Ziel,

1) eine qualitative Analyse aus dem gemessenen Übersichtsspektrum der Probe zu ermöglichen. Für diese Aufgabenstellung ist eine Kalibrierung auf Zehntel Elektronvolt sicher nicht erforderlich. Anders liegen jedoch die Verhältnisse, wenn

2) aus der Linienlage auf die chemische Nachbarschaft der Atomspezies, also die chemische Bindung, geschlossen werden soll (chemical shift).

Die Kalibrierung des Spektrometers beinhaltet die Bestimmung zweier Kenngrößen. Man kann im allgemeinen Fall davon ausgehen, daß die Messung mit einem Röntgenphotoelektronenspektrometer grundsätzlich nur eine gemessene Energie E_g liefert. Diese wird allerdings fälschlicherweise als kinetische Energie bezeichnet. Es kann sich dabei aber nur um eine mehr oder weniger gute Näherung handeln, da die gemessene Größe aus den Spektrometerkonstruktionsdaten, der Verzögerungsspannung und der Spannung der Ablenkeinheit errechnet wird. Zur Erhellung dieser Aussage möge eine Erfahrung dienen, die mit Photoelektronenspektrometern gewonnen wurde: Die Austrittsarbeit des Spektrometers mit einem gut gereinigten Spektrometerspalt liegt bis zu 1 eV über jener eines solchen mit kontaminiertem Spalt.

Für die folgenden Betrachtungen kann von einer Annahme mit sehr guter Sicherheit ausgegangen werden, nämlich der Stabilität und Linearität der Spannungsversorgungseinheiten für Verzögerung und Ablenkung. Obendrein ist es einfach möglich, die Linearität durch Vergleichsmessungen mit einem Eichspannungsgenerator zu überprüfen. Aus dieser Sicht können zwischen der gemessenen Energie E_g und der Bindungsenergie E_B lineare Zusammenhänge angenommen werden.

$$E_g = a + b \cdot E_B$$

a und b sind die beiden im Rahmen der Kalibrierung zu bestimmenden Kenngrößen des Spektrometers. Einige wenige Spektrometer, wie etwa jenes der Fa. GCA McPherson (ESCA 36) arbeiten ohne Verzögerung der Photoelektronen, wodurch diese mit der vollen kinetischen Energie in den Spektrometerteil gelangen. Bei 1 keV beträgt die relativistische Korrektur $E_g^2/2E_0$ etwa 1 eV ($E_0 = 0{,}5$ MeV ... Ruheenergie des Elektrons). Der Zusammenhang zwischen E_g und E_B ist hier ein quadratischer [42, 51].

Da bei den anderen Geräten die Photoelektronen vor dem Eintritt in den Spektrometerteil ein Verzögerungsfeld durchlaufen, kann die relativistische Korrektur unterbleiben. Soll die obige lineare Gleichung in die Einstein-Beziehung umgeschrieben werden, so ist eine Geradenneigung — ausgedrückt durch b — von 45° zu erwarten und für $a = h\nu - W$. Im Ordinatenabschnitt a ist also die Spektrometeraustrittsarbeit enthalten.

Es bieten sich für die Kalibrierung zwei Wege an, nämlich ein Niveau (z. B. Au 4f) bei verschiedenen wohldefinierten Vorspannungen zu vermessen und so b zu bestimmen [51]. Voraussetzung dafür ist die Möglichkeit, die Probe isoliert im Spektrometer anzubringen und mit einem Eichspannungsgeber über einen Spannungsbereich von rund 1 kV die Linienlage im gemessenen Spektrum in Abhängigkeit von der Probenspannung zu suchen.

Zur Ermittlung von a wird üblicherweise das Valenzband entweder von Palladium oder aber von Nickel vermessen und mittels einer in den Abb. 14 und 15 gezeigten Auswertung das Fermi-Niveau (FN) entsprechend einer Bindungsenergie $E_B = 0$ eV gefunden.

Die zweite Möglichkeit besteht darin, hinsichtlich ihrer Bindungsenergie sehr gut bekannte charakteristische Photoelektronenlinien [24, 39, 42–105] zu vermessen und über eine Ausgleichsrechnung den konstanten Term a und den Linearterm b zu berechnen.

Das zweite, auf Standardproben aufbauende Kalibrierverfahren bietet den Vorteil, daß kein elektrisch isolierter Probenträger vorausgesetzt wird, wodurch es sich für sämtliche Röntgenphotoelektronenspektrometer eignet.

4.2 Probenaufladung [106–115[

Bevor nun die eigentliche Kalibrierung anhand von Beispielen aufgezeigt wird, sei noch kurz auf die bei elektrisch nichtleitenden Proben sich ergebenden Schwierigkeiten hingewiesen. Wie bereits oben erwähnt, setzt man bei der Verwendung der Einstein-Beziehung voraus, daß die Probe und der Spektrometereintrittsspalt miteinander leitend verbunden sind. Elektrisch nichtleitende Proben unterscheiden sich von diesem Denkmodell. Allerdings ist es in der Röntgenphotoelektronenspektrometrie im Gegensatz zu anderen Oberflächenuntersuchungsverfahren einfach möglich, die dadurch bedingten Fehler zu erfassen. Zunächst erhebt sich die Frage, was die Konsequenzen sind, die bei der Verwendung elektrisch nichtleitender Proben im Vergleich zu elektrisch leitenden in Erscheinung treten. Bei Betrachtung der Verhältnisse im Probenbereich sind von der Röntgenröhre her Quanten, die auf die Probenoberfläche auftreffen, zu erwarten. Diese lösen aus der Probe Photoelektronen aus, die teilweise zum Spektrometer gelangen. Eine Bilanz der elektrischen Ladungen würde aus dieser Sicht zu einer Elektronenverarmung an der Probenoberfläche führen, also zu einer positiven Aufladung. Elektronen aus dem Valenzbandbereich mit einer Bindungsenergie nahe null haben die größtmögliche kinetische Energie beim Verlassen der Probenoberfläche und sind prinzipiell in der Lage, die gegenüber dem Spektrometerspalt positiv aufgeladene Probenoberfläche zu verlassen, und zwar bis zu einem Aufladungspotential entsprechend der verwendeten Quantenenergie. In Wirklichkeit liegen die Aufladungswerte im Bereich von einigen Volt, und nur bei Geräten mit Monochromator können Aufladungen bis zu 50 oder 100 Volt beobachtet werden. Es muß also ein Teil der emittierten Elektronen durch eine Ladungszufuhr kompensiert werden. Diese kommt in überwiegendem Ausmaße von niederenergetischen Sekundärelektronen aus dem Röntgenröhrenfenster. Damit ist aber auch verständlich, daß Geräte mit Monochromator, wo das Röntgenröhrenfenster nicht direkt der Probe gegenüberliegt, zu höheren Aufladungspotentialen Anlaß geben. Zur Verminderung der Aufladung in Monochromatorgeräten wird entweder ein dünnes Aluminiumfenster zwischen dem Monochromator und der Probe eingebracht, oder es werden Elektronen aus einem Glühfaden verwendet.

Wenn sich die Oberfläche einer elektrisch nichtleitenden Probe gegenüber dem Spektrometer auf beispielsweise $+1$ V auflädt (in der Mehrzahl der Fälle werden positive Aufladungen beobachtet), so werden die gemessenen Spektren eine Verschiebung von 1 eV in Richtung einer geringeren kinetischen Energie bzw. einer höheren Bindungsenergie aufweisen. Durch den Aufladungseffekt wird, wenn man ihn nicht meßtechnisch erfaßt und die Versuchsergebnisse korrigiert, eine zu hohe Bindungsenergie vorgetäuscht.

Die meßtechnische Erfassung des Aufladungseffekts erfolgt mithilfe des C1s-Signals der Kontaminationsschicht auf der Probenoberfläche. Diese Kohlenwasserstoff-Kontaminationsschicht ist etwa eine Monolage dick und rührt vom Pumpenöl her. Sie befindet sich ebenfalls auf dem Aufladungspotential der Probenoberfläche. Es kann im weiteren angenommen werden, daß im Spektrometer die Kontamination auf einer metallisch leitenden Vergleichsprobe eine Zusammensetzung aufweist, die jener auf der elektrisch nichtleitenden Probe gleicht. Das heißt, daß die Bindungsenergie der C1s-Photoelektronen aus den beiden Kotaminationsschichten als identisch

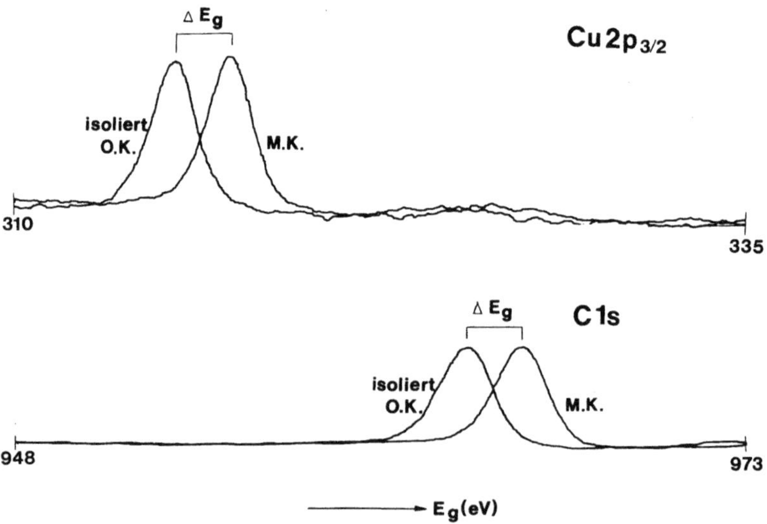

Abb. 13. Cu2p$_{3/2}$- und C1s-Spektren einer im Spektrometer elektrisch isoliert befestigten Kupferblechprobe. Die von der Kontamination (C1s) und vom Substrat (Cu2p$_{3/2}$) herrührenden Linien zeigen identische aufladungsbedingte Verschiebungen, wenn die Probe einmal elektrisch isoliert (O. K.) und einmal mit dem Spektrometer elektrisch leitend verbunden (M. K.) vermessen wird

anzunehmen ist. Ermittelt man bei der leitenden Probe die Lage des Cls-Signals im gemessenen Photoelektronenspektrum, so entspricht diese der Referenzlage für eine elektrisch nicht aufgeladene Probe. Die Verschiebung der Cls-Linie der elektrisch nichtleitenden Probe gegenüber der Referenzlage, gemessen in Elektronvolt, gibt Aufschluß über das elektrische Aufladungspotential an der Probenoberfläche, gemessen in Volt. Voraussetzung für die Verwendung des Kontaminations-Cls-Signals zur Quantifizierung der Probenaufladung ist die Bestätigung dafür, daß sich die Probenoberfläche und die Kontaminationsschicht auf demselben Aufladungspotential befinden. Diese Bestätigung wird anhand der folgenden Versuchsergebnisse erbracht.

Die in der Abbildung 13 gezeigten vier Photoelektronenspektren wurden von einer Kupferblechprobe erhalten, die im Spektrometer elektrisch isoliert angebracht worden war. Im oberen Teil sind die $Cu2p_{3/2}$-Spektren und im unteren Teil die Cls-Spektren wiedergegeben. M. K. bedeutet, daß die Messung mit elektrisch leitender Verbindung zwischen der Probe und dem Probenträger ausgeführt worden war, während O. K. die Ergebnisse im isolierten Zustand veranschaulicht. Deutlich ist die völlig gleichartige und auch gleich große Verschiebung der beiden Linien zu erkennen.

4.3 Durchführung

Vor kurzer Zeit wurden voneinander unabhängig zwei wissenschaftliche Arbeiten [42, 43] veröffentlicht, die als Grundlage für eine möglichst präzise Kalibrierung mithilfe von Eichproben dienen können. Für die Auswahl der Proben sind mehrere Kriterien von Bedeutung:

1) Es sollen einfach erhältliche Proben sein
2) Die Proben müssen elektrisch leitend sein
3) Die für die Kalibrierung verwendeten charakteristischen Photoelektronenlinien sollen möglichst intensiv und scharf sein, um so eine gute statistische Signifikanz der gemessenen Linienlage zu garantieren.
4) Die zu diesen Linien als Standardwerte angegebenen Bindungsenergien sollen aufgrund einer Vielzahl von Literaturwerten und Meßreihen von Forschungsgruppen genau bekannt sein.
5) Die Güte des linearen Ausgleichs

$$(E_g)_i = a + b(E_B)_i$$

ist umso besser, je weiter der E_B-Bereich erstreckt werden kann. Das bedeutet Bindungsenergiewerte von null bis möglichst 1 keV.
6) Je mehr wohldefinierte Linien von einer Probe existieren, desto mehr Meßpunkte definieren die Ausgleichsgerade. Dies kann dazu führen, daß auch Auger-Linien in die Kalibrierung einbezogen werden. Da der Entstehungsmechanismus der Auger-Elektronen im Vergleich zu den Photoelektronen ein völlig anderer ist, wird für die Auger-Linien eine Pseudobindungsenergie angegeben, die dann für Mg—Kα- und Al—Kα-Strahlung unterschiedlich ist.
7) Die Qualität der Probenoberfläche, wie etwa

a) geschliffen, poliert bzw. mit Stahlwolle gereinigt, oder

b) nach Reinigung durch Argonionenbeschuß, gefolgt von

c) einer Wärmebehandlung im UHV zur Ausheilung der im Rahmen von a) oder b) erzeugten Gitterfehler im Bereich der Probenoberfläche darf das Versuchsergebnis nur wenig beeinflussen. Das heißt, eine einfache Prozedur entsprechend den in a) angegebenen Varianten sollte zu reproduzierbaren Versuchsergebnissen führen.

8) Oberflächenreaktionen, wie insbesondere Oxidation, sollten das Versuchsergebnis nicht beeinträchtigen. Einer derartigen Bedingung ist am besten durch die Verwendung von Edelmetallen Rechnung zu tragen.

Nach Erörterung der an die Referenzproben zu stellenden Anforderungen werden in den Tabellen 1 und 2 die in den genannten Arbeiten [42, 43] vorgeschlagenen Proben, die zugehörigen charakteristischen Linien, zusammen mit den in der Literatur empfohlenen Bindungsenergiewerten angeführt. Ein Vergleich zeigt, daß in der Tabelle 1 nur Edelmetalle und Photoelektronenlinien Verwendung finden und sich der E_B-Bereich von null bis 573 eV erstreckt. Insgesamt stehen für die Ausgleichsrechnung neun Datenpunkte zur Verfügung.

Tabelle 1. Bindungsenergiewerte ausgewählter Photoelektronenlinien von Edelmetallen [42]

Photoelektronenlinie	E_B (eV)
Pd VB	0
Pt $4f_{7/2}$	71,2
Au $4f_{7/2}$	84,0
Pt $4d_{5/2}$	314,6
Au $4d_{5/2}$	335,2
Pd $3d_{5/2}$	335,3
Ag $3d_{5/2}$	368,1
Pd $3p_{3/2}$	532,3
Ag $3p_{3/2}$	573,0

Tabelle 2. Bindungsenergiewerte ausgewählter Photoelektronen- und Auger-Linien [43]

Photoelektronen- bzw. Augerlinie	E_B (eV)
Ni VB	0
Cu 3p	75,13
Au $4f_{7/2}$	84,00
Cu L_3MM	334,95
Ag $3d_{5/2}$	368,29
Ag M_4NN	895,76
Cu $3p_{3/2}$	932,67

In der Tabelle 2 sind zwei Edelmetalle und dazu Kupfer und Nickel als Standards in Verwendung. Außerdem wurden die Cu—L_3MM- und die Ag—M_4NN-Auger-Linien in die Kalibrierung einbezogen, wobei hier das Bindungsenergieintervall von null bis 932,67 eV reicht. Die Anzahl der charakteristischen Linien ist hier sieben.

Interessant ist neben den gezeigten Unterschieden die gemeinsame Verwendung der Au $4f_{7/2}$- und der Ag $3d_{5/2}$-Linien, wobei als interessantes Detail die Bindungsenergie für die Silberlinie einmal mit 368,1 und einmal mit 368,29 eV angegeben wird.

Zahlreiche Versuche haben eine ausgezeichnete Übereinstimmung der beiden Kalibrierungen ergeben. Die Standardabweichung der gemessenen Energiewerte $(E_g)_i$ von der Ausgleichsgeraden beträgt für beide Kalibrierungen 0,1 eV. Aus dieser Sicht

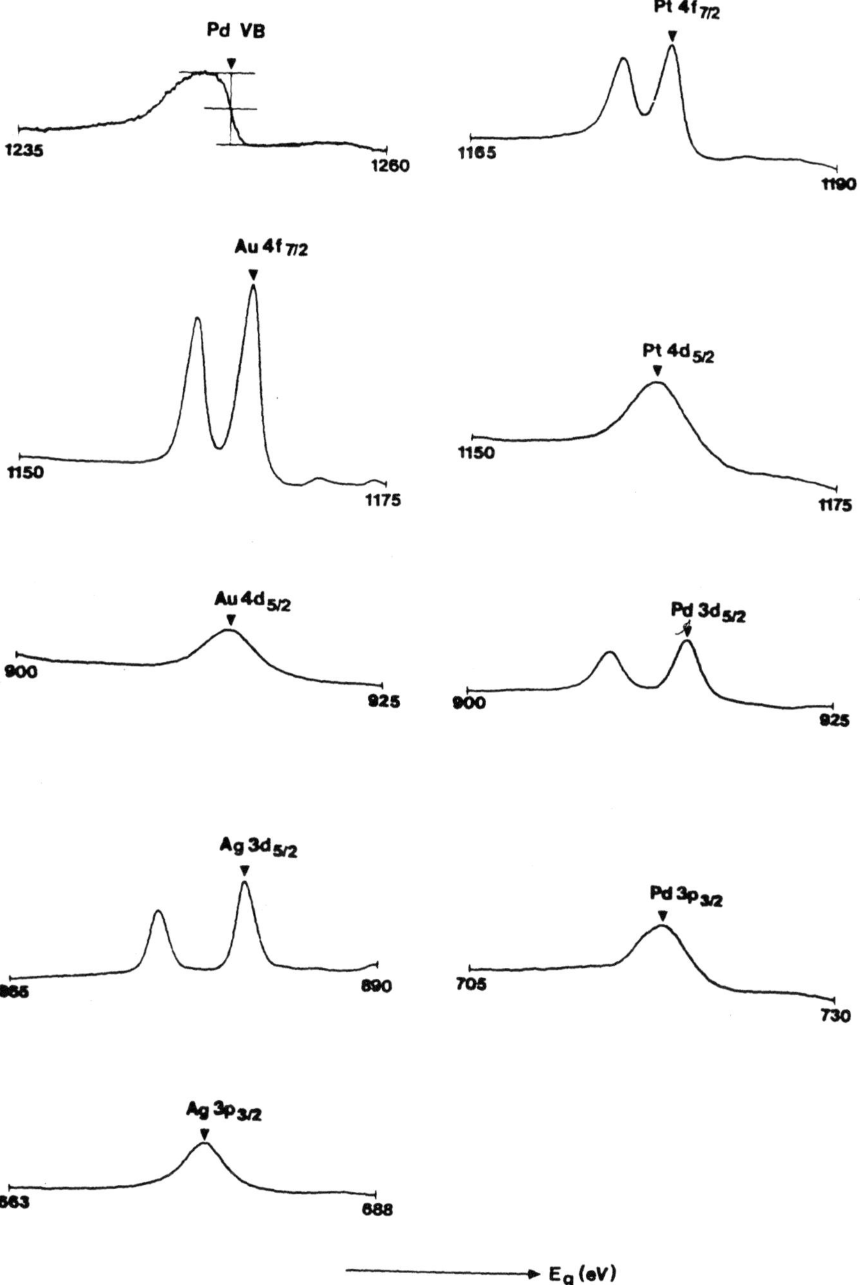

Abb. 14. Satz charakteristischer Röntgenphotoelektronenspektren (gemessen mit Mg—Kα-Strahlung) entsprechend Tabelle 1

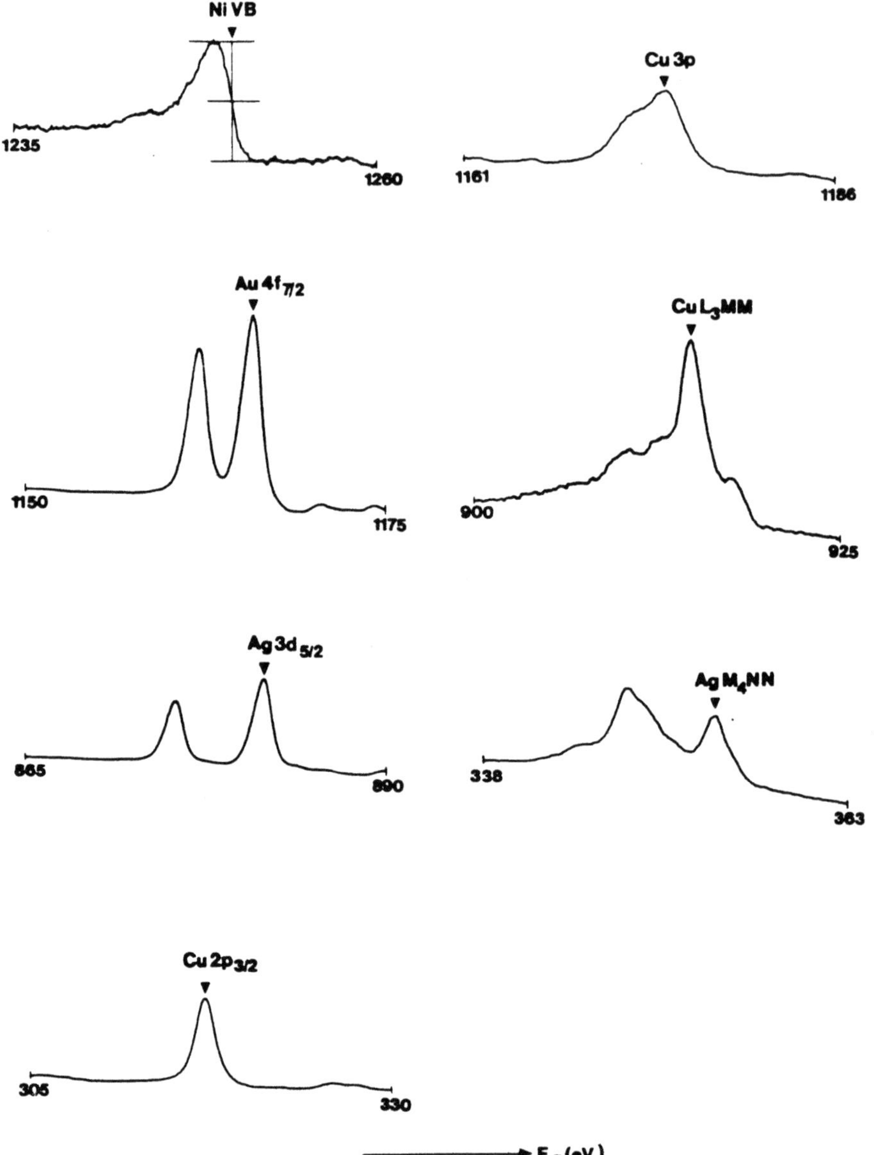

Abb. 15. Satz charakteristischer Röntgenphotoelektronenspektren und durch Röntgenstrahlung angeregter Augerspektren (gemessen mit Mg—Kα-Strahlung) entsprechend Tabelle 2

sollte es unter Berücksichtigung des Fehlerfortpflanzungsgesetzes möglich sein, aus der gemessenen Energie einer Photoelektronenlinie mit guter statistischer Signifikanz die zugehörige Bindungsenergie auf besser als $\pm 0{,}2$ eV genau anzugeben.

Die Abbildungen 14 und 15 veranschaulichen die in den Tabellen 1 und 2 angeführten Photoelektronenlinien, wobei für die Messungen Mg—Kα-Strahlung verwendet wurde.

Abschließend sei darauf hingewiesen, daß die in diesem Abschnitt als gemessene Energie E_g bezeichnete Größe häufig als kinetische Energie bezeichnet wird. Die wahre kinetische Energie E_k wird aber über die gemessene Energie E, die daraus berechnete Bindungsenergie E_B unter Verwendung der Einstein Beziehung gefunden.

5 Quantitative Analyse stöchiometrischer Verbindungen

Lange Zeit war der Einsatz der Photoelektronenspektrometrie — unter dem Namen ESCA (Electron Spectroscopy for Chemical Analysis) — sicher für den Strukturchemiker am attraktivsten. Die aus scharfen Signalen gewonnenen Bindungsenergien werden einem ganz bestimmten Elektronenzustand zugeordnet, und Bindungszustände erlauben die wesentlichen Aussagen in der Strukturchemie. Siegbahn [24] zeigte die Anwendung von ESCA zur Untersuchung eines Elements in unterschiedlichen Verbindungen. Die Tatsache, daß das Elektronenspektrum eines Elements von seiner chemischen Umgebung beeinflußt wird, gestattet die Analyse stöchiometrischer Verbindungen.

Durch die Ausbildung von chemischen Bindungen wird eine Veränderung der Elektronendichte der Valenzelektronen verursacht; diese Änderung ist auch in der Bindungsenergie der inneren Schalen wiederzufinden. Es wird die Linienlage, herrührend von inneren Schalen, für einen Standardzustand eines Elements (Reinelement, bzw. manchmal willkürlich gewählt) mit der Linienposition dieses Elements bei unterschiedlicher chemischer Umgebung verglichen. Der Unterschied — „Chemische Verschiebung", „chemical shift" — bewegt sich zwischen zehntel eV bis zu mehreren eV.

Zahlreiche Publikationen behandeln eine Anwendung der chemischen Verschiebung. Darüberhinaus werden unterschiedliche Modelle zur theoretischen Berechnung der Größe der Linienverschiebung gezeigt und im weiteren diese Modelle auf die Strukturchemie übertragen und Vergleiche mit NMR- und Mössbauer-Ergebnissen angestellt. Die Literaturzitate [24, 116–148] mögen stellvertretend für die große Zahl wissenschaftlicher Arbeiten auf diesem Gebiet stehen.

Der Effekt der chemischen Verschiebung sei am Beispiel einer dünnen SiO_2-Schicht auf Si demonstriert. Ist die Oxidschicht sehr dünn (rund 3 nm), so kann, wie dies Abbildung 16 zeigt, das Si2p-Signal sowohl von der Oberflächenschicht als auch vom Substrat beobachtet werden. Es ist dabei eine deutliche Verschiebung der gemessenen Energien (4,3 eV) zu erkennen.

Als zweites Beispiel seien die XPS-Messungen zur Untersuchung der Symmetrie des makrozyklischen Rings bei Porphinen [146] wiedergegeben. Durch die einander ergänzenden Aussagen der hochauflösenden Röntgenstrukturanalyse, der Feststellung eines Tautomerengleichgewichts durch NMR-Spektrometrie und den XPS-Untersuchungen des N1s-Niveaus konnte dieses Problem gelöst werden (Abb. 17a). Im Falle einer Partialstruktur solcher Porphine, den Pyrromethenen, zeigt das N1s-Niveau, daß die Struktur nicht symmetrisch ist, wie man aus NMR-Messungen vermuten könnte (Abb. 17b). Für das Protonierungsprodukt solcher Pyrromethene

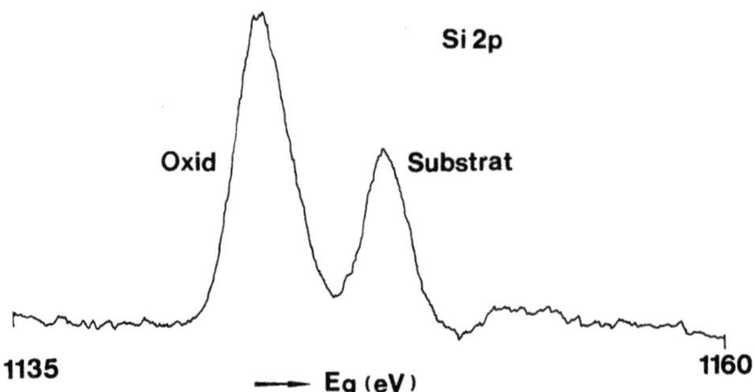

Abb. 16. Si2p-Spektrum einer SiO$_2$-Schicht auf Si

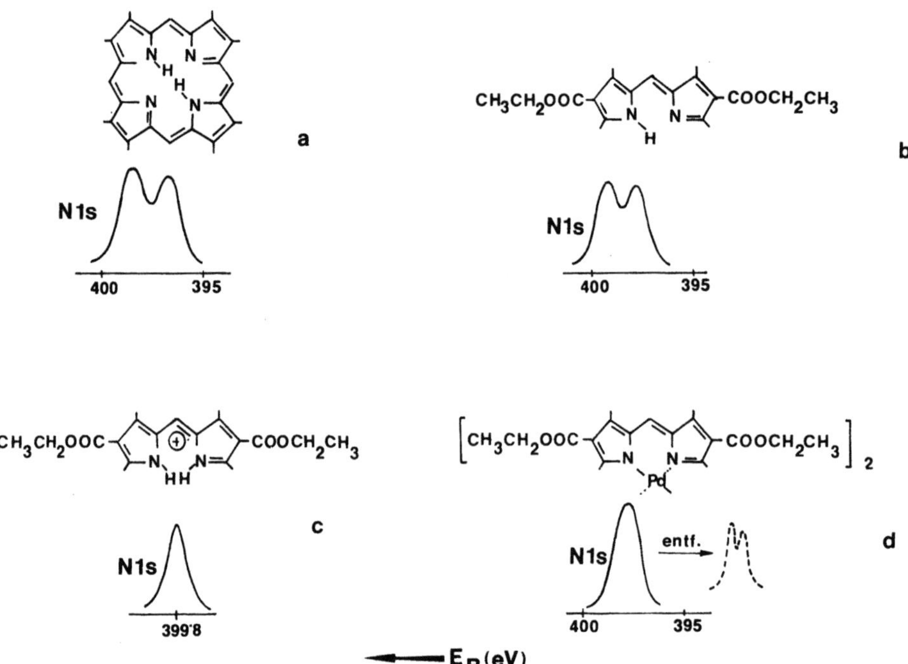

Abb. 17a–d. a) Zur Symmetrie des makrozyklischen Rings bei Porphinen; **b)** Zur Struktur der Pyrromethene; **c)** Zur Struktur des Protonierungsprodukts eines Pyrromethens; **d)** Struktur des Pyrromethen-Pd-Chelats

zeigt das Vorliegen nur eines N1s-Signals die vollständige Delokalisierung der positiven Ladung (Abb. 17c). Beim Palladiumchelat dieses Pyrromethens (Abb. 17d) zeigt das N1s-Niveau eine geringfügige Verbreiterung. Nach Entfaltung (siehe folgenden Abschnitt) werden zwei Niveaus im Abstand von 0,5 eV gefunden.

Tabelle 3 zeigt die Ergebnisse von XPS-Untersuchungen an Fe(II)-Komplexen [147].

Tabelle 3. Bindungsenergien von Fe in verschiedenen Fe(II)-Komplexen [147]

	E_b (eV)		
	N1s	$Fe2p_{1/2}$	$Fe2p_{3/2}$
Komplex			
$Fe(phen)_2Cl_2$	399,2	721,9	708,3
$Fe(phen)_2(OCN)_2$	398,8	722,1	708,6
$Fe(phen)_2(NO_2)_2$	399,7	723,5	710,0
$Fe(phen)_2(NCS)_2$	399,0	722,6	709,2
$Fe(phen)_3(ClO_4)_2$	399,0	720,7	707,8
Standard			
BN	397,9		
Fe		719,95	706,75
Fe_2O_3		724,3	710,7

Die geringen Unterschiede in den Bindungsenergien erfordern naturgemäß ein optimal eingesetztes Instrument und eine sorgfältige Kalibrierung.

In der Praxis wird man trachten, gut präparierte Standardproben zu vermessen bzw. auch Vergleichsproben in einer vergleichbaren chemischen Bindung zu untersuchen. Handelt es sich — und diese Problemstellung ist die häufigste — um Verbindungen, deren Elemente, nicht aber deren Stöchiometrie bekannt sind (z. B. Unterscheidung zwischen FeO, Fe_2O_3, Fe_3O_4, FeOOH), so empfiehlt es sich, nach der Bestimmung der zugehörigen Bindungsenergien der vermessenen Elementlinien entsprechende Tabellenwerke (z. B. lit. 39) zum Vergleich heranzuziehen. Hier sind, nach Ordnungszahlen geordnet, für die jeweils ausgeprägteste, gut zu vermessende Elementlinie die Bindungsenergien für Standard und für unterschiedlichste chemische Verbindungen enthalten.

Liegen breite Linien vor, so empfiehlt es sich, mit Hilfe eines Entfaltungsverfahrens eine eventuell mögliche Aufspaltung in mehrere Linien vorzunehmen. Man erhält dann die Information, ob und in wievielen unterschiedlichen Bindungen das Element vorliegt. In modernen Geräten beinhaltet das Software-Paket für die Spektrenaufbereitung fast immer ein derartiges Entfaltungsprogramm. Häufig wird zumindest eine mögliche Aufspaltung einer breiten Linien durch ein „curve-fitting"-Verfahren mit Gaußprofilen angeboten. Die mathematischen Grundlagen und Überlegungen zur Entfaltung eines Spektrums werden im folgenden Abschnitt gegeben.

Die bei der Präparation der Probe mit der umgebenden Atmosphäre möglichen Reaktionen können in vielen Fällen auf Reaktionen des Luftsauerstoffs mit der Probe, die Bindung von Wassermolekülen aus der Luftfeuchtigkeit an bereits bestehende chemische Verbindungen an der Probenoberfläche oder die Absorption von Wassermolekülen an der Probenoberfläche sein. Das bedeutet insofern eine Verkomplizierung, als das Sauerstoffsignal je nach der Art, in welcher es sich der röntgenphotoelektronenspektrometrischen Untersuchung stellt, an verschiedenen Positionen des Spektrums zu finden ist und im eigentlichen Sinne nur die Reaktion der Probe mit der umgebenden Atmosphäre zeigt, nicht aber nur den eventuell in der Probe selbst in einer chemischen Bindung vorhandenen Sauerstoff. Selbstverständlich wurde

Tabelle 4. O1s-Bindungsenergien für an der Probenoberfläche befindlichen Sauerstoff [148]

Metallober- fläche	chemisorb. Sauerstoff	Oberflächen- oxide	Oberflächen- hydroxide	Wasser
Be	—	531,1	532,8	533,9
Na	—	529,6	—	—
Mg	—	531,0	533,5	535,7
Al	—	532,4	533,3	534,6
Mn	—	530,4	532,6	535,2
		532,2		
Ni	530,1–529,7	531,4–5	—	533,1
Cu	530,2–530,8	531,0	—	—
	532,0–533,6			
Zn	529,8	532,0	—	—
Mo	530,0	—	—	532,5
Pb	530,9	527,8	—	—
		529,7		
Pb	529,1–3	530–531,3	—	—
Pb	528,8	—	—	—

diese Fragestellung aufgrund ihrer Bedeutung ausführlichst untersucht, und Tabelle 4
[148] zeigt für einige Substratelemente die zugehörigen Bindungsenergien des Sauerstoffs je nach der Art seines Auftretens an der Oberfläche.

6 Entfaltung

Das Auflösungsvermögen eines Röntgenphotoelektronenspektrometers wird durch
folgende Faktoren bestimmt:
1) Spektralverteilung der Röntgenstrahlung
   (Mg Kα: hv = 1253,6 eV, Halbwertsbreite ≅ 0,7 eV,
   Al Kα: hv = 1486,6 eV, Halbwertsbreite ≅ 0,9 eV)
2) Energieauflösung des Analysators (= Spektrometerfunktion)
3) Bei elektrisch nichtleitenden Proben zusätzlich durch eine ungleichmäßige Verteilung der Probenaufladung
   Für die qualitative und quantitative Analyse und für einfachere Untersuchungen
des Charakters chemischer Bindungen ist das vom Gerät her vorgegebene Auflösungsvermögen ausreichend. Für höherauflösende Untersuchungen chemischer
Bindungen und die Valenzbandspektrometrie ist diese Auflösung in vielen Fällen
nicht ausreichend. Es bieten sich zwei verschiedene Wege zur Auflösungsverbesserung
an:
1) Verwendung eines Monochromators für die Röntgenstrahlung und zusätzlich eine
   elektronische Aufladungskompensation und/oder eine
2) mathematische Aufbereitung gemessener Spektren geringer Auflösung bzw. eine
   mathematische Aufladungskompensation durch Entfaltung.
   Mithilfe eines Monochromators sind Halbwertsbreiten von ca. 0,3 eV für

Mg—Kα- bzw. Al—Kα-Strahlung erreichbar. Diese Verringerung der Halbwertsbreiten wird durch einen hohen apparativen Aufwand erreicht.

Neben einer geringeren Flexibilität bei der Probenauswahl im Vergleich zu einem Gerät ohne Monochromator ist vor allem der Intensitätsverlust der Röntgenstrahlung nachteilig. Für die Erreichung guter Signal-Rausch-Verhältnisse in angemessener Meßzeit ist die Verwendung einer Multichannelplate als Elektronendetektor erforderlich.

Den Einfluß der Spektralverteilung und der Spektrometerfunktion auf das gemessene Photoelektronenspektrum des untersuchten Niveaus kann man in einem einfachen mathematischen Modell darstellen. In dem untersuchten Niveau sollen sich $f_1(E_B) \, dE_B$ Elektronen mit einer Bindungsenergie zwischen E_B und $E_B + dE_B$ befinden. Bei Wechselwirkung dieser Elektronen mit einer einfallenden Strahlung mit der Energieverteilung $f_2 \, (h\nu)$ erhält man ein Spektrum von kinetischen Energien der emittierten Elektronen $df_3(E_k)$.

$$df_3(E_k) = f_1(E_B) \cdot dE_B \cdot f_2(E_B + E_k + W)$$

$$h \cdot \nu = E_B + E_k + W$$

Unter der vereinfachenden Annahme eines einheitlichen Photoabsorptionsquerschnittes aller Elektronen dieses Niveaus erhält man nach Integration über den Energiebereich des Niveaus ein Energiespektrum

$$f_3(E_k) = \int_{E_{B1}}^{E_{B2}} f_1(E_B) \cdot f_2(E_B + E_k + W) \cdot dE_B$$

Man bezeichnet eine derartige Gleichung als Faltungsintegral und schreibt in Kurzform auch

$$f_3 = f_1 \otimes f_2$$

In Abb. 18 sind dieser Faltungsschritt und auch die weiteren Stufen zum „gemessenen" Spektrum aufbauend auf einer theoretisch berechneten Zustandsdichteverteilung des Au-Valenzbands gezeigt.

Ein Teil der emittierten Photoelektronen verliert auf dem Weg zur Probenoberfläche in inelastischen Streuprozessen kinetische Energie. In einem einfachen Modell nimmt man an, daß die Streuung zu kleineren Energien hin gleich wahrscheinlich sei. Jedes Element $f_3(E_k^*) \, dE_k^*$ trägt dann zu einem Anheben der Intensität für Energien $E_k < E_k^*$ einen Beitrag $k \cdot f_3(E_k^*) \, dE_k^*$ bei. Insgesamt ergibt sich eine Verteilung

$$f_4(E_k) = f_3(E_k) + k \cdot \int_{E_k}^{E_{k,\,max}} f_3(E_k^*) \, dE_k^*$$

Die Verteilung $f_4(E_k)$ beschreibt die Energieverteilung der die Probenoberfläche verlassenden Elektronen. Die Energien dieser Elektronen werden in einem Analysator gemessen. Jeder Analysator hat aber nur ein begrenztes Auflösungsvermögen, das

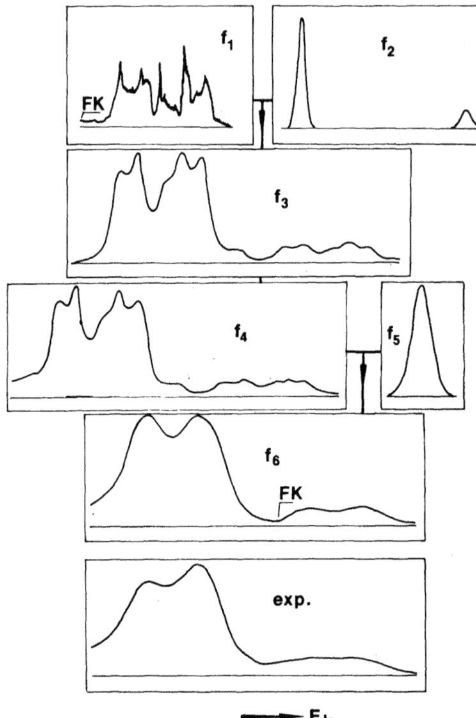

Abb. 18. Zur Entstehung des gemessenen Valenzbandprofils von Au aus der Zustandsdichte $f_1(E_B)$ [149] der Spektralverteilung [150] $f_2(h\nu)$ der monochromatischen Röntgenstrahlung, der Untergrundanhebung zufolge inelastischer Streuprozesse und der Spektrometerfunktion $f_5(E_k)$ [151—155, 158]

auf den nicht unendlich schmalen Eintrittsspalt und auf die Fokussierungseigenschaften des zur Abbildung verwendeten elektrostatischen Feldes zurückzuführen ist. Monoenergetische Elektronen mit einer Energie E_k^* werden deshalb als Spektrum $df_6(E_k)$ gemessen.

$$df_6(E_k) = f_4(E_k^*)\, dE_k^* \cdot f_5(E_k - E_k^*)$$

f_5 bezeichnet man als Spektrometerfunktion. Wird ein Elektronenspektrum abgebildet, so muß über alle in diesem Spektrum enthaltenen Energien integriert werden.

$$f_6(E_k) = \int\limits_{-\infty}^{+\infty} f_4(E_k^*) \cdot f_5(E_k - E_k^*) \cdot dE_k^*$$

$$f_6 = f_4 \otimes f_5$$

Die im FRR- oder FAT-Modus mit Verzögerungsfeld zu erwartende Spektrometerfunktion ist sehr stark geräteabhängig, weshalb hier am besten mit dem Gerätehersteller die Form derselben in Abhängigkeit von E_k geklärt wird.

Ein Vergleich von f_1 mit f_6 in Abb. 18 zeigt einen beträchtlichen Informationsverlust. Direkte Rückschlüsse auf die Zustandsdichteverteilung sind bei entsprechender Breite des untersuchten Niveaus nur schwer möglich.

Bei ausreichend genauer Kenntnis der Spektralverteilung f_2 und der Spektrometer-funktion f_5 ist eine Umkehrung des oben beschriebenen mathematischen Modells möglich, die es einem erlaubt, aus einem gemessenen Spektrum die eigentlich inter-essierende Funktion f_1 zu erhalten. Dieser umgekehrte Prozeß wird als *Entfaltung* bezeichnet. Die Schwierigkeiten, die sich dabei ergeben, hängen unmittelbar mit den mathematischen Eigenschaften von Faltungsintegralen und der statistischen Natur des gemessenen Spektrums zusammen.

Als relativ einfaches Entfaltungsverfahren kann man eine iterative Methode [156] verwenden. Dabei wird, ausgehend von einer an sich beliebigen Verteilung $g_0(x)$ die Funktion $f_{6,0}(x)$ durch Faltung berechnet und mit dem experimentell erhaltenen

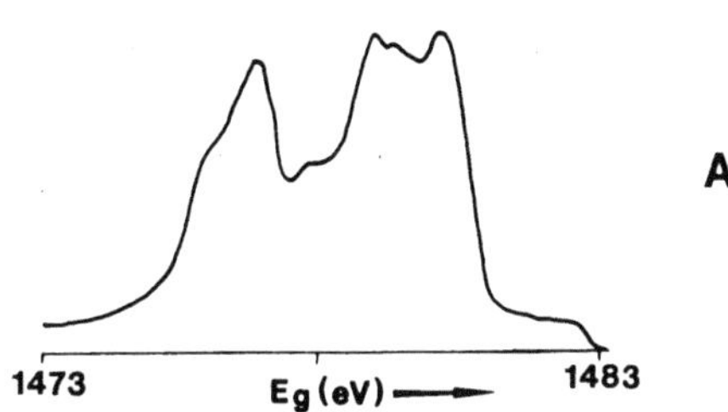

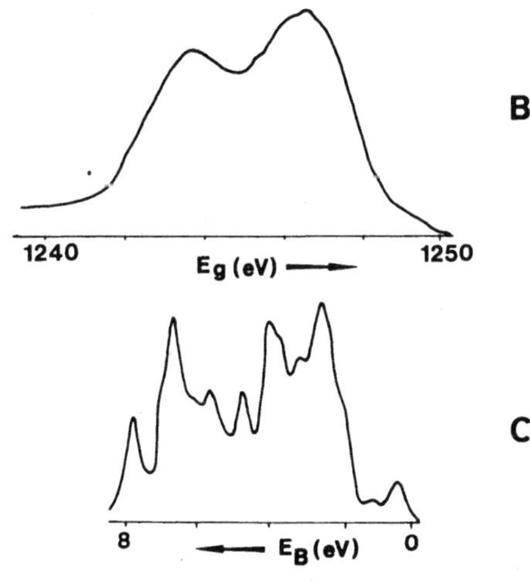

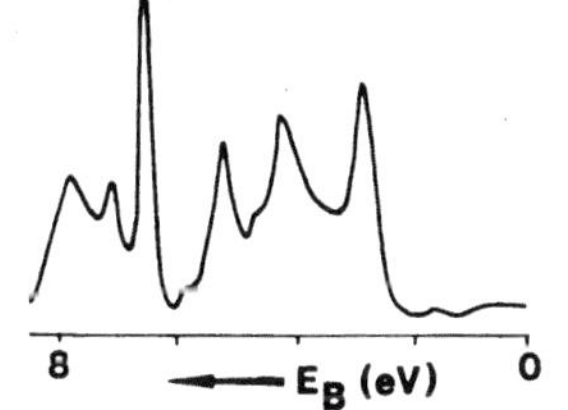

Abb. 19a–d. Zur iterativen Entfaltung eines gemessenen Au-Valenzbandprofils nach van Cittert [156] **A)** gemessenes Profil (Al—Kα + Monochromator); **B)** gemessenes Profil (Mg—Kα); **C)** entfaltetes Profil B nach sechs Iterationsschritten; **D)** theoretische Zustands-dichte nach Conolly [149]

Spektrum $f(x)$ verglichen. Die Differenzen, die sich dabei ergeben, werden für eine Korrektur von g_0 verwendet.

Dabei kommt es auf die Art der Korrektur entscheidend an. Ein Iterationsschritt kann folgendermaßen aussehen:

$$g_n(x) = g_{n-1}(x) + [f(x) - f_{6,\,n-1}(x)]$$

Natürlich kann man das Problem, das mit dem statistischen Rauschen der Meßkurve verbunden ist, nicht umgehen. Man hat aber die Möglichkeit, den Entfaltungsprozeß Schritt für Schritt zu verfolgen und ihn dann abzubrechen, wenn die Zunahme des Rauschens im Vergleich zum Auflösungsgewinn noch klein ist. Eine Anwendung dieses Entfaltungsverfahrens auf ein Spektrum des Au-Valenzbandes zeigt die Abb. 19.

Unterschiedliche Photoabsorptionsquerschnitte von Elektronen in verschiedenen Zuständen sind in den oben beschriebenen Entfaltungsverfahren nicht berücksichtigt. Das muß bei einem Vergleich mit theoretischen Bandstrukturen beachtet werden bzw. es müßte nach Zuordnung der Strukturen im entfalteten Spektrum zu den entsprechenden Zuständen eine nachträgliche Korrektur in dieser Richtung erfolgen.

Wie schon zu Beginn dieses Abschnitts erwähnt wurde, gibt es neben einer elektronischen Aufladungskompensation auch die Möglichkeit einer mathematischen Korrektur durch Entfaltung. Der Einfluß eines ortsabhängigen Aufladungspotentials V_{ch} auf das gemessene Spektrum wird mathematisch wieder durch ein Faltungsintegral beschrieben. Je nach Entstehungsort in der Probe durchlaufen die Elektronen eine unterschiedliche Potentialdifferenz zum Analysator hin und werden daher bei verschiedenen kinetischen Energien beobachtet.

Da man bei einem realen Experiment die Form des Aufladungspotentials und damit die für die Entfaltung benötigte Aufladungsfunktion f_{ch} nicht kennt, muß man versuchen, diese aus Referenzmessungen zu erhalten. Dazu mißt man als Referenz ein bestimmtes Niveau, z. B. C1s, einmal von der Kontaminationsschicht eines Leiters und einmal von der Kontaminationsschicht der untersuchten nichtleitenden Probe. Dabei stellt man in sehr vielen Fällen *keine Verzerrung* der Linie, sondern nur eine Verbreiterung und Verschiebung fest. In diesen Fällen kann folgendes Näherungsverfahren für die Aufladungskorrektur verwendet werden.

Beide C1s-Spektren werden nach kleinstem Fehlerquadrat durch Gaußverteilungen ersetzt. Die Halbwertsbreite von C1s-nichtleitend ist HB_3 und die von C1s-leitend ist HB_1. Das bedeutet aber, daß f_{ch} auch eine Gaußverteilung sein muß, da nur die Faltung zweier Gaußverteilungen wieder eine Gaußverteilung ergibt. Die Halbwertsbreite HB_2 von f_{ch} ergibt sich aus

$$HB_2 = \sqrt{HB_3^2 - HB_1^2}$$

Die mittlere Verschiebung DE_{ch} erhält man aus den Stellen der Maxima der C1s-Linien.

Zur mathematischen Aufladungskorrektur muß man also das gemessene Spektrum des untersuchten Nichtleiters mit f_{ch} entfalten und die erhaltene Verteilung noch um den Betrag DE_{ch} verschieben.

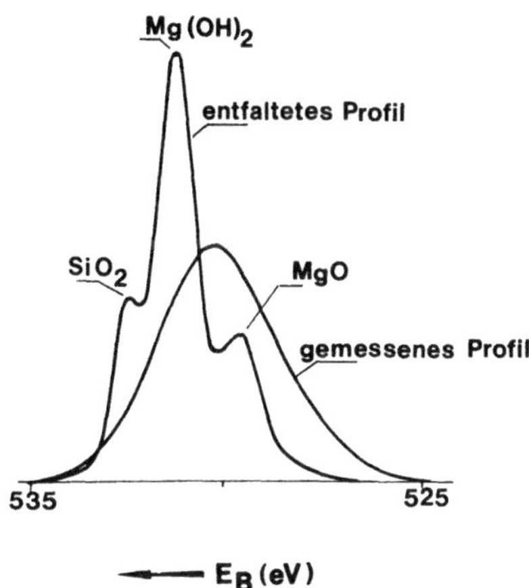

Abb. 20. Gemessenes O1s-Profil einer MgO · SiO$_2$-Probe und das durch Entfaltung gewonnene Profil. Neben der aufladungsbedingten Verschiebung kann damit auch der von der Aufladungsverteilung an der Probenoberfläche verursachte Informationsverlust wettgemacht werden [152]

Ein Beispiel für dieses Verfahren enthält Abb. 20. Das aufladungskorrigierte Spektrum zeigt drei O1s-Signale, entsprechend den beiden verschieden gebundenen O-Atomen der Verbindung MgO · SiO$_2$ und dem O in der oberflächlichen Hydroxidschicht.

Einen hervorragenden Übersichtsartikel zu den verschiedenen Entfaltungsprozeduren haben Carley und Joyner [157] im Jahre 1979 publiziert.

7 Schichtdickenbestimmung

7.1 Allgemeines

Die Oberfläche von Festkörpern ist immer von einer dünnen Schicht (Kontamination, Oxide, Nitride, Kohlenwasserstoffe, adsorbierte Wassermoleküle) bedeckt, wobei zumeist nur Argonionenbeschuß einen Abtrag der Schicht ermöglicht. Allerdings ist selektives Sputtern oft unvermeidlich und führt naturgemäß zu einem falschen analytischen XPS-Ergebnis. Das Vorhandensein einer Oberflächenschicht beeinflußt aber das Ergebnis einer eichprobenfreien quantitativen Analytik, werden doch charakteristische Linien unterschiedlicher Elektronenenergie in der Schicht unterschiedlich geschwächt [159]. Eine Kenntnis der Schichtdicke gestattet es, diesen Einfluß zu berücksichtigen und das analytische Ergebnis zu korrigieren. Im folgenden wird theoretisch und anhand von praktischen Beispielen gezeigt, wie die Bestimmung der Schichtdicke erfolgen kann.

Es ist nicht notwendig, die geometrische Dicke d der Schicht zu bestimmen, sondern eine reduzierte Schichtdicke x, die in Vielfachen der inelastischen mittleren freien Weglänge λ der Photoelektronen angegeben wird: $x = d/\lambda$. Die reduzierte Schichtdicke kann nun aus Messungen eines Signals aus dem Substrat, der Schicht, Bildung des Quotienten und aus der Abhängigkeit dieses Quotienten vom Austrittswinkel der

Photoelektronen bestimmt werden. Fraser et al. [160] untersuchten mit dieser Methode Cs auf Mo, Brunner und Zogg [161] Au-Schichten auf Ni.

Die nachfolgenden Gleichungen geben den Zusammenhang zwischen den integrierten XP-Signalen (nach Abzug des Untergrundes) n, dem Austrittswinkel ε (Winkel zwischen dem Lot auf die Probenoberfläche und der Photoelektronenbeobachtungsrichtung) und der reduzierten Schichtdicke x.

$$\text{Substrat} \quad n_S = S \cdot e^{-\frac{x_S}{\cos \varepsilon}}$$

$$\text{Schicht} \quad n_L = L \cdot \left(1 - e^{-\frac{x_L}{\cos \varepsilon}}\right)$$

$$\text{Quotient} \quad r = \frac{n_L}{n_S} = R \cdot \frac{1 - e^{\frac{x_L}{\cos \varepsilon}}}{e^{-\frac{x_L}{\cos \varepsilon} \cdot \left(\frac{E_L}{E_S}\right)^{0,7}}}$$

Diese Gleichungen gelten für eine ideal ebene Oberfläche, ohne Schichtdickenverteilung, ohne den endlichen Raumwinkel Ω des vom Spektrometer beobachteten Photoelektronenbündels zu beachten, ohne Berücksichtigung elastischer Streuprozesse der Photoelektronen und für gut vermessene Winkel ε. Zufolge der Energieabhängigkeit von λ [159, 162–168] gemäß $\lambda \propto E^{0,7}$ unterscheiden sich $x_S = d/\lambda_S$ und $x_L = d/\lambda_L$, wobei die Beziehung $x_S = x_L \cdot (E_L/E_S)^{0,7}$ gilt. E_S und E_L sind die kinetischen Energien der Photoelektronen, herrührend vom Substrat bzw. von der Schicht. Um x_S bzw. x_L nur aus dem Signal n_S bzw. n_L zu bestimmen, dürften S bzw. L keine Winkelabhängigkeit aufweisen, was in der Praxis nur für Geräte ohne Verzögerungsfeld (z. B. GCA McPherson ESCA 36) zutrifft. Da jedoch die Winkelabhängigkeit von S mit der von L identisch ist, zeigt der Quotient R = L/S keinen derartigen Einfluß, es sei denn bei CMA-Geräten, deren Abnahmewinkel einen großen Winkelbereich überstreicht.

Somit ist — von obigen Ausnahmen abgesehen — die Quotientenmethode $r = n_L/n_S$ am besten zur XPS-Schichtdickenbestimmung geeignet. Allerdings sollte auch — es handelt sich ja um den Einsatz in der Analytik — eine Abschätzung der Richtigkeit der Ergebnisse möglich sein.

Dies kann entweder durch Vergleich mit ellipsometrischen Daten erfolgen oder durch Computersimulation, wobei statistische Signifikanz und systematische Fehler untersucht werden können.

Um die Schichtdickenbestimmung mithilfe der Methode der variablen Geometrie zu demonstrieren, eignen sich SiO_2-Schichten auf Si ganz hervorragend. Einerseits führt die Ellipsometrie zu brauchbaren Vergleichsergebnissen, und andererseits ist die Oberflächenrauhigkeit bei derartigen Schichten im nm-Bereich. Weiters kann auch R als bekannt vorausgesetzt werden [169]. SiO_2 auf Si ist eigentlich als Dreischichtproblem zu betrachten: Zwischen SiO_2 und Si existiert eine Zwischenschicht (interface) SiO_x, und darüberhinaus ist die Oxidschicht noch von einer oberflächlichen Kontamination bedeckt. Mittels der Quotientenmethode kann aber auch hier die reduzierte Schichtdicke von SiO_2, ohne Einfluß der Kontamination, bestimmt werden. Die Dicke des Interface liegt bei rund 0,5 nm [170–173]. Das Signal aus dem Interface wird zumeist von den beiden anderen Signalen überragt, und die Praxis

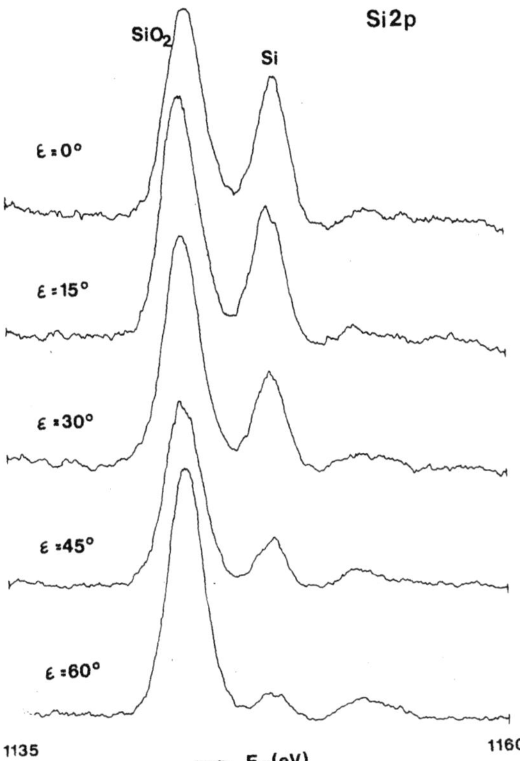

Abb. 21. Si2p-Spektren für unterschiedliche Austrittswinkel

zeigt, daß es für Schichtdicken größer als 2 nm vernachlässigt werden kann. In Abb. 21 sind zur Darstellung des Meßeffekts XPS-Ergebnisse an einer SiO$_2$-Schicht auf Si bei $\varepsilon = 0°, 15°, 30°, 45°$ und $60°$ dargestellt. Das linke Signal mit der niedrigsten gemessenen kinetischen Energie entspricht dem Oxid, das rechte Signal dem Siliziumsubstrat. Die Auswertung der Versuchsergebnisse — sie wird im folgenden gezeigt — ergab einen Wert für d/λ von 1,47.

7.2 Auswertung der Versuchsergebnisse mit variabler Geometrie

Betrachten wir nochmals die Gleichung für r, so sehen wir, daß neben x_L auch die Größe R als zweite Unbekannte vorliegt, d. h. es müssen für eine Auswertung zumindest die Messungen von n_S und n_L bei zwei unterschiedlichen Austrittswinkeln ε vorliegen. Eine größere Anzahl von Meßergebnissen für verschiedene Beobachtungswinkel gestattet eine bessere Geanauigkeit. Liegt nun ein entsprechender Datensatz $r_i(\varepsilon_i)$ vor, so wird mittels Ausgleichsrechnung x_L bestimmt. Mit der Fehlerdefinition

$$v_i = \frac{\Delta r}{r} = \frac{r_{i,\,gem}(\varepsilon_i) - r_{i,\,theor}}{r_{i,\,theor}}$$

und mit

$$\frac{\partial \sum\limits_{i=1}^{f} v_i^2}{\partial R} = 0\,, \qquad \frac{\partial \sum\limits_{i=1}^{f} v_i^2}{\partial x_L} = 0$$

können R und x_L iterativ bestimmt werden.

Die Bedeutung des Index f sei im folgenden kurz erläutert: Die Auswertung inkludiert Daten für $\varepsilon_1 < \varepsilon_2 < \dots$ bis $\varepsilon_f \leqq \varepsilon_{max}$. Die Obergrenze ε_f ist von der jeweiligen Schichtdicke abhängig. Es zeigt sich, daß oberhalb ε_f die Schichtdicke x_L nicht mehr konstant bleibt. Für Messungen $\varepsilon_i > \varepsilon_f$ machen sich die Einflüsse der elastischen Streuung und der Oberflächenrauhigkeit stark bemerkbar. Bei jedem Iterationsschritt wird zusätzlich ein Korrelationskoeffizient k^2 berechnet, der die Güte der Ausgleichsrechnung widerspiegelt. Die Wahl von f ist so zu treffen, daß k^2 ein Maximum wird. Diese Aussagen sind in Abb. 22 veranschaulicht.

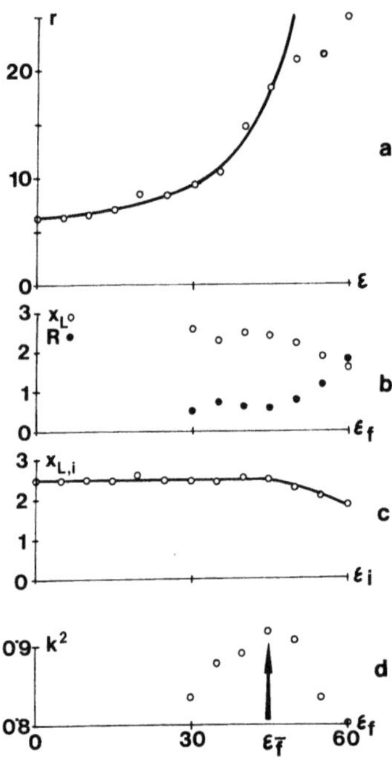

Abb. 22a–d. Demonstration der Abbruchbedingung bei der Auswertung a) Gemessene Daten $r_i(\varepsilon_i)$. Gezeichnete Kurve: Berechnet für x_L und R für $\varepsilon_f = 45°$; b) Winkelabhängigkeit der Ergebnisse $x_L(\varepsilon_f)$ und $R(\varepsilon_f)$; c) Horizontalverlauf von $x_L(\varepsilon)$ bis zu ε_f (berechnet aus $r_i(\varepsilon_i)$ unter Verwendung der Gleichung für r von Seite 261 und R entsprechend $\varepsilon_f = 45°$); d) $k^2(\varepsilon_f)$: daraus lassen sich ε_f und $x_L(f)$ bestimmen

Für analytische Aussagen [159] wird die reduzierte Schichtdicke x_L auf die Referenzenergie von 1 keV umgerechnet, indem x_L mit $E_L^{0,7}$ multipliziert wird (E_L in keV):

$$X_L = d/\Lambda_L = (d/\lambda_L) \cdot E_L^{0,7} = x_L \cdot E_L^{0,7}$$

7.3 C1s-CKVV-Methode [174]

Die Bestimmung der reduzierten Schichtdicke mit variabler Probengeometrie führt sicherlich zu analytisch gut brauchbaren Ergebnissen, aber man muß bedenken, daß die dafür benötigte Meßzeit nahezu um eine Größenordnung die Meßdauer für die eigentliche quantitative Analyse überschreitet. Außerdem muß das Gerät für Untersuchungen mit variablem Beobachtungswinkel ausgelegt sein. Besteht nun die oberflächliche Kontaminationsschicht aus Kohlenwasserstoffen, so können die charakteristischen, energetisch weit getrennten Kohlenstofflinien — C1s und CKVV — ebenfalls zur Bestimmung der reduzierten Schichtdicke herangezogen werden. Die bereits oben erläuterte Quotientenmethode führt zu der Beziehung

$$r = \frac{n_{C1s}}{n_{CKVV}} = const \cdot \frac{1 - e^{-\frac{x_L}{\cos \varepsilon}(E_{C1s})^{-0,7}}}{1 - e^{-\frac{x_L}{\cos \varepsilon}(E_{CKVV})^{-0,7}}}$$

(kinetische Energie E in keV).

X_L ist wieder die reduzierte Dicke bei der Referenzenergie von 1 keV.

Die Konstante (const) ist gerätespezifisch und von der reduzierten Schichtdicke x unabhängig. Man bestimmt sie durch Vermessung einer „unendlich dicken" Schicht, z. B. Graphit (nach Abtrag der eigenen Kontaminationsschicht durch Argonionen) oder einer dünnen Pumpenölschicht auf Gold, da in diesem Fall r = const gilt.

Bei den eigenen Versuchen (XSAM 800-Kratos) im FAT-Modus war const = 0,87. Eine Anwendung dieser Methode wird im folgenden Abschnitt gezeigt.

8 Quantitative Analyse nichtstöchiometrischer Verbindungen

8.1 Voraussetzungen

Für das in diesem Abschnitt gezeigte Verfahren, welches zur Erreichung des quantitativen Ergebnisses keinerlei Vergleichs- oder Standardproben erfordert, sind folgende Voraussetzungen zu erfüllen:

1) Die Probe, deren Zusammensetzung an der Oberfläche bestimmt werden soll, ist von *einer* Schicht (Kontamination) oder *mehreren* Schichten (Oxid, Wasser, Hydroxid, Kontamination etc.) bedeckt. Diese sind jeweils homogen und weisen eine gleichförmige Dicke über den vom Spektrometer erfaßten Probenbereich auf. Die geometrische Dicke der Gesamtbedeckung sei d, und die inelastische mittlere freie Weglänge für Elektronen mit einer Energie von 1 keV möge innerhalb derselben Λ_L betragen.

2) Wenn in einer der Schichten ein chemisches Element enthalten ist, welches auch in dem zu analysierenden Substrat vorkommt, müssen dessen gemessene Linien durch die chemische Verschiebung der zumeist stöchiometrischen Bedeckung deutlich differenzierbar sein. Damit ist aber auch bereits verdeutlicht, welche

Probleme bei der Analytik C- bzw. O-haltiger Substrate zu erwarten sind. Eine von einer Oxidschicht bedeckte Metallegierung bietet geringere Schwierigkeiten, da, wenn der Sauerstoff aus der Analytik ausgeklammert bleibt, die analytischen Ergebnisse zumeist brauchbar sind.

3) Im allgemeinen Fall bleiben C und O in der Analytik von Proben mit Schichten unberücksichtigt. Ausnahmen sind dann möglich, wenn bekannt ist, daß sich z. B. der Sauerstoff in der Schicht über dem Substrat befindet und sich das zugehörige Element im Substrat und der Schicht durch chemische Verschiebung eindeutig durch eine Substrat- und eine Schichtlinie manifestiert. Als Beispiel sei eine SiO_2-Schicht auf Si erwähnt. Das Si2p-Signal der Schicht und das O1s-Signal repräsentieren eindeutig die SiO_2-Schicht auf dem Si-Substrat.

4) Die Zählraten der gemessenen Photoelektronenlinien werden in dem Verfahren mit einem Ansatz berechnet, der die gelegentlich auftretenden „Verluste" durch shake-up- und shake-off-Prozesse [175] nicht zu berücksichtigen gestattet. Dazu ist anzumerken, daß es keine allgemeingültige Theorie dafür gibt und diese Prozesse nur in seltenen Fällen zu signifikanten Unterschieden zwischen den berechneten und den gemessenen Werten Anlaß geben. Außerdem sind die als Folge davon entstehenden Satelliten als um einige eV gegen höhere Bindungsenergien zu verschobene Linien leicht zu erkennen. Es gibt somit die Möglichkeit, diese entweder in die Auswertung (Integral) miteinzubeziehen, ober aber eine andere Linie desselben Elements, bei welcher der Effekt in geminderter Form auftritt, für die quantitative Analyse zu verwenden.

5) Erst in jüngster Zeit werden Ansätze gemacht [176], den Einfluß der elastischen Streuung der Röntgenphotoelektronen in der Probe auf das Analysenergebnis zu erfassen. Im derzeitigen Stadium ist es aber noch unmöglich, einfache Korrekturausdrücke anzugeben. Der Einfluß ist eindeutig gegeben, jedoch nicht in einem solchen Ausmaß, daß dadurch das Ergebnis der Analyse infragezustellen wäre.

6) Es wird die Kenntnis der Spektrometertransmission S des verwendeten Gerätes in Abhängigkeit von der kinetischen Energie der Elektronen benötigt. Diese Information kann vom Gerätehersteller erhalten werden, für eine Vielzahl von Geräten existieren sorgfältige Untersuchungen dazu [177] oder sie kann, wenn das Gerät eine Variation des Potentials der Probe gestattet, sehr einfach selbst bestimmt werden [178].

Das Versuchsergebnis beinhaltet dann die folgenden Größen:

f ... die vom Spektrometer beobachtete Probenfläche, die bei Geräten mit einer Elektronenlinse über den Energiebereich bis 1500 eV etwas variiert, im allgemeinen aber als konstant anzunehmen ist,

S ... die Spektrometertransmission, die — wie bereits erwähnt — für ein Gerät ohne Verzögerungsfeld direkt proportional zur gemessenen Energie ist und im FAT-Modus in erster Näherung konstant ist, und

$\varkappa$ ... die Energieabhängigkeit der Detektorempfindlichkeit, die ebenfalls über einen weiten Energiebereich als konstant anzunehmen ist.

Es wird also im strengen Sinne $f \cdot S \cdot \varkappa$ ermittelt. In Abb. 23 sind als Beispiele die Funktionen $f \cdot S \cdot \varkappa = f(E_k)$ für das GCA-McPherson ESCA-36-Röntgenphotoelektronenspektrometer und ebenso für das Kratos XSAM-800-Gerät im FRR- und FAT-Modus dargestellt. Für die Verwendung dieses Gerätecharakteristikums in der quantitativen Analyse wird das Produkt $f \cdot S \cdot \varkappa$ in der Form $A + B \cdot E_k$ $+ C \cdot E_k^2 + D \cdot E_k^3$ durch eine kubische Parabel approximiert.

Im Falle des Fehlens sämtlicher Informationen, die zu $f \cdot S \cdot \varkappa$ oder S in Abhängigkeit von E_k führen könnten, ist sicher eine erste Näherung mit $f \cdot S \cdot \varkappa = const$ im FAT-Modus und $f \cdot S \cdot \varkappa = const \cdot E_k$ im FRR-Modus gegeben.

7) Die Abhängigkeit der inelastischen mittleren freien Weglänge λ von der Energie wird in Übereinstimmung mit zahlreichen Literaturstellen [29, 159, 162–167] mit $\lambda = \Lambda \cdot E^{0,7}$ beschrieben. Λ sei die für eine beliebige Substanz und eine Elektronenbezugsenergie von 1 keV gültige inelastische mittlere freie Weglänge, und E sei die tatsächliche kinetische Energie der Elektronen in keV. Mit dieser Annahme

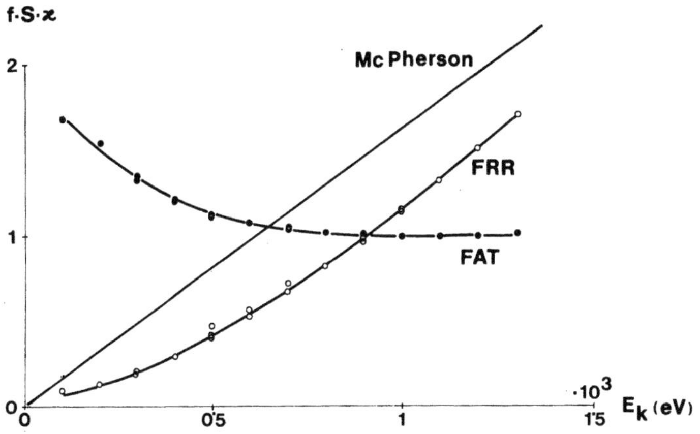

Abb. 23. Energieabhängigkeit von $f \cdot S \cdot \varkappa$ für zwei unterschiedliche Geräte

kann auf die Kenntnis der inelastischen mittleren freien Weglänge in den verschiedenen chemischen Reinelementen [29] und die Zusammensetzung der Reinelementdaten zu einer resultierenden freien Weglänge [179, 180] verzichtet werden. Es ist anzunehmen, daß weitere Untersuchungen zu einer besseren Präzisierung des derzeit verwendeten Exponenten von 0,7 führen und damit eine entsprechende Korrektur der analytischen Gleichung erforderlich machen werden. Trotzdem bleibt weiterhin der genannte Vorteil erhalten, nämlich die Reinelementwerte nicht kennen zu müssen, die darüberhinaus nicht für alle Elemente bekannt sind.

8) Es muß die reduzierte Dicke d/Λ_L der Bedeckung in einem getrennten Experiment ermittelt werden oder zumindest als eine aus der Erfahrung mit $d/\Lambda_L = 0,5$ anzunehmende Größe in die Auswertung aufgenommen werden. Gerade die Energieabhängigkeit der inelastischen mittleren freien Weglänge zieht beträchtliche Konzentrationsunterschiede bei der Nichtberücksichtigung der Bedeckung nach sich [167]. Hier sei auf den der Schichtdickenbestimmung gewidmeten Abschnitt verwiesen.

8.2 Analysengleichung

Die Zählrate n_i^k — das ist die Fläche zwischen der Linie k und dem Untergrund — des chemischen Elements i einer Mehrstoffprobe errechnet sich zu

$$n_i^k = \text{const} \cdot [A + B \cdot E_i^k + C \cdot (E_i^k)^2 + D \cdot (E_i^k)^3] \cdot \left(\frac{E_i^k}{1000}\right)^{0,7} \cdot \frac{\sigma_i^k}{\sigma_C^{1s}} \cdot \frac{1}{A_i}$$

$$\times \left(1 - \frac{\beta_i^k}{2} \cdot \frac{3 \cdot \cos^2 \vartheta - 1}{2}\right) \cdot C_i \cdot \exp\left(-\frac{d}{\Lambda_L \cdot \left(\frac{E_i^k}{1000}\right)^{0,7} \cos \varepsilon}\right)$$

E_i^k ... kinetische Energie E_i^k (in eV) $= h\nu - E_{B,i}^k$ der Photoelektronen innerhalb der Probe (W = 0). (Daten in den Tabellen 5 und 6)

$E_{B,i}^k$ ... Bindungsenergie r der Elektronen aus dem Niveau k im Element i (z. B. Au$4f_{7/2}$ ... i = Au, k $= 4f_{7/2}$)

$\dfrac{\sigma_i^k}{\sigma_C^{1s}}$ ... Photoabsorptionsquerschnitt der Quantenstrahlung hν im Niveau k des Elements i, ausgedrückt in Vielfachen des C1s-Photoabsorptionsquerschnitts (Daten in den Tabellen 5 und 6)

A_i ... Atomgewicht des Elements i

β_i^k ... Asymmetrieparameter für Photoelektronen aus dem Niveau des Elements i, die durch Quantenstrahlung der Energie hν ausgelöst wurden (Daten in den Tabellen 5 und 6).

Tabelle 5. Für Mg—Kα-Strahlung berechnete Koeffizienten a, b und c zur Darstellung von ln (σ_i^k), E_i^k und β_i^k mittels quadratischer Gleichungen

Niveau	a	b	c	gültig f. Z_i
ln σ_i^{1s}	$-8,6245$	5.8458	$-0,5761$	$4 \div 11$
ln σ_i^{2s}	$-15,1713$	8.3845	-1.0203	$10 \div 25$
ln σ_i^{2p}	$-23,1725$	11.7039	$-1,1880$	$11 \div 31$
ln σ_i^{3p}	$-26,5111$	12,3298	$-1,2860$	$26 \div 50$
ln σ_i^{3d}	$-66,4164$	30,5642	$-3,2972$	$30 \div 56$
ln σ_i^{4d}	$-87,7841$	39,7143	$-4,3768$	$55 \div 75$
ln σ_i^{4f}	$-231,1808$	99,2039	$-10,4753$	$70 \div 88$
E_i^{1s}	1221.9036	21,6845	$-10,5417$	$4 \div 11$
E_i^{2s}	1217,9188	18,7341	$-1,9308$	$10 \div 25$
E_i^{2p}	1229,6716	18,6688	$-1,7315$	$11 \div 31$
E_i^{3p}	905,0407	32,1248	$-0,7874$	$26 \div 50$
E_i^{3d}	694,6196	43,3445	$-0,8403$	$30 \div 56$
E_i^{4d}	604,5190	23,5465	$-0,2434$	$55 \div 75$
E_i^{4f}	$-2776,4153$	115,6107	$-0,8315$	$70 \div 88$
β_i^{1s}	2	0	0	$4 \div 11$
β_i^{2s}	2	0	0	$10 \div 25$
β_i^{2p}	-0.5940	0,17416	$-0,00373$	$5 \div 30$
β_i^{3p}	0,2668	0,07268	$-0,00097$	$15 \div 55$
β_i^{3d}	$-1,0298$	0,10877	$-0,00131$	$25 \div 60$
β_i^{4d}	$-0,7185$	0,07113	$-0,00060$	$35 \div 95$
β_i^{4f}	$-0,5465$	0,04798	$-0,00036$	$60 \div 100$

Tabelle 6. Für Al—Kα-Strahlung berechnete Koeffizienten a, b und c zur Darstellung von $\ln(\sigma_i^k)$, E_i^k und β_i^k mittels quadratischer Gleichungen

Niveau	a	b	c	gültig f. Z_i
$\ln\sigma_i^{1s}$	−8,6960	5,8395	−0,5495	4 ÷ 12
$\ln\sigma_i^{2s}$	−15,5491	8,6118	−1,0361	10 ÷ 30
$\ln\sigma_i^{2p}$	−23,4926	11,7758	−1,1775	11 ÷ 32
$\ln\sigma_i^{3p}$	−26,6345	12,2923	−1,2557	21 ÷ 55
$\ln\sigma_i^{3d}$	−63,6346	28,7989	−3,0264	30 ÷ 60
$\ln\sigma_i^{4d}$	−67,1764	29,4300	−3,0885	55 ÷ 80
$\ln\sigma_i^{4f}$	−216,1058	91,8646	−9,5865	70 ÷ 90
E_i^{1s}	1454,9036	21,6845	−10,5417	4 ÷ 11
E_i^{2s}	1450,9188	18,7341	−1,9308	10 ÷ 25
E_i^{2p}	1472,6716	18,6688	−1,7315	11 ÷ 31
E_i^{3p}	1138,0407	32,1248	−0,7874	26 ÷ 50
E_i^{3d}	927,6195	43,3445	−0,8403	30 ÷ 56
E_i^{4d}	837,5190	23,5465	−0,2434	55 ÷ 75
E_i^{4f}	−2543,4153	115,6107	−0,8315	70 ÷ 88
β_i^{1s}	2	0	0	4 ÷ 11
β_i^{2s}	2	0	0	10 ÷ 25
β_i^{2p}	−0,2070	0,1191	−0,00215	5 ÷ 30
β_i^{3p}	0,2648	0,0656	−0,00079	15 ÷ 55
β_i^{3d}	−0,7293	0,0856	−0,00095	25 ÷ 60
β_i^{4d}	0,0552	0,0410	−0,00033	45 ÷ 85
β_i^{4f}	−0,3117	0,0385	−0,00027	60 ÷ 100

ϑ ... Winkel zwischen der Richtung der einfallenden Röntgenstrahlung und der Beobachtungsrichtung der Photoelektronen

C_i ... gesuchte Konzentration des Elements i in Gewichtsprozent

A, B, C, D ... beschreiben die Spektrometerkenngröße $f \cdot S \cdot \varkappa$ (s. Punkt 6)

d/Λ_L ... reduzierte Dicke der Bedeckung für Elektronen mit einer Referenzenergie von 1 keV

ε ... Winkel zwischen dem Lot auf die Probenoberfläche und der Beobachtungsrichtung

Enthält die Probe m verschiedene Elemente, so können m Gleichungen für $n_i^k|_{i=1..m}$ und zusätzlich die Beziehung

$$\sum_{i=1}^{m} C_i = 100$$

angeschrieben werden. Zur Auflösung nach den unbekannten Werten von $C_1 \dots C_m$ sei

$$N_i^k = \left[A + B \cdot E_i^k + C \cdot (E_i^k)^2 + D \cdot (E_i^k)^3\right] \cdot \left(\frac{E_i^k}{1000}\right)^{0,7} \cdot \frac{\sigma_i^k}{\sigma_C^{1s}} \cdot \frac{1}{A_i}$$

$$\times \left(1 - \frac{\beta_i^k}{2} \cdot \frac{3\cos^2\vartheta - 1}{2}\right) \cdot \exp\left(-\frac{d}{\Lambda_L \cdot \left(\frac{E_i^k}{1000}\right)^{0,7} \cos\varepsilon}\right)$$

eingeführt. Dividiert man die gemessene Zählrate n_i^k durch N_i^k, so ergibt dies, wenn man die beiden Ausdrücke vergleicht,

$$\frac{n_i^k}{N_i^k} = \text{const} \cdot C_i$$

Mit der Summe der Quotienten

$$\sum_{i=1}^{m} \frac{n_i^k}{N_i^k} = \text{const} \cdot \sum_{i=1}^{m} C_i = 100 \cdot \text{const}$$

wird const bestimmt:

$$\text{const} = \frac{1}{100} \cdot \sum_{i=1}^{m} \frac{n_i^k}{N_i^k}$$

und daraus die Konzentration C_i des Elements i in *Gewichtsprozent* bestimmt:

$$C_i = \frac{100}{\sum_{i=1}^{m} \frac{n_i^k}{N_i^k}} \cdot \frac{n_i^k}{N_i^k}$$

Die Umrechnung in *Atomprozent* erfolgt mit

$$c_i(\text{At \%}) = \frac{\frac{C_i(\text{Gew \%})}{A_i}}{\sum_{j=1}^{m} \frac{C_j(\text{Gew \%})}{A_j}} \, 100$$

Aus den Gleichungen ist die Tatsache der eichprobenfreien Analytik zu ersehen. Gerade im Bereich der Oberflächenanalytik wäre es unerhört schwierig, geeignete Referenzproben zu realisieren, die neben einer vergleichbaren Zusammensetzung auch noch eine vergleichbare Bedeckung mit Oxid und/oder Kontamination zuzüglich adsorbierten Molekülspezies aufweisen. Die obige Gleichung wurde aus einer Analogiebetrachtung [180] zur quantitativen Röntgenfluoreszenzanalyse entwickelt, das Ergebnis mit den zahlreichen Literaturausdrücken verglichen und, wie bereits erwähnt, der Übergang von der Kenntnis der zahlreichen Reinelementwerte der inelastischen mittleren freien Weglänge zur vereinheitlichten Energieabhängigkeit $E^{0,7}$ vorgenommen [159]. Die außerordentlich einfache Struktur der Gleichungen läßt es als sinnvoll erscheinen, die Datensätze für σ_i^k/σ_C^{1s} aus der Arbeit von Scofield [27], für die Atomgewichte A_i und für β_i^k aus der Veröffentlichung von Reilman, Msezane und Manson [28] in der Form von Parabelnäherungen darzustellen und damit die Auswertung des Analysenergebnisses mit Kleinrechnern zu verwirklichen. Die Tabellen 5 und 6 bauen auf dieser Zielvorstellung auf.

Zunächst sei eine für $Z_i \geq 6$ gültige und gut brauchbare Näherung für das Atomgewicht A_i gegeben:

$$A_i = -0{,}0271 + 1{,}94108 \cdot Z_i + 0{,}010567 \cdot (Z_i)^2 - 0{,}00004266 \cdot (Z_i)^3$$

Die Kenngrößen a, b und c der Tabellen 5 und 6 hängen mit $\ln(\sigma^k/\sigma_C^{1s})$, E_i^k und β_i^k in der nachstehend dargestellten Form zusammen:

$$\ln(\sigma_i^k/\sigma_C^{1s}) = a + b \cdot \ln(Z_i) + c \cdot (\ln(Z_i))^2$$
$$E_i^k = a + b \cdot Z_i + c \cdot (Z_i)^2$$
$$\beta_i^k = a + b \cdot Z_i + c \cdot (Z_i)^2$$

Darüberhinaus sind in den für Mg—Kα- und für Al—Kα-Strahlung angegebenen Datenblöcken die jeweiligen Gültigkeitsbereiche angeführt.

Somit bleibt für die praktische Anwendung noch zu klären, in welcher Weise getrennte bzw. überlagerte Dublette in den Analysenausdruck eingehen. Die Datensätze gelten für s-, $p_{3/2}$-, $d_{5/2}$- und $f_{7/2}$-Elektronen. Bei einer Dublettenüberlagerung, also einem unaufgelösten Dublett, wird eine zu hohe Zählrate gemessen, da sich z. B. die Cu3p-Linie aus den unaufgelösten $Cu3p_{1/2}$- und $Cu3p_{3/2}$-Linien zusammensetzt. Es wird also, um bei diesem Beispiel zu bleiben, bei der Messung der Cu3p-Zählrate zusätzlich zur interessierenden $Cu3p_{3/2}$-Zählrate die $Cu3p_{1/2}$-Zählrate gefunden. In derartigen Fällen ermöglicht es die Multiplikation mit einem Korrekturfaktor, die Analysengleichung trotzdem verwenden zu können. Diese Korrekturfaktoren sind in Tabelle 7 angegeben.

8.3 Programm

Das nunmehr behandelte in BASIC geschriebene Analysenprogramm wurde von Bisich [181] entwickelt. Soll es direkt in der gegebenen Form verwendet werden, seien kurz folgende Kommentare gegeben:

Das Programm wurde für einen Rechner vom Typ EPSON HX20 entwickelt. Die darin enthaltenen Spektrometerdaten A, B, C und D beziehen sich auf die in

Tabelle 7. Korrekturfaktoren zur Reduktion der gemessenen Zählrate unaufgelöster Dublette auf die in der Analysengleichung verwendete Größe

unaufgelöste Niveaus	Korrekturfaktor
2p	0,661
3p	0,664
3d	0,592
4d	0,592
4f	0,560

Struktogramm

<table>
<tr><td colspan="2" align="center">A N A L Y S I S</td></tr>
<tr><td colspan="2">Programmname: "ANALYSE.1"
Rechner: EPSON HX-20</td></tr>
<tr><td colspan="2">Definition des RAM-File-Bereichs:
   DEFFIL 10,100</td></tr>
<tr><td colspan="2">Instrument?   Input
  XSAM 800.................1
  ESCA 36.................2
Wiederholung bis 1 ∨ 2 gewählt!</td></tr>
<tr><td colspan="2" align="center">Instrument ?</td></tr>
<tr><td>XSAM</td><td>ESCA</td></tr>
<tr><td align="center">$\vartheta = 70°$</td><td align="center">$\vartheta = 90°$</td></tr>
<tr><td colspan="2">EXCITATION?   Input
  Mg-Kα.................1
  Al-Kα.................2
Wiederholung bis 1 ∨ 2 gewählt!</td></tr>
<tr><td colspan="2" align="center">Instrument ?</td></tr>
<tr><td>XSAM</td><td>ESCA</td></tr>
<tr><td>Input
Mode?
 FRR..........1
 FAT..........2
Mode?
FRR   FAT
A,B,C,D | A,B,C,D</td><td>A=0
B=1
C=0
D=0</td></tr>
<tr><td colspan="2" align="center">Teil A</td></tr>
<tr><td colspan="2">Input:
  Additional Analysis (1)?
Wiederholung wenn INPUT =1</td></tr>
<tr><td colspan="2" align="center">E N D</td></tr>
</table>

A

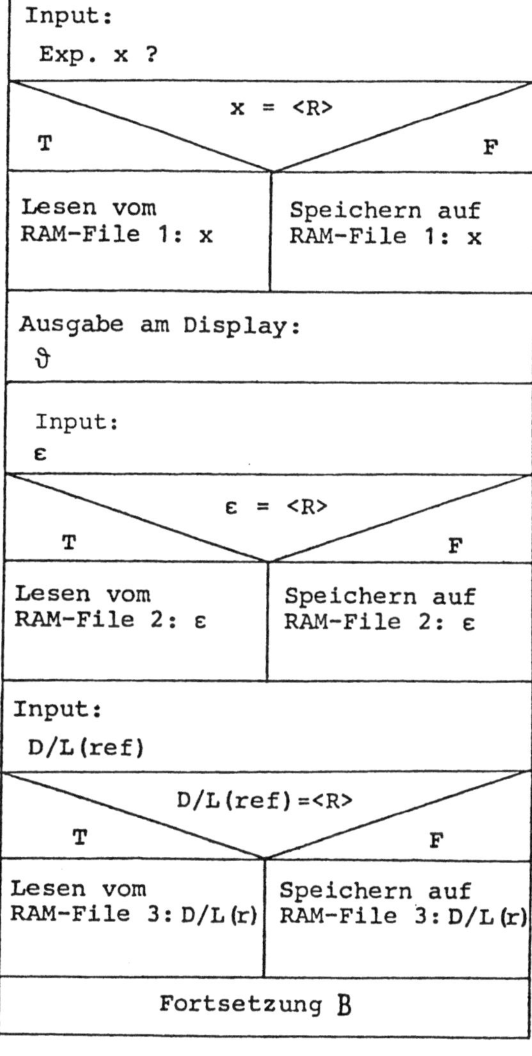

B

```
┌──────────────────────────────────────────────────────┐
│ Input:                                                 │
│  Sample?                                               │
│    ┌──────────────────────────────────────────────┐   │
│    │ Input:                                         │   │
│    │  Number of elements ?        N                 │   │
│    └──────────────────────────────────────────────┘   │
│ Wiederh. wenn N<0 ∨ N ∉ ℕ₀                             │
├──────────────────────────────────────────────────────┤
│ N Wiederholungen: i=1-N                                │
│      ┌────────────────────────────────────────────┐   │
│      │ Input:                                       │   │
│      │  ATOMIC NUMBER?         Z(i)                 │   │
│      └────────────────────────────────────────────┘   │
│   Wiederh. wenn Z(i)<0∨Z(i) ∉ ℕ                        │
│   Input:                                               │
│    LEVEL(i)                                            │
│   Input:                                               │
│    unresolved (1)                                      │
│      ┌────────────────────────────────────────────┐   │
│      │ Input:                                       │   │
│      │  Count-Rate(i)  COUNTIN(I)                   │   │
│      └────────────────────────────────────────────┘   │
│   Wiederh. wenn Count-Rate(i)<0                        │
├──────────────────────────────────────────────────────┤
│ Ausgabe am Drucker:                                    │
│  Instrument            Exp. x                          │
│  Excitation            ϑ                               │
│  Mode                  ε                               │
│                        D/L(ref)                        │
├──────────────────────────────────────────────────────┤
│ N Wiederholungen: i=1-N                                │
│      ┌────────────────────────────────────────────┐   │
│      │ Ausgabe am Drucker:                          │   │
│      │  Element/Level(i)                            │   │
│      │  Count-Rate(i)                               │   │
│      │  Weight%(i)                                  │   │
│      │  Atom%(i)                                    │   │
│      │  resolved(i) -(1/0)                          │   │
│      └────────────────────────────────────────────┘   │
│              Fortsetzung C                             │
└──────────────────────────────────────────────────────┘
```

C

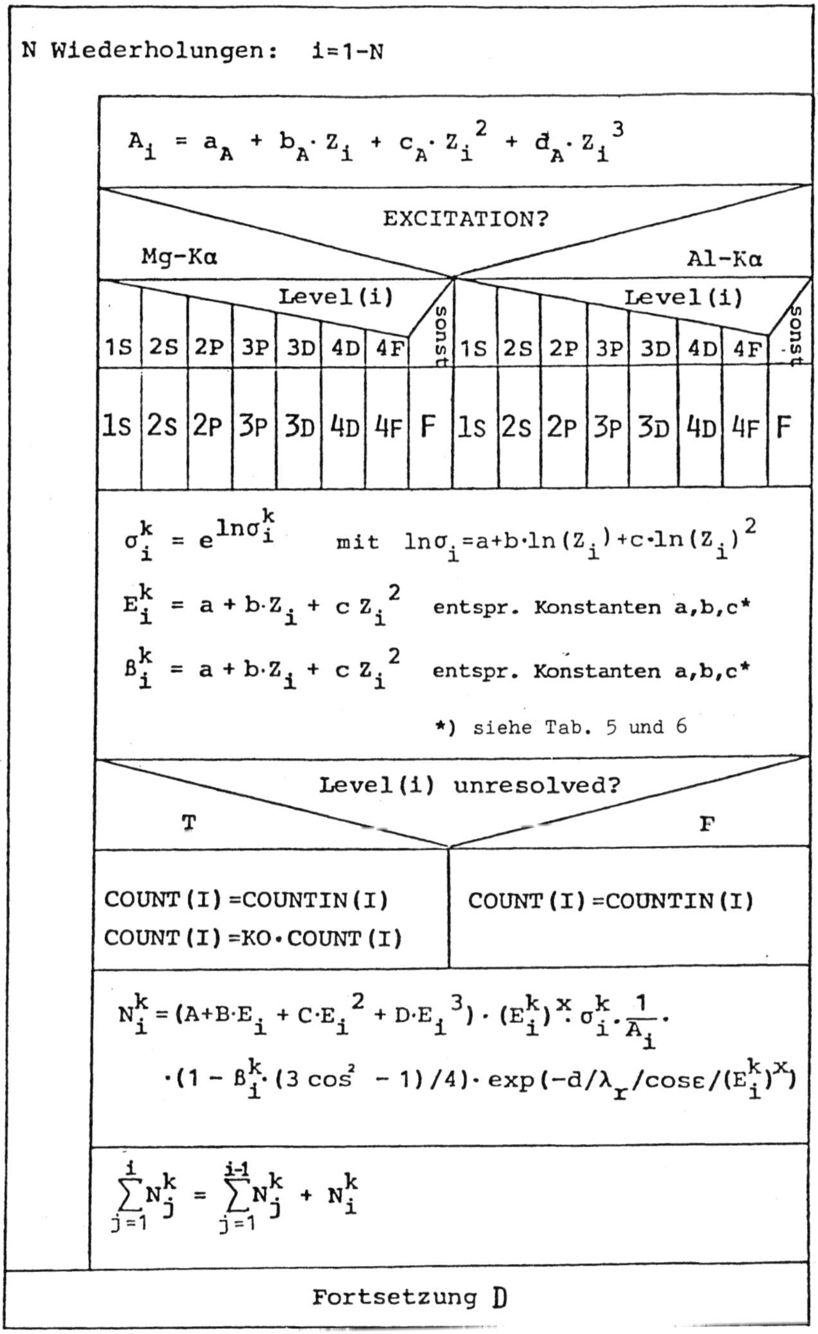

N Wiederholungen: i=1-N

$$A_i = a_A + b_A \cdot Z_i + c_A \cdot Z_i^2 + d_A \cdot Z_i^3$$

EXCITATION?

Mg-Kα   Al-Kα

Level(i)							sonst	Level(i)							sonst
1S	2S	2P	3P	3D	4D	4F		1S	2S	2P	3P	3D	4D	4F	
1s	2s	2p	3p	3D	4D	4F	F	1s	2s	2p	3p	3D	4D	4F	F

$$\sigma_i^k = e^{\ln\sigma_i^k} \qquad \text{mit} \quad \ln\sigma_i = a + b\cdot\ln(Z_i) + c\cdot\ln(Z_i)^2$$

$$E_i^k = a + b\cdot Z_i + c\,Z_i^2 \qquad \text{entspr. Konstanten } a,b,c*$$

$$\beta_i^k = a + b\cdot Z_i + c\,Z_i^2 \qquad \text{entspr. Konstanten } a,b,c*$$

*) siehe Tab. 5 und 6

Level(i) unresolved?

T   F

COUNT(I)=COUNTIN(I)	COUNT(I)=COUNTIN(I)
COUNT(I)=KO·COUNT(I)	

$$N_i^k = (A + B\cdot E_i + C\cdot E_i^2 + D\cdot E_i^3) \cdot (E_i^k)^x \cdot \sigma_i^k \cdot \frac{1}{A_i} \cdot$$

$$\cdot (1 - \beta_i^k \cdot (3\cos^2 - 1)/4) \cdot \exp(-d/\lambda_r/\cos\epsilon/(E_i^k)^x)$$

$$\sum_{j=1}^{i} N_j^k = \sum_{j=1}^{i-1} N_j^k + N_i^k$$

Fortsetzung D

D

N Wiederholungen: i=1-N

$$c_i = 100 \cdot \frac{n_i^k / N_i^k}{\sum\limits_{j=1}^{n} n_j^k / N_j^k}$$

$$\sum\limits_{j=1}^{i} c_j / A_j = \sum\limits_{j=1}^{i-1} c_j / A_j + c_i / A_i$$

N Wiederholungen: i=1-N

$$C_i = 100 \cdot \frac{c_i / A_i}{\sum\limits_{j=1}^{n} c_j / A_j}$$

N Wiederholungen: i=1-N

Ausgabe am Drucker:

z_i/Level$_i$ Count-Rate$_i$ c_i C_i resolved (1/0)

F

für: 1s , 2s , 2p , 3p

3d , 4d , 4f

Ausgabe am Display:

Levelnotation from element i wrong!

Input:

Level(i)

Zuordnung der entspr. Daten aus einem Datenfeld für die numerische Berechnung der fundamentalen Parameter.

EPSON HX-20 Programm „ANALYSE. 1"

```
2 REM  ■ANALYSE.1■
3 REM   08/11/83
10  REM Quantitative analysis by X-ray photoelectron spectros copy without
reference samples
16 REM M.F. + H.Ebel/K.Hirokawa
17 REM Spectrochimica Acta, Vol. 37B, No.6, pp. 461–471 /1982
25 REM Werner Bisich 83
30 DEFDBL A–H
40 DEFDBL S
45 DEFFIL 10,100
50  DIM  SIGMA(10),Z(10),E(10),BETA(10),COUNT(10),COUNTIN(10),
NIK#(10),UNRESOLVED$(10),A(10),CG(10),CA(10)
60 PI=3.141592
100 PRINT ■       ANALYSIS        ■
102 PRINT
104 PRINT ■Instrument: ■
106 INPUT ■XSAM/ESCA(1/2) ■; GER
108 IF GER=1 THEN THETA=70:THETA1=70*PI/180:GOTO 120
110 IF GER=2 THEN THETA=90:THETA1=90*PI/180 ELSE GOTO 102
120 PRINT
121 PRINT ■Excitation: ■
122 INPUT ■ Ms/Al (1/2)    ■;EXI
125 IF EXI< >1 AND EXI< >2 THEN 120
127 IF GER=2 THEN A=0:B=1:C=0:D=0: NOD=0: GOTO 145
128 PRINT
130 PRINT ■Mode: ■
140 INPUT ■ FRR/FAT(1/2) ■;NOD
142 IF NOD=1 THEN A=0.031733723:B=0.331782:C−0.968216:D=−0.1
8399:GOTO 145
143  IF  NOD=2  THEN  A=1.954723531:B=−2.78357:C=2.68864:D=−0.85
9841 ELSE GOTO 128
145 PRINT STRING$(19, ■—■)
146 INPUT ■Exp X= ■;X$
147 IF X$= ■■ THEN GET %1,X: GOTO 151
148 X=VAL(X$):PUT %1,X
151 PRINT ■THETA= ■;THETA
156 INPUT ■EPSILON= ■;EPSI$
157 IF EPSI$= ■■ THEN GET %2,EPSI: GOTO 159
158 EPSI=VAL(EPSI$):PUT %2,EPSI
159 EPSI1=EPSI*PI/180
162 INPUT ■D/L(ref) ■;DLAM$
163 IF DLAM$= ■■ THEN GET %3,DLAM: GOTO 165
164 DLAM=VAL(DLAM$):PUT %3,DLAM
165 PRINT STRING$(19, ■—■)
166 INPUT ■ Sample: ■, PRO$
167 PRINT STRING$(19, ■—■)
```

```
168 PRINT "Number of "
170 INPUT " Elements ";N
173 IF N<O OR N< >INT(N) THEN 168
175 PRINT STRING$(19, "* ")
380 FOR I=1 TO N
400 INPUT "ATOMIC NB: ";Z(I)
410 IF Z(I)<0 OR Z(I)< >INT(Z(I)) THEN 400
420 INPUT "LEVEL:      ";LEVEL$(I)
440 INPUT " unresolved (1) ";UNRESOLVED$(I)
460 INPUT "COUNT-RATE ";COUNTIN(I)
462 IF COUNT(I)<0 THEN 460
480 PRINT STRING$(19, "* ")
500 NEXT I
510 LPRINT
512 LPRINT "     ANALYSIS      "
514 LPRINT
516 GER$(1)= "XSAM800 ": GER$(2)= " ESCA 36 / "
518 Exi$(1)= "Mx-KAlpha ": EXI$(2)= "Al-KAlpha "
520 LOD$(0)= " ": NOD$(1)= "FRR ": NOD$(2)= "FAT "
522 LPRINT GER$(GER)+EXI$(EXI)+NOD$(NOD)
532 LPRINT STRING$(23, "— ")
534 LPRINT " X   THETA   EPSI D/Lref"
536 LPRINT USING "#.##   ##   ##   #.## ";X;THETA;EPSI;DLAM
538 LPRINT STRING$(23, "— ")
540 LPRINT " Sample: ";PRO$
542 LPRINT STRING$(23, "— ")
544 LPRINT
546 LPRINT "EL/LE ";TAB(7); "COUNT ";TAB(13); "WEI % ";TAB(18); "AT
0% ";TAB(23); "R "
560 S=0
580 FOR I=1 TO N
600 A(I)=-0.271+1.94108*Z(I)+0.010567*Z(I)-0.00004266*
Z(I)^3
700 IF EXI=2 THEN GOTO 800
710 IF LEVEL$(I)= "1S " THEN 1000
720 IF LEVEL$(I)= "2S " THEN 1200
730 IF LEVEL$(I)= "2P " THEN 1400
740 IF LEVEL$(I)= "3P " THEN 1600
750 IF LEVEL$(I)= "3D " THEN 1800
760 IF LEVEL$(I)= "4D " THEN 2000
770 IF LEVEL$(I)= "4F " THEN 2200
790 GOTO 880
800 IF LEVEL$(I)= "1S " THEN 2400
810 IF LEVEL$(I)= "2S " THEN 2600
820 IF LEVEL$(I)= "2P " THEN 2800
830 IF LEVEL$(I)= "3P " THEN 3000
840 IF LEVEL$(I)= "3D " THEN 3200
```

```
850 IF LEVEL$(I) = ■4D ■ THEN 3400
860 IF LEVEL$(I) = ■4F ■ THEN 3600
880 PRINT USING ■Levelnota( # # ) wrons ■;Z(I);:PRINT ■! ■
881 SOUND 28,1
882 INPUT ■LEVEL:      ■;LEVEL$(I)
884 GOTO 700
960 REM For Ms-KAlpha-Excitation
980 REM 1s
1000 SA = —8.6245: SB = 5.8458: SC =-0.5761
1020 EA = 1221.9036: EB = 21.6845: EC =-10.5417
1040 BA = 2: BB = 0: BC = 0
1080 GOTO 4000
1180 REM 2s
1200 SA = -15.1713: SB = 8.3845: SC = —1.0203
1220 EA = 1217.9188: EB = 18.7341: EC = —1.9308
1240 BA = 2: BB = 0: BC = 0
1280 GOTO 4000
1380 REM 2p
1400 SA = —23.1725: SB = 11.7039: SC = —1.1880
1420 EA = 1229.6716: EB = 18.6688: EC = —1.7315
1440 BA = —0.5940: BB = 17416: BC = —0.00373
1480 KO = 0.661
1500 GOTO 4000
1580 REM 3p
1600 SA = —26.5111: SB = 12.3298: SC = —1.2860
1620 EA = 905.0407: EB = 32.1248: EC = —0.7874
1640 BA = 0.2668: BB = 0.07268: BC = —0.00097
1680 KO = 0.664
1700 GOTO 4000
1780 REM 3d
1800 SA = —66.4164: SB = 30.5642: SC = —3.2972
1820 EA = 694.6196: EB = 43.3445: EC = —0.8403
1840 BA = —1.0298: BB = 0.10877: BC = —0.00131
1880 KO = 0.592
1900 GOTO 4000
1980 REM 4d
2000 SA = —87.7841: SB = 39.7143: SC = —4.3768
2020 EA = 604.5190: EB = 23.5465: EC = —0.2434
2040 BA = —0.7185: BB = 0.07113: BC = —0.00060
2080 KO = 0.592
2100 GOTO 4000
2180 REM 4f
2200 SA = —231.1808: SB = 99.2039: SC = —10.4753
2220 EA = —2776.4153: EB = 115.6107: EC = —0.8315
2240 BA = —0.5465: BB = 0.04798: BC = —0.00036
2280 KO = 0.560
2300 GOTO 4000
```

```
2360 REM For Al-KAlpha-Excitation
2380 REM 1s
2400 SA = —8.6960: SB = 5.8395: SC = —0.5495
2420 EA = 1454.9036: EB = 21.6845: EC = —10.5417
2440 BA = 2: BB = 0: BC = 0
2480 GOTO 4000
2580 REM 2s
2600 SA = —15.5491: SB = 8.6118: SC = —1.0361
2620 EA = 1450.9188: EB = 18.7341: EC = —1.9308
2640 BA = 2: BB = 0: BC = 0
2680 GOTO 4000
2780 REM 2p
2800 SA = —23.4926: SB = 11.7758: SC = —1.1775
2820 EA = 1472.6716: EB = 18.6688: EC = —1.7315
2840 BA = —0.2070: BB = 0.1191: BC = —0.00215
2880 KO = 0.661
2900 GOTO 4000
2980 REM 3p
3000 SA = —26.6345: SB = 12.2923: SC = —1.2557
3020 EA = 1138.0407: EB = 32.1248: EC = —0.7874
3040 BA = 0.2648: BB = 0.0656: BC = —0.00079
3080 KO = 0.664
3100 GOTO 4000
3180 REM 3d
3200 SA = —63.6346: SB = 28.7989: SC = —3.0264
3220 EA = 927.6196: EB = 43.3445: EC = —0.8403
3240 BA = —0.7293: BB = 0.0856: BC = —0.00095
3280 KO = 0.592
3300 GOTO 4000
3380 REM 4d
3400 SA = —67.1764: SB = 29.4300: SC = —3.0885
3420 EA = 837.5190: EB = 23.5465: EC = —0.2434
3440 BA = 0.0552: BB = 0.0410: BC = —0.00033
3480 KO = 0.592
3500 GOTO 4000
3580 REM 4f
3600 SA = —216.1058: SB = 91.8646: SC = —9.5865
3620 EA = —2543.4154: EB = 115.6107: EC = —0.8315
3640 BA = —0.3117: BB = 0.0385: BC = —0.00027
3680 KO = 0.560
3700 GOTO 4000
4000 SIGMA(I) = EXP(SA + SB*LOG(Z(I)) + SC*LOG(Z(I))^2)
4040 E(I) = EA + EB*Z(I) + EC*Z(I)*Z(I)
4080 BETA(I) = BA + BB*Z(I) + BC*Z(I)*Z(I)
4090 COUNT(I) = COUNTIN(I)
4100 IF UNRESOLVED$(I) = "1" THEN COUNT(I) = KO*COUNT(I)
5000 E(I) = E(I)/1000
```

```
5010 NIK # (I) = A + B*E(I) + C*E(I)*E(I) + D*E(I)^3
5020 NIK # (I) = NIK # (I)*(E(I)^X)*SIGMA(I)/A(I)
5040 NIK # (I) = NIK # (I)*(1-BETA(I)/4*(3*COS(THETA1)^2-1))
5060 NIK # (I) = NIK # (I)*EXP(-DLAM/COS(EPSI1)/(E(I)^X))
6040 S = S + COUNT(I)/NIK # (I)
6060 NEXT I
6090 S1 = 0
6100 FOR I = 1 TO N
6120 CG(I) = 100*COUNT(I)/NIK # (I)/S
6125 S1 = S1 + CG(I)/A(I)
6130 NEXT I
6132 FOR I = 1 TO N
6134 CA(I) = 100*CG(I)/A(I)/S1
6160 NEXT I
6500 FOR I = 1 TO N
6515 IF UNRESOLVED$(I) = "1" THEN AUFGE = 0 ELSE AUFGE = 1
6520 LPRINT USING "# #/";Z(I);:LPRINT USING "&";LEVEL$(I);:LP
RINT USING "# # # # #.#  # #.#  # #.#  #";COUNTIN(I);CG(I);CA(I);
AUFGE
6540 NEXT
6600 PRINT "—.—.—.—.—.—.—.—.—"
6620 INPUT "Additional(1) ";ADD$
6640 IF ADD$ = "1" THEN 145
6660 END
```

Abb. 23 gezeigten Kurven; die Geräte werden mit XSAM und ESCA bezeichnet. Für diese Geräte ist $\vartheta = 70°$ bzw. $90°$. Der mit 0,7 gewählte Exponent für die Energieabhängigkeit der inelastischen mittleren freien Weglänge wird mit x bezeichnet und kann frei gewählt werden. Die Schichtdicke d/Λ_L wird im Programm mit D/L(ref) bezeichnet. Wird die Abfrage „unresolved" mit „ja" ($= 1$) beantwortet, so wird im Programm die eingegebene Zählrate automatisch mit dem in Tabelle 7 gegebenen Korrekturfaktor multipliziert.

8.4 Anwendungsbeispiel

Eine ternäre Probe Ag—Au—Cu (20–60–20) wurde untersucht. Das Übersichtsspektrum und die für die Auswertung erforderlichen Detailspektren sind aus Abb. 24 zu ersehen. Die für die Auswertung verwendeten Linien waren $Ag3d_{5/2}$, $Au4f_{7/2}$ und $Cu2p_{3/2}$. Für die Schichtdickenbestimmung (C1s-CKVV-Methode) mußte, da CKVV mit $AgM_{45}N_1V$ überlagert, durch zusätzliche Messung der $AgM_{45}VV$-Linie der von Ag herrührende Beitrag bestimmt werden. Das Zählratenverhältnis von $AgM_{45}VV$ zu $AgM_{45}N_1V$ beträgt $5,6:1$. Das von der XPS-Untersuchung erhaltene Analysenergebnis lautet mit dem via C1s CKVV ermittelten Wert von $d/\Lambda_L = 0,20$ $c_{Ag}:c_{Au}:c_{Cu} = 20,1:56,1:23,8$ Gewichtsprozent.

Eine Vorstellung hinsichtlich des Einflusses von d/Λ_L auf das Analysenergebnis

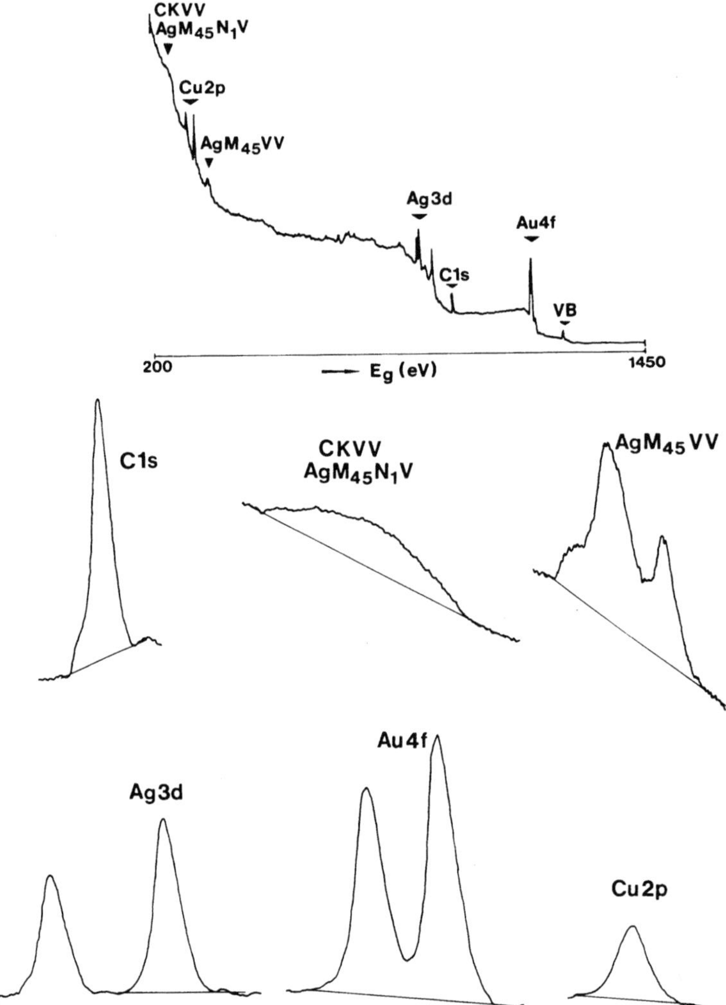

Abb. 24. Übersichtsspektrum einer Ag—Au—Cu-Probe (20—60—20 Gewichtsprozent), Detailspektren C1s, CKVV und AgM$_{45}$VV zur Bestimmung der Schichtdicke sowie Ag3d, Au4f und Cu2p für die quantitative Analytik

möge Abb. 25 vermitteln. Dieser ist hier besonders stark ausgeprägt, da Photoelektronen von stark unterschiedlicher Energie (Cu2p, Ag3d, Au4f) verwendet werden. Für deren Verwendung spricht die höchstmögliche Linienintensität, und außerdem sitzt die als Alternative verwendbare Cu3p-Linie knapp oberhalb der Au4f-Linie auf dem K$\alpha_{3,4}$-Satelliten des Au4f-Dubletts. Damit müßte durch Messung an einer Goldprobe zunächst das Verhältnis der Zählraten von Au4f, ausgelöst durch MgK$\alpha_{1,2}$ bzw. MgK$\alpha_{3,4}$ bestimmt werden. Anschließend läßt sich daraus der Satellitenanteil unter dem Cu3p-Signal quantifizieren.

Für Linien, deren Photoelektronen annähernd gleiche Energie aufweisen, ist die

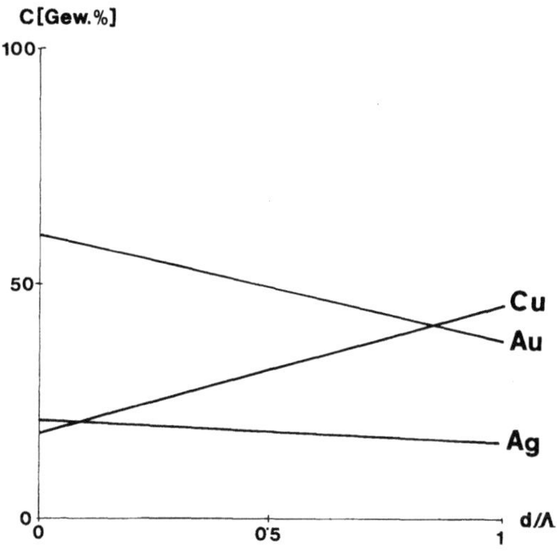

Abb. 25. Abhängigkeit der aus den gemessenen Zählraten berechneten Probenzusammensetzung von der reduzierten Dicke d/Λ_L der darüberliegenden Kontaminationsschicht

Abhängigkeit des Analysenergebnisses von der reduzierten Dicke der Kontaminationsschicht zwar weniger stark ausgeprägt als dies aus Abb. 25 zu ersehen ist, jedoch weiterhin vorhanden.

Damit wird aber auch verständlich, warum gerade in der auf Linienintensitäten aufbauenden quantitativen Analyse nichtstöchiometrischer Verbindungen mittels Röntgenphotoelektronenspektrometrie eine vergleichende Analytik, also eine auf Referenzproben aufbauende Methode überhaupt nur dann sinnvoll ist, wenn die Linien hinsichtlich der Elektronenenergien so knapp als möglich beisammen liegen. Nur auf diese Weise läßt sich der Einfluß der sicher unterschiedlichen Bedeckungen von zu analysierender Probe und Vergleichsproben aufheben. Aus den Gleichungen zur eichprobenfreien Analyse ist für eine vergleichende Analytik zu ersehen, daß zwischen n_i^k und C_i ein **linearer** Zusammenhang besteht. Die Vergleichsproben sollten aber trotzdem eine der zu analysierenden Probe ähnliche Zusammensetzung aufweisen, da die in die Gleichung für n_i^k enthaltene Größe „const" ihrerseits konzentrationsabhängig ist. „const" besitzt für die Photoelektronen ein und derselben Probe denselben Wert, der nach der oben gezeigten Vorgangsweise bestimmt und damit als unbekannte Größe eliminiert werden kann. Das bedeutet im konkreten Fall, daß eine Analytik der ternären Ag—Au—Cu-Probe durch Vergleichsmessungen an reinen Ag-, Au- und Cu-Proben Anlaß zu systematischen Abweichungen gibt.

9 Ergänzungen

9.1 Elastische Streuung der Photoelektronen

Baschenko und Nefedov [182] behandelten mithilfe von Monte Carlo-Rechnungen den Einfluß der elastischen Streuung der Photoelektronen in Materie auf die gemessenen

Photoelektronenzählraten. Diese Methode stellt sicherlich die eleganteste Möglichkeit dar, den genannten Einfluß quantitativ beschreiben zu können. Es sei hier zur Veranschaulichung das Ergebnis eigener Untersuchungen [176] wiedergegeben.

Eine elastische Streuung hat definitionsgemäß eine Richtungs-, aber keine Energieänderung zur Folge. Folgt man dieser Überlegung, so können, wenn zunächst nur ein einzelner elastischer Streuprozeß angenommen wird, die folgenden Fälle eintreten. Ein Photoelektron, das ursprünglich innerhalb des Raumwinkels Ω zum Spektrometer gelangt wäre, wird so gestreut, daß es nicht mehr beobachtet wird; umgekehrt kann ein Photoelektron durch elastische Streuung aus seiner ursprünglich nicht in Ω weisenden Richtung in diese abgelenkt werden. Ohne nun auf die Berechnungen näher einzugehen, sei das Ergebnis derselben gezeigt. Es gilt für Elektronenenergiewerte von etwa 1,3 keV, Ordnungszahlen $6 \leq Z \leq 46$ und Beobachtungswinkel $0° \leq \varepsilon \leq 50°$.

Die Zählrate einer unbeschichteten Probe errechnet sich zu

$$n_{korr} = (1{,}004 - 3{,}313 \cdot 10^{-3} \cdot Z) \cdot n$$

wobei n für die Zählrate steht, die unter ausschließlicher Berücksichtigung inelastischer Streuprozesse erhalten wird. Für eine beschichtete Probe wird

$$n_{s,\,korr} = n_{korr} \cdot e^{-x_{korr}/\cos \varepsilon \cdot}$$

mit

$$x_{korr} = x \cdot e^{a+(b/\cos \varepsilon)}$$

und der bisher verwendeten reduzierten Dicke x erhalten.

Für reduzierte Dicken $0{,}5 \leq x \leq 2$ wurden aus den Monte-Carlo-Ergebnissen mit einer Ausgleichsrechnung für a und b die folgenden Polynomausdrücke gefunden:

$$\begin{aligned}
a = &\,(1{,}9167 - 3{,}8758 \cdot 10^{-1} \cdot Z + 1{,}7503 \cdot 10^{-2} \cdot Z^2 - 2{,}1873 \cdot 10^{-4} \cdot Z^3) \\
&+ (-2{,}1789 + 4{,}2878 \cdot 10^{-1} \cdot Z - 1{,}8099 \cdot 10^{-2} \cdot Z^2 \\
&+ 2{,}3278 \cdot 10^{-4} \cdot Z^3) \cdot x + (6{,}7115 \cdot 10^{-1} - 1{,}2829 \cdot 10^{-1} \cdot Z \\
&+ 5{,}6040 \cdot 10^{-3} \cdot Z^2 - 7{,}4014 \cdot 10^{-5} \cdot Z^3) \cdot x^2 \\
b = &\,(-1{,}3012 + 2{,}6707 \cdot 10^{-1} \cdot Z - 1{,}1778 \cdot 10^{-2} \cdot Z^2 \\
&+ 1{,}4875 \cdot 10^{-4} \cdot Z^3) + (1{,}4620 - 2{,}8693 \cdot 10^{-1} \cdot Z \\
&+ 1{,}2071 \cdot 10^{-2} \cdot Z^2 - 1{,}5705 \cdot 10^{-4} \cdot Z^3) \cdot x + (-4{,}4483 \cdot 10^{-1} \\
&+ 8{,}4412 \cdot 10^{-2} \cdot Z - 3{,}6919 \cdot 10^{-3} \cdot Z^2 + 4{,}9522 \cdot 10^{-5} \cdot Z^3) \cdot x^2
\end{aligned}$$

Setzt man beispielsweise für Cu3p (Al—Kα) ein, so erhält man den in Abb. 26 gezeigten Verlauf. Verglichen mit der klassisch gerechneten Zählrate n_s ist die unter Berücksichtigung der elastischen Streuung gefundene Zählrate $n_{s,\,korr}$ beträchtlich geringer und beeinflußt so sicher das Analysenergebnis.

Es ist allerdings dazu zu ergänzen, daß

1. für eine quantitative Analyse ohne Referenzproben ausschließlich die zu untersuchende Probe die Matrix repräsentiert, in welcher die Photoelektronen elastisch und inelastisch gestreut werden. Wenn keine stark ausgeprägte Energie-

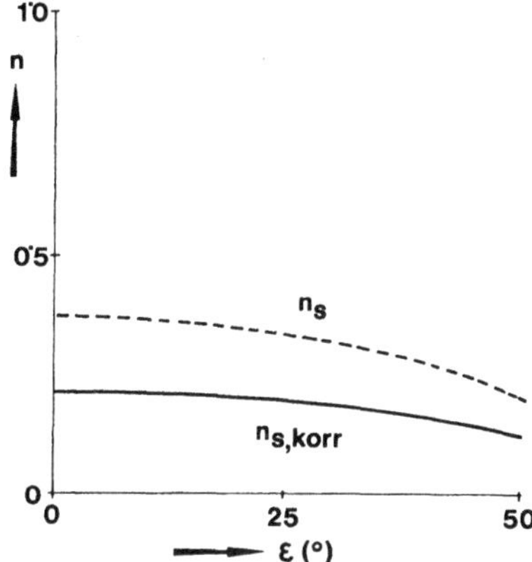

Abb. 26. Berechnete Substratzählraten in Abhängigkeit vom Beobachtungswinkel unter Berücksichtigung der inelastischen Streuung (gestrichelte Kurve) und unter Berücksichtigung der elastischen und der inelastischen Streuung (voll gezeichnete Kurve), x = 1.

abhängigkeit des Verhältnisses von $n_{s,korr}$ zu n_s existiert, sollte dies ein weiteres Argument für eine eichprobenfreie Analytik sein. Dies deshalb, da die Referenzprobenmatrix hinsichtlich elastischer Streuung der unbekannten Matrix nicht unbedingt ähneln muß.

2. Derzeit stehen noch Berechnungen für einen erweiterten Energie- und Ordnungszahlbereich aus.

Zusammenfassend ist festzustellen, daß der hier aufgezeigte Einfluß dabei hilft, systematische Abweichungen der Analytik zu verstehen.

9.2 Tiefenprofile

Zunächst eine kurze Abschätzung: Als erste Näherung seien für die am häufigsten angewandten Abtragungen mit Argonionen eine Ionenenergie von rund 1 keV und ein ein Sputterkoeffizient von 1 Probenatom je Argonion angenommen [177, 183]. Emittiert die Ionenkanone einen Ionenstrom von beispielsweise 10 µA auf eine Probenfläche von 1 cm², so treffen dort $10^{-5}/1{,}6 \cdot 10^{-19} = 6 \cdot 10^{13}$ Argonionen auf und eine gleichgroße Zahl von Probenatomen verläßt die Oberfläche. Werden eine Dichte des Probenmaterials von 5 g · cm^{-3} und ein Atomgewicht von 50 angenommen, so beträgt die Anzahl der Atome je Volumeneinheit der Probe $\varrho \cdot L/A = 5 \cdot 6 \cdot 10^{23}/50$ $= 6 \cdot 10^{22}$, und ein Abtrag von $6 \cdot 10^{13}$ Atomen je Sekunde entspricht einer Abtragrate von 0,01 nm · s^{-1} oder 0,6 nm · min^{-1}.

In der Augerelektronenspektrometrie werden Elektronenstrahlquerschnitte von beispielsweise 1 µm² verwendet. Das bedeutet, daß anstelle einer Fläche von 1 cm², die durch Argonionen abzutragen ist, eine solche von 1 mm² völlig ausreicht. Durch Fokussierung des Argonionenbündels gelingt es bei gleichbleibendem Argonionenstrom die Stromdichte von 10 µA/cm² auf 10 µA/10^{-2} cm², also auf den hundertfachen Wert, und so auch die Abtragrate auf 60 nm · min^{-1} zu erhöhen.

Damit ist der erste wesentliche Unterschied in der Tiefenprofilanalyse mittels Röntgenphotoelektronen und Augerelektronen aufgezeigt. Ein weiteres Charakteristikum ist die Verteilung der Stromdichte innerhalb des Argonionenbündels. Eine mögliche Annahme für dieselbe ist eine rotationssymmetrische Gauß-Verteilung. Als

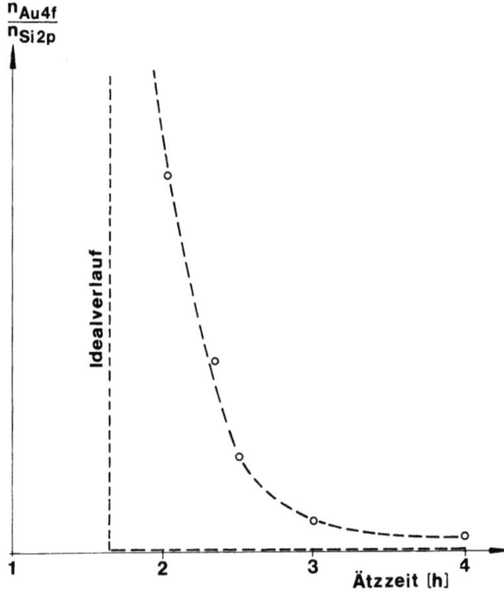

Abb. 27. Gemessener Quotient aus den Au4f- und Si2p-Zählraten in Abhängigkeit von der Ätzzeit (Ar-Ionen, 1 keV, 60°)

Folge davon ist für das geometrische Tiefenprofil ein die Gauß-Verteilung widerspiegelnder Krater zu erwarten.

Abbildung 27 zeigt die mit einer Argonionenätzeinrichtung erhaltenen XPS-Ergebnisse. Untersucht wurde eine Goldschicht von 20 nm Dicke auf einem Glassubstrat. Als repräsentative Signale dienten Au4f für die Schicht und Si2p für das Substrat. Anstelle des zu erwartenden Idealverlaufes wurden die eingetragenen Werte gemessen. Da nach etwa 100 min erstmals eindeutig das Si2p-Signal zu beobachten war, beträgt die „Ätzrate" für die verwendete Anordnung $0,2\ \text{nm} \cdot \text{min}^{-1}$ und liegt damit etwa in derselben Größenordnung wie der im Rahmen der vorangegangenen Abschätzung erhaltene Wert von $0,6\ \text{nm} \cdot \text{min}^{-1}$.

Die Abweichung vom Idealverlauf ist auf die Stromdichteverteilung zurückzuführen [184]. Abhilfe ist entweder von einer Einrichtung mit entsprechend breiter Gaußverteilung zu erwarten, oder aber von einer Quelle, die es gestattet, den Ionenstrahl in einem Linienraster über die Probe zu führen.

Nunmehr seien die Au4f-Spektren am Anfang der Ätzserie und am Ende derselben erörtert. Das am Ende erhaltene Diagramm läßt deutlich neben dem an der ursprünglichen Stelle befindlichen Signal eine Überlagerung von Signalen an unterschiedlichen Stellen geringerer kinetischer Energie erkennen. Zum besseren Verständnis dieses Befundes ist zu bemerken, daß die Goldschicht über Leitsilberbrücken auf Erdpotential gebracht worden war. Die bei geringerer kinetischer Energie beobachteten Signale rühren von Goldatomen her, die sich gegenüber Erde auf positivem Aufladungspotential von etwa 1 bis maximal 2 Volt befinden. Als Mechanismen kommen in Frage:

a) Verbleibende Goldinseln (Cluster) innerhalb der geätzten Fläche auf dem elektrisch nichtleitenden Glassubstrat

b) In die Glasoberfläche eingeschlagene Goldatome (knock-in-Effekt) und damit eine Aufladung entsprechend dem jeweils umgebenden Glasvolumen

c) Eine an der Glasoberfläche befindliche, extrem dünne nichtleitende Schicht von
weniger als einer Monolage, die von Goldatomen herrührt, welche nach dem
Abtrag und Streuung an der Probenkammerbewandung wieder auf die Probenoberfläche gelangt sind.

Ein derartiges Ergebnis ist natürlich auch im allgemeinen Fall der Tiefenprofilanalyse zu erwarten. Dort ist aber bei elektrisch nichtleitenden Proben keine
Differenzierung zwischen den Photoelektronensignalen von den Atomen der auf
definiertem Potential liegenden elektrisch leitenden Schicht und jenen entsprechend
den Mechanismen a), b) und c) auf Aufladungspotential befindlichen möglich. Das
bedeutet, daß das aus den in Abhängigkeit von der Ätzzeit gemessenen Element-
signalen erhaltene Tiefenprofil durch diese Effekte eine weitere Verfälschung erfährt.
Der zuletzt genannte Fehlerbeitrag wird selbstverständlich auch bei der Tiefenprofilanalyse mittels Augerelektronenspektrometrie beobachtet.

Es sei noch erwähnt, daß die Abtragrate abnimmt, wenn die Goldschicht keine
leitende Verbindung zum Erdpotential erhält. Es lädt sich dann die Goldschicht
positiv auf, sodaß die Argonionen mit einer verminderten kinetischen Energie dorthin
gelangen.

Eine Zusammenfassung zum Thema Tiefenprofilanalyse wurde 1980 von Hofmann [185] gegeben.

9.3 Quantitative Analyse mit Vergleichsproben

Die klassischen physikalischen Analysenverfahren, wie etwa die optische Emissions-
und Absorptionsanalytik, oder aber die Röntgenfluoreszenzanalyse, werden in der
industriellen Praxis nahezu ausschließlich in Verbindung mit Standards, also Vergleichsproben, verwendet. Derartige Proben bieten die Sicherheit, daß das physikalische Analysenergebnis in Übereinstimmung mit den Ergebnissen etablierter chemischer Analysenverfahren steht. Das bedeutet, daß die bis zur Perfektion geführten
chemischen Verfahren über die Standardproben den „richtigen" Wert vorgeben und
die physikalische Analytik, in das Netz der Vergleichsproben eingebettet, den für eine
große Zahl von zu analysierenden Proben erforderlichen Zeitaufwand drastisch
zu reduzieren gestattet. Der theoretische Zusammenhang zwischen den gemessenen
elementspezifischen Signalen und der Probenzusammensetzung dient dabei zumeist
nur dem besseren Verständnis der empirisch gefundenen Abhängigkeiten und im
weiteren der Reduktion der für eine einwandfreie Analytik erforderlichen Mindest-
anzahl von Standards.

Es ist daher verständlich, daß auch in XPS über eine geraume Zeit hinweg die
Analytik mit Vergleichsproben Anwendung fand. So beschrieb Larson [186], aufbauend auf dem Gedanken, daß die Photoelektronenzählrate eines beliebigen chemischen Elements einer Probe primär direkt proportional zur Konzentration desselben
sei, den folgenden Analysengang. Es seien n_1, n_2 bis n_k die integralen Zählraten der
Elemente 1, 2 bis k. Ein Vergleich mit der theoretischen Behandlung der Photoelektronenzählraten lehrt, daß in erster Näherung

$$n_i = K_i \cdot c_i$$

gilt. Damit ergibt der Zählratenquotient n_i/n_j

$$\frac{n_i}{n_j} = \frac{K_i}{K_j} \cdot \frac{c_i}{c_j}$$

über c_i/c_j aufgetragen einen linearen Zusammenhang. Es ist dies von sämtlichen physikalischen Analysenverfahren sicher der einfachste theoretisch zu formulierende Weg zur Anwendung von Vergleichsproben. Die folgenden Diagramme zeigen für eine Vielzahl von binären und ternären Proben die Analytik. Typisch ist die in nahezu allen Fällen zu beobachtende Abweichung vom geradlinigen Verlauf. Sie ist auf die Nichtbeachtung der Konzentrationsabhängigkeit der K-Werte zurückzuführen. Die Streuungen der Meßpunkte haben ihre Ursache in der Zählstatistik und der

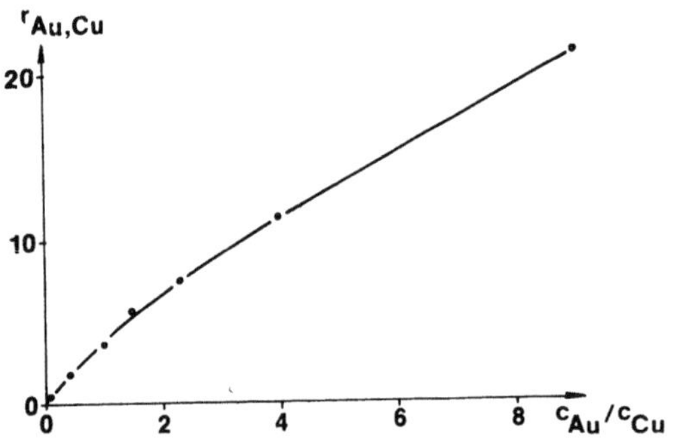

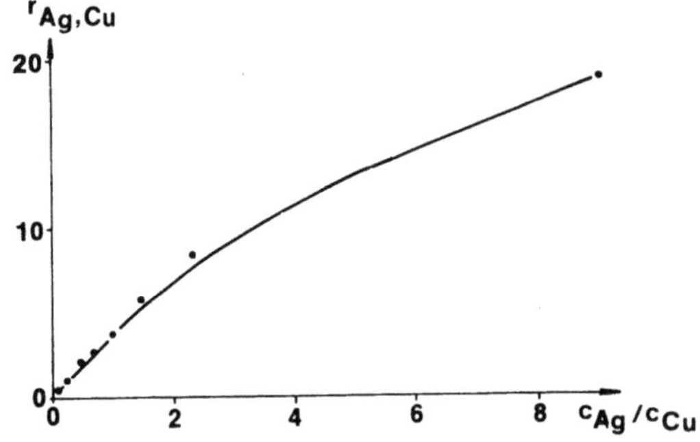

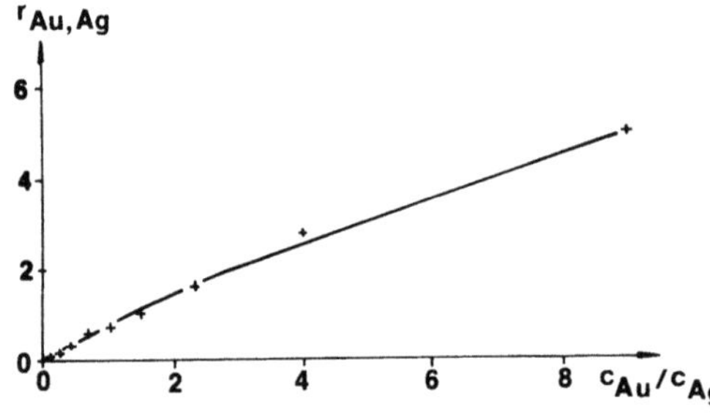

Abb. 28. Zählratenquotienten binärer Legierungen Au—Cu, Ag—Cu und Au—Ag über den Konzentrationsquotienten [187]

Nichtbeachtung der von Probe zu Probe unterschiedlichen Kontaminationsschichten.

Sieht man von diesen beiden Einwendungen ab, so können mit beliebigen binären oder ternären Standards, die zumindest jeweils zwei der in der zu analysierenden k-Stoff-Probe befindlichen Elemente enthalten, die Quotienten c_1/c_2, c_2/c_3 etc. bestimmt werden. Mit

$$\sum_{j=1}^{k} c_j = 100$$

werden wieder die einzelnen Elementkonzentrationen erhalten.

Selbstverständlich können die röntgenphotoelektronenspektrometrische Analyse *mit Vergleichsproben* ebenso wie die *eichprobenfreie Variante* auch nur zur Angabe eines Molverhältnisses herangezogen werden, d. h. es wird auf eine vollständige Analyse verzichtet und als Ergebnis der Quotient c_i/c_j erhalten.

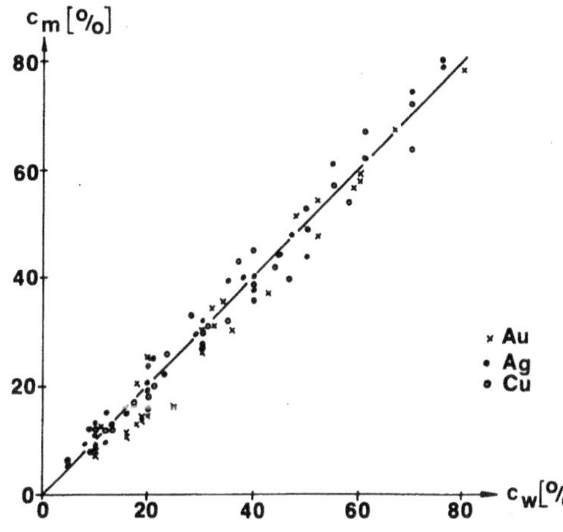

Abb. 29. Die mittels XPS mit Vergleichsproben (die Eichkurven binärer Standards aus Abb. 28 wurden verwendet) gefundenen Konzentrationswerte c_m einer Serie von ternären Ag—Au—Cu-Legierungen über den chemischen Analysenwerten c_w [187]

10 Literatur

1. Hertz, H.: Sitzungsber. d. Berl. Akad. d. Wiss. 9. Juni 1887 Ann. Phys. u. Chem. (Wied. Ann.) *31*, 421, 983 (1887)
2. Hallwachs, W.: Ann. Phys. *33*, 301 (1888)
   Ann. Phys. u. Chem. *37*, 666 (1889)
3. Stoletow, M. A.: Comptes Rendus *106*, 1149, 1593 (1888)
   Comptes Rendus *107*, 91 (1888)
   J. Phys. *9*, 468 (1890)
   Phys. Rev. *1*, 723 (1892)
4. Elster, J., Geitel, H.: Ann. Phys *38, 40,* 497, 506 (1889)
   Ann. Phys. *39*, 332 (1890)
5. Lenard, P., Wolf, M.: Ann. Phys. u. Chem. *37*, 443 (1889)
   Lenard, P.: Wiener Ber. *108*, 1649 (1899)

Ann. Phys. *2*, 359 (1900)

Ann. Phys. *8*, 88, 149 (1902)

6. Röntgen, W. K.: Sitzungsber. d. Würzburger Phys. Medicin. Gesellsch., Dez. 1895 und März 1896
7. Thomson, J. J.: Phil. Mag. *44*, 293 (1897)
8. Planck, M.: Verh. Dtsch. phys. Ges. *2*, 483 (1900)

    Ann. Phys. *1*, 99 (1900)

    Ann. Phys. *4*, 561, 564 (1901)
9. Einstein, A.: Ann. Phys. *17*, 132 (1905)
10. Millikan, R. A.: Phys. Rev. *7*, 18, 355 (1916)

    Phys. Z. *17*, 217 (1916)
11. Innes, P. D.: Proc. Roy. Soc., Ser. A, *79*, 442 (1907)
12. Rutherford, E.: Phil. Mag. *21*, 669 (1911)
13. Geiger, H., Marsden, E.: Proc. Roy. Soc., Ser. A, *82*, 495 (1909)
14. Bohr, N.: Phil. Mag. *26*, 1, 476, 857 (1913)
15. Moseley, H. G. J.: Phil. Mag. *26*, 1024 (1913)

    Phil. Mag. *27*, 703 (1914)
16. Rutherford, E., Robinson, H. Rawlinson, W. F.: Phil. Mag. *18*, 281 (1914)
17. Robinson, H., Rawlinson, W. F.: Phil. Mag. *28*, 277 (1914)
18. Kang-Fuh Hu: Phys. Rev. *11*, 505 (1918)
19. Simons, L.: Phil. Mag. *41*, 120 (1921)
20. Broglie, M. de: J. Phys. *2*, 265 (1921)
21. Robinson, H. R.: Proc. Roy. Soc. A, *104*, 455 (1923)
22. Robinson, H. R., Young, C. L.: Phil. Mag. *10*, 71 (1930)
23. Steinhardt jr., R. G.: Ph. D. thesis, Lehigh Univ., Pa. (1950) Steinhardt jr. R. G., Serfass, E. J.: Anal. Chem. *23*, 1585 (1951)
24. Siegbahn, K., Nordling, C., Fahlman, A., Nordberg, R., Hamrin, K., Hedman, J., Johansson, G., Bergmark, T., Karlsson, S.-E. Lindgren, I., Lindberg, B.: "ESCA: Atomic, Molecular and Solid State Structure Studied by Means of Electron Spectroscopy" Almqvist & Wiksells Boktryckeri, Uppsala (1967)
25. Siegbahn, K.: Rev. Mod. Phys. *54*, 709 (1983)
26. Nordling, C., Hagström, S., Siegbahn, K.: Z. Phys. *178*, 433 (1964)
27. Scofield, J. H.: J. Electron Spectrosc. Relat. Phenom. *8*, 129 (1976)
28. Reilman, R. F., Msezane, A., Manson, S. T.: J. Electron Spectrosc. Relat. Phenom. *8*, 389 (1976)
29. Penn, D. R.: J. Electron Spectrosc. Relat. Phenom. *9*, 29 (1976)
30. Jenkin, J. G., Leckey, R. C. G. Liesegang, J.: J. Electron Spectrosc. Relat. Phenom. *12*, 1 (1977)
31. Görlich, P.: Photoeffekte; Bd. I: Historische Entwicklung Photoemission der Metalle. Akad. Verlagsges. Geest und Portig KG, Leipzig (1962)
32. Gurker, N., Ebel, M. F., Ebel, H.: Surf. Interface Anal. *5*, 13 (1983)
33. Cazaux, J.: Scanning Electron Microscopy, JJT Res. Inst. (1984) 1193, SEM Inc., AMF O'Hare, Chicago, Illinois 60616
34. Ebel, M. F., Wernisch, J. Pungor, E.: Surf. Interface Anal. *6*, 255 (1984)
35. Ross, J. W., in: Proceedings on Ion-Selective Electrodes. National Bureau of Standards, US Spec. Pub. *314*, 84 (1969)
36. Pungor, E., Tóth, K.: Analyst *95*, 1123 (1970)
37. Evans, D. H.: Anal. Chem. *44*, 875 (1982)
38. Steurer, H.: Diplomarbeit „Optimierung der Versuchsbedingungen für quantitative und qualitative XPS-Analysen", TU Wien (1981)
39. Wagner, C. D., Riggs, W. M., Davis, L. E., Moulder, J. F., Muilenberg, G. E.: Handbook of X-ray Photoelectron Spectroscopy; Perkin Elmer Corp., Eden Prairie (1979)
40. Ebel, M. F., Gröger, W., Pólos, L., Tóth, K., Pungor, E.: Hungarian Sci. Instr. *49*, 41 (1980)

    Ebel, M. F., Tóth, K., Pólos, L., Pungor, E.: Surf. Interface Anal. *2*, 197 (1980)
41. Fadley, C. S., Bergström, S. Å. L.: Phys. Lett. *35 A*, 375 (1971)

42. Ebel, M. F., Ebel, H., Zuba, G. und Wernisch, J.: Surf. Interface Anal. *5*, 170 (1983)
43. Anthony, M. T. und Seah, M. P.: Surf. Interface Anal. *6*, 95, 107 (1984)
44. Bearden, J. A., Burr, A. F.: Rev. Mod. Phys. *39*, 125 (1967)
45. Cardona, M., Ley, L. (eds.): Photoemission in Solids I, p. 265, Springer, Berlin (1978); Cardona, M., Ley, L. (eds.): Photoemission in Solids II, p. 373, Springer, Berlin (1979)
46. Brant, P. A., Feltham, R. D.: Appl. Spectrosc. *34*, 93 (1980)
47. Baker, A. D., Betteridge, D.: Photoelectron Spectroscopy, p. 157 Pergamon, Oxford (1972)
48. Wagner, C. D., in: Applied Surface Analysis, p. 137, ASTM Spec. Techn. Pub. 699, Philadelphia (1980)
49. Wagner, C. D., in: Handbook of X-ray and Ultraviolet Photoelectron Spectroscopy. Chapter 7; D. Briggs (ed.) Heyden and Son, London (1977)
50. Evans, S., in: Handbook of X ray and Ultra-violet Photolectron Spectroscopy, Chapter 3; edited by D. Briggs (ed.) Heyden and Son, London (1977)
51. Ebel, M. F.: J. Electron Spectrosc. Relat. Phenom. *8*, 213 (1976)
52. Powell, C. J., Erickson, N. E., Madey, T. E.: J. Electron Spectrosc. Relat. Phenom. *17*, 361 (1979)
53. Asami, K.: J. Electron Spectrosc. Relat. Phenom. *9*, 469 (1976)
54. Johansson, G., Hedman, J., Berndtsson, A., Klasson, M., Nilsson, R.: J. Electron Spectrosc. Relat. Phenom. *2*, 295 (1973)
55. Schön, G.: J. Electron Spectrosc. Relat. Phenom. *1*, 377 (1972, 1973)
56. Wagner, C. D.: Faraday Discuss. Chem. Soc. *60*, 291 (1975)
57. McFeely, F. R., Kowalczyk, S. P., Ley, L., Pollak, R. A., Shirley, D. A.: Phys. Rev. B *7*, 5228 (1973)
58. Lindau, J., Pianetta, P., Yu, K. Y., Spicer, W. E.: Phys. Rev. B *13*, 492 (1976)
59. Schultes, K. A. G., Ebel, M. F.: J. Electron Spectrosc. Relat. Phenom. *8*, 449 (1976)
60. Schön, G.: Acta Chem. Scand. *27*, 2623 (1973)
61. Kumar, G., Blackburn, J. R., Moddeman, W. E., Albridge, R. G., Jones, M. M.: Inorg. Chem. *11*, 269 (1972)
62. Fuggle, J. C., Källne, E., Watson, L. M., Fabian, D. J.: Phys. Rev. B *16*, 750 (1977)
63. Gaarenstrom, S. W., Winograd, N.: J. Chem. Phys. *67*, 3500 (1977)
64. Nemoshkalenko, V. V., Aleshin, V. G.: Electron Spectroscopy of Crystals, p. 307, Kiew (1976)
65. Kowalczyk, S. P.: unpublished Ph.D. thesis, University of California, Berkeley (1976)
66. Poole, R. T., Kemeny, P. C., Liesegang, J., Jenkins, J. C., Leckey, R. C. G.: J. Phys. F *3*, L46 (1973)
67. Siegbahn, K.: J. Electron Spectrosc. Relat. Phenom. *5*, 3 (1974)
68. Richter, K., Peplinski, B.: J. Electron Spectrosc. Relat. Phenom. *13*, 69 (1978)
69. Schön, G.: Surf. Sci. *35*, 96 (1973)
70. Bird, R. J., Swift, P.: J. Electron Spectrosc. Relat. Phenom. *21*, 227 (1980)
71. Battistoni, C., Mattogno, G., Zanoni, R., Naldini, L.: J. Electron Spectrosc. Relat. Phenom. *28*, 23 (1982)
72. Barrie, A., Street, F. J.: J. Electron Spectrosc. Relat. Phenom. *7*, 1 (1975)
73. Katrib, A.: J. Electron Spectrosc. Relat. Phenom. *18*, 275 (1980)
74. Nefedov, V. J., Salyn, Y. V.: Inorg. Chim. Acta *28*, L135 (1978)
75. Brundle, C. R., Roberts, M. W., Latham, D., Yates, K.: J. Electron Spectrosc. Relat. Phenom. *3*, 241 (1974)
76. Lee, R. N.: J. Electron Spectrosc. Relat. Phenom. *28*, 195 (1982)
77. Fuggle, J. C., Mårtensson, N.: J. Electron Spectrosc. Relat. Phenom. *21*, 275 (1980)
78. Chadwick, D., Karolewski, M. A.: J. Electron Spectrosc. Relat. Phenom. *24*, 181 (1981)
79. Mizokawa, Y., Iwasaki, H., Nishitani, R., Nakamura, S.: J. Electron Spectrosc. Relat. Phenom. *14*, 129 (1978)
80. Mattogno, G., Polsonetti, G., Tauszik, G. R.: J. Electron Spectrosc. Relat. Phenom. *14*, 237 (1978)
81. Hüfner. S., Wertheim, G. K., Wernick, J. H.: Solid State Commun. *17*, 417 (1975)
82. Wagner, C. D.: Anal. Chem. *47*, 1201 (1975)

83. Wagner, C. D., Gale, L. H., Raymond, R. H.: Anal. Chem. *51*, 466 (1979)
84. Lebugle, A., Axelsson, U., Nyholm, R., Martensson, N.: Phys. Scrip. *23*, 825 (1981)
85. Seah, M. P.: Surf. Interface Anal. *2*, 222 (1980)
86. Seah, M. P., Anthony, M. T.: N.P.L. Report DMA(D) 310, NPL (1982)
87. Janak, J. F., Eastman, D. E., Williams, A. R.: Solid State Commun. *8*, 271 (1970)
88. Das, S. G., Koelling, D. D., Mueller, F. M.: Solid State Commun. *12*, 89 (1973)
89. Hüfner, S., Wertheim, G. K., Buchanan, D. N. E.: Chem. Phys. Lett. *24*, 527 (1974)
90. Louie, S. G.: Phys. Lett. *40*, 1525 (1978)
91. Zornberg, E. I.: Phys. Rev. B *1*, 244 (1970)
92. Wang, C. S., Callaway, J.: Phys. Rev. B *9*, 4897 (1974)
93. Polaschegg, H. D.: Appl. Phys. *4*, 63 (1974)
94. Fadley, C. S., in: Electron Spectroscopy, Vol. 2: Theory, Techniques and Applications, Chapter 1; C. R. Brundle and A. D. Baker (eds.) Academic Press, New York (1978)
95. Citrin, P. H., Wertheim, G. K., Baer, Y.: Phys. Rev. Lett. *41*, 1425 (1978)
96. Duc, T. M., Guillot, C., Lassailly, Y., Lecante, J., Jugnet, Y., Vedrine, C.: Phys. Rev. Lett. *43*, 789 (1979)
97. Van der Veen, J. F., Himpsel, J. F., Eastman, D. E.: Phys. Rev. Lett. *44*, 189 (1980)
98. Eastman, D. E., Chiang, T. C., Heimann, P., Himpsel, F. J.: Phys. Rev. Lett. *45*, 656 (1980)
99. Brennan, S., Stohr, J., Jaeger, R., Rowe, J. E.: Phys. Rev. Lett. *45*, 1414 (1980)
100. Anthony, M. T., Seah, M. P.: Surf. Interfache Anal. *6*, 107 (1984)
101. Gardner, J. L., Samson, J. A. R.: J. Electron Spectrosc. Relat. Phenom. *8*, 469 (1976)
102. Keski-Rahkonen, O., Krause, M. O.: J. Electron Spectrosc. Relat. Phenom. *13*, 107 (1978)
103. Keski-Rahkonen, O.: J. Electron Spectrosc. Relat. Phenom. *13*, 113 (1978)
104. Gosh, P. K.: Introduction to Photoelectron Spectroscopy, p. 49; John Wiley & Sons, New York (1983)
105. Anthony, M. T., in: Practical Surface Analysis by Auger and X-ray Photoelectron Spectroscopy, D. Briggs and M. P. Seah (eds.) John Wiley and Sons, New York (1983), p. 429
106. Hnatowich, D. J., Hudis, J., Perlman, M. L., Ragaini, R. C.: J. Appl. Phys. *42*, 4883 (1971)
107. Ebel, M. F., Ebel, H.: J. Electron. Spectrosc. Relat. Phenom. 3, 169 (1974)
108. Ascarelli, F., Missoni, G.: J. Electron Spectr. Rel. Phen. *5*, 417 (1974)
109. McGreary, J. R., Thorn, R. J.: J. Electron Spectr. Rel. Phen. *8*, 425 (1976)
110. Freund, H. J., Gonska, H., Lohneiss, H., Hohlneicher, G.: J. Electron Spectrosc. Relat. Phenom. *12*, 425 (1977)
111. Jaegle, A., Kalt, A., Nanse, G., Peruchetti, J. C.: J. Electron Spectrosc. Relat. Phenom. *13*, 175 (1978)
112. Padalla, B. D., Lang, W. C.: Indian J. Phys. *52A*, 463 (1978)
113. Roberts, M. W., Smart, R. St. C.: Chem. Phys. Letters *69*, 234 (1980)
114. Wagner, C. D.: J. Electron Spectrosc. Relat. Phenom. *18*, 345 (1980)
115. Demanet, C. M.: Inorganica Chimica Acta *76*, L273 (1983)
116. Mateescu, Gh. D., Riemenscheider, J. L., in: Electron Spectroscopy (ed. D. A. Shirley), North Holland, Amsterdam (1972), p. 661
117. Shaw, R. W., Caroll, T. X., Thomas, T. D.: J. Am. Chem. Soc. *95*, 2033 (1975)
118. Day, P., Robin, M. B.: Adv. Inorg. Chem. Radiochem. *10*, 247 (1967)
119. Helmer, J. C.: J. Electron Spectrosc. Relat. Phenom. 1, 259 (1972)
120. Thomas, J. M., Tricker, M. J.: J. Chem. Soc. Faraday Trans. II *71*, 329 (1975)
121. Kim, K. S., Winograd, N., Davis, R. E.: J. Amer. Chem. Soc. *93*, 6296 (1971)
122. Finn, P., Pearson, R. K., Hollander, J. M., Jolly, W. L.: Inorg. Chem. *10*, 378 (1971)
123. Clark, D. T., Kilcast, D., Musgrave, W. K. R.: Chem. Commun. *516* (1971)
124. Clark, D. T., Kilcast, D., Adams, D. B.: Faraday Discuss. Chem. Soc. *54*, 182 (1972)
125. Clark, D. T., Feast, W. J., Foster, M., Kilcast, D.: Nature Phys. Sci. *236*, 107 (1972)
126. Stucky, G. D., Matthews, D. A., Hedman, J., Klasson, M., Nordling, C.: J. Am. Chem. Soc. *94*, 8009 (1972)
127. Davis, D. W., Shirley, D. A., Thomas, T. D.: J. Am. Chem. Soc. *94*, 6565 (1972)
128. Schwartz, M. E.: Chem. Phys. Lett. *6*, 631 (1970)

129. Schwartz, M. E., Switalski, J. D., Stronski, R. E., in: Electron Spectroscopy (ed. D. A. Shirley), North Holland, Amsterdam (1972), p. 605
130. Basch, H.: Chem. Phys. Lett. 5, 337 (1970)
131. Jolly, W. L., Hendrikson, D. N.: J. Am. Chem. Soc. 92, 1836 (1970)
132. Hollander, J. M., Jolly, W. L.: Acc. Chem. Res. 3, 193 (1970)
133. Jolly, W. L., in: Electron Spectroscopy (ed. D. A. Shirley), North Holland, Amsterdam (1972), p. 629
134. Hollander, J. M., Shirley, D. A.: Ann. Rev. Nucl. Sci. 20, 435 (1970)
135. Ditchfield, R., Hehre, W. J., Pople, J. A., Radom, L.: Chem. Phys. Lett. 5, 13 (1970)
136. Clark, D. T., Adams, D. B.: J. Chem. Soc. Faraday Trans. 2 68, 1819 (1972)
137. Clark, D. T.: Faraday Discuss. Chem. Soc. 54, 43 (1972)
138. Clark, D. T., Adams, D. B.: J. Electron Spectrosc. Relat. Phenom. 1, 302 (1973)
139. Adams, D. B., Clark, D. T.: Theor. Chem. Acta 31, 171 (1973)
140. Frost, D. C., Herring, F. G., McDowell, C. A., Woolsey, I. S.: Chem. Phys. Lett. 13, 391 (1972)
141. Clark, D. T., Adams, D. B.: Nature Phys. Sci. 234, 95 (1972)
142. Shirley, D. A.: Chem. Phys. Lett. 15, 325 (1972)
143. Davis, D. W., Shirley, D. A.: Chem. Phys. Lett. 15, 185 (1972)
144. Shirley, D. A.: Chem. Phys. Lett. 16, 220 (1972)
145. Jolly, W. L.: Faraday Discuss. Chem. Soc. 54, 13 (1972)
146. Ebel, H., Falk, H.: Z. Anal. Chem. 273, 368 (1975)
147. Burger, K., Ebel, H., Madeja, K.: J. Electron Spectrosc. Relat. Phenom. 28, 115 (1982)
148. Fuggle, J. C., in: Handbook of X-ray and Ultraviolet Photoelectron Spectroscopy (ed. D. Briggs), Heyden & Son Ltd., London (1977), p. 295
149. Conolly, J. W. B., in: Electron Spectroscopy (ed. D. A. Shirley); North Holland Publ. Comp., Amsterdam p. 502 (1972)
150. Källne, E., Åberg, T.: X-Ray Spectrometry 4, 26 (1975)
151. Beatham, N., Orchard, A. F.: J. Electron Spectrosc. Relat. Phenom. 9, 129 (1976)
152. Gurker, N.: Dissertation „Hochauflösende Röntgenphotoelektronenspektrometrie", TU Wien (1977)
153. Herzog, R.: Z. Phys. 89, 447 (1934); Z. Phys. 97, 596 (1935); Z. Phys. 41, 18 (1940)
154. Purcell, E. M.: Phys. Rev. 54, 818 (1938)
155. Hüfner, S., Wertheim, G. K.: Phys. Rev. B 11, 678 (1974)
156. Van Cittert, P. H.: Z. Phys. 69, 298 (1931)
157. Carley, A. F., Joyner, R. W.: J. Electron Spectrosc. Relat. Phenom. 16, 1 (1979)
158. Ebel, H., Gurker, N.: Phys. Lett. 50A, 449 (1975)
159. Ebel, M. F., Ebel, H., Hirokawa, K.: Spectrochim. Acta 37B, 461 (1982)
160. Fraser, W. A., Florio, J. V., Delgass, W. N., Robertson, W. D.: Rev. Sci. Instrum. 44, 1490 (1973)
161. Brunner, J., Zogg, H.: J. Electron Spectrosc. Relat. Phenom. 5, 911 (1974)
162. Seah, M. P., Dench, W. A.: Surf. Interface Anal. 1, 2 (1979)
163. Wagner, C. D., Davis, L. E., Riggs, W. M.: Surf. Interface Anal. 2, 53 (1980)
164. Szajman, J., Liesegang, J., Jenkin, J. G., Leckey, R. C. G.: J. Electron Spectrosc. Relat. Phenom. 23, 97 (1980)
165. Ashley, J. C., Tung, C. J.: Surf. Interface Anal. 4, 52 (1982)
166. Vulli, M., Starke, K.: J. Microsc. Spectrosc. Electron 3, 57 (1978)
167. Ebel, M. F.: Surf. Interface Anal. 2, 173 (1980)
168. Ebel, M. F., Zuba, G., Ebel, H., Wernisch, J., Jablonski, A.: Spectrochim. Acta 39 B, 637 (1984)
169. Hill, J. M., Royce, D. G., Fadley, C. S., Wagner, L. F., Grunthaner, F. J.: Chem. Phys. Lett. 2, 225 (1976)
170. Hollinger, G., Jugnet, Y., Pertosa, P., Porte, L., Tran Minh Duc: Analusis 5, 2 (1977)
171. Raider, S. J., Flitsch, R.: IBM J. Res. Dev. 22, 294 (1978)
172. Ishizaka, A., Iwata, S., Kamigaki, Y.: Surf. Sci. 84, 355 (1979)
173. Ebel, M. F., Liebl, W.: J. Electron Spectrosc. Relat. Phenom. 16, 463 (1979)

174. Ebel, M. F., Schmid, M., Ebel, H., Vogel, A.: J. Electron Spectrosc. Relat. Phenom. *34*, 313 (1984)
175. Wallbank, B., Main, J. G., Johnson, C. E.: J. Electron Spectrosc. Relat. Phenom. *5*, 259 (1974)
176. Jablonski, A., Ebel, H.: Surf. Interface Anal. *6*, 21 (1984)
     Ebel, H., Ebel, M. F., Wernisch, J., Jablonski, A.: Surf. Interface Anal. *6*, 140 (1984)
     Ebel, H., Ebel, M. F., Wernisch, J., Jablonski, A.: J. Electron Spectrosc. Relat. Phenom. *34*, 355 (1984)
     Ebel, H., Ebel, M. F., Jablonski, A.: J. Electron Spectrosc. Relat. Phenom. *35*, 155 (1985)
177. Seah, M. P.: Surf. Interface Anal. *2*, 222 (1980)
178. Ebel, H., Zuba, G., Ebel, M. F.: J. Electron Spectrosc. Relat. Phenom. *31*, 123 (1983)
179. Hirokawa, K., Oku, M.: Z. Anal. Chem. *285*, 192 (1977)
180. Ebel, M. F.: Surf. Interface Anal. *1*, 58 (1979)
181. Bisich, W.: Diplomarbeit „Rechenunterstützte Photoelektronenspektrometrie", TU Wien (1983)
182. Baschenko, O. A., Nefedov, V. I.: J. Electron Spectrosc. Relat. Phenom. *17*, 405 (1979), *21*, 153 (1980), *27*, 109 (1982)
183. Wehner, G. K., in: Methods of Surface Analysis (ed. A. W. Czanderna), Elsevier (1975) 5–37
184. Malherbe, J. B., Sanz, J. M., Hofmann, S.: Surf. Interface Anal. *3*, 235 (1981)
185. Hofmann, S.: Surf. Interface Anal. *2*, 148 (1980)
186. Larson, P. E.: Anal. Chem. *44*, 1678 (1972)
187. Kaiser, R.: Dissertation „Quantitative Röntgen-Photoelektronenspektrometrie", TU Wien (1975)

Danksagungen

Die folgenden Verlage haben dankenswerterweise die Erlaubnis zum Abdruck von Abbildungen genehmigt:

Physical Electronics Industries, Inc.	Abb. Nr. 6 und 49
Plenum Publishing Corporation	Abb. Nr. 7
Wiley-Interscience	Abb. Nr. 39
The Institute of Physics, Publ. Div.	Abb. Nr. 41
North-Holland Publishing Comp.	Abb. Nr. 47 und 62
Elsevier Seyuoia Publishing Comp.	Abb. Nr. 54
Gordon Breach Science Publishers	Abb. Nr. 55
American Vacuum Society	Abb. Nr. 59

Sachverzeichnis

Analytiker-Taschenbuch

Band 5

Herausgeber: **W. Fresenius, H. Günzler, W. Huber, I. Lüderwald, G. Tölg, H. Wisser**

1985. 79 Abbildungen und zahlreiche Tabellen.
XI, 348 Seiten
Gebunden DM 118,–. ISBN 3-540-13770-X

Inhaltsübersicht: Grundlagen: Analytische Methoden in der kulturgeschichtlichen Forschung. – Methoden: Neutronenaktivierungsanalyse. Plasma-Emissions-Spektrometrie. – Photo-Akustik-Spektroskopie im UV-VIS-Spektralbereich. – Massenspektroskopische Analyse ungesättigter Fettsäuren. – Anwendungen: Schnelltests in der medizinischen Analytik. Schnelltests zur Umweltanalytik. Cadmium-Bestimmung in biologischem und Umweltmaterial. N-Nitroso-Verbindungen in Lebensmitteln. Weinanalytik. – Basisteil. – Sachverzeichnis. – Autorenverzeichnis.

Band 4

Herausgeber: **W. Fresenius, H. Günzler, W. Huber, I. Lüderwald, G. Tölg**

1984. 106 Abbildungen, zahlreiche Tabellen. X, 478 Seiten
Gebunden DM 98,–. ISBN 3-540-12801-8

Inhaltsübersicht: Grundlagen: Taschenrechner – Einführung. Programmierbare Taschenrechner in der Analytik. Mikroprozessoren. Einführung. – Forensische Analytik – Einführung. – Methoden: Thermogravimetrie – Differenzthermoanalyse. – Mikrokalorimetrie. – Fluorimetrie und Phosphorimetrie. – ESCA: Eine Methode zur Bestimmung von Elementen und ihren Bindungszuständen in der Oberfläche von Festkörpern. – Elektronen-Spin-Resonanz. – Anwendungen und Verfahrensweisen. – Infrarot-Spektroskopie. – Protoneninduzierte Röntgen-Emissions-Spektrometrie (PIXE). – Analytische Anwendungen. – Kapillar-Gas-Chromatographie. Gas-Chromatographie von Aminosäuren. – Anwendungen: Analyse kosmetischer Präparate (II). – Grundstoffe und Hilfsmittel kosmetischer Präparate. – Gel-Permeations-Chromatographie von Polymeren. – Spurenanalytik des Thalliums. – Sachverzeichnis. – Autorenregister.

Vertriebsrechte für die sozialistischen Länder: Akademie-Verlag, Berlin

Springer-Verlag
Berlin
Heidelberg
New York
Tokyo

Analytiker Taschenbuch

Band 3

Herausgeber: **R. Bock, W. Fresenius, H. Günzler, W. Huber, G. Tölg**

1983. 81 Abbildungen, 102 Tabellen.
VII, 410 Seiten
Gebunden DM 85,-. ISBN 3-540-11773-3

Band 2

Herausgeber: **R. Bock, W. Fresenius, H. Günzler, W. Huber, G. Tölg**

1981. 50 Abbildungen, 85 Tabellen.
VIII, 351 Seiten
Gebunden DM 85,-. ISBN 3-540-10338-4

Band 1

Herausgeber: **H. Kienitz, R. Bock, W. Fresenius, W. Huber, G. Tölg**

1980. 81 Abbildungen, zahlreiche Tabellen.
VII, 439 Seiten
Gebunden DN 85,-. ISBN 3-540-09594-2

Vertriebsrechte für alle sozialistischen Länder:
Akademie-Verlag, Berlin

Springer-Verlag
Berlin
Heidelberg
New York
Tokyo